河流开发与流域生态安全

朱党生　等　编著

内 容 提 要

本书从流域角度分析了河流开发的生态效应，建立了符合我国特点的流域生态安全评价关键生态指标体系，提出了水工程规划、设计和调度运用生态保护准则。全书共8章，包括河流开发与保护、河流开发的生态效应、流域生态系统及其生态安全、生态指标体系、关键生态指标、生态指标阈值、流域规划生态影响评价和水工程规划设计生态保护准则。本书内容理论和实践相结合，为我国河流开发及水工程建设的生态安全评价和保护工作提供了理论基础、研究方法和技术指导。

本书可供从事水工程环境评价、管理决策和科学研究的专业人员参考，也可供高校相关专业的师生阅读。

图书在版编目（CIP）数据

河流开发与流域生态安全 / 朱党生等编著. -- 北京：中国水利水电出版社，2012.11
ISBN 978-7-5170-0368-7

Ⅰ. ①河… Ⅱ. ①朱… Ⅲ. ①河流－水资源开发－生态安全－研究－中国 Ⅳ. ①TV213.2②X321.2

中国版本图书馆CIP数据核字(2012)第283038号

审图号：GS（2012）894号

书　　名	河流开发与流域生态安全
作　　者	朱党生　等 编著
出版发行	中国水利水电出版社 （北京市海淀区玉渊潭南路1号D座　100038） 网址：www.waterpub.com.cn E-mail：sales@waterpub.com.cn 电话：（010）68367658（发行部）
经　　售	北京科水图书销售中心（零售） 电话：（010）88383994、63202643、68545874 全国各地新华书店和相关出版物销售网点
排　　版	中国水利水电出版社微机排版中心
印　　刷	北京嘉恒彩色印刷有限责任公司
规　　格	184mm×260mm　16开本　16.75印张　397千字
版　　次	2012年11月第1版　2012年11月第1次印刷
印　　数	0001—1500册
定　　价	**56.00**元

编写人员名单

朱党生　郝芳华　廖文根　张建永　史晓新

齐　晔　程红光　李　扬　郝伏勤　李　翀

李国强　罗小勇　孙照东　蒋　艳　王　晓

史常艳　高丽娜　石　伟　欧阳威　邱　凉

刘卓颖　彭期冬　骆辉煌

前　言

水是生命之源、生产之要、生态之基。水资源是基础性的自然资源和战略性的经济资源，是生态与环境的重要控制性要素。人多水少，水资源时空分布不均、与生产力布局不相匹配，依然是现阶段我国面临的基本国情和水情。洪涝灾害频繁依然是中华民族的心腹大患，水资源供需矛盾突出仍然是可持续发展的主要瓶颈。河流开发通过对水资源的调控，实现防洪、发电、供水、灌溉、航运等多种功能，可协调人类需求与保护环境的关系，是国家经济社会可持续发展的重要基础。然而大规模河流开发活动将导致流域生态环境的自我调节和自我恢复能力大幅度降低，流域生态安全问题将日益突出。随着工业化、城镇化深入发展，全球气候变化影响加大，我国水资源情势正在发生新的变化，北少南多的水资源格局进一步加剧，不少地区水资源过度、无序开发引发一系列生态与环境问题。

本书从流域的角度全面、科学地评估了河流开发的生态效应，建立了符合我国各类型河流开发与治理特点的流域生态安全评价关键生态指标体系，提出了水工程规划、设计和调度运用生态保护准则，对维护流域生态系统的结构和功能稳定具有重要意义，有利于实现人水和谐，促进经济社会可持续发展。

本书是在水利部水利水电规划设计总院主持的财政部水利公益性行业科研项目《水工程规划设计标准中关键生态指标体系研究与应用》、《全国主要河湖水生态保护与修复规划》等成果的基础上，吸收国内外有关理论和技术，参考有关资料文献编著而成。全书共分为8章，第1章概要介绍了河流开发的必要性，同时在归纳各历史时期水工程发展趋势基础上，总结了河流开发与保护需求的发展和趋势；第2章从生态学的角度论述了河流开发的生态效应；第3章提出流域生态系统的概念，阐述了流域生态安全评价的相关理论、技术和方法；第4章在第3章的基础上构建了生态指标体系；第5章具体阐述了指标体系中各指标的定义、表达式、生态学内涵及应用条件；第6章基于水生态分区对生态指标典型阈值进行研究，并结合实例详细介绍了典型指标阈值的计算方法和应用条件；第7章介绍了流域规划中生态指标体系的应用；第8章提出水工程生态保护标准体系与相关技术准则。

本书由朱党生主持编撰的全过程策划，并对全书进行统稿、定稿。各章节编写分工如下：第1章由朱党生、郝芳华、张建永、李扬编写；第2章由廖文根、李翀、彭期冬、骆辉煌、史晓新、王晓编写；第3章由郝芳华、齐晔、石伟编写；第4章由朱党生、张建永、程红光编写；第5章由朱党生、史晓新、郝伏勤、程红光、李扬、李翀、孙照东、王晓、刘卓颖、史常艳、高丽娜编写；第6章由朱党生、李扬、程红光、蒋艳、李国强编写；第7章由朱党生、郝芳华、张建永、欧阳威、罗小勇、廖文根、李翀、邱凉编写；第8章由朱党生、廖文根、史晓新、张建永编写。

本书为我国流域开发及水工程建设的生态安全评价工作提供了理论基础、方法和技术指导，既可作为从事水工程环境评价、管理决策和科学研究人员的工具书，也可作为高等院校相关专业的教学参考用书。

本书在编写过程中得到水利部总工程师汪洪，水利部水利水电规划设计总院院长刘伟平、副院长梅锦山、教授级高级工程师曾肇京，中国水利水电科学研究院教授级高级工程师董哲仁以及众多流域机构、科研院校有关专家的大力指导、帮助和支持，特此感谢。

受学识水平所限，书中不妥之处在所难免，敬请专家和读者批评指正。

编　者

2012年3月

目　　录

第1章 河流开发与保护

1.1 河流开发与水工程建设

1.1.1 河流开发的定义与内涵

人类及生物的生存依赖于水和水的循环，河流和湖泊是陆地水循环中最活跃、最重要的载体，也是人类文明发祥的摇篮。河流开发是人类为了满足自身生产生活需要，获得河流、湖泊的水能、水量、水生态等方面的服务功能，避免洪涝灾害所进行的开发和治理活动。河流开发包含获得水能、水量、水生态等方面的服务功能和控制与治理洪涝、干旱等灾害两层含义。

河流开发的内涵主要有：

（1）河流开发的服务对象是人类，从人类对水能、水资源、水生态等方面的需求出发，开发和使用河湖生态系统的各方面功能。

（2）河流开发的本质是人类对水的使用与管理，根据使用与管理水的方式进行分类，河流开发活动可分为三类：一是以利用水能资源为主的水电开发活动；二是以利用水资源为主的蓄水、引水等活动；三是为防灾、减灾而进行的河道整治、疏滩、筑堤等河湖形态改造活动。

（3）河流开发是通过水工程的建设和运行实现的，在流域综合规划、水资源开发利用等规划前提下各类型水工程（枢纽工程、灌排工程、堤防工程等）的建设是实现河流开发的手段。

1.1.2 水工程的类型及特点

根据《中华人民共和国水法》，“水工程是指在江河、湖泊和地下水源上开发、利用、控制、调配和保护水资源的各类工程。”水工程包含两层含义：①水工程是指在江河、湖泊和地下水源上兴建的工程。如在江河、湖泊上建设的水坝、堤防、护岸、闸坝等，以及各类地下水开采工程等。②水工程是以开发、利用、控制、调配和保护水资源为目的兴建的工程。即水工程是人类为了生存和发展的需要，对自然界的地表水和地下水进行控制和调配，以达到防治水旱灾害，开发利用和保护水资源等除害兴利目的而修建的工程。

水工程，按其功能可分为防洪工程、农田水利工程、水力发电工程、水运工程、供水和排水工程、环境水利工程、海涂围垦工程等；按目前水利水电工程勘测设计资质管理有关规定，水利工程划分为水库枢纽工程、城市防洪工程、灌溉排涝工程、河道整治工程、引调水工程、水土保持生态建设工程、围垦工程等类型。

防洪工程指为控制、防御洪水以减免洪灾损失所修建的工程。主要有防洪水库堤防、河道整治工程、分洪工程等。按功能和兴建目的可分为挡、泄（排）和蓄（滞）几类。

农田水利工程是指以农业增产为目的的水利工程，即通过兴建和运用各种工程措施，调节、改善农田水分状况和地区水利条件，提高抵御天灾的能力，以有利于农作物的生产，促进生态环境的良性循环。

水力发电工程是将蕴藏于水体中的位能转换为电能的工程，由一系列建筑物和设备组成。建筑物主要用来集中天然水流的落差，形成水头，并以水库汇集、调节天然水流的流量，基本设备是水轮发电机组。

水运是交通运输事业（铁路、公路、水运、民航、管道等）的重要组成部分。水运工程是指由港口、航道、通航建筑物等组成的水上运输工程系统。

供水和排水工程指为工业和生活用水服务，并处理和排除污水与雨水的城镇供水和排水工程。包括水库、供水排水渠（管）道及泵站等。

环境水利工程主要是指水污染防治、生态保护与修复、水土流失治理等工程，是新兴的综合性工程，是传统水利向现代水利的发展和深化。

海涂围垦工程指围海造田，满足工农业生产、用地需求的工程。

水工程与其他工程相比，具有如下特点：①工程影响面广。水工程规划是流域规划或地区水利规划的核心组成部分，一项水工程的兴建，对其周围地区环境将产生较大的影响，工程既有兴利除害有利的一面，又有淹没、浸没、移民、迁建等不利的一面。②水工程通常规模大，投资高，技术复杂，工期较长。

1.1.3 水工程的发展历程

基于人类对水资源的不同需求水平和对人与水关系不同的认识水平，人类水工程建设历程总体可划分为古代水工程、近代水工程、现代水工程三个大的阶段。

1.1.3.1 古代水工程

世界上古代的水工程已涉及灌溉、排水、防洪、运河、水能利用等方面。

灌溉工程：人类很早就利用河水发展灌溉。四大文明古国都出现在大河流域，以灌溉为古代文明的基础。早期的灌溉都是引洪淤灌。非洲的尼罗河流域早在公元前4000年就利用尼罗河水位变化的规律发展洪水漫灌。两河流域美索不达米亚的幼发拉底河和底格里斯河流域的灌溉，可以追溯到公元前4000年左右的巴比伦时期。南亚的印度河流域在公元前2500年左右已有引洪淤灌。美洲的秘鲁灌溉历史至少在公元前1000年就已开始；皮斯科河谷公元前已有灌溉工程；阿根廷于1577年兴建了杜尔塞河引水工程，等等。这些灌溉工程为人类早期文明的产生和发展起到了重要作用。

排水工程：早期农业是在河流沿岸发展起来的，需要排干沼泽，进行土地垦殖。公元前5世纪中叶，希腊历史学家希罗多德曾记载了尼罗河谷的排水工程，以后罗马的瓦罗在《论农业》一书中提到了修建排水工程的规范。世界上许多早期的城市都有完备的排水系统，如荷兰的排水系统在世界上享有盛名。

防洪工程：洪水直接威胁人类生存和发展，最普遍的防洪措施就是沿河流两岸修建堤防。公元前3400年左右，埃及人就修建了尼罗河左岸大堤，以保护城市和农田。从巴比伦的《汉穆拉比法典》的有关条款记载中可以看到，公元前2000年左右，美索不达米亚地区已有了比较完整的保护土地的堤防。此外，意大利的波河河谷、法国的低洼地、英国的沼泽地以及巴基斯坦信德省内都有许多古老的防洪堤防。波兰的系统堤防建于12世纪。

运河工程：运河是人工开挖的通航河道，古埃及已有记载，中世纪以后在欧洲得到大发展。世界上最早的通航运河是公元前1887～前1849年古埃及塞劳斯内特三世时期建成的沟通地中海与红海的古苏伊士运河。

水能利用工程：在埃及和美索不达米亚等古文明发源地，利用水力冲动简单固定桨叶水轮来进行农产品加工、灌水和排水的设施，在公元前1000年已经出现。欧洲至中世纪已应用得很广泛。一直到近代，许多地区仍在使用。

城市水利工程：早在公元前2900年前后，埃及就出现了为孟菲斯城供水的工程。2世纪为雅典城修建的一些蓄水工程一直使用到现在。巴黎的第一个重要输水系统建于12世纪，并一直使用到17世纪。日本水户的笠原高架水渠建于1663年，直到现在还在使用。

我国古代水工程十分丰富，拥有当时世界上一流的科学家和理论、一流的工程和技术，可以代表当时世界的先进水平。起源于黄河流域的中华水文明，是世界水文明的重要组成部分。按照建设的规模和技术特点我国古代水工程，可以分为三个时期：

大禹治水至秦汉时期：这是防洪治河、运河、各种类型的排灌工程的建立和兴盛时期，黄河下游堤防、无坝引水的工程如都江堰、郑国渠、灵渠等，有坝引水的工程漳水十二渠、蓄水工程芍陂、新疆地区坎儿井都始建、兴建于这个时期。

三国至唐宋时期：是水利建设高度发展时期。灌溉工程在全国普遍兴建，如太湖圩田、它山堰；水车、水磨、水碓等利用水能的机械在此时期发明，并广泛推广应用；内河航运网逐步形成，最值得称道的是隋代京杭大运河的开凿。

元明清时期：水工程建设普及时期。这一时期，由于南方经济的发展和人口的增长，长江和珠江的防洪、江浙防潮问题显著，其间兴建的鱼鳞大石塘体现出古代坝工的最高水平，有的至今巍然屹立。边疆水利也有较大发展，其中清前期的宁夏河套灌区建设，清代后期的内蒙古河套灌区和新疆地区灌溉等成绩十分显著。

古人治水实践中值得借鉴的思想有：

(1) 大禹治水在“堵”与“疏”的治水理念实践中，尊重水的自然特性和规律，大禹精神成为了一种水文化象征和治水哲学思想。

(2) 秦国蜀守李冰根据“水顺则无败，无败则可久”的治水思路和“乘势利导，因时制宜”的治水原则，巧妙地利用了岷江出山口处特殊的地形、地势，利用“凹岸取水”“凸岸排沙”的原理，成功实现了排洪、灌溉、除沙三大目标。在建成2000余年后的今天，都江堰仍在从容有度地浇灌着“天府之国”的“沃野千里”，发挥着社会、经济与环境、生态、景观、旅游等多种效益。都江堰，2000年列入世界文化遗产名录，如今是国家AAAA级旅游景区、国家级风景名胜区。

(3) 秦汉以后，“以水治水”的思想主要集中在黄河的治理问题上，核心是如何利用河水自身的力量解决黄河泥沙淤积导致决堤泛滥的问题。历史上最具影响的黄河治理思想是“让地与水”与“束水攻沙”两大主张。

1.1.3.2 近代水工程

1824年，英国人J. 阿斯普丁发明了硅酸盐水泥，19世纪下半叶有了远距离运输，出现了钢筋混凝土。20世纪30年代初至80年代，以水坝为代表的水工程建设曾是最能激起人类激情的工程之一，是一个国家国力和科技进步及现代文明的象征。水坝带来的防洪、供水、发电、改善航运等综合效益，成为了各个国家经济发展社会进步的基础与动力来源，大体上，这一时期可称为近代水工程建设时期。

从20世纪50～80年代，世界上每年落成的大坝有1000余座，坝高15m以上的大坝有45000余座，坝高100m以上的大坝300余座。全世界以水电为主要能源供应的有24个国家，如挪威、巴西等国家。在这些国家高速发展的关键阶段，水坝发挥了巨大的基础支撑作用。中国与世界大坝数量，见图1.1。

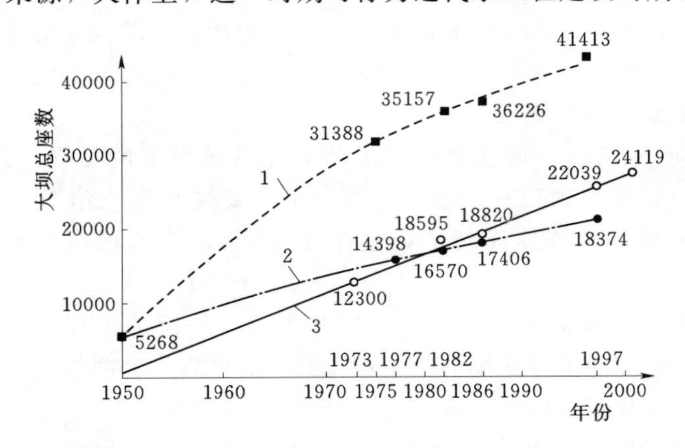

图1.1 中国与世界大坝数量图
1—世界大坝数量；2—除中国外其他国家大坝数量；3—中国大坝数量

1949年前，中国仅有大中型水库23座，在全国范围内，水旱灾害日益严重，整治江河、兴修水利，已成为广大人民的迫切要求。

新中国成立后，我国水利事业获得全面发展，几代水利人60年的艰苦奋斗，使我国水工程建设取得了世界公认的辉煌成就：以防洪减灾和供水发电等功能开发为主的水工程建设硕果累累，大江大河治理与水资源配置的总体框架和防洪、供水、灌溉、发电工程体系基本形成。全国各类水库数量从新中国成立前的1200多座增加到8.6万多座，总库容从约200亿m^3增加到6924亿m^3；全国建成江河堤防29万km；已建各类水闸4.4万座。水电装机容量达1.72亿kW，农村水电装机容量达到5100万kW。我国大江大河主要河段基本具备防御新中国成立以来最大洪水的能力，中小河流具备防御一般洪水的能力，重点海堤设防标准提高到50年一遇。中等干旱年份可以基本保证城乡供水安全。目前全国以水库、堤防为主体的防洪工程担负着保护62万km^2的国土面积、5亿人口、6.4亿亩耕地、469座城市和大量铁路、交通、油田等基础设施的重要任务，防洪保护区内的GDP占全国总量的62%。1949年以来，全国防洪减淹耕地24亿亩，年均减免粮食损失1029万t。在1998年防洪中，全国1335座大中型水库共拦蓄洪水522亿m^3，配合堤防等防洪工程，保障了200多座城市、2700多万人口、3400多万亩耕地的防洪安全。

水利工程年实际供水能力达7000亿m^3。我国以世界平均水平60%的人均综合用水量，保障了国民经济3倍于世界平均增长率的高速增长，累计解决2.72亿农村人口的饮水困难和1.65亿农村人口的饮水不安全问题，基本结束了我国农村严重缺乏饮用水的历史。全国已建成万亩以上灌区6414处，全国有效灌溉面积达8.77亿亩，占全世界的20%左右，居世界首位。我国以全球约6%的径流量，保障了全球21%人口的温饱和经济社会发展，农田水利设施发挥了至关重要的作用。

改革开放以来，我国水利水电建设进入快速发展时期，全国电力系统联网建设，将按照“全国联网、西电东送、南北互供”的发展战略，形成以三峡电力系统为核心，向东、西、南、北四个方向辐射，2020年前实现全国电力网互联的格局。三峡水电站2003年已开始供电，2009年建成，其电力主送方向是华中、华东和广东。在我国12个大水电能源基地中，西部地区的9个大水电能源基地的开发，对于我国实施可持续发展和西部大开发战略，以及形成全国电力系统联网，具有十分重要的地位。

根据中国大坝委员会统计资料：2003年年底我国已建、在建30m以上大坝共4694座，其中在建大坝132座。在建坝比较多的省为：云南18座，浙江13座，湖北11座，贵州10座。在建、已建坝中，最高坝为云南的小湾拱坝，高292m。坝高200m以上有5座，坝高150m以上有24座，坝高100m以上有108座，坝高60m以上有496座。30m以上已建、在建碾压混凝土大坝共64座，30m以上已建、在建混凝土面板堆石坝共145座。中国至2002年底总装机82700MW，在建30m以上大坝装机量为56300MW，总库容5843亿m^3（其中在建库容为1405亿m^3）。2002年水电发电量为280亿kW·h。

1.1.3.3 现代水工程

进入新世纪，随着全球气候变化，水旱灾害频发，水资源短缺加剧，以往水工程建设造成的环境问题显现，人们开始反思以往过于注重开发、获取甚至掠夺的河流开发模式，以可持续发展的思想构建水工程建设的新理念，将维持水资源的可持续利用、达成工程与生态环境的和谐作为现代水利的核心理念。水工程建设在观念、技术、管理等诸多方面发生着变革，进入现代水利新时期。现代水利注重河流开发与保护关系的协调，注重整体流域生态系统的维护，在资源开发、江湖治理的同时，更加注重资源的保护和节约，工程与生态环境的协调。

1.2 河流开发与保护的需求

改革开放30多年来，中国以世界平均水平60%的人均综合用水量，保障了国民经济3倍于世界经济平均增长率的高速增长；在连续30年保持农业灌溉用水量零增长的情况下，扩大有效灌溉面积1.2亿亩，粮食产量提高50%。中国以全球6%的淡水资源、9%的耕地，保障了全球21%人口的温饱和经济发展。然而，我国是一个水旱灾害频繁、水资源短缺且分布不均的国家，长江以北国土占63.5%，而水资源仅占19%。同时，年、季降雨变化剧烈。人多水少、水资源时空分布不均、水土资源和生产力布局不相匹配，依然是我国长期存在的突出水情；干旱缺水、洪涝灾害、水污染和水土流失等问题，依然是制约我国经济社会可持续发展的突出因素。水多为患、水少成灾、水污染祸及子孙、水土流失贻害后世已构成了发展的瓶颈。水工程建设是我国未来经济社会发展的必然需求，是现代农业建设不可或缺的首要条件，是经济社会发展不可替代的基础支撑，是生态环境改善不可分割的保障系统，是保障防洪安全、粮食安全、供水安全、能源安全的基础。在未来很长的一段时期内，我国水工程建设面临重大机遇和挑战，主要表现如下。

1.2.1 防洪安全

我国超过70%的固定资产、44%的人口、1/3的耕地、620个以上的城市都位于主要河流的中下游，处在大江大河汛期洪水位以下几米甚至十几米。随着我国经济社会发展和城镇化加速防洪区内的财富和人口持续增加，使防洪安全面临越来越大的挑战。近20年来，由于气候变化和人类活动对下垫面条件的影响，我国水资源情势发生了显著变化，北方地区变化尤其突出，大部分地区水资源数量减少明显。南方大部分地区和北方部分地区降水偏丰，洪涝灾害发生较为频繁。虽然目前我国防御常规洪水的防洪工程体系已经基本完成，防洪能力有了较大提高，但是堤线越来越长、越来越高，洪水蓄泄的空间越来越小，致使许多江河在同样流量情况下，洪水位不断抬高，造成加高加修堤防与抬高洪水位的恶性循环。同时，气候变暖、极端灾害性天气增多、下垫面变化、人类活动加剧等因素将使我国发生大面积强降雨和局部大暴雨的几率及洪灾强度呈加大趋势，防洪减灾的压力将进一步加大，一些沿海城市的防洪、防潮能力亟待加强。

1.2.2 供水安全

我国特殊的气候及地形地貌特征，与水资源条件不相匹配的经济社会发展格局和用水要求，人均水资源量少、年际年内变化大以及连丰连枯明显的特点，使得我国区域间水资源条件差异很大，不但易造成旱涝灾害，也使水资源开发利用难度增大，可利用水量有限。我国水旱灾害不断发生，从北方向南方，从海河跨过黄河，从局部蔓延到全国。农业缺水，进入20世纪90年代每年农田受旱面积4亿亩。工业缺水，每年造成损失1200亿元。城市缺水，全国600多座城市半数缺水，严重缺水的城市有100多座。此外，我国许多城市和用水中心位于江河沿岸，水源单一且脆弱，遇水污染等突发事件将对供水构成严重威胁。随着社会和经济的发展，在考虑节水情况下，到21世纪中期总的水需求将由现在的5800亿m^3上升到8000亿m^3。干旱和缺水已成为社会经济发展的主要约束，特别是稳定的农业发展的主要约束。

与用水量增长趋势一致，城镇生活污水和工业废水排放总量也呈现快速增长的趋势，严重的水污染使有限的水资源变得更加短缺。近20年来，我国地表和地下水体受到严重污染，且水污染趋势仍在不断加剧。全国工业和城镇生活废污水年排放量从1997年的584亿t增加到2008年的758亿t。根据水资源综合规划调查成果，在调查评价的29万km河长中，污染河长已达9.7万km，2008年全国近15万km评价河流中，水质为Ⅳ类以上的占39%，不仅城市河段污染严重，其他河段以及中小河流污染也相当严重。总体而言，水污染的范围在不断扩大，程度在不断加剧，对供水安全构成越来越严重的威胁。

1.2.3 粮食安全

新中国成立以来，我国共兴建万亩以上灌区5579个，总面积3.37亿亩；累计打机井355万眼，井灌区面积2.12亿亩。全国有效灌溉面积由新中国成立前的2.4亿亩，增加到目前的8亿多亩；节水灌溉从无到有，目前节水灌溉面积已达2.28亿亩，其中喷灌、滴灌和微灌等现代化节水灌溉面积2600万亩，管道输水灌溉面积7800万亩，渠道防渗面积1.24亿亩。

我国能以占世界不足10%的耕地养活占世界22%的人口，使13亿人口解决温饱问题，这是世界瞩目的巨大成就，这其中，水利发挥了重要作用。

然而，目前我国每年仍有2.66亿亩耕地遭受旱灾，人增地减水缺矛盾日益突出，半数耕地靠天吃饭，限于自然、水土及环境条件，发展新的灌区越来越困难。已建灌区灌排系统不完善，特别是渠系利用系数低，水量浪费大，可持续性差。改变传统灌溉模式，发展高效节水灌溉任重而道远。

1.2.4　能源供应和水力发电

现阶段，我国的电力结构仍以煤炭和石油等化石能源为主，其中，煤炭发电比例高达80%，这种以化石燃料为主的能源供给模式，所引发的全球气候变化等一系列生态环境问题，已影响了我国社会经济的可持续发展。水能资源开发具备清洁、稳定、安全、持续、可再生、经济性等优点，是目前技术最成熟、最有可靠性，且唯一可大规模开发的可再生清洁能源。水电在调整能源结构、减少化石能源消耗、缓解环境污染、降低温室气体排放等方面将发挥不可替代的作用。新中国成立60年来，水电在我国减少温室气体排放、应对全球气候变化等方面发挥了巨大作用，水电是世界上主要能源之一，提供了全球大约1/5的电力，在可再生能源发电量中占95%。我国水能资源理论蕴藏量为6.8亿kW，技术可开发量为5.4亿kW，目前已开发量为1.9亿kW。发展低碳能源经济已成为中国的基本国策。按照我国节能减排的能源产业政策，水电将作为我国重要的清洁可再生能源代替燃煤发电，根据2007年8月颁发的《可再生能源中长期发展规划》，我国今后大型水电站建设的重点是金沙江、雅砻江、大渡河、澜沧江、黄河上游和怒江等重点流域。到2020年，全国水电装机容量达到3亿kW，其中大中型水电2.25亿kW。由于水利水电建设的重点主要集中在金沙江中上游、澜沧江中上游、怒江等生态环境比较敏感的地区，在保护生态的前提下，有序开发水电资源是这些地区水能利用的先决条件。如果不能处理好生态环境保护问题，将直接影响我国水利水电的开发程度。

1.2.5　生态安全

由河流、湖泊等水域及其滨河、滨湖湿地组成的水生态系统是自然生态系统的重要组成部分，是水生生物的重要环境。我国水生态状况总体呈恶化趋势，特别是北方干旱半干旱区、半湿润区，生态环境比较脆弱，对人类活动干扰的反映剧烈，一旦遭到破坏，很难恢复。我国北方地区由于长期干旱缺水，为了维持经济社会的发展，不得不依靠大量挤占生态环境用水和超采地下水，导致河流断流干涸，绿洲和湿地萎缩、湖泊干涸与咸化、河口生态恶化等问题凸显；部分江河源头区水生态功能衰退，水源涵养能力降低；部分地区地下水超采严重，地下水位大幅度下降，地面沉降与塌陷，海水入侵，生态环境不断恶化；不合理的人类开发与建设活动对流域生态系统破坏，导致河流及河湖连通性降低、生境破碎化和生物多样性减少，物种濒危和灭绝；人与自然之间，地区之间和城乡之间争水矛盾日益突出。随着经济社会的快速发展和人类活动的加剧，对水资源的需求不断增加，水生态环境的压力不断加大，维系良好水生态环境、促进水资源可持续利用的任务更加艰巨。

必须认识到水工程的建设在带来巨大经济社会效益的同时，对生态环境建设具有正面的作用，包括：有利于改善水库周边自然环境；调节改善缺水地区下游用水，改善河道内生态环境，利于沿岸缺水地区的生态建设；在黄河等多沙河流上的水库可有效拦沙减淤；在海河流域等严重缺水地区，充分利用地形，结合蓄滞洪区调整，兴建滞洪水库，利用中小洪水资源，减少蓄滞洪区的使用几率，具有良好的生态环境效益。通过建设水工程，结合人工湿地等生态修复工程，可以缓解水污染，改善水环境。近年来，水利部开展引江济太、南四湖应急补水、扎龙湿地补水、引岳济淀等一系列生态环境修复与治理，取得了明显成效。通过加强流域水资源统一调度，黄河已实现了连续多年不断流；对黑河流域、塔里木河流域实施的综合治理和水资源统一调度，使流域下游地区生态得到了修复；扎龙湿地补水等生态补水工程，拯救了生态和珍稀动物；先后确定了江苏无锡市等10个城市作为全国水生态系统保护和修复试点；一些地方部门相继实施了与河湖水系连通有关的河湖治理，如太湖流域、武汉东湖等。这些工作为系统研究水工程生态保护提供了宝贵的经验和有益的实践探索。

现阶段，生态环境和移民安置所引发的社会问题，已成为制约我国水工程建设的制约瓶颈。水工程建设对生态的影响也越来越引起有关部门和公众的重视。水工程建设改变了水资源的时空分布，不同程度的影响河流形态、生物群落及其生境等诸多方面，对流域或区域的生态和环境造成冲击，甚至威胁其生态安全。但相当一段时期，我国在水工程的规划、设计、建设、运行中对生态环境保护问题认识不足，相关基础研究工作滞后，与水工程建设相关的生态保护技术标准体系不健全，现有的水工程规划设计技术标准和规范中缺乏基本的生态安全保障条款，造成水利规划、水工程设计及项目审查中缺乏具体的技术依据。此外，目前参照或执行的有关河流生态需水确定、水生生物保护等方面的技术规定存在脱离水工程特性和流域水资源利用实际的问题，造成水工程建设与生态保护脱节。如何实现水工程建设的同时，保护好生态环境，实现可持续发展，是我国水利事业面临的重大课题。

综上所述，随着我国人口增长，城镇化进程的不断加快，国民经济的快速发展，全面建设小康社会的不断推进，低碳能源建设的深入开展，水工程建设是我国未来经济社会发展的必然需求，是保障防洪安全、粮食安全、供水安全、能源安全的基础。水工程规划建设需要从全流域的视野出发，将河流作为一个完整的社会、经济、生态复合系统，协调经济发展与生态保护的需求；从预防、减缓、修复三个方面促进水生态保护与恢复，将生态保护的理念融入水工程规划、设计、建设、运行的全过程。迫切需要树立现代人水和谐的水工程规划设计的理念，在流域规划编制、规划环境影响评价、大中型水工程设计中迫切需要开展相关技术创新。

1.3 河流开发与保护发展趋势

1.3.1 世界各国河流开发与保护发展趋势

目前，世界各国河流开发与保护的总体趋势是加强对水资源的流域综合管理，尤其在水资源已高度开发的区域。在这些高度开发的区域，由于水资源往往被过度开发，导致水质、水量、水生态环境及社会经济都面临严峻挑战。流域管理者必须处理上、下游之间高度复杂的相互关系及水资源开发对水文、生化和生物过程的影响，协调人类经济活动与河流、湿地和湖泊生态健康之间的水管理关系等。这些问题不仅挑战着发达国家的水资源管理者，也挑战着经济日益飞速增长同时又严重缺水的发展中国家水资源管理者。

2008年，作为可持续发展委员会第16次会议的一部分，联合国水机制（UN－Water）对全球国家水资源综合管理计划执行情况进行了调查，发现27个发达国家中的16个、77个发展中国家中的19个完全或部分执行了水资源综合管理计划，见表1.1。流域水资源管理已成为国外水资源管理公认的工作框架。要使人类需求和环境保护得以协调，就需要一个流域级的多学科程序和所有受影响者的充分参与机制。在方法上，流域水资源开发强调以整体方法为基础，强调部分与整体之间的协调，这对防止河流开发对社会、经济、人群健康和生态系统的稳定性产生不利影响是必要的。进行流域层面上水资源开发有三大优点：①整个流域构成一个水文单元，成为统一的供水水源；②人的活动影响着有机体及其周围环境间的相互关系，因此应该采取措施保护整个流域的生态系统；③以超越国界的思维实现对河湖的可持续开发。

表1.1　部分国家流域水资源统一管理历史

国　家	流域水资源综合管理
西班牙	有9个流域管理机构有超过75年的历史
法国	建有6个流域议会和1个用水者协会
德国	北莱茵—威斯特伐利亚州的11个流域机构之一的鲁尔协会（Ruhrverband）于1899年创建
美国	田纳西流域管理局成立于1933年
澳大利亚	1992年墨累—达令河流域协议授权墨累—达令河流域委员会承担协调、规划和可持续管理水、土地以及环境的责任

在流域水资源综合管理的基础上，发达国家河流开发与保护的工作都已取得了更新、更快的进展，管理策略更科学、技术方法更先进，监测手段更科学。发达国家的一些河流开发与保护的经验，见表1.2。

表1.2　部分发达国家河流开发与保护经验

国家	河流开发与保护的经验
美国	美国的水资源管理策略为开发新一代水资源监测技术，开发并推广可提高供水稳定性的技术，研发水资源利用的新技术和新方法，加强对水生态系统服务及用水需求的了解，改善水文预测模型及其应用等
英国	英国实行以流域为基础的水资源统一管理，中央对水资源按流域统一管理与水务私有化相结合的管理体制。国家环境署的主要职责是制定水法，执行环境标准，发放取水和排污许可证，实行水权分配、污水排放和河流水质控制等
日本	日本的水资源管理体制是“多龙治水、协同管理”，注重水资源的长远规划，并通过法律使其成为国家意志。开发先进的节水、治污技术，重视中水、雨水的回用，利用经济杠杆调节用水量

将传统的河流开发与现代的河流开发作对比，后者在诸多方面都有变革和改进，见表1.3。

表1.3　传统河流开发与现代河流开发的对比

项　目	传统河流开发	现代河流开发
研究范围	河段式河流	全流域
基本哲学	改造自然	与自然和谐共存
开发目标	资源	资源＋环境＋生态

续表

项　目	传统河流开发	现代河流开发
研究参数	物理	物理＋化学＋生态
基础理论	力学	力学＋综合
流域观念	轻视	重视
水灾对策	工程	工程＋风险管理
河道治理	河流人工化，断面单一化	河流自然化，断面多样化
堤防建设	高规格堤防，湿地消失	注重湿地保护，水陆连续
大坝建设	高坝大库，水生态系统隔断	适宜规模，生态泄水，鱼道
水资源配置	生活＋工业＋农业	生活＋生产＋生态
流域发展	可持续性差	安全度、舒适度、富裕度高，可持续性强

1.3.2 我国河流开发与保护发展趋势

2000年水利部提出了"实现从传统水利向现代水利、可持续发展水利转变"的新的治水思路，21世纪以来，我国水利进入了发展的转变时期——人与自然和谐相处的现代水利阶段。可持续发展水利核心思想是"人水和谐"，主动调整人与水的关系，是对传统水利的拓展和延伸，其丰富的内涵和发展趋势主要有以下方面：

（1）以流域为单元的综合治理和管理。现代水利注重以流域为基本单元，将流域内水文气象、河流水系、地理地貌、生物及其生境、社会经济作为一个密切联系的系统进行综合规划、治理和管理，使流域水系的资源功能、环境功能、生态功能得到均衡地发挥，安全性、舒适性不断改善，实现流域的可持续发展。

（2）水资源开发与保护并重。对水资源开发、利用的同时，注重水资源的保护、节约和合理配置。明确水资源对社会经济发展具有刚性约束，强调对水资源的开发利用需进行适当的限制，从以往"以需定供"转变为"以供定需"，建设节水型社会。

（3）生态环境友好的水工程规划和建设体系。在工程规划设计的建设目标、工程布局、工程设计、运行管理中优先考虑生态环境问题，建立包括规划、勘测、设计、施工、运行管理各阶段生态环境友好的水利规划设计体系。要针对区域经济社会发展对江河湖泊的防洪抗旱、水环境改善、提高水资源承载能力的需求，深入研究河湖水系联通的作用和影响，保证基本的河湖生态需水，维护河道的自然原貌及水流的多样性，保护生物多样性；建立人与洪水和谐共处的防洪减灾体系，给洪水以出路；根据丰枯变化调水引流，实现水量优化调配，提高应对洪旱灾害能力，维护河湖健康生态，更好地服务于经济社会发展。

（4）充分发挥水工程对生态环境建设的作用，适应未来社会对水环境、水域景观、人与水关系为背景的水文化建设的要求，重视水域空间环境和生态状况的长效管理，注重生态保护与修复，将生态保护与修复、水源地保护、湿地生态保护与修复、环境需水配置、湖库富营养化防治、入河排污口整治、水资源监控管理、城市水环境建设、河口生态保护等生态环境保护内容纳入水利规划范畴。

（5）建立并实施生态补偿机制和制度。探讨建立合理的水电工程生态补偿政策和机制，要以调整相关利益主体间的环境与经济利益的分配关系为核心，以内化相关生态保护或破坏行为的外部成本为基准，坚持“受益者或破坏者支付，保护者或受害者被偿”的原则，调整相关利益主体间的环境与经济利益的分配关系，注重利益受损区域和社群的保护与补偿。

（6）落实最严格水资源管理制度。针对我国水资源短缺、用水效率不高、水污染严重等突出问题，结合江河流域水量分配方案、用水定额管理和水功能区管理，研究划定用水总量控制红线、用水效率红线和入河污染物限排总量控制红线，完善相关政策措施，落实最严格的水资源管理制度，促进水资源的可持续利用。

（7）注重民生，充分发挥水工程对保障和改善民生的基础作用和社会服务功能。注重运用技术、经济、行政、法律等非工程措施服务民生。

第 2 章　河流开发的生态效应

2.1　河流开发对生态的影响途径

河流开发对自然生态的效应包括对非生物要素和生物要素两方面的效应。从形成机理来看，河流开发的生态效应又可分为三级：最先引起流域生态系统中河流水文、水质、泥沙等环境要素和河流形态多样性等非生物要素的变化，即产生第一级效应；一级效应引起河道、河床、河口相应的物理、化学、地形地貌诸要素的改变，进而引起河流生态系统中初级生物要素的变化，改变河流初级生产力，即第二级效应；第一、二级共同综合作用引起较高级（无脊椎动物、鱼类等）和高级（哺乳动物、鸟类等）生物要素的变化，即产生第三级效应，如图 2.1 所示。生态效应的复杂程度从第一级到第三级逐步增加。

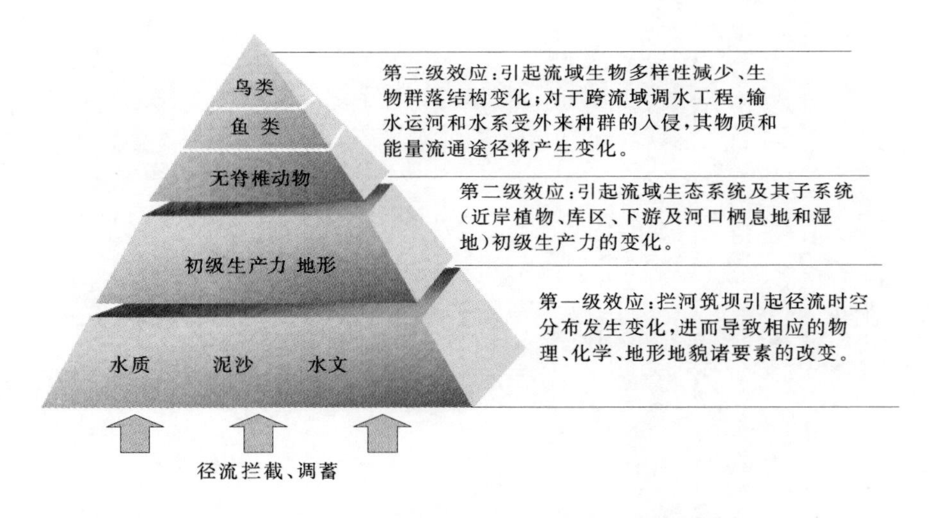

图 2.1　河流开发活动对流域自然生态系统的效应

河流开发活动人为地改变了天然水体的径流过程，引起径流的年内分配、流量丰枯变化形态、季节性洪水峰谷形态、洪水来水时间和长短及水温、水质等水文情势变化，进而引起河道形态、河流连续性、河湖联通性等的变化，这些又是直接与生物的饵料、栖息地、繁殖产卵等密切相关的。图 2.2 以加利福尼亚特里尼蒂河（Trinity）为例，显示了物种生命史与水文状况变化之间的联系（McBain and Trush）。

为分析河流开发的生态效应，本书对我国 2002—2010 年期间建设或者开展前期工作水工程进行了生态效应统计分析。共选择了 137 个不同类型水工程，其中枢纽工程 29 个，

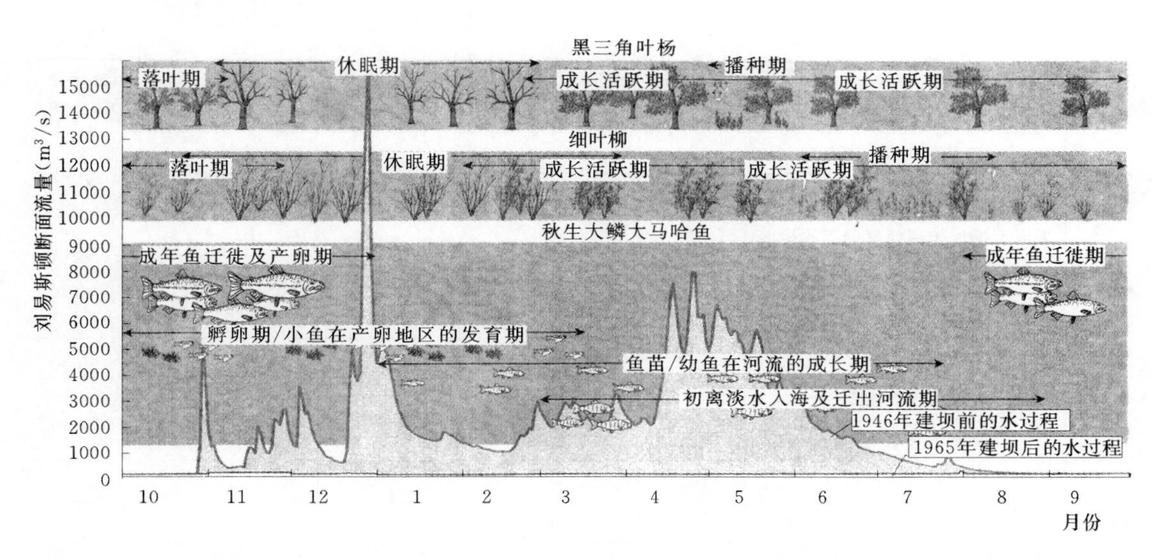

图 2.2 物种生命史与加利福尼亚 Trinity 河水文状况之间的关系（Mcbain and Trush）

灌排工程 10 个，堤防及护岸工程 56 个，航道及河道整治工程 17 个，供水、调水工程 17 个，蓄滞洪区建设工程 1 个，截污导流工程 7 个，见表 2.1。

表 2.1 **各类型水工程生态效应分析** 单位：个

生态效应 \ 工程类型		供水、调水工程	灌排工程	航道及河道整治工程	护岸及堤防工程	枢纽工程	蓄滞洪区建设工程	截污导流工程
提出生态基流要求		7	1	1		23		
存在低温水下泄影响		1				5		
水质影响	对水源地或取水口水质产生影响	4	1	6	11	21		4
	存在富营养化发生的可能	2		3	5	2		1
	退水对水质产生影响	2	3	1	1			2
涉及保护区	涉及保护区	6	2	3	29	8	1	
	涉及保护区级别为国家级	3	1	2	11	4		
	涉及保护区的核心区	1	1	2	5			
	对保护区有一定影响的		1		14	1	1	
对陆生保护植物造成一定影响		8	3		8	8		1
对陆生保护动物造成一定影响		2	2	6	11	2	1	
涉及珍稀保护鱼类		3	1	2	11	3		
对珍稀濒危保护鱼类存活有一定影响		2	1	1	3	2		
鱼类洄游通道	涉及洄游通道	1	1	1	3	3		
	工程造成洄游通道阻隔	2	1		1	8		
	工程拟修建过鱼设施	1		1	1	5		

续表

生态效应 \ 工程类型		供水、调水工程	灌排工程	航道及河道整治工程	护岸及堤防工程	枢纽工程	蓄滞洪区建设工程	截污导流工程
鱼类“三场”	涉及鱼类“三场”	3	1		8	4		
	对“三场”有一定影响	2			7	6		
	采取三场保护与修复的工程措施				3			
涉及移民安置问题		2	5	6	31	16	1	1
地下水影响	工程使地下水位抬高	2	1		1	3		3
	工程使地下水位降低	2	1		1			
	工程对地下水产生阻隔效应	2			1			
	工程对地下水水质产生影响	2	1	1	2	2		
血吸虫病影响	工程增加钉螺扩散几率	1	1	2	3	2		1
	工程减少血吸虫病扩散几率		1		8		1	
	施工人员有感染血吸虫病风险	1	2	2	11	2	1	1
景观影响	改善景观			1	2	1		
	影响景观	5		2	1	3		

从生态效应角度分析：不同生态效应出现的频度因工程而异，如：生态基流问题主要出现在枢纽工程、引调水工程；低温水影响主要由枢纽工程引起；涉及自然保护区较多并对自然保护区产生影响的主要为护岸及堤防工程；对鱼类“三场”影响较大和造成鱼类洄游通道阻隔的主要为枢纽工程；对地下水位影响较多的是供调水工程和枢纽工程。

从工程类型角度分析：不同类型工程引起的生态效应的广度具有很大的差异，如枢纽工程生态效应最为广泛，引调水工程生态效应频度最高的是生态水量，河道工程生态效应频度最高的是水生生物及其生境等。

从区域性角度分析：水工程生态效应具有明显的区域性，地下水、保护类动植物、血吸虫病、景观等影响主要与工程所在区域特性密切相关。

各类型水工程涉及自然保护区、鱼类“三场”、洄游通道、珍稀濒危鱼类及血吸虫病疫区等敏感目标的工程个数情况，见表2.2。由表可见，水资源开发潜力较大的长江等流域，涉及的敏感区域较多，在开发利用水资源的同时，应注重可能涉及的各种敏感区域，如保护区、珍稀保护鱼类及重要生境等。

表2.2 各水资源一级区涉及敏感目标的工程个数分析

水资源一级区	涉及保护区	涉及珍稀保护鱼类	涉及鱼类洄游通道	工程造成鱼类洄游通道阻隔	血吸虫病风险
长江	16	11	4	5	17
东南诸河	1	1	1	1	
海河	2				
淮河	9	2			2
黄河	11	2	1	2	1
辽河	1				

续表

水资源一级区	涉及保护区	涉及珍稀保护鱼类	涉及鱼类洄游通道	工程造成鱼类洄游通道阻隔	血吸虫病风险
松花江	5			1	
西北诸河	1	2	2	2	
西南诸河				1	
珠江	3	2	1		

综上分析，河流开发对流域自然生态的作用因素可以划分为对河湖的阻隔、水文节律的改变、水体物理化学的改变、河流地貌重塑、生物多样性改变等方面，不同作用因素又可以采用不同的影响因子来表征。对于不同类型水工程，影响因子的时间和空间尺度效应不尽相同，见表 2.3。其中：

（1）表中空白格表示其对应的河流开发活动类型与对应的影响因子敏感性较低，此时该工程一般不需分析评价该影响因子。

（2）表格中的大写字母 B、C、R 表示该指标在该河流开发活动类型中主要体现的空间尺度特征。B（Basin）表示该指标需按照流域尺度开展评价，C（Corridor）表示需按照河流廊道尺度开展评价，R（Reach）表示需按照河段尺度开展评价。

表 2.3 河流开发活动类型、生态作用因素及时空尺度三维识别表

作用因素	影响因子	枢纽工程	灌排工程	航道及河道整治工程	护岸及堤防工程	供水、调水工程	水土保持与水生态修复工程	蓄滞洪区建设工程	围垦工程
阻隔	纵向连通性	C/L							
	横向连通性		R/S	R/S	R/L	R/S			R/L
	垂向连通性		R/S	R/S		R/S			
水文节律改变	流量过程	R/L	R/S			R/S	R/S		
	流速	R/L	R/S			R/S	R/S		
	水位/水深	R/L	R/S			R/S	R/S		
物理化学改变	淹没	R/L	R/S			R/S		R/S	R/S
	水温	R/L							
	水质	R/L	R/S	R/S	R/S	B/L		R/S	R/S
	泥沙冲淤	CR/L		R/S	R/S				R/S
河流地貌重塑	河宽变形	CR/L		R/L	R/L				R/L
	河长变形	CR/L		R/S	R/S				R/L
	河型变化	CR/L		C/S	C/S				
	河流底质	R/L		R/L	R/S				
	河床稳定性	R/L		R/L	R/S				

续表

作用因素	影响因子	枢纽工程	灌排工程	航道及河道整治工程	护岸及堤防工程	供水、调水工程	水土保持与水生态修复工程	蓄滞洪区建设工程	围垦工程
生物多样性改变	鱼类物种多样性	C/L		CR/S		R/S			R/L
	植物物种多样性	C/S	R/S				C/S	C/S	R/L
	珍稀水生生物存活	CR/L		CR/L	R/S				R/L
	外来物种威胁					R/L			R/L
工程建设	工程施工	R/S	R/S	R/S	R/S	R/S	R/S	R/S	R/S
	工程占地	R/S	R/S	R/S	R/S	R/S	R/S	R/S	R/S

（3）表格中的大写字母L、S表示该指标在该河流开发活动类型中依照何种时间尺度做分析评价。L（Long）表示该指标需按照长时间尺度开展评价，S（Short）表示可按照短时间尺度开展评价。

2.2 河流开发对主要生境要素的效应

2.2.1 连通性

流域生态系统在纵向、横向和垂向的连通性对于河流和河岸带生物群落的生存和持续性至关重要。出于防洪、引水、开垦土地、航运等目的的水工程建设，将导致河流纵向、横向和垂向的连通性不同程度的丧失。在流域生态系统中，依赖于连通性的过程包括地表水和地下水的交换、有机物和无机物的输运和转化、河网内以及河流和岸边带与高地之间有机体的迁移等。

梯级水库对河流最直接的影响是破坏了河流的纵向连续性。例如，长江上游是许多洄游鱼类的重要栖息地，洄游鱼类需要“三场一道”（产卵场、索饵场、越冬场，洄游通道），梯级水库的建设造成洄游鱼类等水生生物的生命通道阻隔。由于修建鱼道不仅增加工程成本，而且技术难度大，所以迄今为止，绝大多数已建和在建大坝都没有考虑修建鱼道，相当多的洄游鱼类可能灭绝。虽然径流式电站对河流水文过程影响较小，但水流利用率一般很高，河道水流基本上通过引水管道和水轮机流过，实际造成水生生物通道阻隔。例如，岷江上游建设了大量引水式水电站，虽然没有建高坝大库，但造成相当长的河段枯季完全断流，对洄游鱼类等水生生物有致命打击，其珍稀鱼类——虎嘉鱼已经基本消失；长江葛洲坝的截流后，阻隔了长江鲟鱼类的洄游，长江鲟鱼类的性比失调，雄性群体补充严重不足，繁殖种群退化，中华鲟岌岌可危，白鲟和达氏鲟现已濒临绝迹；在哥伦比亚河流域，低流量期间，幼大鳞大马哈鱼到达河口的时间比建坝前晚了约40天。大坝截断河流后蓄水使得幼鱼洄游至海所需要的时间增加一倍多。这种延迟对鱼类有相当大的危害，使鱼遭受密集掠食、氮过饱和及遭受病害生物和寄生物的侵害。延迟也会导致幼鱼群体中的很大一部分残余化并在淡水中度过几个月时间。斯内克河以前鲑鱼的产量是整个哥伦比亚河流域的45%，4座大坝（艾斯哈勃坝、下莫努曼特尔坝、小哥斯坝和下格拉尼特坝）

建成以后，斯内克河流域的大马哈鱼数量和种类急剧减少。银大马哈鱼已经在斯内克河里灭绝，红大马哈鱼在1992年就被列为濒危物种，并且在1993～1998年的春季切努克大马哈鱼、夏季大马哈鱼和秋季大马哈鱼分别被列为受威胁的物种。洄游鱼类是水生态系统中关键生物指标物种之一，它的灭亡将影响整个河流生态系统的结构和生态系统的完整性。

干流与支流、河流与湖泊的关联特性是影响生物种群数量的重要因子，水流是维持河流的纵向、横向连续性的重要因素。堤防、堰闸是影响河湖横向连通性的主要因素。

2.2.2 水文情势

水文情势的改变是河流开发活动对流域自然生态系统影响的核心。物种的分布、组成与水文过程密切相关，水流是影响栖息地的决定性因子，水生生物的生命史与天然水流动态有着直接的响应关系。水流特性对土著水生生物的繁殖、存活至关重要，水流特征的改变会导致外来物种的入侵。水工程建设明显改变河流水量、水位，影响着泥沙、营养物、水温等的时空分布，造成流域生境的变迁，对生物的生存造成不同程度的影响。一般说来，长期的水文特征与生物的生长史有关，近期的水文事件对物种的组成、数量有影响，现状水文特征主要对生物的行为和生理有影响。

1. 流量、水位的变化

未修建水工程的河流流量和水位是随着自然季节的变化而变化的；而在河流上修建水工程蓄水后，给河流强加了一种人工的流量变化模式，改变了河流原有的自然季节流量模式。并且一般会消除极端水文变化的出现。

2. 地下水水位的变化

流域生态系统的地表水与地下水有着密切的水力联系，河流水文条件的改变也会影响到地下水的水位。水库蓄水使其周围地下水水位抬高，从而扩大了水库浸没范围，导致土地的盐碱化和沼泽化。调水等造成坝下地表水量减少，致使地下水水位下降，甚至出现地表断流。同时，拦河筑坝也减少了水坝下游地区地下水的补给来源，致使地下水水位下降。

综上所述，水工程传统调度方式综合效益的获得是以自然水文情势的显著改变为代价的，是以克服自然径流过程的时空不均匀性，满足人类需求的相对均衡性的方式取得的，河流的水沙情势、水文情势因此而发生显著改变。自然径流过程的时空不均匀性很强，而人类的需求尤其是防洪、供水、发电、灌溉、航运等需求则需要相对均衡的径流过程，这造成了天然水资源分布和人类需求之间不匹配的矛盾，随着现代社会的工业化和城市化进度的加速，这一矛盾愈发尖锐。通过水工程的传统调度，人类实现了对天然径流及泥沙输移过程的重新调整，使得水流和河床以相对稳定和可预测的方式满足人类的需求，但对下游而言，水沙情势及水文情势却发生了很大变化，其影响程度视水工程的功能的不同而不同。

以防洪为主的工程，通过对洪峰的削减作用，使得下游河道呈现径流过程平坦化，天然洪峰过程消失，处在长时间的大流量波动的状态。以发电为主要功能的工程，随着其调节能力的不同和承担调峰任务的大小，会使得下游河道的水文情势出现小洪水过程消失、人为的高流量脉冲频繁出现的现象。以灌溉和供水功能为主的工程，由于大量引水、削峰补枯，使得下游河道会出现水量显著减少、水文过程季节变差平坦化等现象。此外，水库的水温分布均具有不同程度的分层现象。对于强水温分层型水库，当采用底层取水时，会使下游河道的水温遭到严重影响，水温过程发生时相滞后和水温自然变幅缩小的现象。对于多泥沙河流，其水沙情势也会发生显著改变，由于库区水流变缓，河流挟沙力迅速降低，所携带的大量泥沙会淤积在库区，只在汛期有部分泥沙随洪水排向下游。在大部分时段，下游河段又会遭受清水冲刷。总而言之，水工程的传统调度方式会导致河流水文情势中的洪水过程和季节节律遭到不同程度地削弱，使河流自然的水文节律和水沙情势发生明显变化。

河流生物在长期的进化过程中，已经形成了与自然水文过程以及自然气候过程等自然节律紧密配合的生活史策略。水工程的建设和运行改变了这种自然水文过程及水温、水沙过程，使得洪水过程等生物节律信号丧失或紊乱，从而对水生生物的迁移、扩散、繁殖行为造成严重干扰，直接影响河流生态系统的生物组成。高坝水库的运行还会造成过饱和气体现象，使水生生物特别是鱼类患气泡病。

2.2.3 水温

天然河流的水温在时间尺度上，有着日变化和年内循环变化过程。河流水温一天内在凌晨日出前最低，在下午至傍晚水温最高。一般来讲，小型河流日变化幅度小，较大河流日变化幅度较大。宽浅河流的日变幅较大，随着河宽和水深的增加，日变幅又变小。在年内变化上，河流水温呈现出正弦函数的变化过程。

筑坝河流库区水温结构会呈现出不分层、弱分层和强分层3种水温结构，并形成“滞温效应”。图2.3和图2.4分别为水库蓄水后库区沿程垂向水温分布及坝前水温垂向分布。筑坝后，库区水温沿程增加，但比天然河道水温增加率小。沿库区水体垂向方向，高坝深水库呈现出明显的水温分层，如我国的密云水库、冯家山水库、二滩水库、美国的Pine-flat水库和Bluestone水库等。

筑坝河流坝下河段，则由于库区河段水温结构的变化及库区的“滞温效应”，呈现出冬季水温较天然状态下水温偏高，春、夏季节水温较天然状态下水温偏低的特点，如图2.5中所示。图中虚线为水库蓄水前原天然河段水温年内变化过程，实线为水库蓄水后下泄水温年内变化过程。同时，由于水库蓄水后形成巨大的容积，削弱了原天然河段水温的年内变化和日水温波动幅度。相对于天然状态，下泄水温最大值表现出明显的延迟。Macquarie河上Burrendong大坝下游年最高水温减小了8～12℃，时间延迟了1～3个月。Mitta Mitta河上Dartmouth大坝下游年最高水温减小了8～10℃。由于受上游水库下泄低温水的影响，Lyon河夏季水温比邻近未受水工程影响的Lochay河低5～6℃。同样的，美国Willamette河建Hills Creek大坝后，下游河段夏季水温从17.5℃下降到14.5℃。

对于水生态系统而言，水温影响着河流水生生物的生长、发育和繁殖活动，也影响着水生生物的空间分布，具有重要的生态意义。水温是河流生态系统健康评价的重要指标，每一种水生生物不同的生命史都有其水温需求的阈值。同时，河流水温的季节性变化和日变化过程，也对河流水生生物的空间分布有决定性的作用。许多河流生态因子和条件(biological factors and conditions)，如河流生产力（stream productivity)，都与河流水温有着强烈的关联。河流水温影响着河流中的无脊椎动物到鲑鱼的很多水生生物的生长、繁殖和分布。水生生物都有其生长、繁殖和分布适宜水温。水温变化的刺激对鱼类产卵也具有一

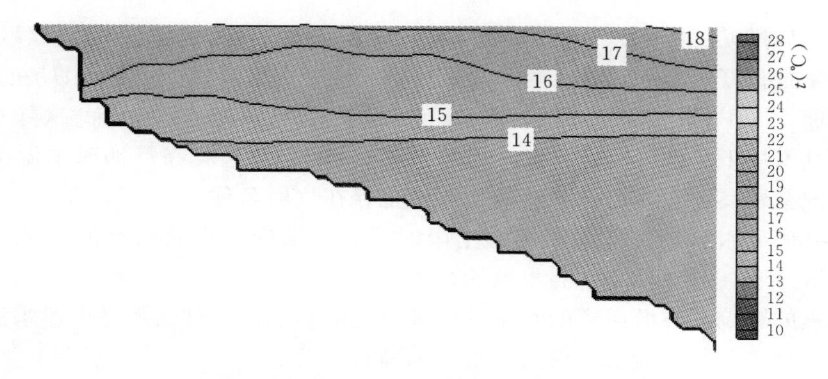

图 2.3　水库蓄水后库区垂向水温分布

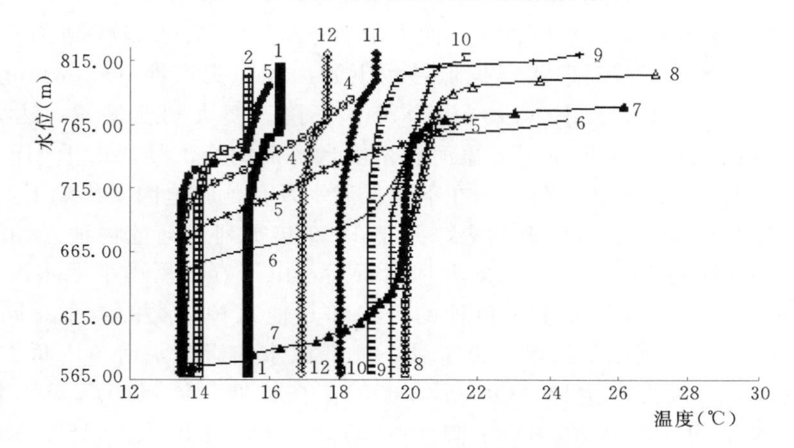

图 2.4　水库蓄水后坝前水温垂向分布

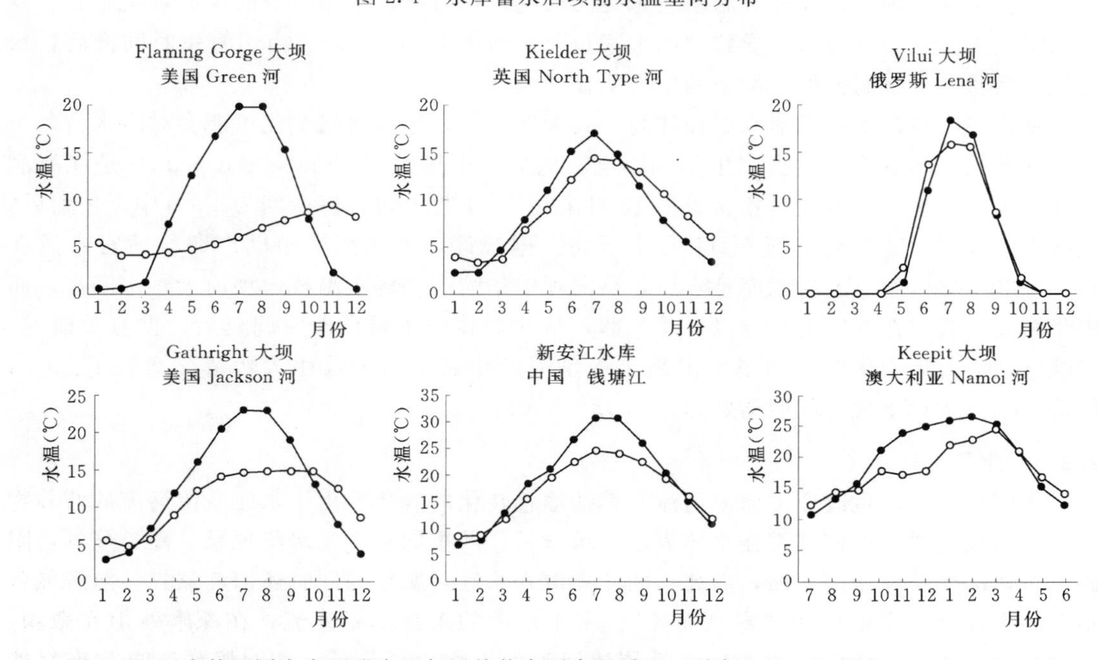

图 2.5　国内外不同水库下泄水温与天然状态下水温对比（引自 Julian D. Olden et al.，2009）

定的普遍性。如黑龙江野鲤、方正银鲫在每年5月上中旬当水温上升到13～15℃时，随着水温上升第1批鱼开始产卵，几天后水温下降，5月底水温再次上升到20℃左右时，第2批鱼开始产卵，6月上中旬水温升到23～25℃时，第3批鱼产卵。鱼类每次随水温上升的产卵行为，其本质上是变温刺激排卵（尹家胜等，2001）。鱼类在产卵时水温下降，产卵活动中止的现象在其他春季产卵的鲤科鱼类中也存在（殷名称，1995）。对于冷水型鱼类，如鲑鱼，当其所处水域超过其耐受水温上限时，有寻求冷水水域的行为；对于温水型鱼类，则有逃避冷水，寻找较高水温水域的行为。

受水工程的影响，下游河道的水温受两种情形的影响。一种情形是下泄水温较天然水温偏低，另一种情形是下泄水温较天然水温偏高。

冷水污染（Cold water pollution，CWP）是由于水库下泄水取水口处于温跃层以下，下泄水温较天然水温偏低。取水口越深，而太阳能量难以渗透进入较深水体，则下泄水温越低。由于冷水下泄，下游河段水温偏低导致下游河段鱼类产卵（spawning）受阻、存活率（survival rates）和生长率（growth rates）下降。澳大利亚墨累—达令（Murray-Darling）河流域的Hume大坝位于墨累河和米塔米塔河的交汇处。由于Hume水库下泄低温水，其不利影响达下游几百公里。在下泄低温水及其他胁迫因素影响下，墨累一达令河流域的土著鱼类Murray cod资源枯竭，并于1999年被列为濒危物种（vulnerable species）。美国Green河的Flaming Gorge大坝运行后，由于春、夏季下泄水温接近于6℃，低于以往的7～21℃，导致几种土著鱼种的灭绝和其他几种鱼类的濒危。同样地，美国Jackson河Gathright大坝以下河段，由于受下泄低温水的影响，河道内鱼类以温水型鱼类为主变成以冷水型鱼类占主导（Olden，2004）。在钱塘江流域的新安江水库蓄水后，导致其下游河段年均水温从19.0℃下降到13.5℃，年内水温大于15℃总天数减少了37%，直接导致坝下江段部分温水型鱼类的灭绝。在丹江口水库以下的汉江，由于春、夏季水温较天然状态下降低，导致“四大家鱼”产卵推迟20～30d。由于繁殖时间推后，水温较天然状态下水温偏低，幼鱼的生长明显变慢。

秋、冬季节，水库下泄水温往往高于其天然水温，这种水温变化可能会对冷水型鱼类的生活及秋、冬季繁殖鱼类产生不利影响。例如，中华鲟（Chinese sturgeon）是江海洄游性鱼类，其生殖季节在每年秋季的10月上旬至11月上旬，盛产期为10月中下旬前后。三峡水库建坝后其繁殖期延至11月中下旬。据统计，中华鲟繁殖期产卵场适宜水温在17.0～20.0℃区间。三峡水库蓄水后，葛洲坝中华鲟产卵场水温较建坝前天然水温高，而中华鲟繁殖要求在一定的水温以下才产卵，从而导致中华鲟产卵时间延后。据有关研究，三峡电站运行后中华鲟产卵场水温满足中华鲟产卵需求的天数比天然情况增长了83%，但适宜水温指标出现时间明显延迟（约18～54d）。

2.2.4 水质

水库形成后，也改变了原来河流营养盐输移转化的规律。由于水库截留河流的营养物质，气温较高时，促使藻类在水体表层大量繁殖，严重的会产生水华现象。藻类蔓延，阻碍大植物的生长并使之萎缩，而死亡的藻类沉入水底，腐烂的同时还消耗氧气，溶解氧含量低的水体会使水生生物“窒息而死”。由于水库的水深高于河流，在深水处阳光微弱，光合作用也较弱，导致水库的生态系统比河流的生物生产量低，相对脆弱，自我恢复能力弱。

河流因建坝而经历的化学、物理和生物变化会极大地改变原有水质状况，主要表现为水库水体盐度增高、水库水温分层、库中藻类繁殖加剧等。①盐度的变化。大坝拦水以后会形成面积广阔的水库，与天然河道相比，大大增加了曝晒于太阳下的水面面积，在干旱地区炎热气候条件下，库水的大量蒸发会导致水体盐度的上升。此外，坝址上游土地盐渍化会影响地下水的盐度，通过地下水与河流的水力交换，又会影响河流水体的盐度。②酸度的变化。坝址上游被水库淹没的植被，会消耗水中的溶解氧，释放出大量的温室气体和二氧化碳，从而会增加水体的酸度，加速湖床中矿物质（如锰和铁）的溶解。③温度的变化。通常，从水库深处泄出的水，夏天比河水水温低，冬天比河水水温高。而从水库顶部附近出口放出的水，全年都比河水水温高。④藻类的变化。大坝在截留沉积物的同时也截留了营养物质。这些营养物质使得水库水体更易发生富营养化现象。在气温较高时，藻类可能会在营养丰富的水库中过度繁殖，使水体散发出难闻的气味。

2.2.5 河流形态

修建水工程引起了第一级非生物要素水文、水质、泥沙等的变化，进而引起了第二级非生物要素河道、河床、河口等的变化。

1. 改变河流形态

水工程造成河流形态的均一化和非连续化是影响河湖生境多样性的重要原因。所谓河流形态的均一化主要是指自然河流的渠道化或人工河网化。具体表现为：①平面分布上，河流形态直线化。即将蜿蜒曲折的天然河流改造成直线或折线型的人工河流或人工河网。采用这种规划设计方法的理由是：直线型的渠道工程量小，同时节省耕地，减少移民搬迁。②渠道横断面几何规则化。把自然河流的复杂形状变成梯形、矩形及弧形等规则几何断面。规则的渠道断面输水能力强，也可减少占地。设计时易于计算，建设时易于施工。③河床材料的硬质化。渠道的边坡及河床采用混凝土、砌石等硬质材料。防洪工程的河流堤防和边坡护岸的迎水面也采用这些硬质材料。原因是渠道工程中可减少渠水的渗漏，以利节水。光滑的渠坡减少表面糙率，提高输水效率。在岸坡防护方面，采用硬质材料的原因是其抗冲、抗侵蚀性及耐久性好。④河流的裁弯取直工程。

天然河流把上游的泥沙搬运到中、下游及河口，使河道、河床、河口、三角洲保持一种动态的平衡。但是，河流上修建水工程以后，水工程留存大量的沉积物，致使下游河道变深变窄，使得有沙洲、河滩和多重河道交织在一起的蜿蜒河流变成了只有相对笔直的单一河道的河流，改变了河流原有的蜿蜒度和连通性。同时，由于清水下泄，靠近大坝下游的河床处于冲刷状态，岸坡和河床的稳定性受到影响，被冲走的泥沙则在更下游沉积下来，又抬高那里的河床，也改变了那里岸坡和河床的稳定性。水库拦蓄影响了河道行水，以至不能满足河槽相对稳定的最低要求，造成下游河道萎缩，降低了行洪能力。

筑坝使顺水流方向的河流非连续化，流动的河流生态系统变成了相对静止的人工湖，流速、水深、水温及水流边界条件都发生了重大变化。所谓河流形态的非连续化是指在河流筑坝形成水库，造成水流的非连续性。有的河流进行梯级开发，更形成河流多级非连续化的格局。水库蓄水后，淹没了原有的河流两岸的陆生植被，使得丘陵和平地岛屿化和片断化，陆生动物被迫迁徙。

2．对河口及岸边的影响

河口三角洲和河流冲积平原都是靠河流搬运泥沙形成的，而且是不断生长的。修建水工程之后，河流所携带的沉积物大量减少，导致三角洲、冲积平原和海岸线不断退缩，使滨海地区受到了严重侵蚀，这种影响将从河口沿海岸线延伸到很远的地方。例如三峡大坝建成之后，大量泥沙滞留于库区，出库泥沙量减少，坝下河床冲刷而提供相当数量的泥沙，支流湖泊供沙也发生变化，这将使进入河口地区的泥沙有所减少。

河流水文地貌过程是河流生态系统的基本过程，也是维系河流生态系统连续性的关键过程，在河流水文地貌过程中，水流提供了塑造河床的直接动力，泥沙则是改变河床形态的物质基础，不同的水沙组合塑造了不同的床面形态，使得河流地貌过程直接决定栖息地的分布及其多样性（孙昭华等，2006）。水文地貌过程的受阻还造成河道冲淤态势发生显著变化，进而使河床变形，加重洪灾危害，并造成物理栖息地的破坏或转型。而水工程的直接影响河流水文地貌过程。

2.3 河流开发对初级生产力的效应

初级生产力是指生态系统中生物群落在单位时间、单位面积上所产生有机物质的总量。水工程建设运行对初级生产力的影响表现在多个方面。对于生物群落多样性的影响极为显著。河流的渠道化和裁弯取直工程改变了河流蜿蜒型的基本形态，急流、缓流、弯道及浅滩相间的格局消失。河流横断面上的几何规则化改变了深潭、浅滩交错的形势，生境的异质性降低，水域生态系统的结构与功能随之发生变化，可能引起水生态系统退化。具体表现为河滨植被、河流植物的面积减少，微生境的生物多样性降低，鱼类的产卵条件发生变化，鸟类、两栖动物和昆虫的栖息地改变或避难所消失，可能造成物种的数量减少和某些物种的消亡。河床材料的硬质化，切断或减少了地表水与地下水的联系通道，导致在沙土、砾石或黏土中数目巨大的微生物再也找不到生存环境，水生植物和湿生植物无法生长，使两栖动物、鸟类及昆虫失去生存条件。复杂的食物链（网）在某些关键种和重要环节上断裂，这对于生物群落多样性的影响将是全局性的。自然河流的非连续化，造成的影响是将动水生境改变成了静水生境，动水生物群落变为静水生物群落。由于水库水深远大于河流水深，太阳光辐射作用随水深加大而减弱，在深水条件下，光合作用较为微弱，物质循环和能量流动减缓，所以水库生境的生态系统生产力（Productivity）较低。水库的淡水生态系统较河流生态系统相对脆弱，表现为抗逆性较弱，自我恢复能力弱。水库形成以后，原来河流上中下游蜿蜒曲折的形态在库区消失了，主流、支流、河湾、沼泽、急流和浅滩等丰富多样的生境代之以较为单一的水库生境，生物群落多样性在不同程度上受到影响。

1．对陆地植被的影响

水库修建后淹没大片的原始森林、草原、湿地、耕地等，对这些地方的植被造成了永久性破坏，淹没是水坝造成的最明显的生态环境影响。同时，由于水工程修建引起的新城镇、道路等的建设，又扩大了对流域生态系统周边区域植被的破坏。这些破坏严重时会使物种处于灭亡中，并产生一系列连锁效应。

修建水工程用来储水、调水、供水等，通常会引起河流下游水位和流量降低，这就减弱了与地下水之间的水力联系。地下水因得不到补充，水位下降，河岸边的湿地消失。水位变动影响水库岸边植被和沼泽地植被的生长。同时，河流被水工程拦蓄后，改变了原有河流水体的时空分布，削弱了流量的自然变化性特征，导致河滨植物再生能力降低，对两岸陆生植物产生影响，损害了河流水生生态系统的基本功能。洪泛区湿地是生态系统最发达的地方之一，但是水工程修建改变了洪泛区湿地的水文情势和水循环方式，不再有洪水泛滥，隔断了对洪泛区湿地的养分输送，导致了洪泛区湿地生态环境功能退化。

2. 对藻类等水生植物的影响

水库把N、P等养分大部分截流在水库内，在温度较高的时候会引起藻类等的大量繁殖；库内水流流速小，透明度增大，利于藻类光合作用，大量消耗水中溶解氧。在浅水而静止的水库里，藻类的大量繁殖会导致水质的恶化。同时，由于水库引起的水体温度变化将有利于冷水物种繁殖和生长，导致温水植物物种减少，以至灭绝。

3. 对浮游生物、初级生物的影响

水工程削弱了洪峰，调节了水温，增加了水工程上游营养物质的含量，降低了下游河水的稀释作用，水库广阔的水面和缓慢的流速，使得浮游生物数量大为增加。但是，不同的水库泄水方式会影响浮游生物和初级生物的种类和数量。同时，浮游生物的发育与水温成正比，由于水库水温分层，浮游生物也分层。入海径流携带了大量营养物质，为水生生物提供了食物，水工程造成了河流径流量减小及携带泥沙能力下降，引起了河口营养物质浓度发生变化。另外，径流量减小，冲淡水与海水的交汇上移，冲淡水的面积减小，水生生物的活动空间将被压缩。

2.4 河流开发对生物多样性的效应

2.4.1 对底栖无脊椎动物的影响

底栖动物是水生态系统的重要组成部分，是食物链的中间环节，对水生态系统的正常循环至关重要。底栖动物群落结构的演替规律及多样性的变化，对水生态系统的健康状态具有重要的指示意义，其现存量的多寡也关系到河流渔业资源的兴衰。

自然形态溪流中的底栖动物的区系组成主要依赖于溪流水体的理化因子及外源物质的输入。对存在低坝头水坝的溪流，流量调节较为温和而又有规律，拦蓄的水不产生明显的分层，坝下溪流的理论组成及生境不会发生明显的变化。由于溪流规模较小，在其上修建的多为低坝头的水坝，其对底栖动物群落结构的影响主要是流量的波动造成的干扰。而河流上修建的多为高坝头的水坝，水库水深一般较深，有水温分层现象，发电时存在深层水及表层水的排放问题。因此，其对下游河段造成的不利影响较溪流要多和复杂。如水库深层水及表层水的排放改变了下游河段正常的水温变化规律，造成一些种类如蜉蝣目的生活史及种类组成发生改变。同时，防洪时流量的突然持续增大对下游河床的冲刷改变了下游河床的形态及地貌，并迫使下游底栖动物的被动漂流，出于发电效益的考虑造成的昼夜流量剧烈波动对底栖动物群落造成强烈干扰。因此，Cortes认为水坝对溪流底栖动物群落结构的影响结论不能与河流的简单加以比较。

一般而言，大坝的存在会造成河流下游流量的非自然化，并可能导致底栖动物种类组成发生变化，物种数减少，生活史改变及种群丰富度降低。Ward总结受调控河流存在4种径流模式，分别为流量减少、流量保持持续稳定、流量增加和流量短期剧烈波动。研究表明流量保持持续稳定促进了美国Strawberry河和英国Tees河的坝下河段附石藻类的大量生长，蜉蝣目密度大量增加，其中四节蜉的密度大量增加而摄食功能团中撕食者及捕食者大量消亡，西班牙、挪威及法国的一些河流也观察到类似现象；流量增加导致澳大利亚河流坝下河段蜉蝣种类的减少，南非Great Fish河的蜉蝣目类群由静水性种类转变为流水型种类，流量的持续增加也会引起一些生活在河流岸边静水区的种类的被动漂流；流量的短期剧烈波动导致坝下河段水位变动频繁，可引起坝下河段近岸带蜉蝣类的被动漂流和搁浅，并导致一些种类向深水区转移，从而使蜉蝣类的密度和生物量显著减少；流量减少乃至停止，可导致坝下江段蜉蝣类密度的持续减少，穴居类型的种类被搁浅，而一些游泳类型的种类通过漂流得以逃脱。研究还表明流量持续减少时会减少襀翅目的生存空间，而一些静水性的种类会大量滋生。因此，河流维持适当的生态流量至关重要，而这又与水库的调度方式密切相关。

总而言之，水库的调度方式是影响坝下河段底栖动物群落结构的关键因素，流量的变动规律是水库调度方式的直接体现。大量研究表明，流量变动过于剧烈会导致坝下江段底栖动物的群落结构发生较大的变化，扁形动物、襀翅目、蜉蝣目、鞘翅目和毛翅目由于环境的剧烈变化倾向于数量减少乃至消亡，流量减少期间会压缩底栖动物的生存空间，流量增大时随水流冲出的泥沙会慢慢沉积于下游河床的底质上，减少河床底质的空间异质性，从而间接导致物种多样性的丧失。另外，突然增大的流速也会增加水生昆虫漂流的几率，水库深层水及表层水的排放会扰乱下游河段的水温变动规律，迫使一些种类改变生活史以适应新的环境。河流底栖动物的区系组成与当地的地形地貌、水文规律和水质理化因子息息相关，不同的河流底栖动物的区系组成各不相同，大坝对河流下游底栖动物群落结构的影响效应也不尽相同。由于影响因素较为复杂，国外虽有不少学者对其影响效应进行了分析研究，但得出的结论也只适用于特定地区的河流，乃至某一特定河流，不具有普遍性。

近年来，随着三峡大坝的建设，由此引发的一系列水生态问题引起政府、公众乃至全球的关注。我国有不少学者针对三峡水库引发的生态问题进行了论述和研究。如邓金运等对三峡水库提前蓄水对重庆河段泥沙淤积和浅滩演变的影响进行了研究；尹真真等对三峡水库二期蓄水后次级河流回水河段富营养化进行了调查；余立华等研究了三峡水库蓄水前后长江口水域夏季无机盐的变化；胡征宇等对三峡水库蓄水前后水生态系统的变化进行了论述，吴惠仙等研究了三峡水库初次蓄水后干流库区枝角类的空间分布与季节变化；张九红等对三峡水库调度对长江水质影响进行了研究；汪天平等研究了三峡建坝后长江安徽段生态环境变化与血吸虫病传播关系。一些学者还对三峡水库的重要支流库湾如香溪河、澎溪河开展了生态调查。此外，石晓丹等对大坝运行过程中泄水对坝下游生态系统的影响进行了论述，胡菊香等对长江上游轮虫的纵向演替进行了研究，并分析了水电工程对轮虫群落结构的影响。但迄今为止未见有大坝对河流下游底栖动物群落结构影响效应的相关研究报道。

2.4.2　对鱼类影响

1. 第一级非生物要素对鱼类的影响

水流对鱼类的生存起着决定性的作用，鱼类关键的生命阶段都与水文情势相联系。许多生命事件都与温度和白昼的长短同步，所以当水文情势变化与这些季节性的周期不是自然协调时，就可能对水生生物区系产生负面影响。

水流、生境结构和鱼类具有显著的关联。水文情势改变会影响鱼类多样性和鱼类群落的功能组织。这些影响可能涉及任意一个生活史阶段，这已经在所有的空间尺度下被观察到。当水库下泄流量迅速下降时，河鱼将搁浅在沙洲上或困在河道外的生境里。这种影响随着物种、体型大小、水温、一年或一天中的时间、基质的特点和流量减少的速度而不同。例如，新出生的鲑鱼幼鱼和冬季藏在河流基质里的未成年鲑鱼非常容易在流量下降的过程中被困在河流的基质上。然而成年的鱼类能够游到暂时适宜的生境里，以弥补生境质量和适宜性的定期下降。

大坝拦截江河后，对天然河流的水文情势产生显著的影响，影响最大的是多年调节型水库，影响相对较小的是日调节型水库。水库水位的变化与天然江河大不相同，取决于不同类型的调节方式。以防洪为主要目的的水库，其水位的变化在季节上与天然河流是相反的，水位变幅较大，如长江三峡水库，汛期水库处于低水位运行，在汛期末蓄水，水库处于高水位运行。而对径流式电站如葛洲坝水库来说，水位的变幅不大，也不会出现明显的季节性变化。与天然河道相比，水库的流速变化也很明显。在水库的不同库段，流速的变化也不一样。在库区，原本水流湍急的河道变为水流缓慢甚至静止的水体，水位上升，并且由于水库的调节，水位的变化非常频繁，变化幅度较大。库区流速变缓，导致流水性鱼类消失，静水性鱼类取而代之。新安江水库、丹江口水库和三峡水库的支流香溪中鱼类群落结构发生巨大变化，静水性鱼类代替流水性鱼类成为优势种类。而且水库上游产漂流性卵的鱼类所产的卵没有足够的漂流距离，导致卵无法孵化而死亡。丹江口水库表层流速降低，表层水中已无鱼卵，中层鱼卵也非常少，汉江上游的鱼类产卵场与库区的距离远小于鱼类孵化所需要的漂流距离，最后大部分卵都沉到库底而死亡。

对坝下江段，由于水库的调节，水位、流速和流量的周年变化减小，水位变动较为平稳，与河道的自然水位变化相差较大，使波峰型产卵的鱼类所需要的繁殖生态条件不能满足，直接影响鱼类的自然繁殖。丹江口水利枢纽下游的调节作用，鱼类繁殖所需的涨水条件得不到满足，导致三官殿等产卵场消失。在钱塘江七里垄大坝下的排山门江段过去是钱塘江鲥鱼的主要产卵场，但是该江段水文条件被改变，鲥鱼产量急剧下降，而且趋于小型化。在1979年的早期资源量调查中未发现鲥鱼的卵和仔鱼。人工调节流量和流速的变化会导致坝下河段的河岸被侵蚀、水生植物死亡和底栖生物群落丧失，造成鱼类繁殖失败、幼鱼摄食场丧失，并对底栖食性的鱼类造成巨大影响。

水库水体温度分层和水质恶化，会对鱼类产生很大影响。水库深孔下泄的水温比河水温度低，这会影响下游鱼类的生长和繁殖；高坝溢流泄洪时，高速水流造成水中氮氧含量过于饱和，能致使鱼类产生气泡病；筑坝使得大多数河流的自然流量以及流量的频率、出现的时间被人类控制，削弱了流量的自然变化性特征，导致了本地鱼类物种的普遍丧失；一些深水水库，水体温度较低，放水过程会造成一些土著鱼类等水生生物难以适应。水质的恶化会通过食物链逐级传递，进而影响人类的健康。河水流速、水位的变化也会对鱼类产生影响。由河流环境变为水库环境后，流水性适应的鱼类就无法生存，取而代之的是以静水生活的种类。水工程修建，改变了山溪性河流的一些水文特征，库区水面变宽，流速变缓，水质透明度提高，有利淤积缓流型水生生物的生长及鱼类繁殖；但是，河流水位的急剧变化，交替地暴露和淹没鱼群在浅水中有利的休息场所，又妨碍了鱼群产卵。泥沙被大量拦截在水坝前的水库内，影响了下游鱼类、底栖生物等的生存栖息环境。同时，也阻隔了输送到下游和河口的大量盐分、有机物和浮游生物，影响了下游鱼类的产量。

2. 第二级非生物要素对鱼类的影响

水库的形成为人工养殖鱼类等水生经济物种提供了合适的场所，改善当地居民的生活状态，但是人工养殖往往会引入一些生长迅速、生命力强的外来物种，这些外来物种一旦适应了当地的环境，大量繁殖和增长，将会通过占据当地土著鱼类的生态位，捕杀土著鱼类的鱼卵和幼鱼等方式，使当地土著鱼类数量锐减甚至消失。美国科罗拉多河在 Glen Canyon 水坝竣工之后，使得下游水位下降，且清澈度明显上升。相比之前充满悬浮物的浑浊河水，目前河水的可见度可达 7m 以上。这种低温、清澈的河水为一种非当地的鲑鱼提供了良好的生活环境，导致其大量繁殖，从而改变了河流中的食物网。根据水产环保部门的研究结果，对河流生态系统天然渔业资源破坏性最大的是建水坝、修水库。水坝不仅对某些溯流而上的鱼类的迁徙造成阻隔，同样会减缓或阻挡鱼类向下游迁徙，水库中激流的消失，常会导致某些鱼类（如幼蛙鱼）迷失向下游迁徙的方向感，进而被其他动物猎食。修建大坝阻隔了洄游性鱼类的洄游通道，对其的影响可能将是毁灭性的。例如，2001 年 7 月 3 日在青海湖沙柳河拦河坝上下段约 200m 的河道内，死鱼形成了一条约 50cm 厚的鱼尸带。同时，在相对单一的水库生存环境中繁衍的鱼的种类，只占丰富的流域生态系统生存环境鱼的种类的极小一部分，不利于整个河流生态系统的持续发展。

另一类非连续化是由于河流两岸建设的防洪堤造成的侧向水流的非连续性。堤防妨碍了汛期主流与岔流之间的沟通，阻止了水流的横向扩展。堤防把干流与滩地和洪泛区隔离，使岸边地带和洪泛区的栖息地发生改变。原来可能扩散到滩地和洪泛区的水、泥沙和营养物质，被限制在堤防以内的河道内，植被面积明显减少。鱼类无法进入滩地产卵和觅食，也失去了避难所。鱼类、无脊椎动物等会减少，导致滩区和洪泛区的生态功能退化。

综上所述，河流开发改变了河流水文过程，对流域生态系统的地表水、地下水资源的时空分布产生了影响，并改变了系统内的水质、水温等水环境特性，影响着河流的地貌特征，改变了河流的蜿蜒度和连通性，以及河床、岸坡的稳定性。这些变化必然改变流域生态系统的生物栖息地状况，影响到滨河植被的生长和鱼类、鸟类等种群及栖息，土著以及濒危的珍稀动植物种的生存受到威胁，还可能有外来有害物种入侵，如图 2.6 所示。

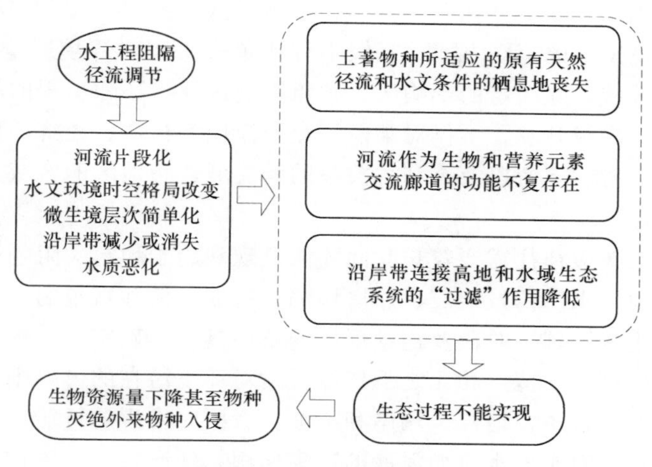

图 2.6 河流开发与流域生态系统的响应关系

2.5 生态效应的特性

1. 系统性和调节性

河流开发改变着流域原有的社会—经济—自然的复合生态统，这个系统相互联系、相互制约、相互影响，组成一个具有整体功能和综合效益的集群。在这个集群中，人群和工程对环境的系统性影响显著加强，不仅对局部区域产生影响，同时还影响到上游、下游以及有利益关系的相关区域，其影响的性质、因素、后果都是系统的。在这个复合生态系统里，若工程群规划得当，施工组织科学，环保措施得力，就能与自然相协调、相融合。反之，这个系统将是不稳定的，甚至工程群对这个系统主体的人，不是带来利益，而是成为灾难。

水工程调度运用，将对江河水流在时间、空间上进行重新分配并调节江河湖泊水位，从而改变江河的天然状态，对河道乃至流域内的水文、泥沙情势造成影响，河流生态系统的结构和功能将会发生改变，而水文、泥沙情势的变化是导致相应生态变化的原动力，在这个复合系统里，水工程对系统的调节性是十分显著的。

2. 叠加性和累积性

水工程对环境影响突出的特点是具有累积性。有些生态环境因子变化，不仅受一个工程的影响，还受到梯极其他工程的影响，这些影响具有叠加、累积性质，也是梯级水库对环境影响的群体效应。累积影响最小化的含义包括以下几个方面：

累积度最低——累积度反映了水工程环境效应或影响在时空尺度上的累积程度，不利的累积度越低，水工程对生态环境系统造成的损害越小。

累积区最小——累积区的大小反映了水工程环境效应或影响在空间上分布特征，不利的累积区愈小，水工程对生态系统不利影响的范围就愈小。

累积时域最低——累积时域反映了水工程环境效应或影响在时间上的分布范围，不利的累积时域越低，水工程对生态环境系统可能造成的不利影响越小。

3. 影响的波及性

在水工程对环境影响的范围方面，梯级工程比单一工程对环境影响所涉及的范围大。梯级工程所影响的区域，除固定的影响区、常年影响区外，还随工程的施工与运行所波及范围的不同而不同。梯级开发，不仅对某段河流及流域的社会、经济、环境产生影响，同时产生的影响波及上游、下游以及有利益关系的跨流域、跨地区的区域。

4. 长期性和潜在性

河流开发的生态效应往往需要较长时间才能显现和趋于稳定。阻隔和水文情势改变带来的生物多样性受损，水库诱发地震、库岸塌陷、滑坡、泥沙富集的二次污染等效应具有长期潜在性，其发生的区域、时段及连锁反应的条件具有不确定性。单个电站建设对环境影响的潜在性易于区别与防范，相比之下梯级开发对环境潜在的影响则要复杂得多。在流域已建几个工程情况下，诱发地震、塌岸和滑坡三者同时发生的可能性和几个梯级同时诱发地震的可能性增加。对水库水质如泥沙的富集作用，使有毒、有害物质沉积于水库，这些物质可能是潜在的二次污染源，要预测它对水生生物及人体的危害，及其发生区域、时段、条件，以及梯级间相关影响、叠加作用、连锁反应都是十分复杂的。景观资源也具有潜在性，只有在开发利用后其潜在效益才显示出来。

5. 群体性和不确定性

由于流域洪水时空分布的不均匀性，以及各梯级水库容积与淹没损失各异，进行梯级水库统一调度、综合开发有利于发挥梯级群体的优势。一般梯级电站对生态环境的累积影响，是大于还是小于单个电站影响之和，应视具体情况研究而定。这就是梯级水库对环境影响的群体效应。

另外，各生态系统的生态响应有先有后，有些效应需要逐步累积才能稳定下来，而且还要在时间和空间上累积，时间跨度长、空间范围广。因此，不可能全面、具体地评价和确定每一个非生物变量和生物变量所发生的响应。

2.6 三峡—葛洲坝水利枢纽生态效应研究

2.6.1 对水文情势的影响

1. 宜昌站的自然水文过程及其生态效应

自然河流的水文情势一般都包括低流量、高流量脉冲和洪水过程三种环境水流组分。低流量过程指枯水期的基流；高流量脉冲过程指发生在暴雨期或短暂融雪期的大于低流量且小于平滩流量的流量过程；洪水过程指汛期大于平滩流量的流量过程。根据长江宜昌站1900～2002年的实测流量数据和环境水流组分的划分方法，将三峡坝址处的自然水文过程划分为低流量、高流量脉冲和洪水过程。具体划分方法是，首先将所有流量中不大于33%（5940m^3/s）的流量都归为低流量过程，大于67%（10100m^3/s）的流量都归为高流量过程；流量为33%和67%之间时，如果当天的流量比前一天的流量增加10%则认为是高流量的开始，高流量的结束点后一天的流量比当天的流量减少10%，高流量外的流量被认为是低流量；高流量中大于平滩流量（本书采用沙市水文站附近的平滩流量，

30000m³/s，相当于1年一遇的洪峰）的流量为洪水流量过程。图2.7显示的是2000年环境水流组分的划分结果。

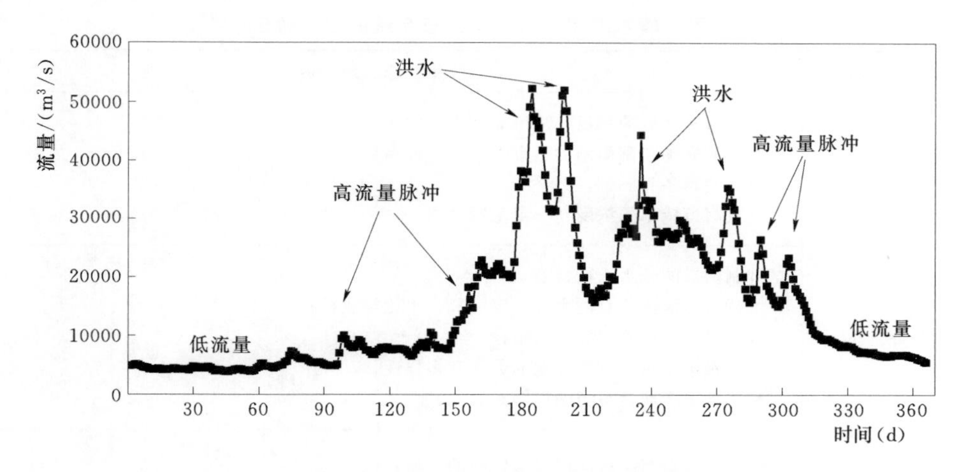

图2.7 2000年宜昌水文站的环境水流组分

表2.4 **自然条件下宜昌站月均流量**

月 份	1	2	3	4	5	6	7	8	9	10	11	12
月均流量（m³/s）	4310	3912	4380	6618	11590	18440	30090	28220	26230	19030	10320	5950

从图2.7和宜昌站月均流量（表2.4）可见，环境水流划分的基本结果为：枯水期12月至次年4月为低流量过程；洪水过程发生7、8、9月；高流量脉冲发生在洪水过程之前的5、6月和洪水过程之后的10、11月。

低流量时期，流量普遍降至6000m³/s以下，水流在主河槽流动，水位较低，流速较小，流态平稳，利于鱼类越冬；长江干流流量减少，水位降低，洞庭湖和鄱阳湖的水流向长江，两湖维持合适的水位，为当地的越冬候鸟提供越冬场；低流量期一定大小的流量还起到维持河流的温度、溶解氧、pH值、河口的盐度在合适范围内的作用。

5、6月的高流量脉冲过程，正好是长江中游大部分鱼类繁殖的高峰期（长江水系渔业资源调查协作组，1985）。以四大家鱼为例，高流量脉冲的涨水过程是刺激家鱼产卵的必要条件。河道流量的增加，会对水体的温度、溶解氧、营养盐等环境指标有一定的影响；水位升高，河宽、水深、水量增加，水生生物的栖息地面积和多样性随之增多；适合的水文、生境条件是大部分鱼类选择春季高流量脉冲期产卵的重要原因。10、11月的高流量脉冲过程，是秋季产卵鱼类的繁殖期。由于秋季的高流量脉冲发生在洪水之后，此时的河床底质普遍洁净，水质较好，流速大小适宜，长江重要濒危鱼类中华鲟的产卵正好发生在这一时期。

7、8、9月的洪水过程，长江中游水流普遍溢出主河道，流向河漫滩区，促进了主河道与河漫滩区营养物质的交换，形成了浅滩、沙洲等新的栖息地，为一些鱼类的繁殖、仔鱼或幼鱼生长提供了良好的繁育所。洪水过程也是塑造长江中游特殊河床形态的主要驱动力。长江中游复杂的河湖复合型生态系统，需要洪水期的大流量促进长江干流与通江湖泊洞庭湖、鄱阳湖以及长江故道之前的物质交换和物种交流。

表2.5列出了自然水文过程的3种环境水流组分对长江生态系统的生态效应。

表2.5　　　3种环境水流组分对长江生态系统的生态效应

流量过程	生态效应
低流量过程（基流）	维持自然河流的水温、溶解氧、水化学成分； 维持洞庭湖和鄱阳湖的适宜水位，为候鸟提供越冬场所； 鱼类的越冬和洄游； 维持河口咸水的浓度在一定范围之内
高流量脉冲过程	抑制河口的咸水入侵； 维持自然河流适宜的水温、溶解氧、水化学成分； 刺激春季产卵性鱼类的繁殖； 增加水生生物适宜栖息地的数量和多样性； 利于秋季产卵性鱼类的产卵和孵化
洪水过程	促进主河道与河漫滩区营养物质的交换； 形成浅滩、沙洲、泥坑等新的水生生物栖息地； 增强长江干流与通江湖泊、长江故道的连通性； 为长江沿岸湖泊和故道的“灌江纳苗”提供便利条件； 为漂流性鱼卵漂流、仔鱼生长提供合适的水流条件； 塑造河流的自然形态

2. 水工程对河流生态过程的影响

基于现行三峡水库的调度原则，以三峡水库未蓄水之前的1901～2003年宜昌水文站实测的日流量过程作为水库入流量，通过建立三峡—葛洲坝梯级水库的优化调度模型，模拟梯级调度后泄流过程。图2.8显示了典型的平水年1981年宜昌水文站的天然入流量和调度模拟后的梯级水库的泄流量。图2.9显示了三峡水库调度前后月均流量的变化情况。

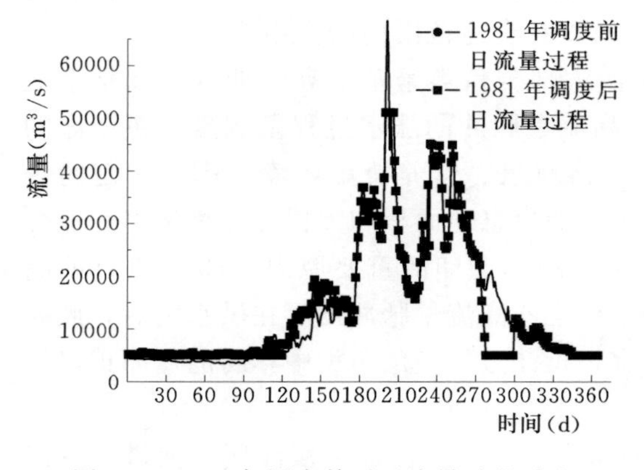

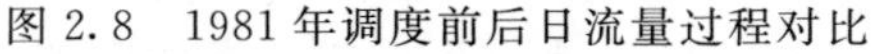
图2.8　1981年调度前后日流量过程对比

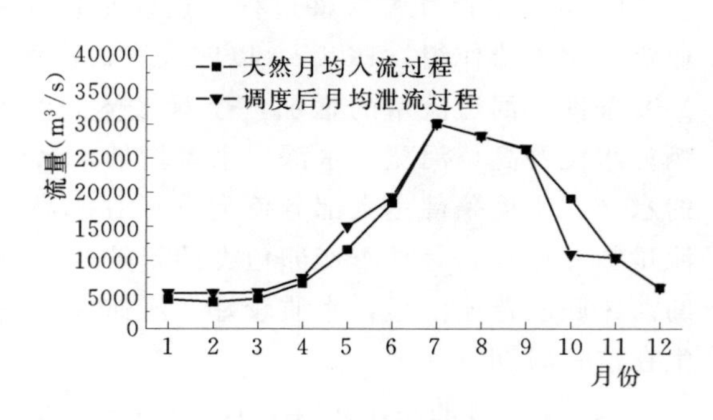

图2.9　梯级水库调度前后月均流量对比

由以上两图可见，三峡—葛洲坝梯级调度对3种环境水流组分的影响为：

(1) 低流量过程。电站运行后，12月和4月的流量变化不大，1～3月流量保持在

5000m³/s 左右，比天然情况下多出约 1000m³/s，并呈现出均一化趋势，自然低流量过程的小幅波动基本消失。

（2）高流量脉冲过程。5 月和 6 月上旬的流量增加较大，约多出 3000～4000m³/s。这主要是因为按照调度规程三峡水库必须在 6 月 10 日将水位降至 145.00m。6 月中下旬，库水位基本维持在 145.00m，调度对此时流量的改变非常小。10 月是三峡水库的蓄水期，平均流量比天然情况下显著降低，减少了约 8000m³/s。11 月，三峡水库水位维持在 175.00m 左右，调度对流量的影响非常小。

（3）洪水过程。三峡调度对 7～9 月的平均流量改变很小。这是因为目前三峡水库调度规程中规定汛期三峡调度基本采用固定汛限水位，对于不超过下游安全泄量的洪水采取出库流量等于入库流量的方式。但是，对于超过 50000m³/s 的大洪水，三峡水库的削峰作用非常明显。这表明，三峡水库对大洪水过程的影响比较大。

2.6.2　对四大家鱼、中华鲟繁殖影响

2.6.2.1　四大家鱼

四大家鱼（草鱼、鲢鱼、鳙鱼、鲤鱼）是长江上的主要经济鱼类。同时，也是一种典型的江湖洄游性鱼类。自然条件下，这四种鱼类在 4 月末至 6 月在水温达到 18℃以上时产卵。产卵场位于长江干流的弯道、沙洲、矶头等处。繁殖后，成鱼常集中于长江干流的深潭或通江湖泊中肥育，冬季在长江干流深水处越冬。四大家鱼的鱼卵为漂浮性卵。鱼卵顺水漂流孵化，大约为 1.5 天左右孵化出膜，5 天左右发育成正常游泳的仔鱼。20 世纪 60 年代，对家鱼产卵场的调查结果表明，长江干流由四川巴县至江西彭泽县 1700km 的江段上，有四大家鱼产卵场 36 处。1986 年葛洲坝工程截流以后，长江干流四大家鱼的产卵场发生了一定的调整，重庆到湖北田家镇共有 30 处四大家鱼产卵场，如图 2.10 所示。

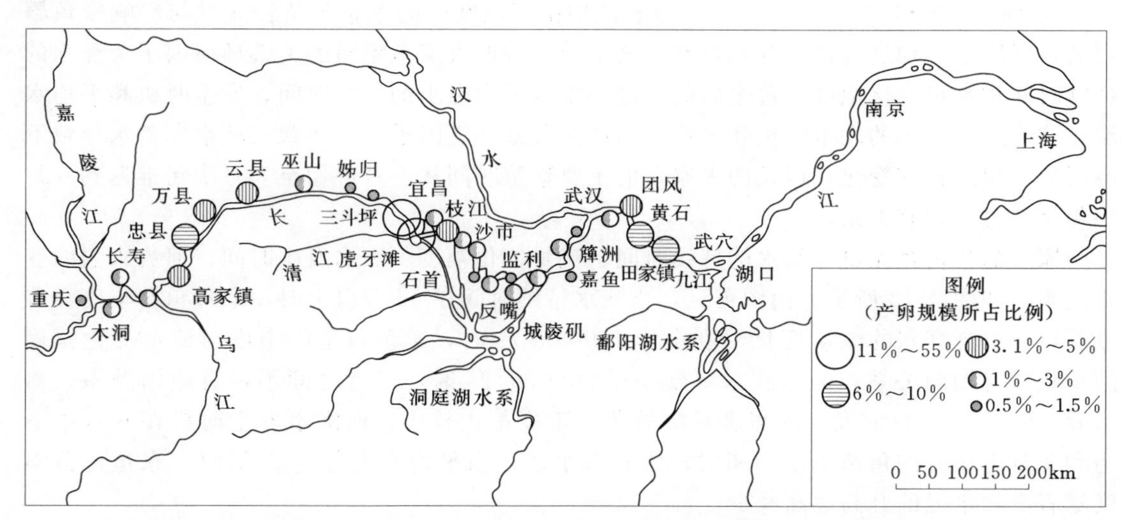

图 2.10　1986 年中科院水生所调查所得的长江干流四大家鱼产卵场位置示意图

1997～2009 年，长江水产研究所在长江中游监利县三洲断面的监测表明：三峡水库蓄水前，四大家鱼的主要产卵时间为 5、6 月；三峡水库蓄水后，随着蓄水位的升高，四

大家鱼的主要产卵时间逐渐向后推迟；2008 年和 2009 年，四大家鱼的主要产卵时间为 6 月中旬至 7 月上旬。图 2.11 显示了 1997～2009 年三洲断面首次监测到家鱼鱼苗时间的变化趋势。长江中游四大家鱼产卵活动的推迟可能跟四大家鱼繁殖所需的最低水温 18℃的出现时间较建坝前有所推迟有关。

同时监利断面还监测到长江中游家鱼鱼苗径流量呈现出逐渐减少的趋势（图 2.12）。由图可见，自 2003 年以后四大家鱼的鱼苗径流量出现了明显的下降。2003 年以后，鱼苗径流量下降一方面是由于三峡水库蓄水后长江上游重庆至宜昌江段部分家鱼产卵场下游江段的流速不能满足鱼卵在水中漂流的最小流速，可能导致鱼卵在发育成主动游泳的仔鱼前沉入水底，不能到达中游的监测断面。另一方面是由于三峡水库调度对长江中游自然水文情势的改变，影响了四大家鱼繁殖所必需的涨水过程。

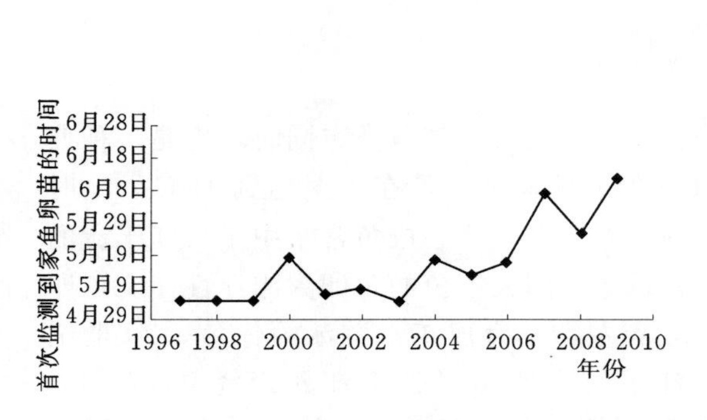

图 2.11　1997～2009 年长江中游三洲断面首次监测到四大家鱼鱼苗的时间

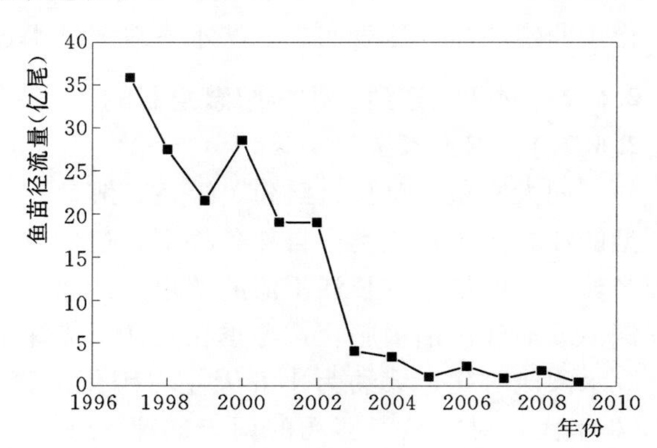

图 2.12　1997～2009 年长江中游三洲断面四大家鱼鱼苗径流量

对 1997～2003 年、2004～2009 年长江中游三洲断面的家鱼鱼苗径流量与影响家鱼繁殖的环境因子分别进行统计分析发现：蓄水前影响四大家鱼繁殖的关键环境因子为涨水的持续时间和流量变化幅度；蓄水后的关键环境因子为涨水的持续时间、发生时机和平均水温；蓄水后，涨水的发生时机和平均水温成为关键环境因子，主要跟三峡水库蓄水导致下游河流水温过程的变化，以及四大家鱼的主要繁殖时间从 5 月中旬至 6 月中旬推迟到 6 月中旬至 7 月上旬有关系。

家鱼的鱼苗径流量与涨水的持续时间、流量变化幅度、涨水发生时间、河流水温的变化关系，如图 2.13 所示。由图可见，当涨水持续时间在 6d 及以上时，家鱼鱼苗丰度会有显著增加；当涨水的流量变化幅度小于 15000m^3/s 时，家鱼鱼苗的丰度与流量变化幅度间是线性递增的关系，但当涨水幅度超过 20000m^3/s 时，二者之间不再有递增关系；蓄水后，6 月 10 日以前发生的涨水对应的鱼苗丰度都比较小，而涨水发生时机在 6 月中下旬和 7 月上旬时的鱼苗丰度均相对较大；蓄水后，当平均水温超过 24℃时，家鱼鱼苗丰度随着平均水温的升高逐渐减少。

基于以上分析，三峡水库可以在 6 月中下旬至 7 月上旬的调度中释放 2～3 次、涨水时间为 6～8 天、涨水幅度为 2500～14700m^3/s、平均涨水率为 900～3100m^3/s、最大流量不超过 30000m^3/s 的涨水过程。

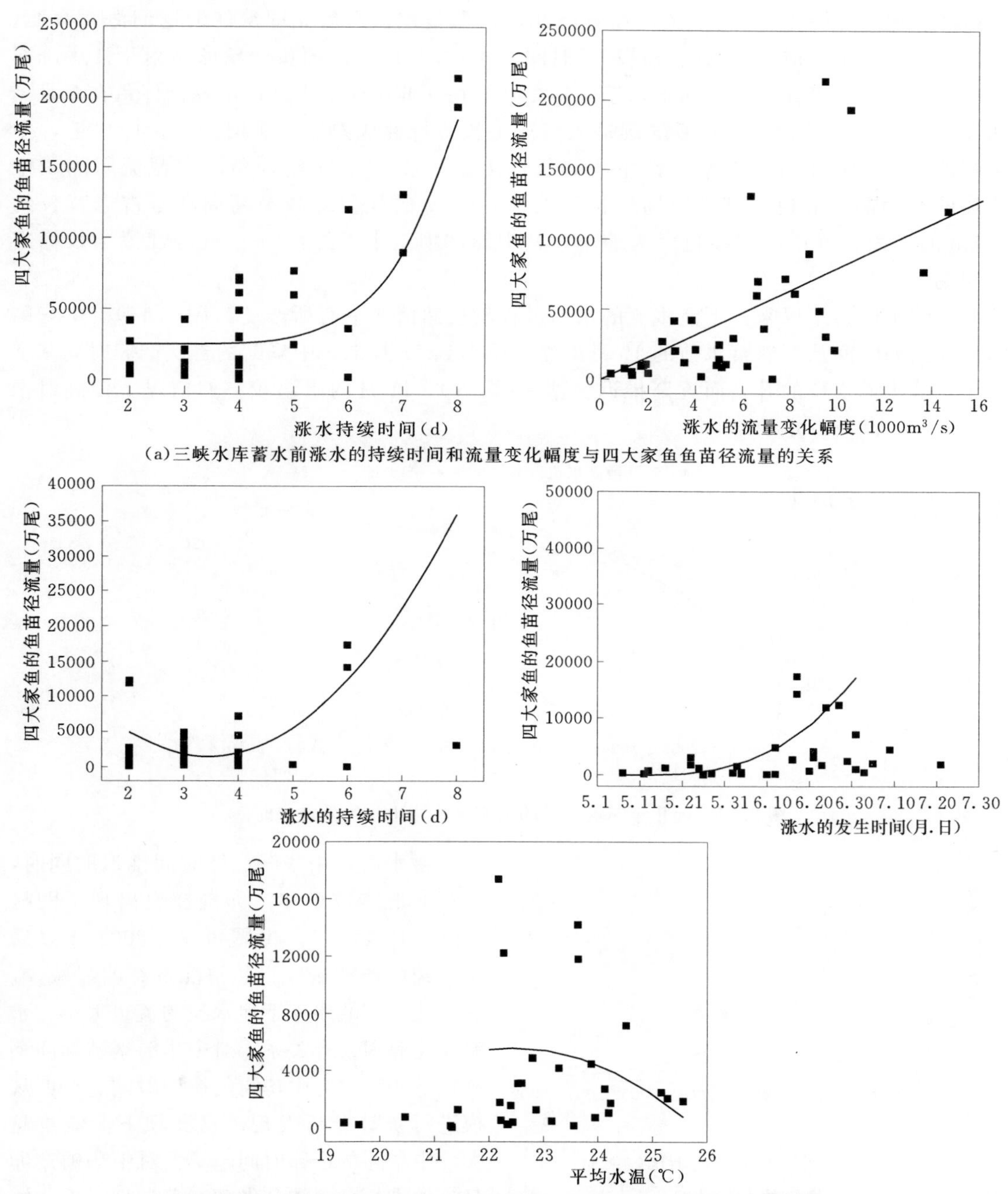

图 2.13 三峡水库蓄水前后涨水过程与四大家鱼鱼苗径流量的关系

2.6.2.2 中华鲟

中华鲟是国家级濒危保护动物。它主要生活在海洋，但需要在长江中繁殖。性成熟的个体于 6～8 月到达长江口进行溯河生殖洄游，9～10 月陆续到达湖北江段，并在江中滞留过冬。翌年10～11月洄游亲鱼在宜昌江段产卵繁殖，产后立即从江河返回海洋育肥。中华鲟在江河中完成产卵繁殖全过程的时间在15个月以上。鲟鱼受精卵粘附于江底砾石约7天孵出，出膜仔鱼顺江而下，于次年4月可在江苏浒浦附近江段出现。仔鱼在5月到达长江口，滞留至9～10月后陆续进入海洋生长，待性成熟后再溯河产卵。历史上，中华鲟的产卵场集中分布在金沙江下游和长江上游江段。1981年，葛洲坝截流阻隔了中华鲟的产卵洄游通道，其产卵场从长江上游600km的江段缩减至葛洲坝至古老背长约30km的江段，且产卵规模也大为缩小，其中葛洲坝至十里红长约7km的江段为较稳定产卵场。

三峡水库蓄水以来，下泄水流的水温过程较自然情况下有所改变（图2.14）。中华鲟的首次产卵时间从三峡蓄水前的10月末逐渐推迟到11月末，中华鲟的首次产卵时间基本随着三峡水库水位的升高而逐渐推迟。蓄水后，10、11月的水温较自然情况下偏高对中华鲟繁殖时间有一定的影响。

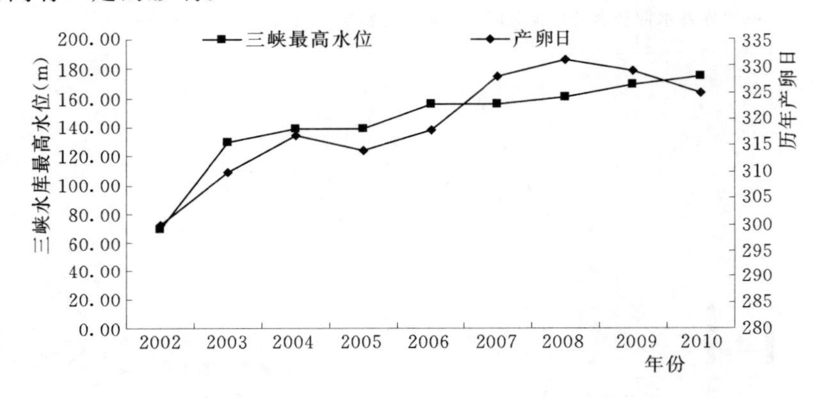

图2.14　近几年三峡水库的最高水位与中华鲟的产卵时间

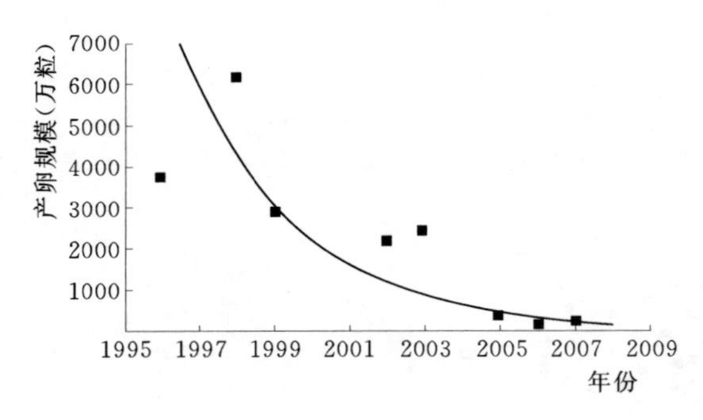

图2.15　三峡蓄水前后中华鲟产卵规模的变化情况

蓄水后，中华鲟产卵时间推迟的同时，其产卵群体数量和产卵规模也出现了明显下降（图2.15）。由图可见，2003年以后中华鲟的产卵量较自然情况下有明显减少。这可能与三峡水库下泄水流的流量大小、水温变化等因素有关系。对中华鲟繁殖期间葛洲坝下泄流量与中华鲟的产卵时间、产卵规模进行统计分析发现。葛洲坝下泄流量越大，中华鲟的产卵时间越早。对中华鲟产卵日流量进行分组统计发现，葛洲坝下中华鲟历次产卵对应的流量范围是5829～26200m^3/s，流量在7000～16000m^3/s时发生的产卵次数较多（图2.16）。统计葛洲坝下中华鲟产卵规模与产卵日流量（图2.17）发现中华鲟产卵规模比较大的产卵过程对应的下泄流量范围为8000～14000m^3/s；产卵日流量在10000m^3/s左右时，中华鲟产卵规模最大，然后随着流量增大或减小，产卵规模随之减小。

根据以上统计分析结果，建议在三峡水库调度中，根据10、11月的下泄流量的大小，

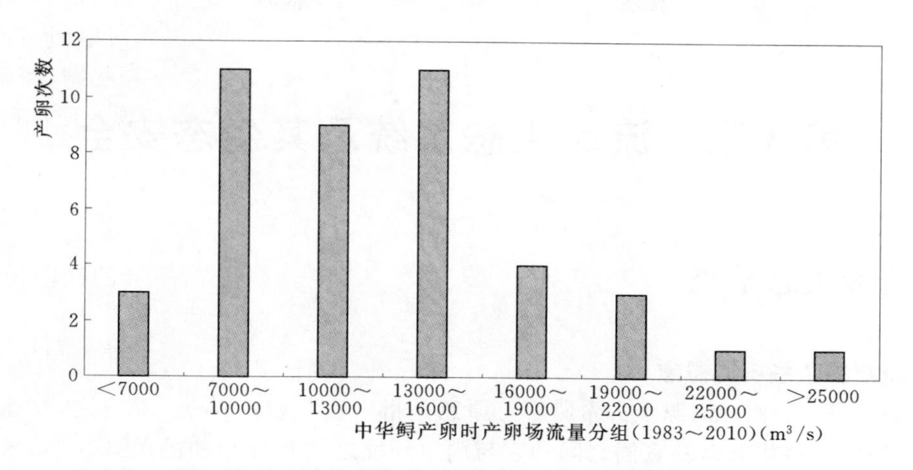

图 2.16 三峡蓄水前后中华鲟产卵场产卵日流量分组

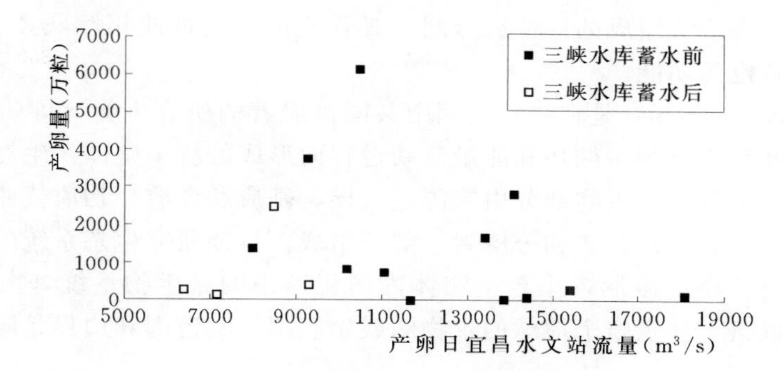

图 2.17 葛洲坝下中华鲟产卵规模与产卵日流量关系

推测中华鲟的繁殖时间。根据预测产卵时间，控制三峡水库的下泄流量在 8000～14000m^3/s 之间，给中华鲟繁殖创造合适的栖息地条件。

第3章　流域生态系统及其生态安全

3.1　流域生态系统

3.1.1　流域生态系统的概念

“生态”（Eco－）一词源于古希腊字，原意是指“家”（House）。简言之，“生态”是指一切生物的生存状态以及它们之间和它与周边环境之间环环相扣的关系。“系统”是指彼此间相互作用、相互依赖的事物，是有规律的联合的有序整体。构成系统必须要有三个条件：系统是由许多成分组成的；各成分间不是孤立的，是彼此相互联系、相互作用的；系统具有独立、特定的功能。

生态系统（Ecosystem）是在一定空间中共同栖居着的所有生物（即生物群落）与其环境之间由于不断地进行物质循环和能量流动过程而形成的统一整体。生态系统组成包括生物和非生物两大部分。非生物部分由能源、气候、基质和介质、物质代谢原料等因素组成。生物部分由生产者、消费者和分解者三部分组成。早期研究生态系统的概念时，对其范围和大小并没有严格的限制，小至动物体内消化道中的微生物系统，大至各大洲的森林、荒漠等生物群落，甚至整个地球的生物圈或生态圈，其范围和边界是随研究问题的特征而定的。

在生态学研究中，按照生境性质划分的生态系统类型，在第一级划分为陆地生态系统、海洋生态系统和淡水生态系统，在此基础上又分别以生境和生物群落，特别是植物群落的特点再细分为若干次级的类型。目前研究中多以陆生植被的分类为依据，以群系为单位，对陆地生态系统已有明确划分，对海洋生态系统和淡水生态系统的类型划分尚无一致的观点，一般描述其生物区系和物种多样性。本书研究着眼于生态水文格局的连续性，研究对象以淡水生态系统为主体，也包括滨岸带及具有生态水文联系的相关陆域生态系统，共同组成了流域生态系统。

依据生态系统的层次性结构研究成果，生态系统按照不同的尺度、结构和功能可划分为11个层级，分别是：全球（生物圈 Biosphere）、区域（生物群系 Biome）、景观（Landscape）、生态系统（Ecosystem）、群落（Community）、种群（Population）、个体（Organism）、组织（Tissue）、细胞（Cell）、基因（Gene）和分子（Molecular）。流域生态系统所研究的问题处于区域层次和景观层次，研究流域内生态系统的整体以及各子系统间的相互作用，属于宏观生态系统研究范畴。

流域指汇集和补给一条河流及其支流的地表水和地下水全部来源区，即地表水和地下水分水脊线所包围的集水区域，分地面集水区和地下集水区两类。每条河流都有自己的流域，因而流域就是一条河流（或水系）的集水区域，河流（或水系）由这个集水区域上获得水量补给。流域作为一个完整而连续的自然综合体，其生态水文格局也具有连续性，主要表现在水文系统的连续性、生态系统的连续性、陆域的连续性等方面。所以，流域无疑是一个以主要河流标志的、边界相对清晰、结构功能较为完整的生态系统，是河流生物群落和河流环境相互作用的统一体，包括河源、河岸地区、河岸和洪泛区中有关的地下水、湿地、河口以及其他依赖于淡水流入的近岸环境。

流域生态系统（River Basin Ecosystem）是以流域为整体、河流为主体，边界清晰、结构功能完整的区域生态系统，是流域内生物群落和环境相互作用的统一体，由陆地河岸生态系统、水生生态系统、湿地生态系统等一系列子系统组成的复合系统。其显著特征是具有完整的水文循环过程，各子系统以河流水系相联系，具有生境支持、生物多样性维持及生态服务等多种功能。

流域生态系统的生产者主要包括陆地河岸生态系统和湿地生态系统中的绿色植物，水生生态系统中的藻类、水草；消费者主要包括陆地河岸生态系统和湿地生态系统中的食草动物、两栖动物等，水生生态系统中的浮游动物、大量的鱼类（如鳝鱼、草鱼等）及一些两栖动物；分解者主要由陆地河岸生态系统、水生生态系统、湿地生态系统中的微生物等组成。

水是生态系统基本的物质组成和维持循环的最重要介质，气候特征、地质条件以及植被覆盖特征在很大程度上决定着流域生态系统的结构、功能和过程。除了自然条件演变影响外，人类活动可以通过水工程建设或者影响区域水文循环、下垫面条件等直接或者间接影响流域生态系统，使之具有很强的系统动态性和自然变异特征。

流域生态系统水—陆两相和水—气两相的紧密联系形成了开放的生境条件，形成了丰富的河流生物群落多样性。生态学中，具体的生物个体和群体生活地区内的生态环境称为"生境"（Habitat）。在生境的各个要素中，水具有特殊的不可替代的重要作用。水是生物群落生命的载体，又是能量流动和物质循环的介质。生境中的主要因素称为生态因子（Ecological Factors）。在流域生态系统中，河流的流速、流量、水温、水深、水质以及水文周期等，都是重要的因子。河流上中下游的生境异质性，造就了丰富的流域生境多样化条件；河流形态的蜿蜒性造成了流速大小相间；河流的横断面形状多样性，表现为深潭与浅滩交错；河床材料的透水性为生物提供了栖息场所。由于河流形态多样性形成的流速、流量、水深、水温、水质、河床材料构成等多种生态因子的异质性，造就了丰富的生境多样性，河流形态多样性是维持河流生物群落多样性的基础。

由于流域边界形成的陆地障碍以及不同生境要素的差异，导致流域生态系统中生物多样性分布格局具有区域性和差异性特征。在多数情况下不同物种的生境范围受制于具体的生境需求，甚至其生命周期的不同阶段，对具体生境的要求也有较大差异。如一些鱼类的洄游、产卵、育幼和索饵都要求不同的水流、水质、河流基底条件等。

3.1.2 流域生态系统的结构

流域生态系统的结构是指系统内各组成因素（生物组分与非生物环境）在时空连续及空间上的排列组合方式、相互作用形式以及相互联系规则，是生态系统构成要素的组织形式和秩序。流域生态系统同其他水域生态系统一样，具有一定的营养结构、生物多样性、时空结构等基本结构。作为一个特定的地理空间单元，流域生态系统具有以河流为主体的鲜明特点：它是以河流为中心，从源头开始，流经上游、中游和下游，并最后到达河口的连续整体（见图3.1）。这种从源头上游诸多小溪至下游大河及河口的连续，不仅是指流域在地理空间上的连续，更重要的是生物过程及非生物环境的连续，河流下游的生态系统过程同河流上游直接相关。流域生态系统的结构特征可用纵向、横向、垂向和时间分量四维框架来描述。

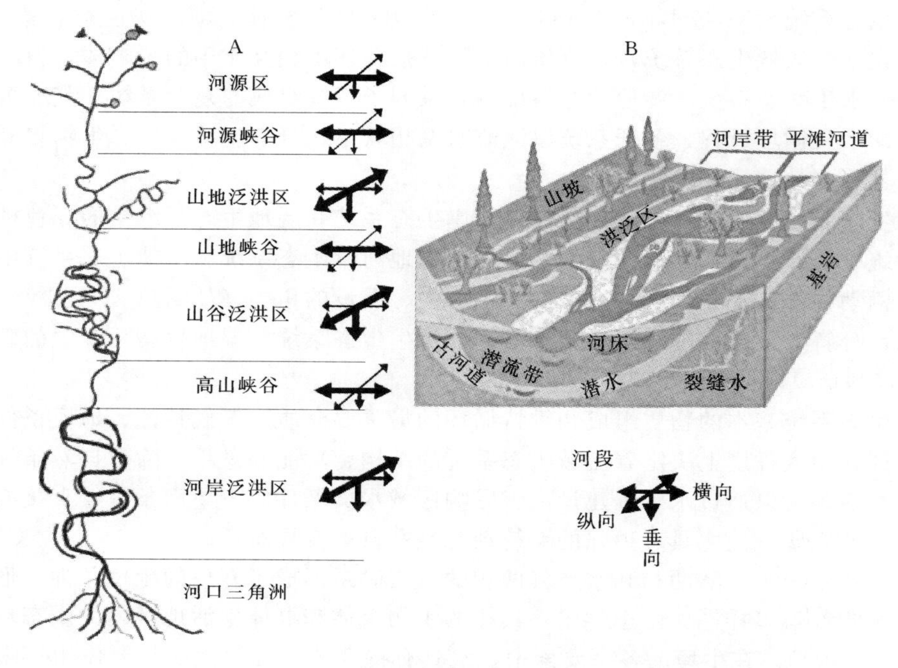

图3.1 河流生态系统结构

流域生态系统结构的纵向特征：从纵向分析，河流包括上游、中游、下游，从河源到河口均发生物理、化学和生物的变化。其典型特征是河流形态多样性。①河流上、中、下游生境的异质性。河流大多发源于高山，流经丘陵，穿过冲积平原而到达河口。上、中、下游所流经地区的气象、水文、地貌和地质条件等有很大差异，从而形成不同主流、支流、河湾、沼泽，其流态、流速、流量、水质以及水文周期等呈现不同的变化，从而造就了丰富多样的生境。②河流纵向形态的蜿蜒性。自然界的河流都是蜿蜒曲折的，使得河流形成急流、瀑布、跌水、缓流等丰富多样的生境，从而孕育了生物的多样性。③河流是联结陆地与海洋的纽带，河口三角洲是滨海盐生沼泽湿地。

流域生态系统结构的横向特征：流域生态系统在横向上主要表现为水—陆两相，依次为河道、洪泛区、高地边缘过渡带、陆域。水域与陆地间过渡带是两种生境交汇区，异质性和生物群落多样性水平高，适于多种生物生长，优于陆地或单纯水域。河流横断面形态的多样性表现为交替出现的浅滩和深潭。浅滩增加水流的紊动，促进河水充氧，是很多水生动物的主要栖息地和觅食的场所，深潭是缓慢释放到河流中的有机物储存区，也常是鱼类的庇护区，这些典型特征是维持河流生物群落多样性的重要基础。河道是河流的主体，是汇集和接纳地表和地下径流的场所和连通内陆和大海的通道。在水陆联结处的湿地，聚集着水禽、鱼类、两栖动物和鸟类等大量动物。植物有沉水植物、挺水植物和陆生植物，并以层状结构分布。洪泛区是河道两侧受洪水影响、周期性淹没的高度变化的区域，包括滩地、浅水湖泊和湿地。洪泛区可拦蓄洪水及流域内产生的泥沙，吸收并逐渐释放洪水，这种特性可使洪水滞后。洪泛区光照及土壤条件优越，可作为鸟类、两栖动物和昆虫的栖息地。同时，湿地和河滩适于各种湿生植物和水生植物的生长。它们可降解径流中污染物的含量，截留或吸收径流中的有机物，起过滤或屏障作用。河道及附属的浅水湖泊按区域可划分为沿岸带、敞水带和深水带，它们分布有挺水植物、漂浮植物、沉水植物、浮游植物、浮游动物及鱼类等不同类型的生物群落。高地边缘过渡带是洪泛区和周围景观的过渡带，常用来种植农作物或栽植树木，形成岸边植被带。河岸的植物提供了生态环境，并且起着调节水温、光线、渗漏、侵蚀和营养输送的作用。

流域生态系统结构的垂向特征：流域生态系统在垂向上主要表现为水体表面的水—气两相性和底部的水—泥两相性。由于河流中水体流动和与大气的接触，河流水体含有较丰富的氧气，是一种联系紧密的水—气两相结构。河流的表层、中层、底层和基底具有不同的生态特征，是相对开放的生态系统。在表层，由于河水流动，与大气接触面大，水气交换良好，特别在急流、跌水和瀑布河段，曝气作用更为明显，因而河水含有较丰富的氧气。这有利于喜氧性水生生物的生存和好气性微生物的分解作用。表层光照充足，利于植物的光合作用，因而表层分布有丰富的浮游植物，表层是河流初级生产最主要的水层。在中层和下层，太阳光辐射作用随水深加大而减弱，水温变化迟缓，氧气含量下降，浮游生物随着水深的增加而逐渐减少。由于水的密度和温度存在特殊关系，在较深的深潭水体，存在热分层现象，甚至形成跃温层。由于光照、水温、浮游生物（其他生物的食物）等因子随着水深而变化，导致生物群落产生分层现象。河流中的鱼类，有营表层生活的，有营底层生活的，还有大量生活在水体中下层。河流基底为水—泥两相交界，对于许多生物来讲，基底起着支持（如底栖生物）、屏蔽（如穴居生物）、提供固着点和营养来源（如植物）等作用。基底的结构、物质组成、稳定程度、含有的营养物质的性质和数量等，都直接影响着水生生物的分布。另外大部分河流的河床材料由卵石、砾石、砂土、黏土等材料构成，都具有透水性和多孔性，为生物提供了栖息地和产卵地，适于水生植物、湿生植物以及微生物生存。不同粒径卵石的自然组合，为一些鱼类产卵提供了场所。同时，透水的河床又是连接地表水和地下水的通道，利于地下水的补给。这些特征丰富了河流的生境多样性，是维持河流生物多样性及河流生态系统功能完整的重要基础。

流域生态系统结构的时间分量特征：流域生态系统的结构和功能随着时间的推移和季节发生演替的变化。由于水、光、热在时空中的不平均分布，河流的水量、水温、营养物质呈季节变化，水生生物活动及群落演替也相应呈明显变化，从而影响着河流生态系统功能的发挥。河流是有生命的，河道形态演变可能要在很长时期内才能形成，即使是人为介入干扰，其形态的改变也需很长时间才能显现出来。然而，表征河流生命力的河流生态系统服务功能在人为的干扰下，却会在不太长的时间内就可能发生退化，例如生态支持、环境调节等功能。对此，人们应该给予足够的重视。

3.1.3 流域生态系统的驱动力

随着水流从源头流向大海，河流中的水也同时在三维上流动：纵向的（从上游到下游）、侧向的（从河道到河漫滩、湿地）、垂向的（从地表水到地下水）。这三维代表着生态系统组分间的联系。影响大部分的河流水生态结构和功能的环境驱动力主要有5种：流态、泥沙和有机物的输入、光热特性、化学物质和营养物质的特性、物种结构。在自然的流域生态系统中，这5种驱动力都表现为年内的季节变化。

流态：影响着生物群落的生产力和多样性，包括基流、常遇洪水、极端洪水、季节流动、年变化率等。

基流：由最低流量决定，直接影响水生生物栖息地的适宜性、滨河植物的饱和土壤深度。

常遇洪水（如2年一遇）：冲刷河床底部细粒泥沙、重新在上下游分布有机物，对河漫滩的适当淹没有利于河滨植物的维持。

极端洪水（如100年一遇）：对滨河系统是一个重要的事件。从河槽到河漫滩传输着大量的泥沙，随着河槽的冲刷，河内水生生物的栖息地多样性增加，滨河生物、河漫滩湿地重组，冲走不适于滨河环境动态变化的种群，如丘陵上的树、外来入侵物种，水库对大洪水的控制增加了外来物种的入侵。

流量的季节变化（特别是大流量）：对维持当地的许多物种具有重要的作用。如一些鱼类，在大流量时产卵；三叶杨则在大流量时播散种子以增加繁殖机会。改变流量的季节变化，对水生生物和河滨物种具有巨大的负面效应。

流量的年内变化：是影响河滨系统的重要因素。如流量的年内变化有利于维持高的物种多样性，生态系统的生产力、营养结构也受到流量的年内变化的影响。

泥沙和有机物的输入：提供原生物质创造栖息地的物理结构、生物种遗区、营养储备及补充，是栖息地结构和动态变化的重要成分。自然界的泥沙分布是随着流量的变化而输移的结果。自然界的有机物质也是从陆地环境季节性输入的。陆地上有机物的输入是河流特别是小河流的能量和营养物质的重要来源。大的、粗的、木质的物质是有机物得以附着的基质。无脊椎动物、藻类、苔藓、导管植物、细菌等居住在底部的动物起到净化水质，分解、循环营养物质的作用，它们已经高度适应了周围环境中的泥沙和有机物质，有的鱼类在泥沙输入的种类、规模、频率改变时会消失。

光热特性：决定着生态系统种有机物的新陈代谢，活动水平、生态系统的生产力，受气候、地形、水体的化学成分、悬移质泥沙、初级生产力的影响。水温直接影响氧浓度、有机物的新陈代谢，以及相关的生命过程。热量的分布直接影响有机物、物种的时空分布，这些又影响着营养循环、溶解气体和生物物种的分布、有机物的行为适应性。

化学和营养物质的特性：改变pH值、生产力、水质，是当地的气候、岩床、土壤、植被类型、地形等的反映。

物种结构：影响生态系统变化过程的速率、结构，是当地生物地理历史的产物。这些物种控制着生态系统的初级生产、分解、营养循环，并保持着高度的对环境压力的适应性，使其生态功能在环境变化的情况下能够得以保持。

从以上分析可以看出，河流的生态结构、功能与河流的水文过程、河床演变过程密切相关，为了满足流域生态系统的可持续利用，变化的流态、足够的泥沙和有机物质的输入、光热的变率、清洁的水体、生物群落的多样性是必需的。否则，流域生态系统将失去物种的多样性和生态系统的服务功能。而且，这些物理量的变率并不是历史极端，也不是常数，是一个适宜的范围。因而要保证流域生态系统可持续需要来满足人类对河流系统资源与服务的可持续利用，上述物理量的数量、质量和变化率的保证是必需的。

3.1.4 流域生态系统的过程

流域生态系统的结构、功能、过程具有一致性，功能的发挥是通过其水文水动力过程、地貌过程、物理化学过程和生物过程实现的。水文水动力过程是地貌过程的直接驱动力，如图 3.2 所示。而水文、水动力条件和河流地貌构成了水生生物栖息地的物理边界；物理边界的完整性是水生生物正常完成生活史的必要条件；物理化学过程也受水文水动力过程的影响，很显然泥沙负荷和颗粒大小与流速有直接的关系；而当水量发生变化时，水体中化学组分（如 pH 值、溶解氧、可溶性有机物、重金属等）的含量也会随之变化；在不同的生活史阶段，水生生物对水深、流速、水温、水体中泥沙含量、各类化学组分含量有不同的耐受要求，只有在其耐受范围内，水生生物才能正常完成生活史。

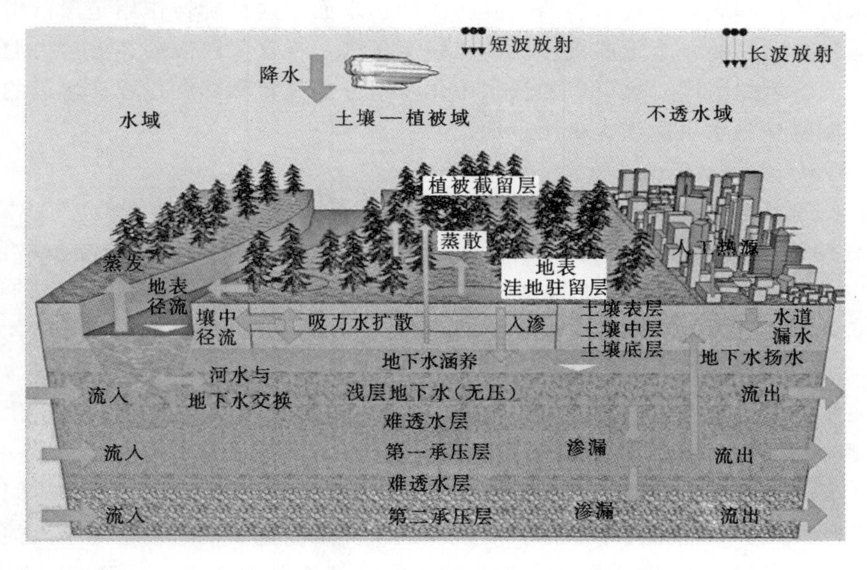

图 3.2 水文循环过程示意图

1. 水文和水动力过程

流域降雨通过阻截、蒸腾和蒸发、入渗、径流及饱和产流等环节从陆地横向进入河道，这种横向水流和历时直接影响河道径流，进而影响河流廊道的生态功能。在不同时间尺度上，河道水流在零流量和洪峰流量间变化。在大尺度，历史气候记录显示了水文具有干湿交替相对稳定的周期性特征。河道径流的变化影响河流生态系统中生物和非生物过程的结构及动力学特征。大流量不仅对泥沙输送，而且对河漫滩湿地与河道的重新连接非常重要。漫滩湿地为鱼类提供产卵和生长的生境，也为水禽提供觅食的生境。小流量过程，特别是在较大的河流中，可以为支流中的动物群落创造分布性的条件，有利于维持单一物种在不同地区的数量。一般而言，河流中许多种群完成其生命周期需要一系列不同类型的生境，在时间上对生境的利用取决于水流动态。

2. 地貌过程

水文过程是河流廊道地貌过程的推动力。河流廊道横向上的地貌过程主要是流域中的侵蚀过程。侵蚀是一个在长时间逐步发生的过程，在特殊季节或暴雨事件期间可能会加速进行。水流和泥沙负荷的日变化导致动床河流不断调整河床形态和糙率，河流也周期性地对极端高流量和极端低流量过程进行调整。河流的横向堆积是指在河段内沙洲上的泥沙沉积和在河段外侧沿横向通过漫滩的迁移，这种自然过程维持着满足流域来水来沙所需的横断面。垂直堆积是指洪水淹没区的泥沙沉积。河流弯曲处的横向迁移在改造漫滩中起着重要的作用，是一个重要的天然过程。

河道横断面在弯曲处，变化快速而频繁，深槽横断面比浅滩横断面更易变化。相对河道而言，弯曲河道会对水流产生附加阻力。弯曲河段流速的分布不同导致在弯曲处出现泥沙侵蚀和沉积，弯段外侧（凹岸）流速较大，发生侵蚀；弯段内侧流速较小，在沙洲发生泥沙沉积。修建大坝的典型效应是使下游河床刷深，上游河道淤高。

弯段水流使深槽底部的水和岩屑随旋转流到达水面。这种旋转作用是深槽中浮游和底栖生物躲避猎食动物的一个重要机理。浅滩浅于深槽，在这些较浅的地方多为湍流，湍流可提高水中溶解氧的浓度，也可以加快水中化学组分的氧化和挥发过程。弯道的另一个非常重要的功能就是为水生生物提供栖息地。

3. 物理化学过程

在水体物理和化学性质总体良好的状况下，水流动态和地貌过程的调整对水体物理化学性质有调节作用。河流廊道如果缺乏岸边遮蔽、侵蚀控制较差或营养物和需氧废物过剩，也可能会导致河流物理和化学条件的退化。泥沙负荷和颗粒大小的改变会对生态产生负面作用。泥沙降低了水体透明度，淤塞水体，也会携带其他污染物进入水体。

水温是水体中一个重要的物理化学性质，温度控制着冷血水生生物的许多生化和生理过程。温度升高可提高整个食物链的代谢和繁殖速率，许多水生生物仅能容忍一定范围的温度变化。氧的溶解度会随温度升高而降低，鱼类在低溶解氧环境下的暴露时间过长，可导致成鱼窒息而死。天然条件下水体中溶解氧的浓度是变化波动的，但由于人类活动的影响，大量可生物降解的有机物进入地表水后，造成氧被严重消耗，当溶解氧浓度降低至2mg/L或2mg/L以下，持续时间延长，就可形成“死”水。

碱度、酸度和缓冲能力是水体中的重要的物理化学性质，影响到生物种群的适应性和化学反应。大多数生物过程，如繁殖，不能在酸性或碱性水中进行。特别是大多数水生生物持续暴露在pH值较低的水中，会受到渗透压不平衡的伤害。pH值的剧烈波动也会对水生生物造成胁迫。酸性条件下物质溶解度增大，导致河流沉积物中有毒化合物的释放，加剧有毒污染物问题。

水中存在的有毒污染物能通过杀死藻类、水草或鱼类，间接降低溶解氧浓度，而藻类、水草或鱼类为好氧细菌提供大量食物。不涉及细菌的各种化学反应也会导致氧的消耗，一些污染物会引发各种反应，增加水体化学需氧量。

4. 生物过程

流域植被对流域生态系统的生物过程作用巨大。植物腐烂后与土壤合二为一，在腐烂过程中，植物释放出各种有机化合物。这些有机化合物进入水体，将成为微生物的重要营养源，从而推动流域生态系统食物链的发展。植物碎屑成为水生生物的食物，作为固体基质，增加自然生境的复杂性。

微生物及浮游植物的生命活动是维持流域生态系统健康的重要生物过程。水体中的微生物通过降解由人类造成的有机物的污染，使有机排放物降解成小分子，富集并吸收水体中的重金属离子；浮游植物通过光合作用释放活性氧，帮助小分子有机物质的氧化分解，这些都是水生生物参与净化水体的重要过程。

3.1.5 流域生态系统功能

生态系统功能的定义分广义与狭义两种。广义的生态系统功能（ecosystem functioning）包括生态系统属性（ecosystem properties）、生态系统产品（ecosystem goods）和生态系统服务（ecosystem services）三个部分。狭义的生态系统功能只指生态系统服务。本书研究流域生态系统功能的主要目的在于为明晰水工程生态效应，评价水工程生态影响奠定基础，因此本书所研究的生态系统功能采用狭义的概念。

流域生态系统具有服务功能，即流域生态系统与生态过程所形成及所维持的人类赖以生存的自然环境条件与效用，是指人类直接或间接从河流生态系统功能中获取的利益。自1974年Holdern和Ehrlich提出了生态系统服务功能的概念，生态学家试图分析不同类型生态系统服务及其价值，最具代表性的是Costanza等对全球生态系统服务及其价值的研究。近年来我国生态学家也展开了相关研究。这些研究为生态环境保护和可持续发展战略的实施提供了重要的决策依据。

根据流域生态系统组成特点、结构特征和生态过程，流域生态系统的功能可分为三个层次，分别是生境支持功能、生物多样性维持功能和支持人类生产生活的服务功能，如图3.3所示。

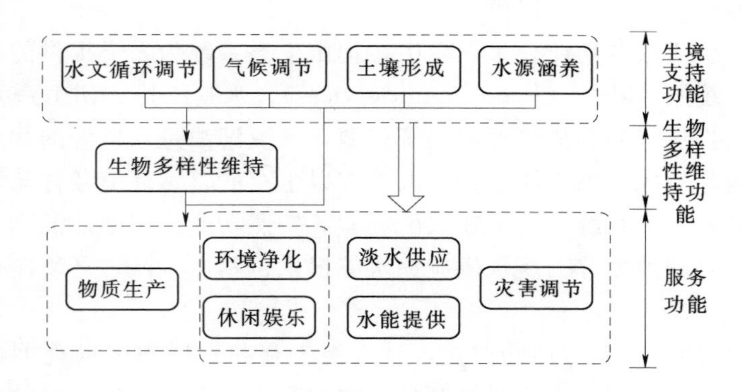

图3.3 生态系统功能层次结构

生境支持功能是流域生态系统为生物提供生存环境的基础功能，具体体现在水文循环调节、气候调节、土壤形成、水源涵养等方面。生物多样性维持功能是在生境支持功能基础上对流域内各类生物的生存及生物多样性的支持，是流域生态系统生产和生态服务功能的前提。服务功能是流域生态系统与生态过程所形成并提供给人类赖以生存的自然环境条件与功能效用，是指人类从流域生态系统中获取的利益，具体体现在供水、发电、航运、水产养殖、纳污、防洪、排水、输沙、景观、文化等多个方面。

(1) 生境支持功能。流域生态系统的生境支持功能具体体现在水文循环调节、气候调节、土壤形成、水源涵养等方面。流域生态系统是由陆地—水体、水体—气体共同组成的相对开放的生态系统。而洪泛区有囤蓄洪水的能力，囤蓄洪水后，促进了降水资源向地下水的转化，从而调节了河川径流。洪泛区还有拦蓄泥沙的作用，两岸陆地的树木森林等植物，通过拦蓄降水，起到涵养水源的作用，同时可控制土壤侵蚀，减少河流泥沙，保持了土壤肥沃，有利于水土保持。河流与大气有大面积的接触，降雨通过水汽蒸发和蒸腾作用，又回到天空，可对气温、云量和降雨进行调节，在一定尺度上影响着气候。河流具有排沙功能，可将泥沙沉积在河口地区，从而产生大片滩涂湿地。因此，流域生态系统具有较好的蓄洪、涵养水源、调节气候、补给地下水等作用，这对更大尺度上的生态系统的稳定具有很好的支持功能。

(2) 生物多样性维持功能。生物多样性是指地球上所有生物（动物、植物、微生物等）、它们所包含的基因以及由这些生物与环境相互作用所构成的生态系统的多样化程度。这种多样性包括物种多样性、遗传多样性、生态系统多样性和景观多样性。其中，物种多样性为物种水平的生物多样性；遗传多样性指广泛存在于生物体内、物种之间的基因多样性；生态系统多样性又进一步分为生境多样性（主要指无机环境，如地形、地貌、河床、河岸、气候、水文等）、生物群落多样性（群落的组成、结构和功能）、生态过程多样性（生态系统组成、结构和功能在时间、空间上的变化）；景观多样性由不同类型的景观在空间结构、功能机制和时间动态方面的多样化和变异性构成。

生物多样性是流域生态系统生产和生态服务的基础和源泉。流域生态系统的生物多样性维持功能体现在洪泛区、湿地及河道等多种多样的生境，不仅为各类生物物种提供繁衍生息的场所，还为生物进化及生物多样性的产生与形成提供了条件，同时为天然优良物种的种质保护及其经济性状的改良提供了基因库。

(3) 人类生产生活服务功能。生态学中，把由生态系统为人类提供的物质和生活环境的功能称为生态系统服务功能（Ecosystem Services）。水是维持一切生命活动不可替代的物质，是基础性的自然资源和战略性的经济资源，河流湖泊是水资源的主要载体，流域生态系统的服务功能是流域生态系统提供给人类赖以生存的自然环境条件与功能效用，是人类直接或间接从流域生态系统功能中获取的利益。按照功能作用性质的不同，流域生态系统服务功能的类型可归纳划分为淡水供应、水能提供、物质生产、环境净化、灾害调节和休闲娱乐等。

1) 淡水供应功能：水是生命的源泉，是人类生存和发展的宝贵资源。河流为淡水的储存和保持提供了重要场所。河流淡水既是人类生存所需要的饮用淡水的主要来源，也是其他动物（家畜、家禽及其他野生动物）饮用的必需之物。另外，所有植物的生长和新陈代谢更离不开淡水。因此，流域生态系统为人畜饮水、农业灌溉用水、工业用水以及城市生态环境用水等提供了保障。

2) 水能提供功能：水能是最清洁的能源。河流因地形地貌的落差产生并储蓄了丰富的势能。水力发电是该功能的有效转换形式，众多的水力发电站借此而兴建，为人类提供了大量能源。同时，河水的浮力特性为承载航运提供了优越的条件，水运事业借此快速发展，人们甚至修造人工运河发展水运。

3）物质生产功能：生态系统最显著的特征之一就是生产力。生物生产力是生态系统中物质循环和能量流动这两大基本功能的综合体现。流域生态系统中自养生物（高等植物和藻类等）通过光合作用，将二氧化碳、水和无机盐等合成为有机物质，并把太阳能转化为化学能贮存在有机物质中，而异养生物对初级生产的物质进行取食加工和再生产而形成次级生产。流域生态系统通过这些初级生产和次级生产，生产了丰富的水生植物和水生动物产品，为人类生存需要提供了物质保障，包括：初级生产为人们提供了许多生活必需品和原材料以及畜牧业和养殖业的饲料；次级生产为人类提供了优质的碳水化合物和蛋白质，一些名特优新河鲜水产品堪称绿色食品，成为人们餐桌上的美味佳肴，保障了人们的粮食安全，满足了人们生活水平日益提高的需要。

4）环境净化功能：流域生态系统在一定程度上能够通过自然稀释、扩散、氧化等一系列物理和生物化学反应来净化由径流带入河流的污染物，流域生态系统中的植物、藻类、微生物能够吸附水中的悬浮颗粒和有机的或无机的化合物等营养物质，将水域中氮、磷等营养物质有选择地吸收、分解、同化或排出。水生植物可以吸收、分解和利用水域中氮、磷等营养物质以及细菌、病毒，并可富集金属及有毒物质。水生动物可以对活的或死的有机体进行机械的或生物化学的切割和分解，然后把这些物质加以吸收、加工、利用或排出。这些生物在流域生态系统中进行新陈代谢的摄食、吸收、分解、组合，并伴随着氧化、还原作用使化学元素进行种种分分合合，在不断的循环过程中，保证了各种物质在流域生态系统中的循环利用，有效地防止了物质的过分积累所形成的污染。一些有毒有害物质经过生物的吸收和降解后得以消除或减少，河流的水质因而得到保护和改善，河流水环境因而得到净化和改良。生物净化过程，是在淡水生态系统的食物链（网）中进行的复杂的生物代谢和物理化学过程。通过这个过程，水体中的各种有机物和无机物溶解物和悬浮物被截留，有毒物质被转化，可以防止物质的过分积累所形成的污染。组成流域生态系统的陆地河岸生态系统、湿地及沼泽生态系统、水生生态系统等子系统都对水环境污染具有很强的净化能力。湿地历来就有“地球之肾”的美称，在流域生态系统中起着重要的净化作用。湿地生长着大量水生植物，对多种污染物质有很强的吸收净化能力。湿地植被还可减缓地表水流速，使水中的泥沙得以沉降，并使水中的各种有机的和无机的溶解物和悬浮物被截留，从而使水得到澄清。同时，可将许多有毒有害的复合物分解转化为无害的甚至是有用的物质。这种环境净化作用为人们提供了巨大的生态效益和社会效益。

5）灾害调节功能：流域生态系统对灾害的调节功能主要体现在防止洪涝、干旱、泥沙淤积、水土流失、环境负荷超载等灾害方面的作用。河道本身具有纳洪、行洪、排水、输沙功能。在洪涝季节，河流沿岸的洪泛区具有蓄洪能力，可自动调节水文过程，从而减缓水的流速，削减了洪峰，缓解洪水向陆地的袭击。而在干旱季节，河水可供灌溉。洪泛区涵养的地下水在枯水期可对河川径流进行补给。湿地在区域性水循环中起着重要的调节和缓冲作用。湿地草根层和泥炭层具有很高的持水能力，是巨大的贮水库，可为河流提供水源，缓解旱季水资源不足的压力，提高区域水的稳定性。同时，湿地具有蓄洪防旱、调节气候、促淤造陆、控制土壤侵蚀和降解环境污染等作用。河流水体也有净化水质的功能。因此，使流域生态系统对多种自然灾害和生态灾害具有较好的调节作用。

6）休闲娱乐功能：流域生态系统景观独特，具有很好的休闲娱乐功能。河流纵向上游森林、草地景观和下游湖滩、湿地景观相结合，使其景观多样性明显，横向高地—河岸—河面—水体镶嵌格局使其景观特异性显著，且流水与河岸、鱼鸟与林草的动与静对照呼应，构成河流景观的和谐与统一。高峡出平湖，让人豪情万丈，小桥流水人家，使人宁静温馨。同时，河谷急流、弯道险滩、沿岸柳摆、浅底鱼翔等景致，赏心悦目，给人们以视觉上的享受及精神上的美感体验。因此，人们凭借流域生态系统的景观休闲的服务功能，在闲暇节日进行休闲活动，如远足、露营、摄影、游泳、滑水、划船、漂流、渔猎、野餐等，这些活动有助于促进人们的身心健康，享受生命的美好，提高生活的质量。

3.2 河流开发与保护的流域生态安全

3.2.1 生态安全的概念

生态安全是指人类与其赖以生存的自然生态系统相互作用的过程中，生态系统的结构及各要素处于一个相对稳定与协调的范围，其具有的功能和调节能力对人类发展的冲击处于可承受和可恢复的范围，即生态系统承载能力大于人类对它的影响，处于健康可持续发展的状态。

生态安全是国家安全的最重要基础，是国家安全的重要组成部分。生态安全是在生态问题直接且较普遍、较大规模威胁到人类自身的生存与安全之后才提出的。1994年，联合国开发计划署正式将环境安全（Environmental Security）引入，并在人类发展报告里将环境安全列为人类七大安全之一。进入21世纪后，人们逐渐展开环境变化与安全内在关系的研究。2002年9月，联合国组织在南非约翰内斯堡召开的全球环境与发展峰会上提出了生态（环境）安全是这次会议的主要议题。

关于生态安全（Ecological Security），国外的研究基本上将生态安全与生态学视角的环境安全（Environmental Security）在概念上等同，有关研究主要围绕生态安全的概念及生态安全与国家安全、民族问题、军事战略、可持续发展和全球化的相互关系而展开。不同的学者根据各自的研究对象的特点，从不同的角度诠释了“生态安全”的定义和内涵。总体上，生态安全包含自然与人类社会两方面的含义：①指生物或生态系统自身是否安全，即其自身结构是否受到破坏；②指生物或生态系统对于人类是否安全，包括生态系统所提供的服务是否满足人类的生存需要。但是，由于多种原因国内外学术界对于生态（环境）安全尚无统一的定义。这样的分歧体现研究者从不同的视角可以得出不同的概念，也就是所谓的环境安全概念的多视角化：基于安全视角的环境安全，基于环境视角的环境安全，基于生态学视角的环境安全，基于社会政治视角的环境安全。

我国生态安全的研究起步于20世纪90年代初，到90年代后期才逐渐为人们所重视，近年来生态安全已经成为科学界和公众讨论的热点问题。2000年12月29日国务院发布了《全国生态环境保护纲要》，首次明确提出“维护国家生态环境安全”。近年来，对生态安全的研究逐步深入广泛，研究主要集中在区域水平上，如西部地区、流域、区域农业和自然保护区上，并对生态安全的监控、评价和保障体系作了初步研究。很多学者对生物安全、粮食安全、食物安全、水安全等资源安全方面问题也做了论述。但总体上，我国生态安全研究处于起步阶段，生态安全的概念和涵义还没有科学的界定，尚未形成完整的理论框架和方法体系。

尽管关于生态（环境）安全的定义很多，但这些定义都包含以下几点共识：

（1）与日俱增的环境压力—资源数量和质量的减少、不公平的加剧及不恰当的自然资源获得可能引发冲突并增加人类面临灾害的脆弱性。

（2）由于人口的持续增长、消费量和污染的增多及土地利用的改变，环境压力在冲突和灾害中起着越来越重要的作用。

（3）尽管在一定条件下，环境系统自身能够调节和恢复到安全的范围或者安全的状态，但是由环境退化和生态破坏及其所引发的环境灾害和生态灾难不仅没有得到减缓，反而越来越构成对区域发展、国家安全、社会进步的威胁。

（4）生态（环境）安全不能仅停留在国家的层面上，它应在不同层面上加以考虑，大至全球，小至地方。

（5）生态（环境）安全的要素有主导性因素和次要因素之分，彼此互相影响和互相作用。

（6）生态（环境）安全是相对的，会随着外界状况、影响条件的不同产生不同的安全标准和结果。

3.2.2 生态安全的内涵

生态安全的内涵符合可持续发展的要求。可持续发展的内涵包括持续性、发展性和公平性。生态安全要求维护自然生态系统的健康和完整，要求人类经济社会发展与生态安全之间维持均衡，要求全人类和后代的生态安全。可持续发展的基本目标是要持续地满足人类的需求，生态安全是实现可持续发展的基本保障。生态安全具有以下内涵：

（1）生态安全强调以人为本。安全与否的标准是以人类所要求的生态系统的质量来衡量的，生态安全是自然生态系统满足人类生存与发展的必备条件。

（2）生态安全具有相对性。生态系统由众多因素构成，其对人类生存和发展的满足程度各不相同。没有绝对的安全，只有相对安全。生态安全可以通过建立起反映生态因子及其综合体系质量的评价指标来评价其安全状况。

（3）生态安全具有动态性。生态安全由众多生态因子构成，这些生态因子不断变化，引起人类生存环境的变化，进而导致一个区域或国家生态安全状态的转变。

（4）空间地域性兼具整体性。生态安全具有一定的空间地域性质，一般是区域性、局部性问题，需要具体地域具体分析。生态安全更具有整体性，局部环境的破坏可能引发全局的环境问题。

（5）生态安全具有可调控性与不可逆性。对于不安全的状态、区域，人类可以通过整治，采取措施，加以减轻，解除环境灾难，变不安全因素为安全因素。但一旦破坏，就具有不可逆性，生态环境支撑能力有一定限度，生态破坏一旦超过其环境自身修复“阈值”，便造成不可逆转的后果。如野生动植物物种一旦灭绝就永远消失了，人力无法使其重新恢复。

（6）生态安全具有综合性。生态安全是涉及植被破坏、草原退化、水土流失、物种灭绝、自然灾害、水源枯竭、资源短缺、气候异常等，与人类生存和发展密切相关的生态系统和整体环境空间变化的问题。不仅直接影响人体健康、生殖和繁衍，而且直接影响着社会安全、经济发展。

(7) 维护生态安全需要成本。也就是说，生态安全的威胁往往来自于人类的活动，人类活动引起对自身环境的破坏，导致自然生态系统对自身的威胁，解除这种威胁，人类需要付出代价，需要投入，应计入人类开发和发展的成本。

3.2.3 河流开发的生态安全问题

河湖通过一系列水文、物理、化学与生物过程，保持着其基本的特征，发挥其特有的功能和效用。随着社会经济的不断发展，人类更加依赖于河流，对河流进行了各种方式的改造和开发利用，使河流发挥了极大的社会功能和经济功能。然而在开发力度不断加大的同时，工程对水资源的开发利用程度超过了生态环境自身的承载能力，造成以下主要生态环境问题：对区域生态环境造成冲击，对水域生态、特有鱼类资源以及珍稀水生动物物种生境产生影响，阻断鱼类洄游路径，工程建设与运行对一些自然保护区、风景名胜、水源地等环境敏感区产生影响；兴建大坝工程，因阻断江河，改变流域水循环的自然状况和水沙平衡条件，造成泥沙淤积和下游河湖萎缩；使移民问题突出，工程兴建淹没村庄、良田和一些基础设施，粮食产量急剧减少，人地矛盾突出，目前全国修建了8万多座水库，水库移民已达1500万人，对区域生态环境造成冲击；水库蓄水可能降低原库区河段的天然流动水体自净能力，水库蓄水初期有可能导致库区及坝下游水质恶化；对景观和文物造成影响，我国自然景观丰富，文物古迹极多，水库库区淹没后对景观和文物产生影响；此外，由于大坝的设计水平、工程质量和运行管理等方面存在的缺陷和问题，还存在出现重大的安全隐患，如地质灾害和溃坝的可能。

在社会需求引导下的水资源过度开发利用，使我国北方河流出现断流或萎缩，导致了普遍的水污染和生态环境的蜕变。如20世纪60年代建成的三门峡水库，对建库运行之后有可能造成的生态环境影响认识不足，水库蓄水后库容在5年内淤积了50%，水库回水危及陕西关中平原的防洪安全，被迫进行改建，有关争论一直延续至今；塔里木河作为我国最大内陆河流，50年代到70年代的规划与开发忽视流域水资源开发与生态保护的平衡，在源流区与干流区不合理地大规模占用草地、林地开荒，发展灌溉农业。灌溉面积从1950年的522万亩增加到1998年的1459万亩，灌区引水量从50多亿m^3增加到现在153亿m^3，造成干流下游300多km断流，区域土地退化，绿洲衰退，“绿色走廊”受到严重威胁，塔克拉玛干沙漠与库姆塔格沙漠迅速合拢，威胁到南疆地区的生态安全、社会发展。

20世纪后期，水工程所带来生态环境问题引起广泛重视，“江河治理开发与生态系统保护”已成为人类与环境领域的中心议题之一。水工程作为人类开发利用河流的主要手段，其在规划、设计、建设、运行过程中，在生态安全方面主要存在以下问题：

(1) 注重开发利用，忽视生态保护。传统的水利规划设计以兴利和除害为主要目标，强调对水资源的功能性开发，重视供水、发电、灌溉等经济效益指标，生态环境保护常被忽视或仅停留在一般概念上。如水资源规划重视需求和利用，造成规划需水量预测普遍偏高；供水规划未充分考虑节水、中水利用、退水水质，造成水资源浪费、水污染加重；水电规划要求“梯级衔接、充分利用水能资源”，造成河流生态环境破坏；水网地区水系治理对水环境保护认识不足。

（2）统筹协调理念薄弱。工程功能与环境不相协调，如水资源配置缺乏与区域水土资源、生产力布局的统筹；防洪规划强调各级保护区的安全和对洪水的控制，但对洪水的出路、疏导考虑不足；防洪工程一味强调安全，将城市进行“铁桶”状圈围，影响城市景观和人居环境；水系河道整治、滩涂海涂围垦、蓄滞洪区建设等与区域生态环境关系十分密切，但实际工作中缺乏规划与生态保护关系和功能的统筹；区域规划重视局部利益和效果，缺乏全局和流域统筹等。

（3）工程设计理念落后。在强调工程的安全可靠、技术可行及经济合理的同时，忽视了工程布置、结构、材料等与自然的和谐，工程呈“三面光”形式，造成“河流形态直线化，河道断面规则化，护岸材料硬质化”，使河湖基本生态的功能受损或丧失。

（4）对发挥水工程生态保护修复功能认识不足。水是生态环境控制性因素，水工程可通过对水资源的调控进行流域和区域的生态保护和修复，长期以来对这方面还缺乏深入的认识，即使近年来实施的流域生态治理、生态补水等也多是出于应急考虑的临时性措施，缺乏长远的规划安排，保护和修复没有实现常态化。

（5）水利规划体系中生态保护类规划薄弱，水利规划设计缺乏明确的环保目标。长期以来我国水利规划体系的主要内容是江河流域的治理开发，规划体系中对生态环境的保护修复考虑不够，在确定规划布局、工程选址和建设规模时没有明确的生态环境保护目标或限制，流域、水域的生态环境保护类规划薄弱，自身也没有形成体系。缺乏可具体量化的方法和手段，难以准确把握“开发”和“保护”之间合理的“度”，难以实现开发治理与生态保护相协调的目标。

（6）生态保护运行管理设计缺失。一些河流治理规划设计中虽然考虑了生态闸坝的建设，但由于管理与调度运行设计的缺失，影响工程良性运行和效益的发挥。如，多年的运行表明，塔里木河综合治理规划设计中，由于缺乏生态运行管理设计，影响了规划实施的效果。

（7）规划中的环境影响未受重视。河流生态系统具有流域性、区域性，重大和深远的生态影响必须在流域或区域的层面进行认识和评价，由于规划中未对流域性的生态环境问题进行充分论证，单项工程的环境评价又不能反映全局和深层次的环境问题，给工程留下环境隐患。反之，将流域或区域性的生态控制指标机械套用在单项工程上，在工程群的叠加效应下，最终造成区域性的生态失衡。2003年，国家实施《环境影响评价法》，迫切需要开展水利规划的环境影响评价工作。

（8）环保设计缺乏协调和保障机制。水工程的生态保护、生态需水保障、过鱼设施、分层取水、渣料场选址及防治等措施的设计与规划、水工、施工、概算等专业密切相关，现行规划设计机制缺乏环境保护专业与相关专业间的协调、沟通和配合。此外，环境影响评价及环境保护设计工作在工程设计单位得不到应有的重视，必要的设计周期和设计投入得不到保证，难以深入。

3.2.4　基于河流开发与保护的流域生态安全

本书在流域生态结构与功能分析的基础上，提出如下在可持续框架下的流域生态安全的定义：流域生态安全（Ecological Security of River Basin）是指流域生态系统的功能处于能够持续地满足人类需求的状态，人类活动与自然系统处于相对平衡状态，流域生态系统能够良性循环并持续不断的自我更新。即在流域单元内以人类安全为目标，协调水、土地资源及其他资源的发展与管理，最大化经济和社会福利，使流域生态系统处于可持续发展的状态。即，流域生态安全是流域生态系统作为一个受水文过程控制的“超有机体”在人类的开发和利用时，其生态功能能够持续地满足人类需要的状态，是人类活动与自然系统功能相对平衡的状态。此时，流域生态系统能够健康运转，并持续不断地自我更新，从而保证生态系统功能的健康和持续性，进而实现为人类的生产生活提供资源和环境效益。相反，当人类活动使流域生态系统的健康受到威胁而无法持续满足人类需求时，该流域的生态安全即受到挑战。

流域生态安全是流域自然系统需水与人类需水之间的平衡，是流域生态系统可持续发展与流域对人类经济发展提供资源与服务可持续的一种状态。河流湖泊的有效保护是流域生态系统功能持续维持的前提，即流域生态安全是基于河流湖泊开发与保护的。反之，当人类对河湖的开发利用使流域生态系统的健康受到损坏，不能持续为人类提供服务时，该流域生态系统安全出现问题。

流域生态安全与人类流域开发利用活动紧密相关。本书提出的流域生态安全包括了自然系统功能和人类需求两个方面，二者缺一不可，即流域生态安全既与流域生态系统的承载力和可再生能力有关，又与人类开发活动密切关联。流域生态安全的实质是以流域生态系统的可持续为基础，来维护其服务功能的可持续。

作为一个开放的生态系统，流域内的河流生态系统与其周围的陆地生态系统、社会经济系统不断地进行着物质与能量的交换。河流是流域生态系统的核心组成部分，是流域物质、能量和信息交换的载体。以河流为主体的河流生态系统功能的发挥，对流域生态功能的发挥起着决定作用，流域对人类服务功能的可持续发挥是以河流的合理开发和有效保护为前提的，鉴此，可以将流域生态安全的概念具体化为基于河流开发与保护的流域生态安全，即流域生态安全的概念是建立在流域河流开发与保护基础上的。

因而，要保证流域的生态安全，人类在开发利用河流时，不仅仅最大化当前的经济利益，还要使这种经济利益可持续。要防止流域生态系统生物多样性的损失、维持其生态系统功能和生态系统的完整性，要求有变化的流态、足够的泥沙和有机物质的输入、光热的变率、清洁的水体，这些物理量都是有年内变化的，而且变化率既不是历史极端值也不是一成不变的常数。同时，水还保持在纵向、侧向、垂向三维和时间维的必需流动。否则，流域系统将失去物种的多样性和生态系统的服务功能，其生态安全将受到威胁。

安全与健康互为正比，流域生态安全的重要标志就是具有健康的河流生态系统。从生态系统层次出发，一个健康的河流生态系统应该是稳定和可持续的，即生态系统随着时间的进程有活力，并且能维持其组织及自主性，在外界胁迫下容易恢复。也就是说，河流系统的健康是一种特定的系统状态，在该状态下，河流系统在变化着的自然与人文环境中，能够保持结构的稳定和系统各组分间的相对平衡，实现正常的、有活力的系统功能，并具有可持续发展和通过自我调整而趋于完善的能力。健康河流体现人水和谐，不仅关注流域生态系统，也协调流域服务功能，包括供水、通航、行洪、输沙、发电、灌溉及旅游等。

3.3 流域生态安全评价

生态安全的概念是在人类自身的生存和发展受到来自资源环境制约，生态系统的承载能力不能满足人类社会发展需求的背景下提出的，生态安全评价的目的在于评价所研究的生态系统自身结构是否稳定，功能是否正常，演替过程是否健康，客观正确的评价生态系统安全性，为进一步开展生态保护与修复奠定基础。本书在整理国内外已有研究工作成果的基础上，进一步归纳提出服务于流域生态系统的生态安全评价体系框架。

3.3.1 流域生态安全的木桶原理

是否安全的标准是以人类所要求的生态因子质量来衡量。影响流域生态安全的因素很多，但只要其中一个或几个因子不能满足人类正常生存与发展的需求，流域生态就不安全（木桶原理）。因此，生态安全具有生态因子一票否决性质。

木桶原理又称短板理论，其核心内容为：一只木桶盛水的多少，并不取决于桶壁上最高的那块木块，而恰恰取决于桶壁上最短的那块。根据这一核心内容，“木桶理论”还有两个推论：其一，只有桶壁上的所有木板都足够高，那木桶才能盛满水。其二，只要这个木桶里有一块不够高度，木桶里的水就不可能是满的。对于流域生态安全而言，制约流域生态安全的不是最有益于生态环境的要素，而恰恰是损害流域生态环境最大的要素。但由于流域生态安全影响因素众多，且因素间存在非线性的复杂关系，如何筛选关键制约因素，确定其标准和阈值，进行短板分析以确认流域生态安全的低限，是一个重要而关键的问题。

法国年鉴学派的步劳代尔认为对历史运动起决定作用的有三类因子，表现为长、中、短三个时段，他认为决定社会历史进程的最关键的因子是长时段因子，中时段因子次之，短时段因子的作用最小。对于流域生态安全而言，将影响要素按其作用过程时间长度的长短划分为长、中、短三类，即长时段因子、中时段因子、短时段因子。长时段因子支配短时段因子的趋势背景，短时段因子依赖并适应长时段因子的趋势变化。具体可以认为，流域的地质构造、气候条件、水系结构、地貌形态、资源禀赋等是长时段因子；流域的文化传统、价值观念、行为方式（流域水工程规划等）、人口—资源结构等是中时段因子；区域的经济结构、技术结构、资源利用方式、水工程建设是短时段因子。人类较难改变制约流域生态安全的长时段因子，但可望通过调整中时段因子和改变短时段因子来实现低安全模式向中高安全模式的改变。

钱正英院士认为（2006），我国河流按照改造程度，大体可以分为3类：①完全或基本保持自然状态的河流系统。人类活动影响较小，基本上未建具有控制能力的水工程，开发利用程度小于10%，例如雅鲁藏布江、怒江、黑龙江干流等。②人工化与自然复合的河流系统。人类活动有一定影响，流域中建有一定有控制能力的水工程，开发利用程度一般在10%～20%之间，有的甚至接近40%。这涵盖了我国的大多数河流，包括长江、珠江等。③人工化河流系统。水工程控制程度较高，天然河流已改建为不同类型的人工河道系统，河流污染严重，开发利用程度在40%以上，甚至高达70%以上，例如淮河下游、海河中下游、黄河下游，以及一些内陆河流的中下游。由于水工程在上述三类河流中的地位、作用是有区别的，对于这三类河流，其流域生态安全的短板应该是各有不同的，需要针对具体问题分析，以确定短板来谋划对策。

3.3.2　评价尺度

尺度问题是进行流域生态安全的一个重要问题，因为不同尺度的流域或流域内不同尺度的空间具有不同的生态状况和特性，对人类活动响应和承受程度也不同，如流域层面更关注梯级开发、复合生态系统格局、气候变化、生物多样性等问题，河段层面则关注堤坝建设、河道形态、栖息地环境等问题。此外，不同尺度的流域关注的问题也存在差异。我国水资源分区将流域划分为3个等级：一级分区为我国主要江河流域，如长江流域、黄河流域、珠江流域等；二级分区是一级分区内的主要支流、大型湖泊所在流域，如长江流域下的金沙江流域、嘉陵江流域等；三级分区则是在二级分区的基础上，进一步划分支流流域所形成。美国EPA将流域分为5级；Basins尺度下的流域面积通常在2500～25000km^2的范围，Sub-basins尺度下流域面积为250～2500km^2；Watershed尺度下的流域通常为100～250km^2；Sub-watershed尺度下的流域通常在1～100km^2；最小的尺度是Catchment，通常是在1km^2以下。前两个尺度通常考虑更加宏观层面流域综合规划、水资源开发利用、区域产业结构布局对水文和水环境影响等方面的内容；中间两个尺度上人类活动加剧会导致不透水层扩展，从而对水文产生的影响比较明显，因此，其流域管理的主要是河流管理、水质控制、生态修复和流域评估等。最小尺度的流域对人类活动的响应通常较为明显。因此，通常对一些规划的环境影响评估主要集中在前三个尺度上，而对一些重大工程项目的环境影响分析和评估工作因为其影响范围往往并非是“点”，而表现为“面”，甚至是全流域的，例如调水工程、大型水利枢纽工程等。而有些建设项目的环境影响通常表现为局部的，甚至只涉及项目周边范围，则主要以后两个尺度为主。

3.3.2.1　空间尺度

空间多尺度要求我们在研究具体问题时至少要从三个空间尺度上加以分析。①每一个具体问题的研究都要在更高一层次，即在更大的空间范围内，选择某些关键的因素作为前提，予以认真考虑。②每一个具体问题的研究，重点要放在问题所属的尺度上，要研究同级尺度不同问题之间的关系，重视已存在的条件，扬长避短，妥善分析。③每一个具体问题的研究，尽量要为下一个层次乃至今后的发展留有余地，在可能的条件下甚至提出对未来的设想或建议。这就是说，一个健康的生态系统不仅具有结构上的完整性，还必须实现功能上的连续性，即具有整体性。

在进行流域生态安全评价时，从水工程规划设计对生态安全影响范围的角度出发，空间尺度可分为三种：一是流域尺度，即水工程规划和设计对生态的影响可能扩展到全流域或区域的范围上；二是廊道尺度，即水工程规划设计对干支流河道均产生影响；三是河段尺度，即水工程的生态影响限于干支流的某个河段。水工程建设是人类进行河流开发利用的主要手段，同时也对流域生态安全产生直接而深刻的影响。对一条河流而言，从单项工程建设到河流梯级开发规划及水资源综合配置，上、中、下游的空间协调性和共同的生态安全极其重要，尤其是上游的生态安全对下游尤为重要。

空间尺度一般包括局部尺度、流域尺度和大陆尺度。在局部尺度上，土壤的有效深度不同，对降雨将产生不同的响应，进一步的对植物产生水分胁迫的程度不同。地形对于土壤水的空间分布可能是很重要的。另外坡度和地貌也控制着当地的净辐射输入，因此也影响土壤水的变化。在流域尺度上，侧重于降雨、土壤水、流域几何学特征和植被之间的相互关系研究。在大陆尺度上，则应包括对气候土壤植被整个系统的研究。

3.3.2.2 时间尺度

Am ilcare 把时间尺度划分为日尺度、季节尺度和年份尺度。在日的尺度上，研究土壤水分波动对植物的胁迫作用情况；在季节尺度，研究降水和生长季节是否在同一时期及其植被类型、格局的变化等；在年份尺度，分析年份间降水波动对生态系统结构和功能的影响。Robert 等分析指出在不同的时间尺度上，径流受不同因素的影响。比如在时间尺度上（数小时或数日）洪水水文过程线的形状取决于降水事件和接受雨水流域的特征；在季节尺度上，径流状况主要受物理气候对降水量、融雪和蒸发量的制约所影响；在长时间尺度上（在数十年至数百年）径流受土地利用、气候和人为变化的影响。从上面的分析来看，时间尺度的设定与研究者的目标相关，但在现实情况下，不同时间尺度上的主导因素是确定的。

水工程对河流生态系统的影响具有累积性，这种累积不仅表现在空间上的叠加作用，也反映在时间上的叠加作用。这种时间上的叠加，可以来自于单个水工程的作用，也可以来自联合调度的其他水库的作用；可以来自于当前时刻的作用，也可以来自于以前作用的滞后；还可能来自于水库的调度方式，如长期调度、中期调度或短期调度，对河流环境的影响的起始时间和持续时间都是不同的。

因此，流域生态安全评价指标具有明显的时间尺度。对流域生态安全评价指标的时间叠加作用，同样可能是增强作用，即向着有利于流域生态安全方向发展，也可能是减弱作用，即向着不利于流域生态安全方向发展。所以，在进行流域生态安全评价时，需要考虑所选取的评价指标的时间尺度，除了要考虑现阶段生态指标的生态环境效益外，还要考虑距此生态指标最近的单个水库、水库联合调度方式，以及多个水库的时间叠加效应。可以分两种情况来探讨，一种情况是时间“点”的生态安全水平；另一种情况是时间“段”的生态安全状况。

时间“点”是指相对较短的时间段，在这一较短的时间段内，区域所受到的外部环境作用相对保持稳定。在特定的时间“点”研究流域生态安全问题，要求所选择的指标要容易量测，具有敏感性和可诊断性，量测过程中误差较低，同时具有稳定的测定周期。以时间“点”为特征研究流域生态安全问题的优点在于它能快速评价流域生态环境的现状和特征，及时提供必要的管理信息，其缺点或不足是寻找参照值比较困难，经验成分较多，实践中常常需要与时间段特征下的指标相联系，配合使用。

对时段内的流域生态安全进行研究，更有助于流域实现可持续发展。时间段特征的流域生态安全评价指标选取的标准常以历史时期的数值为参照、同时考虑理想水平下要素的取值范围，通常以要素的变化率或各种指数来表示。在特定的时间段研究流域生态安全问题，需要掌握历史时期大量数据及其环境变化资料。其优点就在于它能系统地分析和评价几十年或近百年来流域的生态变化特征，以便采取正确的管理措施。缺点或不足在于许多要素的历史资料没有记载或不完全，会给评价带来不确定性。因此，需要将时间“点”和时间“段”结合起来评价流域生态安全水平。

水库调度对流域生态系统影响的尺度效应十分显著。水库调度是承担灌溉、发电、工业和城镇供水、航运等兴利任务的水库的控制运用，在确保工程安全和满足下游防洪要求的前提下，运用水库的调蓄能力，有计划地对入库径流进行蓄泄，以达到充分发挥防洪、兴利效益和最大限度地满足各用水部门的要求，确定水库应用时期的供、蓄水量和调节方式。

水库调度方式，按照水库数量可分为单库调度和水库群联合调度；按照周期长短可以分为长期调度和中、短期调度；按照所承担的主要任务的不同又可以分为防洪调度、兴利调度以及综合利用水库调度等；按照水库调度的方法，又可分为常规调度和优化调度。水库群的联合调度根据其结构形式的不同又可以分为并联、串联（梯级水库群）和混联3种形式。

这样，不同方式的水库调度、不同时间尺度的水库调度、不同目的的水库调度，对河流水文径流情况和调节性能不同，所产生的生态环境效益也不同。因而，有的流域生态安全评价指标受到的影响是单一水库的，有的则是多个水库影响的叠加效应。这种叠加作用可能是增强作用，即向着有利于流域生态安全方向发展，也有可能是减弱作用，即向着不利于流域生态安全方向发展。所以，在进行流域安全评价时，如果选取评价指标的空间尺度达到了多个水库的影响范围，此时的生态安全评价除了要考虑距此生态指标最近的单个水库的效益外，还要考虑水库联合调度方式的影响和多个水库的叠加效应。

3.3.3 流域生态安全评价方法

3.3.3.1 流域生态安全评价框架

流域生态安全评价的目的是评价生态系统自身的结构稳定性与安全状况，评估人类活动对生态系统的影响，为生态保护和修复提供依据。

评价主体是流域生态系统，结合流域生态系统的固有特点，具体评价对象为：流域生态系统的结构，分别评价纵向、横向、垂向结构的稳定性及功能，评价其生境支持功能、生物多样性维持功能及各项服务功能的完整性及过程，评价生态系统演替及景观格局变化趋势。流域生态安全评价模式示意图，见图3.4。

1. 结构安全

结构安全是指生态系统的结构合理，各生态要素和各个环节关系顺畅。对流域生态系统，结构安全应包括：流域范围内人类与土地利用间的关系，即人类对土地利用的方式和程度；流域内土地格局以及不同区域之间的关系，主要是上游与中游、中游与下游的关系；流域内生物多样性保护与土地间的关系。对一个流域，只有上、中、下游之间的关系协调，人地关系协调，生物多样性保护与土地间的关系理顺，才能保障流域的全面、整体和协调发展，才能保障流域的生态安全。

2. 功能安全

流域生态功能安全的最基本条件是整个流域及其每个生态系统或生态单元能够通过

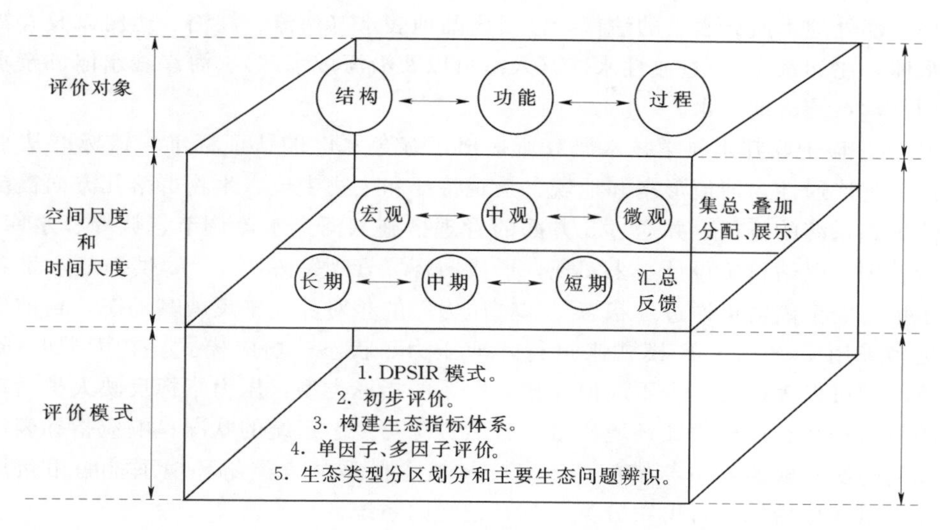

图 3.4 流域生态安全评价示意图

内外物质与能量的交换，维护自身的功能与过程并提供人类生存和发展所需的各种资源，能够承纳人类生活和生产所排放的各种废物，满足人类社会的持续发展，同时满足生物多样性保护需要。流域生态安全要体现上、中、下游功能开发的协调性，在纵向尺度上，表现为上、中、下游的生态功能匹配；在服务对象方面，应既能满足人类的生存和发展，又能满足自然系统维护，如生物多样性保护的需要；从提供的服务方面讲，应包括土地生产功能、水资源供给功能、环境承载功能、环境调节功能和生物多样性保护功能等。

流域生态安全评价具有层次性的特点，对多个空间尺度与时间尺度上的生态状况做综合评价。空间尺度至少包含宏观尺度、中观尺度和微观尺度。需说明的是，流域生态系统作为宏观的生态系统，其微观尺度是一个相对的概念。流域生态系统评价的空间尺度可定为：流域尺度（宏观）、廊道尺度（中观）、河段尺度（微观）。大尺度的总体评价与小尺度的具体评价互为依据，相互验证。时间尺度包含长期、中期和短期评价。从短期内评价开始，向长期评价逐层累加，长期评价的成果再反馈到短期评价相互校验。

评价模式借鉴“压力—状态—响应”（DPSIR）模式的基本分析思路。分析流域生态系统所受到的各类压力，从而初步辨识各地区主要生态问题。依主要生态问题类型差异初步划分生态类型分区。选取关键生态要素，构建用于评价的关键生态指标体系。进而具体开展单一因子评价及多因子综合评价，用评价成果调整生态类型分区，进一步明确各分区的主要生态问题及影响程度。

3.3.3.2 流域生态安全评价方法

涉及水工程生态评价体系的相关研究，在国外已开展多年，许多研究成果已成为当地法律法规制定和管理的重要依据。具有代表性的研究成果与管理模式有：欧盟水框架指令和 DPSIR 框架、瑞士绿色水电的认证标准等。

2000 年 12 月开始执行的欧盟水框架指令是一个保护化学、生物以及自然形态的框架，也是一部处理水质和水量的法律，涉及内陆地表水（河流、湖泊、运河以及大幅度改造过的水体，比如水库）、过渡性水体（入海口以及沿海咸水湖）、海岸线水体、亲水的生态系统和化学系统、地下水。

2001年，瑞士联邦水科学技术研究所提出了绿色水电的认证标准，该标准从水文特征、河流系统连通性、河流形态和地貌、景观特征和生物生境、生物群落几方面提出反映健康河流生态系统的特征，并通过5方面的管理措施（河道水流调节、调峰、水库管理、河流泥沙管理、电站设施设计）来实现，形成“环境管理矩阵”。

由于生态安全阈值可通过“状态”和“压力”的相对变化来反映其动态，目前生态安全评价更多采用了P—S—R模式来进行，即压力—状态—响应模式。在P—S—R框架内，环境问题可以表述为3个不同但又相互联系的指标类型：压力指标反映人类活动给环境造成的负荷；状态指标表征环境质量、自然资源与生态系统的状况；响应指标表征人类面临环境问题所采取的对策与措施。P—S—R概念模型从人类与环境系统的相互作用与影响出发，对环境指标进行组织分类，具有较强的系统性。

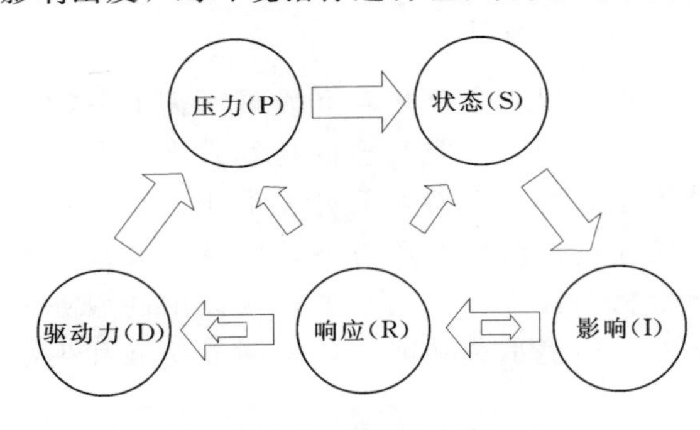

图3.5 DPSIR框架

欧盟国家广泛应用的DPSIR（驱动力—压力—状态—影响—响应模型）框架［2000年由欧盟环境署（EEA）提出］搭建了一个生态指标框架，详细描述了生态指标的层次、鉴别方法以及包含的因子。DPSIR是一个因果关系链，提出要在5个不同的层面上建立生态指标（见图3.5）。分别是：驱动力指标（人口增长，福利），压力指标（资源的开发利用，污染排放），环境状态指标（水文地貌，污染物浓度），影响指标（生物个体、种群、群落和生态系统及其相互关系），社会响应指标（政策制定）。

在美国新泽西州公共利益研究会法律和政策中心的报告中，选取了16项健康评价指标来评估州内流域健康水平。美国Muskoka流域委员采用“压力—状态—响应”（Pressure－State－Response，PSR）模型，构建了流域健康的指标体系，其中，“压力”包括直接或间接的人类活动对环境的改变，“状态”主要指流域物理、化学和生物条件或自然系统的状态（包括人类的健康和财富），“响应”包括政府行为或政策和部门、个人对环境改变的应对和治理。

国内外生态评价体系，经历了单因子评价指标到多因子小综合评价指标，再到多因子大综合体系。表3.1综述了流域生态安全和河流生态系统健康评价的代表性体系。

1. 单因子体系

单因子评价多数针对以环境污染和毒理危害为内容的风险评价和微观生态系统的质量与健康评价建立起来的，能够表征系统安全水平的关键生物因子或环境因子。以流域或河流系统为研究对象时，关键的环境因子最初是污染严重河流的水质，随水资源开发利用量的增加，河道内水量日益减少，导致了水生生物多样性的锐减，逐渐转向生态环境需水量的评价。20世纪80年代，河流管理的重点由水质保护拓展到了河流生态系统的恢复。同

表 3.1 国内外具有代表性的生态安全和生态系统健康评价体系汇总表

<table>
<tr><th>分类</th><th colspan="3">指标或指标体系方法名称</th><th>内容</th><th>备注</th></tr>
<tr><td rowspan="7">单因子体系</td><td rowspan="2">环境因子</td><td colspan="2">水质</td><td>单因子污染指数法和水质综合污染指数法</td><td rowspan="2"></td></tr>
<tr><td colspan="2">生态需水量</td><td>主要评价方法有水文学方法（Montana 法、7Q10 法等）、水力学方法（湿周法、R2Cross 法）、栖息地等级法（河道内流量增量法 IFIM）和整体分析法</td></tr>
<tr><td rowspan="5">生物因子</td><td rowspan="2">藻类</td><td>藻类丰富度指数 AAI</td><td>基于半定量化基础上的藻类丰富度指数：$AAI=[(2\times A+C)/N]\times 100$ A 为较丰富的物种数；C 为常见种数；N 为样点数</td><td rowspan="5">该类方法存在一个较大的缺陷，即通过单一物种对河流状况进行比较评价，并且假设河流任何变化都会反映在这一物种的变化上，可能出现河流生态已经不安全却未反映在所选物种的变化上，具有一定的局限性。另外，指示物种的筛选标准不明确，易选用不适宜的类群。广泛使用的河流健康状况评价方法之一，可对所研究河流的健康状况做出全面评价；但对分析人员专业性要求较高</td></tr>
<tr><td>硅藻污染性敏感性指数 IPS 类属硅藻指数 GDI 营养硅藻指数 TDI</td><td>硅藻种类的多样性丰富和制片可永久性保存等优势，使其成为藻类监测中最常用的指标，不同藻类对污染敏感度不同，IPS 和 GDI 反映水环境的腐生程度，TDI 反映水环境的营养程度</td></tr>
<tr><td rowspan="2">无脊椎动物</td><td>河流无脊椎动物预测和分类计划 RIVPACS，Wright，1984</td><td>利用区域特征预测河流自然状况下应存在的大型无脊椎动物，并将预测值与该河流大型无脊椎动物的实际监测值相比较，从而评价河流健康状况</td></tr>
<tr><td>澳大利亚河流评价计划，AUSRIVAS，Simpson&Norris，1994</td><td>针对澳大利亚河流特点，在评价数据的采集和分析方面对 RIVPACS 方法进行了修改，使得模型能够广泛用于澳大利亚河流健康状况的评价</td></tr>
<tr><td>鱼类</td><td>生物完整性指数 IBI，Karr，1981</td><td>着眼于水域生物群落结构和功能，用 12 项指标（河流鱼类物种丰富度、指示种类别、营养类型、鱼类数量等）评价河流健康状况</td></tr>
<tr><td rowspan="3">多因子小综合</td><td colspan="3">美国岸边与河道环境细则 RCE，Petersen，1992</td><td>假定对自然河道和岸边结构的干扰是河流生物结构和功能退化的主要原因。包括河岸带完整性、河道宽/深结构、河岸结构、河床条件、水生植被、鱼类等 16 个指标</td><td>其优点是采用目测，可以进行快速观测，能够在短时间内快速评价河流的健康状况。但只局限于评估农业景观下小型河流物理和生物状况</td></tr>
<tr><td colspan="3">美国快速生物监测协议 RBPs，SEPA，1989</td><td>涵盖水生附着生物、两栖动物、鱼类及栖息地的评估方法。该方法提供了河流藻类、大型无脊椎动物和鱼类的监测及评价方法和标准。在调查方法中包括栖息地目测评估方法</td><td>设定“可以达到的最佳状态”的参照状态比较难以确定</td></tr>
<tr><td colspan="3">英国河流生态环境调查 RHS，Raven，1997</td><td>调查背景信息、河道数据、沉积物特征、植被类型、河岸侵蚀、河岸带特征以及土地利用等指标来评价河流生态环境的自然特征和质量，并判断河流生境现状与纯自然状态之间的差距</td><td>快速评估栖息地的调查方法，适用于经过人工大规模改造的河流，能较好地将生境指标与河流形态、生物组成相联系；但选用的某些指标与生物的内在联系不明确，部分数据以定性为主，数理统计有困难</td></tr>
</table>

续表

分类	指标或指标体系方法名称	内容	备注
多因子小综合	澳大利亚溪流健康指数ISC，Ladson，1999	构建基于河流水文学、形态特征、河岸带状况、水质及水生生物5方面的指标体系	将河流状态主要表征因子融合，能进行长期评价。适用于长度为10～30km，且受扰历时较长的农村河流的评价，缺乏对单个指标相应变化的反映，参照系统是真实的原始自然状态河道，选择较为主观
	南非河流健康计划RHP，Rowntree，1994	选用河流无脊椎动物、鱼类、河岸植被、生境完整性、水质、水文、形态等河流生境状况等指标，针对河口提出用生物健康指数、水质指数以及美学健康指数来综合评估河口健康状况	该方法较好地运用生物群落指标来表征河流系统对各种外界干扰的响应；但在实际应用中，部分指标的获取存在一定困难
多因子大综合	压力、状态、响应（PSR）为代表的指标体系	美国Muskoka流域委员会采用PSR模型，提出了流域健康的指标体系。包括：水文、生物栖息地、陆地景观、生物多样性、水陆消落带、空气质量、水质、政策框架等	该方法在流域生态安全评价中得到广泛应用，但是同多因子小综合指标体系相比，由于其复杂性未形成比较完善的公认的评价体系
		我国巢湖流域、辽河流域、黑河流域在P—S—R模型大框架下建立各自的流域生态安全评价指标体系，虽然子级层次不同，但是均考虑了自然环境、资源、人口、经济、环保措施等方面提出指标	
	美国新泽西州内流域健康评估	选取7项流域环境现状指标，反映河流功能满足、鱼类和野生动物保护、饮用水水源保障、污染物排放、有毒污染物、常规污染物、湿地退化等内容；9项指标脆弱性指标，包括珍稀濒危水生物种和湿地物种、有毒污染物超标程度、常规污染物超标程度、城市健康流失潜势、农村健康流失潜势、人口变化、大坝导致的水文改变、河口易受污染指标、大气沉淀物	现状指标的设置表征流域健康状况，脆弱性指标表征流域污染或其他活动对流域健康所施加的压力，具有一定的普遍性
	加拿大的Kemptville Greek流域健康保护计划	对流域健康的保持和改善从水质、野生动物/自然化、社会和经济因素及水量等几个可持续的，且不以牺牲其他目标为代价的方面来开展	
	澳大利亚流域“健康”诊断	采用10项环境背景指标分析流域的总体质量或功能水平，另选取10项环境趋势指标以及9项土地生产力和经济效益指标分析流域质量变化趋势	该体系主要是针对多种经营的农场，所以一些指标具有特殊性，不具有普遍性和通用性
	健康长江指标体系，长江委	提出10项生态保护指标从水土资源和水环境状况、河流完整性和稳定性、水生生物多样性三方面提出，2项防洪安全保障指标和2项水资源开发利用指标。给出健康参考值，并对现状进行了评价	

续表

分类	指标或指标体系方法名称	内容	备注
多因子大综合	黄河健康生命指标体系，黄委	通过分析人类和河流生态系统的生存需求，认为连续的河川径流、通畅安全的水沙通道、良好的水质、良性运行的河流生态系统和一定的供水能力是健康黄河的标志，提出8项定量指标作为健康黄河的标志	
	珠江河流健康指标体系，珠委	自然属性考虑河流形态结构、水环境状况、河流水生物等11项指标；社会属性考虑7项服务功能指标和2项监测水平指标	

时，河流生态系统健康成为河流管理的重要目标，对河流状态的评价转向了关键指示生物评价方法，并且得到了广泛应用。物种指示法通过把某研究地点实际的生物组成与无人为干扰情况下该点能够生长的物种进行比较而对河流整体状态进行评价。典型代表性方法有美国的生物完整性指数（IBI）、英国河流无脊椎动物预测和分类计划（RIVPACS）和澳大利亚河流评价计划（AUSRIVAS）。

首先通过选择参考点（无人为干扰或人为干扰最小的样点），建立理想情况下样点的环境特征及相应生物组成的经验模型。该法存在一个较大的缺陷，即通过单一物种对河流状况进行比较评价，并且假设河流任何变化都会反映在这一物种的变化上。因此，若河流健康状况受到损坏未反映在所选物种的变化上时，就无法反映河流真实状况，具有一定的局限性。另外，指示物种的筛选标准不明确，易选用不适宜的类群。

2. 多因子小综合体系

在指示物种法广泛应用于流域或河流生态评价的同时，研究学者开始提出利用多个因子综合评价流域生态安全或河流健康状况。与指示物种法相比，该方法考虑影响河流状态的多个因素，更具合理性。多因子小综合指标体系的建立侧重于生态安全的生物或资源、环境方面的含义，多数是针对自然或半自然生态系统安全状况而言的。当以流域或河流系统为研究对象时，指标体系建立主要考虑河流本身及河流生态系统自身固有的自然属性。国外已经提出了大量指标体系，并制定了相关的技术规程。主要代表性方法有美国的岸边与河道环境细则（RCE）、快速生物监测协议（RBPs）、英国河流生态环境调查（RHS）、澳大利亚溪流健康指数（ISC）以及南非的河流健康计划（RHP）。上述方法基本原理是通过对现观测点的一系列生物特征指数指标与参考点的对应比较并积分，累加得分进行评价，评价指标体系建立时主要考虑以下因子：水文、水质、河岸带、河床、栖息地、生物等。多指标评价法是根据评价标准对河流的生物、化学以及形态特征指标进行打分，将各项得分累计后的总分作为评价河流健康状况的依据。但是上述方法由于选择的具体指标不同导致其均存在一定缺陷，如适用性较窄缺乏可移植性，指标过于复杂不宜获取数据，缺乏单个指标变化的反映。

3. 多因子大综合体系

20世纪90年代以后，河流生态恢复不只限于某些河段的恢复或者河道本身的恢复，而是要着眼于生态景观尺度的整体恢复，以流域为尺度的整体生态恢复成为研究重点。发达国家在河流健康评价方面已经积累了一些经验，有的国家已经制订了相应的技术法规和规范，建立了多因子大综合评价指标体系。多因子大综合指标体系同时考虑了不同范畴的评价指标，不仅包括生物与资源环境方面的，还包括生命支持系统对社会经济及人类健康作用的指标。

目前被广泛应用的是联合国经济合作开发署（OECD）最初针对环境问题提出的表征人类与环境系统的压力—状态—响应（P—S—R）框架模式，在此基础上，联合国可持续发展委员会（UNCSD）又提出了驱动力—状态—响应（DSR）概念模型，而欧洲环境署则在PSR基础上添加了“驱动力”（Driving Sorce）和“影响”（Impact）两类指标构成了DPSIR框架。

我国学者在上述概念框架下针对不同的评价对象对评价指标做了大量的有益探索，制定了区域生态安全评价的D－P－S－E－R生态环境系统服务的概念框架，扩展了原模型中压力模块的含义，指出既有来自人文社会方面的压力，也有来自自然界方面的压力，并构建了满足人类需求的生态环境状态指标、人文社会压力指标及环境污染压力指标体系，作为区域生态安全评价指标体系。在应用于流域或河流生态评估方面，大多数学者采用PSR框架对流域生态安全或河流生态系统安全进行评价，取得了一定的效果。如美国Muskoka流域委员会采用P－S－R模型，提出了流域健康的指标体系。我国部分学者在辽河流域、黑河流域、巢湖流域等均利用P－S－R模型构建了流域生态安全评价指标体系。

另外还有部分学者则是在多因子小综合指标体系的基础上，考虑了生态系统服务功能以及人类活动等影响因素，建立了多因子大综合指标体系或河流生态系统健康评价指标体系。如美国新泽西州公共利益研究会法律和政策中心提出的新泽西州内流域健康评价指标体系，加拿大的Kemptville Greek流域健康保护计划，澳大利亚联邦科学和工业研究组织（CSRIO）的学者，建立了一种评价流域环境质量的指标体系——流域“健康”诊断指标。

近年来我国各大流域机构也已开展了积极的研究工作，2005年长江水利委员会提出“维护健康长江，促进人水和谐”；黄河水利委员会从理论体系、生产体系、伦理体系等角度，提出了“维持黄河健康生命”的治河新理念；珠江水利委员会也提出了“当好河流代言人，维护珠江健康生命，建设绿色珠江”的治水工作思路，并在随后的工作中建立了评价指标体系。构建多因子大综合指标体系在应用过程中力求全面反映研究对象本质，但由于其交叉性、复杂性特征使得所建立的指标体系产生偏差，有些过于强调人类经济活动所带来的压力而忽略了自然干扰造成的影响，但是大量研究由于其提出的背景和依据不同，为更好地丰富和完善生态安全指标体系提供了借鉴。目前建立的评价体系主要存在以下问题：

1）国内外尚未形成成熟而权威的流域生态评价体系和评价方法。流域生态指标体系的建立涉及众多学科，且要处理好不同层面生态系统、不同尺度流域的指标设计。我国的生态安全研究仍处于起步阶段，目前研究成果多是针对具体区域，存在生态指标不完整、体系差异大等问题，缺乏权威性，难以用于指导水工程和生态修复工程的规划设计。

2）指标体系多从河流生态系统角度出发，从整体上评价河流生态和环境的状况，而与水工程建设联系不够密切，缺乏指导水工程建设和规划设计的实践作用。

3）指标体系中现状评价占较大比例，而有关预测性评估的生态指标体系尚显缺乏，指标体系时间尺度适用范围窄，未对生态安全过程和动态进行分析。

4）上述各类方法在实践中不断发展，并且出现了很多交叉和综合。近年来，以上各方法在评价区域生态安全时都取得了一定的成效，但都不可避免地存在一些缺陷，且都较易受到评价者人为主观因素的影响。

3.3.3.3 流域生态安全状况判定

生态安全研究的重点和关键环节是生态安全评价的指标选取及其评价方法。生态安全评价也是从前期的定性研究向定量研究方向发展，并有针对性地划分安全级别和确定评价指标体系，为评价目的直接服务。生态安全的定量研究主要采用建立评价指标体系，运用数学模型进行评价。指标体系是评价的基础，指标体系的构建对于生态安全评价具有极其重要的作用。

本书在压力—状态—响应框架下构建考虑水工程的流域生态安全评价指标体系。在此框架下，人类对水工程建设的需求如防洪、发电、灌溉、航运等，是人类活动给流域生态造成的负荷，即为“压力”；而表征流域生态系统环境质量、自然资源与系统的状况的变量，如水文水资源、水环境、河流地貌、生物多样性、生物栖息地等，即为“状态”；来自流域管理机构的资源政策、环境保护即为“响应”。

该框架模型中的总目标是流域生态系统可持续即流域生态安全。在水工程规划设计标准中考虑关键生态指标，正是流域规划、水资源管理部门对水工程修建后的流域生态响应的政策响应。通过对流域生态系统的反馈机制特别是负反馈机制的分析，寻找流域生态系统正常运转的状态或节点，作为选取的关键生态指标的阈值，用于水工程规划设计，为将生态保护理念融入水利规划设计提供理论支持，以保证水工程在最大程度上与生态环境相协调。

流域生态系统的生态状况是否安全，具体通过评价各关键生态指标是否超出其安全限值——阈值来判定。

第4章 生 态 指 标 体 系

4.1 生态指标体系构建

水工程是获得流域生态系统服务功能的主要手段，也是影响流域生态安全的重要因素，河流开发的流域生态安全保障必须在水工程的规划设计中以相应的生态指标进行表征和控制。基于上述河流开发生态效应的分析研究和流域生态安全概念内涵、评价方法和评价体系构建等方面的理论，针对水工程规划设计构建生态指标体系，并提出关键生态指标。

4.1.1 生态指标体系构建的原则

水工程对流域生态安全的影响是多层次、多因素、开放而复杂的，建立水工程规划设计关键生态评价指标体系遵循以下原则。

（1）科学性。指标概念必须明确，具有明确的科学内涵，能客观反映生态要素的基本特征，并能较好地度量不同类型水工程对流域生态环境影响的程度，科学地反映河流生态安全的总体水平。

（2）层次性。流域生态涵盖河流物理状况、河流生态特征和人类干预活动带来的不同层次的影响，要根据生态系统层次性特点，考虑其涉及社会、经济、环境、资源等多个方面，因此应分层设置指标。

（3）尺度性。尺度性是生态学的基本特征，不同水工程在规划阶段和设计阶段关注的流域生态影响尺度也不相同，应从不同尺度确定指标体系。尺度性是相对的，它包含了两层含义：一是所选指标应尽量全面反映不同等级自然系统的各项特征；二是根据评价目的、评价精度决定指标的数目。如果区域范围很大，对评价精度的要求可相应降低，指标数目可相应减少；如果区域范围较小，对评价精度的要求可相应提高，指标数目可相应增多。

（4）综合性。采取定性指标与定量指标相结合的方式综合评价水工程规划设计对生态安全的影响水平与程度，对易于获得的指标应尽可能通过量化指标来反映，对形象性的指标可通过定性描述来反映。

（5）代表性和独立性。指标设置应力求少而精，选取的指标应具有很好的代表性，可以较好地反映水工程对生态安全的影响，各项指标应具有相对的独立性，避免交叉重复。

（6）连续性和动态性。指标体系能够在一个较长的时期内保持其连续性，有效反映不同发展阶段生态安全对水工程规划设计的要求，同时体现与时俱进，便于在不同时期根据经济社会发展对流域生态安全的要求完善指标体系。

（7）传统性和创新性。要尽可能选用在学术界被广泛认可和技术上已成熟应用的传统指标，并结合科学发展观和生态文明的内涵提出一些新的评价指标。

（8）可比性和实用性。评价指标内容应简明、直观，综合考虑评价指标的科学性、综合性、独立性、灵活性。指标要易于获取、便于计算、实用。

4.1.2 生态指标体系构建方法

运用频度分析法、专家咨询法和理论分析法，建立水工程规划设计生态指标结构。以理论分析法为基础，在压力—状态—响应框架下，首先运用频度分析法，在广泛收集资料和调查研究的基础上，初步设计评价指标体系，再通过专家咨询法征询有关专家的意见。综合运用这三种方法，不断对指标体系进行精简、调整、完善，最终形成由属性、要素、指标三个层次组成的科学系统的指标体系，如图 4.1 所示。

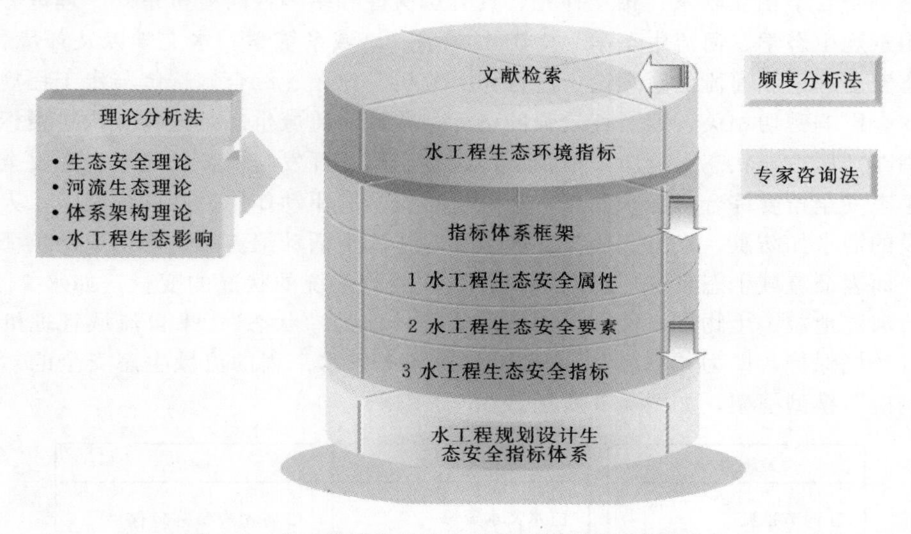

图 4.1 水工程规划设计生态安全指标体系构建方法

(1) 频度分析法。在广泛收集资料和调查研究基础上，利用比较归纳法进行归类，并根据评价目标设计评价指标体系。

(2) 专家咨询法。即特尔斐（Delphi）法，该方法的特点是通过独立的专家咨询来评估解决难以量化的问题。专家咨询法是在初步提出评价指标的基础上，进一步征询有关专家的意见，对指标进行调整，其基本程序见图 4.2。

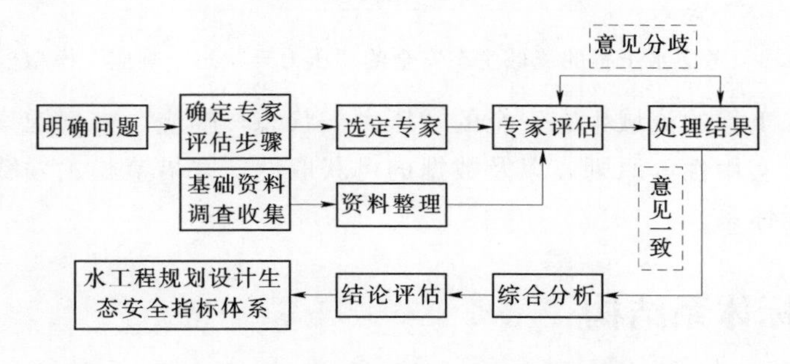

图 4.2 水工程规划设计生态安全指标专家咨询法实施图

根据水工程规划设计的生态环境影响特征，邀请了水文水资源、水环境、水生态、水工程、水利规划、社会学等方面的 27 名专家。这些专家均已从事相关领域工作或研究 20

～30年，在相关领域具有大量经验和权威性。根据所提供的背景材料及个人的工作实践，专家对咨询一览表中的生态环境指标提出了咨询意见。在收集专家意见之后，对其进行分专业整理和分析，得出水工程生态安全指标体系专家意见表。

（3）理论分析法。水工程规划设计的生态安全问题涉及到水资源、水环境、河流地貌、生物栖息地和社会等多个相互联系又彼此制约的因素和目标，是一个由多层次、多作用过程和特点的功能集合所组成的复杂系统。

这一系统的复杂性决定了水工程规划生态安全指标体系构建的复杂性和困难性，该指标体系是一个若干相互联系、相互补充、具有层次性和结构性的有机系列。理论分析法主要是利用景观生态学、河流生态学、生态水文学、流域系统学、水文学以及环境科学等，借鉴生态安全理论和河流健康理论，进行相关分析、比较、综合，选择与水工程规划设计对生态安全影响密切相关、针对性较强的指标，并针对流域生态系统特点构建指标体系。

本书在“压力－状态－响应”框架下构建基于河流开发与保护的流域生态安全评价体系，从生态安全角度综合考虑水工程对流域生态安全的驱动作用。在此框架下，人类对水工程建设的需求如防洪、发电、灌溉、航运等，是人类活动给流域生态造成的负荷，即为“压力”；而表征流域生态系统环境质量、自然资源与系统的状况的变量，如水文水资源、水环境、河流地貌、生物多样性、生物栖息地等，即为“状态”；来自流域管理机构的资源政策、环境保护，即为“响应”。由此可以得到考虑水工程的流域生态安全的“压力—状态—响应”模型框架，如图4.3所示。

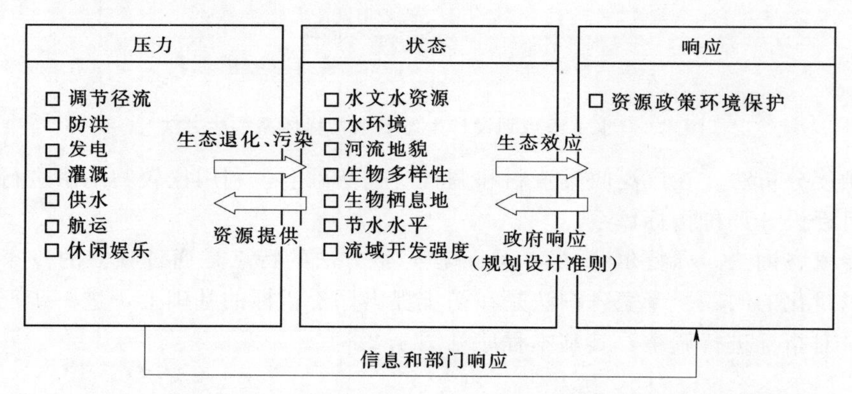

图4.3 考虑水工程的流域生态安全的“压力－状态－响应”模型框架

以上述考虑水工程的流域生态安全的“压力—状态—响应”模型框架为基础，根据指标选择的科学性、实用性等原则，以及数据的可获取性，并借鉴相关领域的研究，构建环境状态模型的指标体系。

4.2 生态指标体系结构

借鉴欧盟DPSIR的分析方法，按内部逻辑关系分析水工程建设对流域生态系统的影响。如图4.4所示。为阐明水工程建设对河流生态系统的影响，分析各属性之间的相互关系，本书重点关注与水工程规划设计直接相关的“压力”、“状态”、“响应”等方面的生态属性和要素。

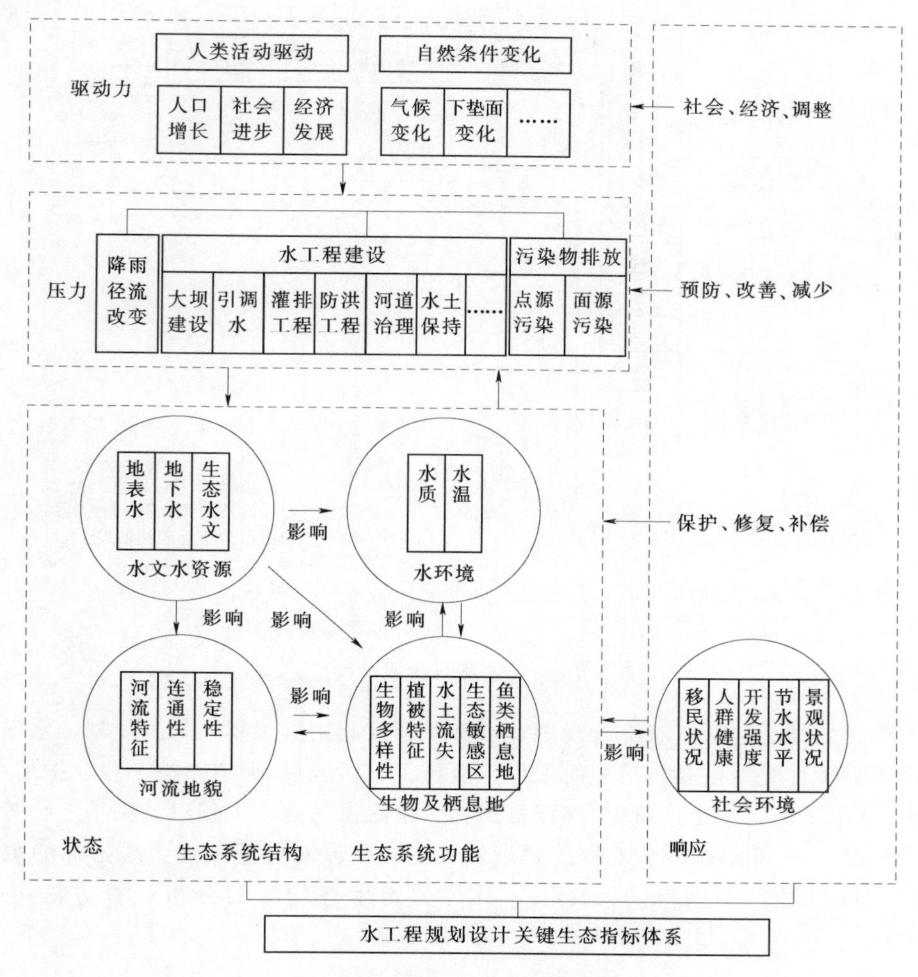

图 4.4 水工程规划设计 DPSIR 分析框图

结合我国水工程规划设计的阶段划分和工程分类，分析各类型水工程建设生态影响的重点要素及其空间尺度效应。建立水工程规划设计关键生态安全指标体系结构，如图 4.5 所示。

纵轴表征流域生态属性、要素、指标，横轴表征水工程规划设计的不同阶段和类型，纵横轴交叉点为生态指标与工程类型结合判断的指标敏感性和空间尺度特征。纵轴进一步分为属性层、要素层和指标层，其中属性层反映了流域生态系统的基本特征，主要包括水文水资源、水环境、河流地貌、生物及栖息地、社会环境五部分。每一个属性层又包含具体的生态要素，如水文水资源包含地表水、地下水和生态水文三个生态要素；针对每一生态要素，按照指标需具有科学性、代表性、独立性、实用性的原则，提出一个或者多个关键生态指标进行描述，如生态水文选取生态基流、敏感生态需水两个指标。

横轴表征水工程规划设计的不同阶段和类型，分为水工程规划阶段和工程设计阶段，

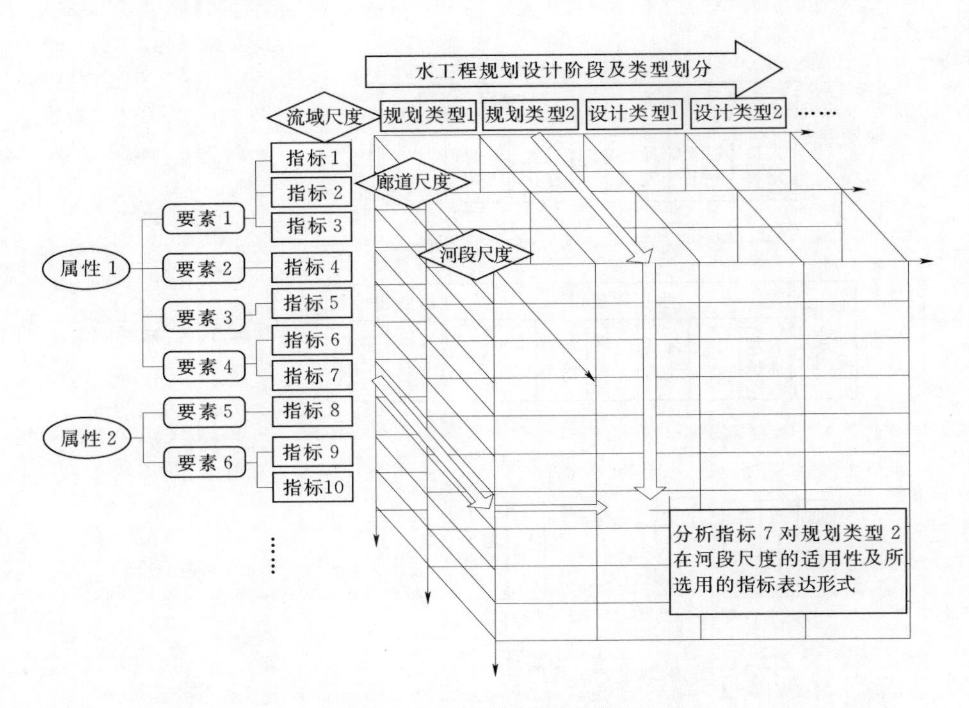

图 4.5　生态指标体系结构图

其中水工程规划类型包括流域综合规划、水资源开发利用类规划、防洪规划、水电开发规划等，水工程设计类型主要包括枢纽工程、灌排工程、航道/河道整治工程、护岸/堤防工程、供水/调水工程、水土保持/生态修复工程、蓄滞洪区建设工程以及围垦工程等。

纵横轴交叉点表征各类水工程规划设计在不同阶段对应的关键生态指标的敏感程度及其空间尺度特征。不同空间尺度下，具体关键生态指标的分析计算方法可能存在差异。

4.2.1　属性层

属性反映了流域生态系统的基本特征，即是生态系统指标体系的最上层指标。依据河流健康和生态安全的内涵，以及水工程规划设计对河流生态系统影响等方面的分析和研究，按内部逻辑关系分属性来表述水工程规划设计对流域生态安全状况的影响。从河流与水工程的关系来看，水工程将从两个方面对河流产生影响，即改变河流自然循环和社会水循环两个过程，其中河流自然循环主要表现在水资源、水环境、水生态和河流物理形态等几个方面，而其社会水循环则主要由社会环境指标来衡量，由此研究中从生态服务功能的角度来加以识别。围绕水资源的资源属性、环境属性、生态属性、物理属性和社会属性，把水工程规划设计生态安全指标体系的属性层确定为水文水资源、水环境、河流地貌、生物及栖息地和社会环境等五类。

其中水文水资源反映河流水量和水流的变化形式和特征；水环境反映水的化学性质在一定时间内的变化形式和特征，包括温度、可溶解性物质和悬浮物质的构成等；河流地貌反映河流连通性、稳定性等形态变化形式和特征；生物及栖息地主要反映生物组成结构、自然生境条件变化及特征；社会环境主要反映河流开发强度和影响特征。这些属性变化特征及其不同组合，不仅决定了流域生态系统的基本状态，也决定了生态系统对干扰因素（气候变化、下垫面变化、人类活动等）的反应。属性层与水工程建设的响应特征，如图 4.6 所示。

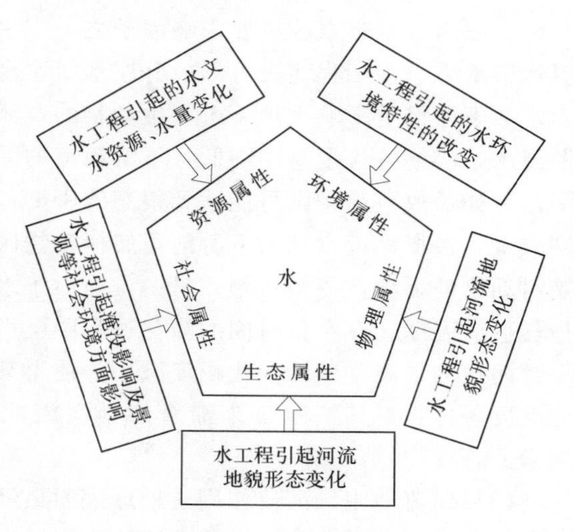

图 4.6 属性层示意图

4.2.2 要素层

要素层表述各个属性的状态特征，是构成属性的基本单元。根据生态安全的涵义，经分析属性层结构和关键的特征，结合水工程与河流之间的相互关系的识别来确定各个属性层下的要素层结构。

(1) 水文水资源。水工程改变了河道的天然状态，并对河道乃至流域内的水文、水资源造成影响。例如水工程的修建可以调节水资源的时空分布，使夏季高峰流量减少、寒冷季节枯水流量增加；又如调水工程等会引起河段、流域间水资源的变化。近年来，流域生态系统演化及其对水工程的响应关系，即流域水文过程或水文情势变化与生态系统相互关系的研究，是资源与环境领域的主要研究方向之一。水文过程及其演化如何在不同时空尺度上影响各类生态过程，陆地生态过程又如何反作用于水文过程，植被如何以媒介的方式参与水的输入、储存和消耗从而作用于整个水文循环等，是生态水文过程研究的两大核心主体。从生态水文学角度评估及预测水工程，在不同时、空尺度上对水生态系统的影响，可实现早期介入水工程全生命周期管理，为水工程规划及设计中生态保护措施的设计及水工程和生态保护和修复工程提供客观、全面的评价标准。研究水工程的生态影响应首先考虑区域水资源的整体状况，并对地表水、地下水分别讨论，再综合考虑生态水文过程，鉴于此，本书将水文水资源属性进一步划分为水资源量、地表水过程、地下水状况和生态水文 4 个要素。

(2) 水环境。水环境是自然环境中最基本的组成要素，也是流域生态安全的重要组成部分。水环境由传输、储存和提供水资源的水体，生物繁衍的栖息地，以及纳入水体的各类物质等组成，是一个存在能量、物质交换的系统，具有易破坏、易污染的特点。水环境分析的要素一般包括水质、底质、水温等。水工程规划设计会引起水文情势变化，而工程运行中水文情势变化又会对水质和水温等产生影响，进而对陆生生态和水生生态产生一系列影响。考虑到与水质和水温相比，水工程对底质的影响有限，暂不将其列入评价要素中。

水污染是对河流健康的最大威胁。从 20 世纪 50 年代起，西方国家把河流治理的重点放在污水处理和河流水质保护上，恢复河流水质的努力一直持续至今。当前我国江河湖库水域普遍受到不同程度的污染。水体污染不仅造成河流生态系统退化，也加剧了我国水资源紧缺的矛盾，对经济发展和人民生活造成了直接危害。我国的河流保护工作目前总体上处于水质恢复阶段，在水污染治理与控制方面还要走很长的路。

水温是水生态系统重要影响因子之一，水的物理化学性质、水生生物、农作物等对水温都很敏感。水工程建设可形成分层水库，水温分层会造成库底溶解氧严重缺乏。水库低温水的下泄严重影响大坝下游水生动物的产卵、繁殖和生长。当水库深层泄流时，水坝下游河水中溶解氧含量急剧降低，下游河道的浮游动物及底栖动物将受到严重影响，其中，耐污种如摇蚊科动物则可能达到很高的密度，而其他浮游动物及底栖动物的种类和数量急剧减少，造成靠近水坝的下游河段底栖动物区系丰度和种类减少，并可能会带来钩虾属和蚋科动物的稀少，甚至灭绝；另一方面由于水生动物生理及生活习性在不同季节有不同的最佳适应温度，并在长时间的演化过程中已适应了正常的日水温变化，而水库下泄水却使下游河道的水温季节性变化幅度减小，使得某些水生生物无法获得完成其生命循环所必要的温度条件，对其繁殖带来滞育影响。因此，水环境属性层重点选择水质、水温两类要素。

（3）河流地貌。河流作用是地球表面最经常、最活跃的地貌作用，它贯穿于河流地貌演变的全过程。无论什么样的河流均有侵蚀、搬运和堆积作用，并形成形态各异的地貌类型。水工程可能会改变河流原有的河流特征，主要为改变河流流向，在河道上修建水库会影响河流的纵向和横向的连通性，影响河流岸坡、库岸稳定性等。因此，在河流地貌这一属性层下的要素包括河流特征、连通性和稳定性。

（4）生物及栖息地。河流为众多物种提供适合生存的条件，这些生物在河道觅食、繁殖并形成生物群落，因此河流是水生和众多陆生生物的重要栖息地。水工程建设特别是水库蓄水后，将使部分陆地变成水域、浅水成为深水、流动的水变成相对静止的水，这些环境的变化都会对河流以及周边地区的生物造成影响。水工程建设应首先关注各类保护区水域和鱼类为代表的水生生物。此外，水土流失也是影响生物及栖息地的重要因素。在生物及栖息地属性层下选择了生物多样性、植被特征、水土流失、自然保护区和鱼类栖息地等5个要素。

（5）社会环境。水工程建设对社会环境的影响主要有：工程占地与淹没引起人口迁移，改变原住民社会结构，影响移民安置区社会环境，并可能带来疾病传播等问题。同时，流域生态安全和区域社会经济可持续性与人类对流域水资源、水能资源的开发强度是否合理密切相关。因此，水工程建设社会环境属性主要包括移民（居民）生活状况、人群健康、流域开发强度、节水水平以及景观等5个要素。

4.2.3 指标层

指标层处于要素层之下，是进一步说明要素层的具体指标。根据上述要素层分析成果，本书遵循流域生态安全要求和指标体系设置原则，重点运用频度分析法和专家咨询法来确定水工程规划设计中各要素层的关键生态指标。

利用北京师范大学图书馆的中国期刊网（www.cnki.cn）全文数据库、ProQuest数据库和Elsevier数据库等，收集了1997～2007年间相关的论文、报告等共计1250篇，这些研究着重分析了水工程与生态环境间的响应关系，为水工程生态安全研究提供了丰富的基础信息。对收集到的文献进行整理和分析，共归纳出300多个相关指标，为分析和提出各要素的具体指标提供基础，详见表4.1。

表 4.1 水工程对生态环境影响指标

类 型	指 标
水文水资源	水流（量级、频率、时机、历时、水流改变速率），历史水文过程线，漫滩动力学，经度位置，影响前的水流情势，多年平均蓄水量，流速和水深的减小，与预测的水面宽和平均水深的偏离，最大水深和水面宽的变差，大坝数量，支流特点（水注入水库的河流），（支流）在流域中的位置，水面宽、垂向梯度（水库成层作用），自然的夏季湿宽，库区水面面积，河滨面积，蒸发，坝上下游水位波动，波速，地下水抽取状况
	最小流量： 最小（可接受的）流量，多种时间尺度下的最小流量事件（量级、频率、历时、时机）和不同的枯水径流指标，水轮机取水与河川流量之比，年平均流量，地下水位，洪水可变性，河道维持水量，栖息地维持水量，小流量持续时间
	下泄流量： 下泄水流变化率（脱水率），流量变化，最小/最大流量的关系，调峰和脱水事件的频率，河流特点（坡度、水深、横断面、水面宽、流量情势、河床地貌、泄水水质、支流和泉水的加入、河床或河岸沉积物的组成、生物区现状），流速，河心洲坡度，水深随时间的变化，水深差异，过水面的减少，湿周随时间的变化，下游调水率，下游水流情势变化
水环境状况	电导率，悬浮物浓度，浊度，营养物质，日时（光条件），水功能区达标率，水域纳污能力，水体富营养化水平，水温（热排水）。水质（物理的/化学的）：如，溶解氧、浊度、水的透明度、悬移质，BOD，COD，有机悬浮物，NH_4、NO_3、PO_4、SO_4，氮（硝酸盐氮、氨氮、蛋白质氮），碱度、硬度和铁、总有机碳、pH 值、总有机磷、叶绿素，大的有机碎屑，汞，毒性，酸化作用，细颗粒沉积物累积，细颗粒在沉积物中百分数，颗粒有角性，颗粒大小，区域浊度自然背景、出现时机，改变了的河道沉积物组成，沉积物总量，沉积物类型，沉积物侵入河床的深度，底质的植入
生态状况	岸边植被，温室气体排放，流量减少对地貌的影响，苔藓生长，产卵场的减少（上下游），外来物种引入，外来物种出现率，蓄水坝以上的栖息地，栖息地有效性，到避难所有效性和通道，栖息地退化、距大坝的距离，大型水生植物，悬移质，淹没的生物量（植被），栖息地质量（地貌、水深、流速结构），加权可用面积与栖息地可用性，栖息地改变，收割（过量收割/消亡、方向选择、不加分析的收割、种群统计学操作），放养（疾病，杂交，基因淹没，种群统计学操作），种群密度（个体/m^2），栖息地退化（渠道化、整治），河滨植被，累积影响（伐木、放牧、土地利用、道路建设），非土著物种的引入，透明度库龄（水库中鱼类资源的演替），每天给食的鱼鹰的数量，鱼鹰饲喂天数
	河岸渠化： 岸边植被，栖息地异质，栖息地适宜指数（HSI），木质残屑，河岸（漫滩）植被，土地利用，主河槽中的栖息地连通性，与下一连通的栖息地的距离（回水、旁侧河槽、支流），出现鳟鱼月份的总径流量，由河流地貌学定义的合适的河流面积，食物有效性，近岸停留容量，航运影响，非土著物种的引入，河床移动率/横向侵蚀，侵蚀，沉积
	自然条件： 生物区的其他胁迫和一般条件，地貌，地质，地形，气候，植被，流域大小，海拔，河滨植被，基质、基质嵌入和基质中细颗粒沉积物的百分数
	土地利用： 农田面积，林地，水面覆盖，湿地覆盖，城市，人口密度，不透水盖层所占的百分数，道路密度，河岸坡度，点源数量，铺砌路的密度，无林土地面积，建筑密度，具有潜在崩积层的面积，连通的不透水盖层，排水管道接驳的百分数

续表

类　型	指　标
河流地貌	河岸线长度，河岸线类型，河流深潭的丰富度，河床地貌，物理栖息地组成、距蓄水坝的距离，河道切割，河漫滩面积的减少，河床运动，河床移动率，洪泛区，沉积作用，下游河道不稳定性，河床下切，漫滩动力学，淹没的河流长度，下游支流数量，与无坝区的相互作用，大坝的累积影响，河流长度与漫滩之比的变化，砂、砂砾的开采
	水库冲刷： 暴露历时，暴露频率，脉冲的严重程度和量级，泄水后的时间，冲刷前、过程中、过程后的泄流量，河床地貌，冲刷水流的间隔
	纵向连通性： 障碍类型与环境，障碍高度，障碍下水深，障碍处水流类型，变化处的水深、最小取水流速，鱼梯处最小水深，鱼梯处最小和最大流速，障碍处水位与下游水位的高度差，不同下泄流量下估计的和实测的流速，每年可以自由通过的天数，破碎度，脱水段长度，最小河道水深，浅滩流速，浅滩长度，大坝/堰的数量（每公里），每条河的障碍物总数，下游大坝数量，下游联结数，联结的支流的百分数和数量，围堰间的平均距离，连续性中断的距离，与湖之间的距离，屏障或隔离河段间的河长，栖息地质量（随河长、宽度、水深而增大），种群间的连通性（迁移率），与下一种群的距离，筑坝后的年份（隔离期）、屏障年龄，流域面积，河流长度
河流地貌	横向连通性、支流连通性： 洪泛区的空间异质性、土地覆盖的差异性和丰富度，不同河流冲刷形成的中等尺度的地貌，断开的河床栖息地，水体不同地貌类型的分布形式、与主河槽不相连的漫滩深潭，土地利用，水文连通性，扰动情势，与主河道之间的距离，河道分叉指标，地下水水位，洪水漫滩的外观、历时、时机、频率以及程度，死水区以及旁侧河道与干流的连通性，与横向连通性相关的干流水位变化，与季节有关的连通历时，非主河道栖息地与干流水流连通程度，上游与下游的表面连通，水流的停留时间，漫滩连通性，漫滩连通程度，漫滩的位置（高度、宽度），水温，日时、照度，横向死水区、二级河道以及二次连接死水区的栖息地特征，水生植被的存在状况，与死水区的距离，与死水区的相对位置，河岸栖息地的结构和质量，河岸线长度，栖息地的异质性，护岸和大堤的长度，河床衰退，水深，与河岸线的距离，支流连通性，垂向连通性，捕鱼压力，砂砾开采，航运
	垂向渗透性： 交错带水质，交错带水动力学以及地下水与河流之间的相互作用，细颗粒（<2mm）百分数，河床地貌
	河床退化： 河床退化（m，cm），具有启动泥沙输移的流量的天数，剪应力，基质大小、流量、栖息地质量，深潭栖息地百分数、深潭的频率，横向连通性，水文

4.2.3.1 水文水资源指标

（1）水资源量。水资源量的变化会对取水口以下的河口生态环境产生潜在影响，上下游的水动力特性的巨大变更使原有的河势、泥沙输移、河口形态、生物物种的生存空间等都随之发生变化。近年来许多研究均将水量调节作为河流生态系统健康的关键要素之一，原因在于河川水流控制了影响水域生物栖息地的重要因素，诸如流速及水深等。水资源可利用量是决定水资源开发利用的前提。

（2）地表水过程。河川径流的自然径流过程是维持水生生态系统最重要的驱动力之一，水工程改变河川径流过程，进而影响到下列因素：营养物、栖息地、水温、水质、流态、生物间的相互关系，这 6 项因素是影响河流生态系统最重要的因素。因此，采用河川径流量的年际与年内变化率表征工程对河流生态系统中的生物过程的影响。

水库的修建对天然水文过程的改变主要表现在：增大了小流量过程（基流）的幅度，降低了中高流量过程的幅度，特别是削减了洪峰流量，改变了年内与年际间的水量分配。河流水文过程的改变，不可避免地对河流生态系统和生物过程产生影响。因此，可运用径流年内分配偏差来表示河川径流量年内分配过程的改变，以反映不同水文过程的改变对河流生态系统的影响。

综上所述，地表水过程指标选择可分别表征水量年际与年内变化的年径流变差系数变化率和径流年内分配偏差系数。

(3) 地下水。地下水水位变化直接影响土壤水分和盐分，进而影响植物的生长。当地下水位过高时，在蒸发的作用下，溶解于地下水中的盐分沿毛管上升水流积聚于表土，使土壤发生盐渍化，对植物产生盐胁迫；而当地下水位过低时，毛管上升水流不易到达植物根系层，使上层土壤干旱，植物生命活动受到明显的抑制，造成衰败、退化与死亡，引起土地沙化和荒漠化。因此，维持适宜的地下水埋深十分重要。

地下水对河流的补给作用，对维护河流与流域的生态系统的活性有着重要的意义。超量开采地下水将使地下水水位逐年下降，导致依赖地下水补给的河流断流，泉群消失和湖泊、沼泽干涸。

合理开发利用地下水，对保护流域及区域生态环境具有重要意义。因此，选择地下水埋深和地下水开采系数两个指标来表征地下水状况。

(4) 生态水文。河流生态系统中主要存在 4 个过程，即水文水动力过程、地貌过程、物理化学过程和生物过程。维持河流生态系统良性循环必须保证上述 4 个过程能够正常完成。水文水动力过程是地貌过程的直接驱动力，而水文、水动力条件和河流地貌构成了水生生物栖息地的物理边界，物理边界的完整性是水生生物正常完成生活史的必要条件；物理化学过程也受水文水动力过程影响，当流速、水量发生变化时，水体中化学组分（如 pH 值、溶解氧、可溶性有机物、重金属等）的含量也会随之变化；水生生物在不同的生活史阶段对水深、流速、水温、水体中泥沙含量、各类化学组分含量有不同的耐受要求，只有在其耐受范围内，水生生物才能正常完成生活史。

水工程实施后，河道内水量及水量过程受到人为控制，河流生态系统中的水文、水动力过程相对自然状态也发生了变化。为保证河流生态系统生态功能的正常运转，就必须保证水文水动力过程的变化没有超过水生生物的耐受范围；即在人为控制的河道内水量及水量过程条件下，水生生物仍然能够完成其生活史。为此必须首先确定保障河流生态系统生态功能正常运转需要的基本水量及水量过程。

河道内生态需水具有两方面的内涵：其一，生态需水需要对应相应的生态目标；其二是生态需水不仅涉及水量，更是一个水量过程。在理论上，生态需水可以表达为生态水量的过程线，反映河流生态系统对水量和水量过程两方面的要求。

由此，在水工程规划和设计中确定河道内生态需水，需要开展河道内生态目标和生态水量过程线两个方面的研究。生态目标的确定与河道内生态特征及标志性物种选择直接相关。根据水工程对水生态的影响特点，本书将生态目标分为以下两类：首先是保障河流基本生态过程、维持河流基本形态；其次是重要、特有、濒危物种的生境及需水。

相对于生态目标的确定，确定生态水量的过程线更为复杂。由于有关水文水动力条件与水生生物生命史相互关系的基础研究薄弱，我国现阶段对大多数生态系统和水生生物无法得到完整、准确的生态需水过程线，更多的时候只能粗略的确定某生态系统或水生生物月平均，甚至是数月平均的生态需水量。

从生态需水的特征及其研究现状来看，在目前水工程规划和设计的应用中，将生态水量分解为生态基流、敏感生态需水两个指标进行研究较为适合。生态基流可以作为红线，要求各类规划和设计必须保证某一确定的流量，满足共性要求的生态需水。

对重要、特有、濒危的水生生物则要根据其特性具体分析确定其生态需水敏感期和水量过程，例如在四大家鱼的研究中已经发现，四大家鱼繁殖期内，涨水的幅度和时长对四大家鱼产卵非常重要，但目前的研究还不能确定出比较准确的阈值。其他的生态系统和水生生物对过程的要求同样不明。加强此方面的研究工作，对水生态系统的保护至关重要。

4.2.3.2　水环境指标

如前所述，水环境主要包括水质和水温两个要素。其中水质主要关注水功能区达标率、湖泊富营养化指数、污染物入河控制量和水域纳污能力等4个方面，水温主要关注下泄水温和水温恢复距离。

（1）水质。水功能区管理是我国2002年实施新水法后建立的一项重要水资源保护制度，是协调水资源开发利用和水资源保护中的地区之间、当前与长远之间矛盾、指导水资源开发利用和保护、实施水资源保护管理的重要依据。开展水功能区达标评价，用水功能区水质达标率来表征某一地域单元（如河流及水系、水资源区）水体的健康状况是我国水资源保护的重要内容。

水域的纳污能力是污染物排放总量控制的基础，核定水域纳污能力对于有效的保护水资源具有重要的现实意义。《中华人民共和国水法》明确规定核定水域的纳污能力，提出水域的限制排污总量意见是水行政主管部门的职能之一。对排污总量进行限制，是实现流域水资源统一管理、保障水域功能持续正常发挥功能的一个必要基本前提，本书对水域纳污能力提出了两个控制性的指标，一个是依据水功能区划提出的污染物入河控制量，另一个是考虑水工程实施前后的受影响水域的纳污能力。

湖泊、水库营养元素的富集是湖泊和水库富营养化发生的根本原因，它的不同发展阶段可用湖库富营养化指数来描述。

（2）水温。水库建成蓄水后，将形成庞大的水域，不仅起到调节河流径流量的作用，而且也起到调节库内水体热量的作用。水库蓄水使库区水体表面热量辐射值增大，表层水温比蓄水前天然河道水温有明显提高，进而引发水库的热源效应，水库整体的水温结构将发生变化。水库水温受到以年为周期的气候变化、入流水温、出流水温、风力、热扩散和热对流等的影响，水温沿水深方向呈现出规律性的分布，并呈现年周期性变化。在冬季，由于气温低，太阳辐射量小，水库水表水温较低，而水体内部水温相对较高。当春季来临，受气温上升、太阳辐射量增大等影响，水体表层水温逐渐升高，深层水温则较低。夏天气温升高，大气温度持续上升，水体表面温度也随之升高，水体温度分层现象加剧，出现明显的温度变突层，表层与深水层水温相差较大。进入秋季，气温较夏季有所减低，水体表面温度由随着气温逐渐下降而冷却。水库水温按其垂向温度结构形式，大致分成混合型、分层型和过渡型。

水温是重要的水化学因素和生态影响因子，一方面水温与其他水质要素有密切的联系，如生化耗氧和复氧过程；另一方面水温与水生生态有着更加密切的关系。水温对水生态的影响主要体现在下泄低温水对下游河道水体中的浮游动植物、鱼类的栖息生境带来一系列的变化。因此，控制下泄水温和下游水温恢复距离对于保护下游河道水生生物，以及下游地区农业具有重要作用。

鉴于此，水温要素的指标为下泄水温和水温恢复距离。

4.2.3.3 河流地貌指标

河流地貌指标研究通常基于 Rosgen 的河流分类系统，并适当考虑水文情势影响。

(1) 河流特征。蜿蜒性是自然河流的重要特征。水工程修建后，原来河流上中下游蜿蜒曲折的形态在库区消失，主流、支流、河湾、沼泽、急流和浅滩等丰富多样的生境代之以较为单一的水库生境，生物群落多样性在不同程度上受到影响。因此，可以用弯曲率指标来表示河道蜿蜒性对于水生态状况的影响，这也是河流保护、生态修复重点考虑的要素。

多年以来，人们对于河流弯曲率的研究一直在进行之中，目前有一些模型可以用于河流蜿蜒性的模拟。在欧盟，有学者使用河流弯曲率状态评价生态状况的好坏，为本次研究提供参考依据。

(2) 连通性。1980 年 Vannote 等提出的河流连续体概念（River Continuum Concept，RCC）是河流生态学发展史中试图描述沿整条河流生物群落结构和功能特征的首次尝试，其影响深远。1983 年、1995 年 Ward 和 Starford 为完善 RCC 提出了理论串联非连续体概念（Serial Discontinuity Concept，SDC），意在考虑水坝对河流的生态影响。因为水坝引起了河流连续性的中断，需要建立一种模型来评估这种胁迫效应。SDC 定义了 2 组参数来评估水坝对于河流生态系统结构与功能的影响。一组参数称为“非连续性距离”，定义为水坝对于上下游影响范围的沿河距离，超过这个距离水坝的胁迫效应明显减弱，参数包括水文类和生物类；另一组参数为强度（Intensity），定义为径流调节引起的参数绝对变化，表示为河流纵向同一断面上自然径流条件下的参数与人工径流调节的参数之差。这组参数反映水坝运行期内人工径流调节造成影响的强烈程度。SDC 也考虑了堤防阻止洪水向洪泛滩区漫溢的生态影响，以及径流调节削弱洪水脉冲的作用。在 SDC 中非生命因子包括营养物质的输移和水温等。

河流连续性可以通过四维来描述：纵向、横向、垂向和时间。因此，可以采用纵向连通性、横向连通性和垂向透水性来表征河流的连通性，显然这三方面都应包括时间的因素。

1) 纵向连通性。水工程建设将改变纵向连通性，而纵向连通性对河流水化学、营养素和沉积物等有较大影响，从而影响河流形态的相关的水质生态功能。

2) 横向连通性。水工程造成河流水文情势的变化，堤防、闸堰则直接阻断河流与河漫滩、周边湖泊、支流的水力联系和水量交换，故而影响横向连通性，引起江湖关系、干支流关系发生变化，河漫滩、周边湖泊退化，一些随水流漂游扩散的植物种子受阻，某些依赖于洪水变动的岸边植物物种受到胁迫。水工程建设后控制下泄流量，减小下泄洪峰流量，影响下游洪泛区、滨水区和河流的连通性，影响营养物质、有机物质、泥沙以及生物的侧向交换。另外，由于一部分营养物质受到大坝的阻隔淤积在库区，加之下泄水流的水文情势变化，可能使大量营养物质无法依靠水流漫溢输移到滩地、湿地和湖泊。这都直接或间接地对水生生物造成影响，进而影响水生态系统。

目前，在国内外的相关研究中，横向连通性指标主要应用于评价河流生态系统健康及河流修复等方面，一些研究人员在进行河流修复研究时，从河岸栖息地损失、河流和栖息地之间的水文通道、河床退化、河岸线的发展、沉积物特性、水化学条件等方面考虑了河流横向连通性；还有一些研究人员在研究横向连通性影响时，则主要考虑了洪泛区要素（植物、河道结构）的相对高度、和相对高度有关的冲刷地带的宽度等。瑞士联邦水科学技术研究所 Woolsey 等人进行河流生态修复实例研究时，使用了湿润河道宽度可变性和连通的河岸长度两个指标作为河流横向连通性目标进行了评价。国内在对河流连通性研究方面，健康长江评价指标体系和珠江河流健康指标体系研究都提出了相关的指标。

3）垂向透水性。大部分河流的河床覆盖有冲积层，河床材料都是透水的，即由卵石、砾石、砂土、黏土等材料构成的。具有透水性能的河床材料，适于水生和湿生植物以及微生物生存。不同粒径卵石的自然组合，又为鱼类产卵提供了场所。同时，透水的河床又是联结地表水和地下水的通道，使淡水系统形成整体。河流的垂向连通性的变化不仅表现在地表水与地下水之间水力联系受人类的干扰程度，同时，由于河床、湖底是众多底栖生物赖以生存的生境，所以还能体现水生生物多样性的改变程度，从一个侧面反映水体的健康情况。

国外河流垂向透水性的相关研究相对较多，一些早期的文章（Orghidan，1959；Schwoerbel，1965；Tilzer，1968；Hynes，1983）阐述了水面以下生物栖息地以及地表水与地下水之间水力交换的重要性。

（3）稳定性。河道稳定性在河流生态系统稳定性中占据着重要地位。在河床演变研究中，不少情况下要求对河流的稳定性作出评估，不同的学者从不同的角度出发提出了河流稳定性指标。表征冲积河流河床稳定性的指标有河床纵向稳定性、河床横向稳定性、河床稳定性综合指标。如奥尔洛夫横向稳定性指标、阿尔图宁纵向稳定性指标（佛汝德数）、阿尔图宁横向河床稳定性指标、张瑞瑾公式、谢鉴衡公式、张红武公式、周宜林—唐洪武公式、钱宁公式、张俊华公式，均属水力学经验公式，不涉及河道形状、植被状况等信息。由于河床综合稳定性指标涉及问题较多，至今还没有公认结论。从文献分析看，目前还没有例子表明这些公式已用于生态环境评价。

纵览国外生态环境评价、规划、生态修复研究等相关文献，主要考虑横向稳定性和垂向稳定性，多采用岸坡稳定性和相对河床稳定性指标表征河道稳定性。

以岸坡稳定性为代表的河道稳定性在维持生态环境条件中最为重要，岸坡的不稳定将加重河槽侵蚀，导致水池中沉积物和填充物的水平增加。不稳定的岸坡可能导致河流切割，减少地下水的基流贡献量，升高水温。岸坡不稳定可能导致河槽展宽，显著加剧季节性水温极值，使大型木质碎屑动摇。国外生态环境评价中，采用岸坡稳定性和河床稳定性两个指标来表征河床（槽）稳定性要素。

4.2.3.4 生物及栖息地指标

（1）生物多样性。近20年来，人们发现通过河流生物可以不同程度反映各时间尺度上的化学、生物和物理影响，此后生物评价方法和标准开始被应用于研究生物对人类活动的响应，诊断河流退化原因，并逐渐成为河流健康评价的一种重要技术手段。从水工程对生物的影响来看：一方面是对陆生生物的影响，一方面是对水生生物的影响。

由于评价目的不同、评价重点各异，许多研究针对生物多样性选择的评价指标也不尽相同。

对于陆生生物，植物物种变化是动物物种变化的前提，且监测植物物种变化较之动物物种变化更具可操作性。植物物种多样性一般指植物在组成、结构、功能和动态方面所表现出丰富多彩的差异，或组成结构和动态（包括演替和波动）的多样化。水工程建设对陆生生物造成的影响可通过工程前后“植物物种多样性”变化来表征。

对于与水工程关系更为直接紧密的水生生物，考虑河流生态系统的复杂性，综合整理现有相关研究成果，其中浮游植物、水生植物、底栖大型无脊椎动物和鱼类为使用较多的类群。然而，参考王琳、吴阿娜、殷会娟等人研究成果发现，浮游植物（处于河流生态系统的食物链始端，可为水环境的变化提供预警信息，种类组成、数量分布和多样性等特征能较好地反映河流污染水平及营养水平）、底栖动物（物种丰富程度，进而反映水质状况的生物学指标）等指标大多用于间接反映水质，且目前从工程生态影响的角度对浮游植物和底栖动物进行长期连续监测存在很多困难，其指标的操作性也存在很多问题。近年来，因水工程建设而使鱼类的生存环境发生巨大变化的问题备受关注，争议及研究的焦点也往往集中在鱼类，作为河流生态系统中的顶级生物，针对水生生物多样性的指标基本都选择鱼类。通过对鱼类分布、组成及其结果特征的研究能够表征人类的行为对水生态系统的影响。因此，水工程规划设计选择水生生物的主体——鱼类物种多样性进行研究。

在科学研究中，国内外的学者针对水生态状况的评价会采取非常复杂的评价方法。但是，这些方法针对水工程建设来说过于复杂。鱼类种数与其种类构成的指标搭配，以及植物物种多样性与其种类组成的搭配，是一种简单可行且具备一定可操作性的指标搭配方法。这种评价方法对水工程建设（尤其是在我国历史监测数据欠缺的条件下）生态评价来说，是一种切实可行并能够达到评价目的评价方法，采用“鱼类物种多样性”、“植物物种多样性”共同评价水工程的生态影响切实可行。

此外，珍稀水生生物、外来物种作为水工程规划建设中特别关注的两个重要方面，因此也将其纳入生物多样性中予以考虑。

水工程的规划或建设可能对一些珍稀物种造成影响，威胁到其生存状况，应对此予以高度重视。由于珍稀水生生物或特征水生生物的生存对河流水质、温度、流量、流场、水动力、其他水生生物等条件都有一定的要求，其存活及变化状况可以说是水生态状况的直接表征，可作为河流生态环境状况的指示性指标。一些珍稀濒危水生生物对河流生态系统有强烈的依赖性和特定的选择性，栖息环境一旦遭受大的扰动或破坏，就可能落到无家可归甚至整个物种生存难以为继的境况。因此，通过关注珍稀水生生物时空分布和数量动态，可在很大程度上反映水工程对生态环境的影响。现有的河流健康和流域生态安全研究中，也有部分学者提出相关评价指标，例如，王龙等（2007）在《健康长江评价指标体系与标准研究》中，提出“珍稀水生动物存活状况”指标表征水工程对珍稀水生动物的影响，以珍稀水生动物数量的增减作为定性判断的依据；耿雷华等（2006）在《健康河流的评价指标和评价标准》中，提出了“稀有水生动物存活状况”，其涵义是：“珍稀水生动物能在河流中生存繁衍，并维持在影响生存的最低种群数量以上的状况。以珍稀水生动物数量的增减作为定性判断的依据”。在借鉴相关研究的基础上，水工程规划设计将“珍稀水生生物存活状况”作为其评价指标。

外来物种入侵对本地生态系统的影响主要有以下几方面的影响：①竞争、占据本地物种生态位，使本地物种失去生存空间。通过形成大面积单优群落，降低物种多样性，使依赖于当地物种多样物种生存的其他物种没有适宜的栖息环境。②与当地物种竞争食物或直接杀死当地物种，影响本地物种生存。③分泌释放化学物质，抑制其他物种生长。我国流域外来物种入侵的主要表现为第①种和第②种形式，例如，互花米草与凤眼莲（水葫芦）属于第①种；而外来鱼类通过与土著鱼竞争食物并吞食土著鱼卵，使土著鱼种类和数量减少属于第②种。目前河流健康和流域生态安全评价指标体系中采用“外来物种威胁程度”指标的并不多，但是鉴于我国各流域河湖已出现外来物种入侵现象，且水工程建设如引调水工程类可能带来一定影响。因此，生物多样性要素中考虑外来物种入侵指标。

（2）植被特征。天然植被是陆地生物圈的主体，能量在各个营养级的流动驱动着物质循环，位于能量金字塔底的就是绿色植物。绿色植物以其固定的太阳能转换的有机物维持着包括人类在内的所有陆地生物的生存，所以植物生物量体现了陆地生态系统的基础功能。另外，不同的自然植被类型具有不同的空间结构和物种结构，植被的地带性规律在很大程度上体现了各类植被结构的分布特征。植物的功能和结构分布特征能够说明生态系统的效率和生物多样性程度，把两者统筹考虑具有重要意义，能够表征水工程规划建设对区域生态环境造成的影响情况。

自然界中天然植被是自然选择优胜劣汰的结果，具备自我平衡、相互维系的生物链，是一个结构合理、功能齐全、过程完整的相对稳定的生态系统。而大面积的人工植被，其构成树木种类单一，年龄和高矮比较接近，无法给多种动物提供食物或适宜的栖息环境，生物多样性水平较低，缺少天敌对虫害的控制，很易感染虫害。因此，需要更多的关注水工程规划建设对天然植被的影响。

植物枝叶所覆盖的土地面积叫做投影盖度（通常称为盖度，Coverage），是植被特征中的一个重要指标。植被覆盖度是重要的生态气候参数，是描述生态系统的重要基础数据，在水文生态模型研究中它是一个很重要的变量。此外，植被覆盖度是环境变化中的一个敏感因子，从区域到全球尺度上对植被覆盖变化进行监测，可以为环境变化提供有用的信息，是评价土地是否退化、生态结构是否受到影响的有效指数。在众多河流健康评价、流域生态安全相关研究中，考虑植被覆盖特征时，学者们采用了诸如“林草覆盖度”、“森林覆盖率”、“植被覆盖率”等指标。考虑到生态系统的演替具有方向性，高等群落与低等群落相比具有更大的重要性，为避免利用人工单一植被或者低等群落代替高等群落而造成尽管覆盖程度没有降低，甚至更高，但是生态系统功能实际下降的情况出现。经综合考虑选用“植被覆盖率”这一指标，在流域层面表征为“植被覆盖率”指标，在河流廊道或河段表征为“河岸线植被率”指标。

评估水工程规划建设是否造成区域生态系统功能下降，可考虑采用净初级生产力指标（NPP）进行表征。该指标是评价流域水源涵养最大承载量和生态系统结构与功能协调性的重要指标，是植物自身生物学特性与外界环境因子相互作用的结果，用以评价陆地生态系统功能，可为合理开发、利用水资源提供科学依据。

因此，植被特征要素方面，选用“植被覆盖率”、“净初级生产力”指标表征。

（3）水土流失。不同的侵蚀外营力作用于不同组成的地表所形成的侵蚀类别和形态。按外营力性质可分为：水蚀、风蚀、重力侵蚀、冻融侵蚀和人为侵蚀等类型。

国内外学者针对土壤侵蚀模数进行了大量的研究，它已成为计算区域土壤流失强度的重要方法，为评价由于水工程的修建而产生的土壤退化提供可靠的依据。大量的水土保持、土壤流失方面的研究使用了土壤侵蚀模数的概念与计算方法。

可见，土壤侵蚀模数作为一种公认的、得到国家标准支持的土壤侵蚀强度表征方法，是表征水工程对土壤侵蚀强度影响最重要的指标。而且，在《水土保持监测技术规程》（SL 277—2002）中，专门列出了针对开发建设项目水土保持监测一章，这对水工程建设具有重要的指导意义。

因此，在评价水工程建设的生态环境影响方面，利用土壤侵蚀模数表征区域“土壤侵蚀强度”是一种成熟有效的方法。

（4）生态敏感区。与水工程联系紧密的生态敏感区主要包括中央及各级地方政府明文规定的：自然保护区（对有代表性的自然生态系统、珍稀濒危野生动植物物种的天然集中分布区、有特殊意义的自然遗迹等保护对象所在的陆地、陆地水体或者海域，依法划出一定面积予以特殊保护和管理的区域）、风景名胜区（指具有观赏、文化或者科学价值，自然景观、人文景观比较集中，环境优美，可供人们游览或者进行科学、文化活动的区域）、饮用水源保护区（指国家为防治饮用水水源地污染、保证饮用水源地环境质量而划定，并要求加以特殊保护的一定面积的水域或陆域）、种质资源保护区（指为保护和合理利用水产种质资源及其生存环境，在保护对象的产卵场、索饵场、越冬场、洄游通道等主要生长繁育区域依法划出一定面积的水域滩涂和必要的土地，予以特殊保护和管理的区域）、基本农田保护区（指按照一定时期人口和社会经济发展对农产品的需求，依据土地利用总体规划确定的不得占用的耕地）等。

水工程规划建设或多或少会对生态敏感区造成影响，如工程占地、淹没、毁坏导致保护区面积缩减，工程蓄水造成的湿地保护区面积增加，潜在生态压力或风险等。以湿地为例，湿地是分布于陆地生态系统与水生生态系统之间的具有独特水文、土壤、植被与生态特征的生态系统。湿地是鱼类、鸟类及多种珍稀、濒危水禽生存繁衍、栖息的场所和迁徙通道，并具有调蓄洪水、截留阻滞富集污染物的作用。湿地面积的大小可用于反映河流生态环境状态的优劣程度。国内外河流健康、流域生态安全、水生态安全相关研究，在考虑水工程对生态敏感区影响时，采用的指标不尽相同，如澳大利亚河流健康评价 ISC（An Index of Stream Condition）选择“洼地状况（Billabong condition)”；杨文慧（2007）在《河流健康的理论构架与诊断体系的研究》中提出“湿地洼地保留率”；水利部长江水利委员会（2005）在《维护健康长江 促进人水和谐研究报告》中选用“天然湿地率”；王龙等（2007）在《健康长江评价指标体系与标准研究》中，提出了“湿地保留率”等。经综合考虑选择“保护区影响程度”指标来反映保护区生态环境结构与功能受水工程规划建设影响的程度。

此外，水工程建设和规划实施对径流量的改变可能对保护区水域产生不良影响。充足的生态用水是保证河流（湿地）生态系统稳定的主要因素。生态需水对于维持河流（湿地）生态系统平衡和正常发展、保障生态系统基本生态功能正常发挥、生物群落和栖息环境动态稳定、保护生物多样性以及特殊物种具有重要作用。考虑到水工程规划建设前后，生态敏感区水域来水量与实际生态需水量之间的关系，选择“生态需水满足程度”指标表征。

水工程建设对区域水文水资源、河流地貌的改变，可能造成鱼类栖息地的破坏甚至消失，对这一重要的敏感问题需要予以重视。对于鱼类栖息地，与水工程关系密切的即为鱼类三场（产卵场、索饵场、越冬场）。由于长期自然进化的结果，在生理、生态上则表现为性腺发育、自然受精和受精卵散播的需要，多数鱼类对产卵场河床形态和河床底质有特定的需求，对产卵地点具有选择性。河流特殊的河床形态决定了特殊的水力学特征，产生了特殊的微生境，进而决定了鱼类产卵场、索饵场、越冬场的分布。产卵、索饵、越冬是鱼类生存中重要的生理过程，直接关系着区域鱼类物种的数量与质量。水工程建设对区域河流水文条件造成扰动，对河床地形、底质、流速、水温、水位、流量、含沙量等各方面要素带来影响，进而影响鱼类栖息地和鱼类生存繁殖。因此，选择“鱼类生境保护状况”指标来表征工程规划影响区域内国家重点保护的、珍稀濒危的、土著的、特有的、重要经济价值的鱼类各种产卵场、索饵场、越冬场的分布、面积和保护情况。

4.2.3.5 社会环境指标

（1）移民（居民）生活状况。移民安置历来是水工程规划设计中的重点，我国的水库移民绝大多数是农村移民，农村移民的生产安置规划是移民安置的重要工作内容，关系到移民的长治久安和社会稳定，也关系到工程的顺利建设。在规划阶段如不能对移民安置区的环境生态承载能力做正确的评估，则可能会导致移民对生态系统的负面影响。在移民过程中，如不能妥善安置，也会对安置区的生态造成负面影响。

用以描述移民安置社会稳定的常用指标包括移民人均粮食占有量、移民人均年纯收入和等外及等级公路通达率等。这三项指标中，移民人均纯收入指标是评价移民安置地区社会经济发展最直观的判据。工程影响区内的居民生活状况同样可以用人均纯收入水平来评价。

（2）人群健康。水利工程对人群的健康将产生一定的影响，这种影响有些是负面的，也有一些是正面的。负面影响主要有：水利建设工程项目所形成的人工湖、水库、灌溉渠道，由于水文条件和自然生态环境的改变，可使自然疫源性疾病、虫媒传染病、地球化学性疾病等在人群中的发病率增高、扩散或输入新的疾病等。正面影响主要有：筑坝改变了河道间的水力联系，改变了河流的纵向连通性，对某些疾病的传播途径是一种有效的阻断。

水工程对人群健康的影响主要因移民、施工人员的迁移，造成移民、施工人员自身及移民安置区当地居民各种疾源性、虫媒性传染病的传播和扩散，因此将“疾病传播阻断率”作为评估水工程对人群健康影响的指标。

(3) 流域开发强度。水资源的可持续利用是建设生态文明，实现全面、协调、可持续发展的重要保证。但过度开发水资源导致了一系列的环境与生态问题，也严重影响了人类社会的发展与稳定。如何在保证社会发展与维护生态安全之间寻找到合适的平衡点成为了重要的研究课题。对水资源的开发利用而言，就是要找到在保证生态安全前提下的水资源可开发利用率，在生态用水与社会经济用水之间求得平衡。

因此，水资源开发利用率指标应作为一项关键生态指标纳入体系当中。

对于河流的水能蕴藏状况，以往的规划与研究中主要用到了三个指标来描述，分别是理论蕴藏量、技术可开发量与经济可开发量。按照物理学中对势能的定义，逐段统计河流流量与水头差，计算总水势能可得到在理论上的河流水能蕴藏总量。按照现有技术手段可以开发的水能资源量称为技术可开发量，再通过投入产出分析认为经济上可行的水能资源可开发量就是经济可开发量。经济可开发的范畴取决于很多条件，比如社会形势的发展变化、科技的进步、石油天然气等矿产能源价格的不断攀升等，这些条件的变化都会导致经济可开发量的变化。技术与经济可开发量只考虑了技术手段与经济因素的影响，没有考虑水电开发带来的生态影响。因此，本书研究在技术经济可开发量的基础上，进一步分析水电开发的生态约束，进而提出水能生态安全可开发量。

研究水能生态安全可开发量的过程，就是以生态保护与修复的视角重新审视河流水能开发利用规划的过程。从维护流域生态安全的角度，应在河流水电开发规划中划出必须加以保护、不可开发的河段或限制水电开发形式的河数，进而得到水能生态安全可开发量是可持续水电开发的必由之路。

综上所述，本次研究选择了水资源开发利用率和水能生态安全开发利用率两个指标作为流域或区域开发强度的评价依据。

(4) 节水水平。提高社会用水的效率，是做好水资源合理配置的前提，直接关系着生态需水的保障程度。因此，社会的用水效率是实现生态安全目标所要考虑的重要要素。水利部于“十五”期间提出的《节水型社会建设评价指标体系》中，列举了32项与节水型社会建设相关的评价指标，其中与用水效率直接相关的指标共有13项，分别是：城镇居民人均生活用水量、节水器具普及率（含公共生活用水）、居民生活用水户表率、灌溉水利用系数、节水灌溉工程面积率、农田灌溉亩均用水量、主要农作物用水定额、万元工业增加值取水量、工业用水重复利用率、主要工业行业产品用水定额、自来水厂供水损失率、第三产业万元增加值取水量、污水处理回用率。13项指标的研究对象按用水户分类可以分做三类：生活用水、工业用水、农业用水。从我国用水结构来看，在总用水量中，生活用水占12%，工业用水占23.2%，农业用水占63.2%，生态补水占1.6%（数据来自2006年全国水资源公报）。由于生活用水所占比例小，且节水潜力有限，依据代表性原则，不选用生活节水类指标，而在工业农业节水指标中各选用一个。依据综合性原则，农田灌溉水有效利用系数可以有效表示农业用水的效率，较之节水灌溉工程面积率、农田灌溉亩均用水量、主要农作物用水定额等指标更加实用。工业用水考虑其实际用水效率，根据工业投入产出关系，选择最有代表性的工业增加值用水量来表示工业节水水平。

农田灌溉水有效利用率表征了区域农业用水的效率，体现了真实节水的概念，为水资源的高效利用提供了重要的分析手段，直接影响到水资源合理配置的效率。提高农业灌溉水利用率，可以有效减少农业灌溉需水量，缓解水资源供需矛盾，间接地提高了生态用水保证率，对生态系统的保护与修复具有间接的意义。

单位工业增加值用水量是各工业产业用水水平的综合体现，表征了社会生产的用水效率。单位工业增加值用水量越小，说明社会用水效率越高，在总可用水资源量不变的前提下，通过水资源合理配置，可以使生态用水具有更高的保证率。单位工业增加值用水量越大，说明社会生产效率低，这样，生产用水会更多的挤占生态用水，从而对生态系统造成负面影响。

（5）景观。河流、湖泊等水体所具有的美学功能本身就是水生态价值的重要组成部分。无论是峡谷激流、瀑布飞泻，还是碧水柔波、平湖秋月，水体及其环境所具备的美学功能满足了人们对于自然界的心里依赖与归属和审美需求。

景观所具有的美学功能对人水关系的和谐具有重要的意义。河流的景观以及河流所发生的各种现象对人的感官产生刺激，人们对这种刺激会产生感受和联想，通过各种文化载体所表现出来的作品和活动都可以称为水文化。而优秀的水文化可以促进人水关系的协调，落后的水文化使人水关系紧张。水工程通过改变天然河道水文情势等方式影响着景观格局的变化，也影响了水生态的美学价值。水生态这种美学功能的变化，可以用景观舒适度来做整体的评价。

4.2.4 尺度分析

尺度是生态学的一个重要概念，通常意义上的尺度包括时间尺度和空间尺度，是指观察或研究对象（包括物体、现象或过程）的时间单位和空间分辨率。

（1）空间尺度。空间尺度要求我们在研究具体问题时要从三个空间尺度上加以分析。①每一个具体问题的研究都要在更高一层次，即在更大的空间范围内，选择某些关键的因素作为前提，予以认真考虑。②每一个具体问题的研究，重点要放在问题所属的尺度上，要研究同级尺度不同问题之间的关系，重视已存在的条件，扬长避短，妥善分析。③每一个具体问题的研究，尽量要为下一个层次乃至今后的发展留有余地，在可能的条件下甚至提出对未来的设想或建议。这就是说，一个健康的生态系统不仅具有结构上的完整性，还必须实现功能上的层次性和连续性，即具有整体性。

从水工程规划设计对生态安全影响范围分析，空间尺度可分为三个层次：一是流域尺度，即水工程对生态的影响可能扩展到全流域或区域；二是廊道尺度，即水工程对干支流河道均产生影响；三是河段尺度，即水工程的生态影响限于干支流的某个河段。水工程建设是人类进行河流开发利用的主要手段，同时也对流域生态安全产生直接而深刻的影响。对一条河流而言，从单项工程建设到河流梯级开发规划及水资源综合配置，上、中、下游的空间协调性和共同的生态安全极其重要，尤其是上游的生态安全对下游尤为重要。

（2）时间尺度。水工程对河流生态系统的影响具有累积性，这种累积不仅表现在空间上的叠加作用，也反映在时间上的叠加作用。这种时间上的叠加，来自于当前时刻的作用，也可以来自于以前作用的滞后。因此，生态指标具有明显的时间尺度。

4.3 水工程规划设计关键生态指标体系

根据上述关于水工程规划设计生态指标体系的层次分析，结合我国水工程规划设计类型及阶段划分，考虑各指标在不同条件下的尺度物性，最终优选确定水工程规划设计关键生态指标体系，见表 4.2。该指标体系包含水文水资源、水环境、河流地貌、生物及栖息地、社会环境 5 个属性层，并相应划分 19 个要素层，提交出 36 个关键生态指标。形成如下的水工程规划设计中关键生态指标体系。

表 4.2 水工程规划设计中关键生态指标体系表

	要素层	指标层（关键生态指标）	规划（归类）			工程设计								
			流域综合规划	水资源开发利用类规划	防洪规划	水电开发规划	枢纽工程	灌排工程	航道及河道整治工程	护岸及堤防工程	供水、调水工程	水土保持与水生态修复工程	蓄滞洪区建设工程	围垦工程
水文水资源	水资源量	水资源可利用量 C_{wr-1}	B	B								B		
	地表水过程	年径流变差系数变化率 C_{wr-2}			C	C	R	R			R			
		径流年内分配偏差 C_{wr-3}				C	R	R			R	B		
	地下水状况	地下水埋深 C_{wr-4}		B			B	B		C	B		B	
		地下水开采系数 C_{wr-5}	B	B			B	B			B			
	生态水文	生态基流 C_{wr-6}	C	C		C	R	R			R	R		
		敏感生态需水 C_{wr-7}				C	C	C			C	C		
水环境	水质	水功能区水质达标率 C_{e-1}	B	B	B	C								
		湖库富营养化指数 C_{e-2}	B	B			R				R	R		
		污染物入河控制量 C_{e-3}	B	B				R			B			
		纳污能力 C_{e-4}	B	B										
	水温	下泄水温 C_{e-5}				R	R							
		水温恢复距离 C_{e-6}				R	R							

续表

要素层		指标层（关键生态指标）	规划（归类）				工程设计							
			流域综合规划	水资源开发利用类规划	防洪规划	水电开发规划	枢纽工程	灌排工程	航道及河道整治工程	护岸及堤防工程	供水、调水工程	水土保持与水生态修复工程	蓄滞洪区建设工程	围垦工程
河湖地貌	河流特征	弯曲率 C_{l-1}			C	C			C	C				
	连通性	纵向连通性 C_{l-2}	B		B	BC	C					C		
		横向连通性 C_{l-3}	B		BC			R	R	R	R	C		
		垂向透水性 C_{l-4}				C		R	R		R	C		
	稳定性	岸坡稳定性 C_{l-5}			C		R		R	R				
		河床稳定性 C_{l-6}			C	C	R		R	R				
生物及栖息地	生物多样性	鱼类物种多样性 C_{b-1}	B		BC	BC	C		CR		R			R
		植物物种多样性 C_{b-2}	B_a	B_a	C_b	C_b	C_b	R_b				C_b	C_b	R_b
		珍稀水生生物存活状况 C_{b-3}	B		BC	BC	CR		CR	C		C		R
		外来物种威胁程度 C_{b-4}	B								R			
	植被特征	植被覆盖率 C_{b-5}					R_b	B_b		C		B_a		R_b
		净初级生产力 C_{b-6}	B				R	B				B		
	水土流失	土壤侵蚀强度 C_{b-7}					R	R	R	R		B	B	R
	生态敏感区	保护区影响程度 C_{b-8}	B			C	R		R	R	R		C	R
		生态需水满足程度 C_{b-9}	B	B			CR				CR			
	鱼类及两栖类栖息地	鱼类及两栖类生境状况 C_{b-10}	B	B	BC	BC	CR		R	R		C		R

续表

要素层		指标层（关键生态指标）	规划（归类）			工程设计								
			流域综合规划	水资源开发利用类规划	防洪规划	水电开发规划	枢纽工程	灌排工程	航道及河道整治工程	护岸及堤防工程	供水、调水工程	水土保持与水生态修复工程	蓄滞洪区建设工程	围垦工程
社会环境	移民（居民）生活状况	移民（居民）人均年纯收入 C_{s-1}				BC_a	R_a	B			R_a	B_b	B_b	
	人群健康	传播阻断率 C_{s-2}			C	C	R	R			R		C	
	流域开发强度	水资源开发利用率 C_{s-3}	B	B										
		水能生态安全开发利用率 C_{s-4}	B			BC								
	节水水平	农田灌溉水有效利用系数 C_{s-5}		B				BR			R			
		单位工业增加值用水量 C_{s-6}		B										
	景观	景观舒适度 C_{s-7}					R		R	R		CR		

注 1. 表中空白部分表示在该规划或工程设计类型对该指标不敏感，一般无需分析该指标的影响。

2. 表格中的大写字母 B、C、R 表示该指标在该规划或工程设计类型中依照何种尺度做分析评价。B（basin）表示该指标需按照流域尺度的分析计算方法开展评价，C（corridor）表示需按照河流廊道尺度的分析计算方法开展评价，R（reach）表示需按照河段尺度的分析计算方法开展评价。

3. 小写字母表示指标在不同空间尺度下分析计算方法存在不同，以 a、b、c 代表不同的计算方法（具体的区别会在第 5 章中介绍指标用法时讨论）。与大写字母表示的尺度和约束性质相结合，以示在具体某一尺度评价中应用的不同分析方法。

第5章　关键生态指标

本章将对水工程规划设计中各种关键生态指标的定义内涵、生态学意义、表达形式、计算方法及应用条件分别进行阐述。

5.1　水文水资源

5.1.1　水资源可利用量

1. 指标定义及内涵

水资源可利用量是在保障流域生态安全和水资源可持续利用的前提下，一个流域或区域的当地水资源中，可供河道外经济社会系统开发利用消耗的最大水量（按不重复水量计算，即流域或区域的净耗水量加调出流域或区域的调水量），即水资源承载能力。

水资源可利用量是一个流域或区域当地水资源开发利用的最大控制上限。水资源可利用量用以协调生态环境与经济社会活动用水的关系，控制流域水资源开发利用总体程度，是通过控制水资源开发利用程度保护河湖生态系统的关键指标，是实行严格的用水总量控制的基础和依据，即水资源开发利用的红线。北方水资源短缺地区水资源可利用量的主要控制因素是河道内生态环境需水量，南方水资源丰沛地区水资源可利用量的主要控制因素是人工对河川径流的调控能力。

2. 指标表达

水资源可利用量以满足生态环境需求和维持水资源可持续利用为前提，鉴此，确定水资源可利用量思路为：首先计算河道内生态环境需水量 $W_{生态}$，再从水资源总量 $W_{总}$ 中减去河道内生态环境需水量，即为水资源可利用量：

$$C_{ur-1}=W_{总}-W_{生态} \tag{5.1}$$

$$W_{总}=W_{地表}+W_{地下}-W_{重复} \tag{5.2}$$

式中：C_{ur-1} 为水资源可利用量；$W_{地表}$ 为地表水资源总量；$W_{地下}$ 为浅层地下水资源可开采量；$W_{重复}$ 为两者重复量。具体计算见水资源综合规划技术细则。

为便于分析计算，可将河道内生态环境需水量分为生态环境基本需水量 $W_{基本}$ 和生态环境汛期需水量 $W_{汛期}$ 两部分，即

$$W_{生态}=W_{基本}+W_{汛期} \tag{5.3}$$

$$C_{ur-1}=W_{地表}+W_{地下}-W_{重复}-W_{基本}-W_{汛期} \tag{5.4}$$

以下说明生态环境需水量计算思路：

(1) 河道内生态环境基本需水量。河道内生态环境基本需水量需考虑：维持河道基本生态功能的最小需水量（包括防止河道断流、维持河流自净能力、河道冲沙输沙以及维持河湖水生生物基本生存的水量）；维持通河湖泊湿地生态功能的最小需水量（包括湖泊、

沼泽地以及必要的地下水补给等需水）；维系河口生态环境的最小需水量（包括冲淤补港、防潮压咸及河口生物保护需水等）；维持河道重要景观的最小水量。以上各类需水是重叠的，即一水多用。在上述各项需水量计算基础上，逐月取外包值后再相加即为多年平均情况下的河道内生态环境基本需水量。

（2）河道内生态环境汛期需水量。汛期洪水及过程是河流及河口生态保护、河流形态维持、水生生物繁殖的重要条件，应根据河湖生态状况和流域水资源可持续利用需求进行综合分析，合理配置汛期洪水量。可参照 Tennant 法或敏感生态需水 C_{wr-7} 的计算方法和思路，经综合对比分析后，将一定比例的汛期水量作为河道内生态环境汛期需水量。

3. 应用条件

流域综合规划、流域或区域水资源开发利用规划应分析水资源可利用量，指标适用尺度为流域尺度，适用于完整的流域及具有相当规模的区域，局部河段不宜评价该指标。

目前，生态环境需水量的计算方法多样且不成熟，水资源可利用量的确定应根据我国不同地区水资源条件和生态环境状况的差异，从不同角度，运用多种方法进行综合分析，并注意完整的流域和局部区域在具体计算时的差别和联系。总体而言，我国水资源可利用率北方地区高于南方地区，一般地区高于生态环境敏感区域。

5.1.2 年径流变差系数变化率

1. 指标定义及内涵

年径流变差系数（即水文统计分析中的 C_v 值）指年径流序列均方差与数学期望的比值，反映径流的年际变化特性。通常变差系数值越大，表明该地区径流的年际变化幅度越大；反之，则变化幅度小。年径流变差系数变化率为工程建设前与工程建设后年径流变差系数的差值。C_v 值大，年径流的年际变化剧烈，这对水利资源的利用不利，而且易发生洪涝灾害；C_v 值小，则年径流量的年际变化小，有利于径流资源的利用。年径流变差系数变化率反映工程对河川径流量年际变化过程的改变程度。

水工程改变了径流的年际分配过程，因此在水工程规划设计中应考虑这种改变造成的生态影响，可用年径流变差系数变化率和下述的径流年内分配偏差反映这种改变。

2. 指标表达

$$C_{wr-2}=\left[\frac{1}{\overline{d}}\sqrt{\frac{(d_i-\overline{d})^2}{n-1}}\right]_1-\left[\frac{1}{\overline{d}}\sqrt{\frac{(d_i-\overline{d})^2}{n-1}}\right]_2 \tag{5.5}$$

式中：d_i 为年径流量；$\overline{d}$为多年平均年径流量；n 为统计年数；等式右侧两分式分别表示工程建设前后的径流变差系数。

3. 应用条件

当水工程建设涉及对径流量年际、年内过程敏感的水生态区域，且工程实施可能使径流量年际、年内过程发生明显变化时，应分析年径流变差系数变化率和径流年内分配偏差，为进一步的生态影响评价提供条件。

5.1.3 径流年内分配偏差

1. 指标定义及内涵

径流年内分配偏差指规划或工程实施后的月径流量与参照状况（多年平均）月径流量

年内分配比例的差异程度，表示水工程建设前后年内水文过程的变化情况。该指标反映了河川径流量在多年平均情况下的年内变化过程。

水生态系统是水生生物长期演化过程与天然河道年径流过程相适应的产物，河流天然径流的变化过程与其水生态系统有着密切的关系，河流中水生生物种群生命周期的完成需要不同的水文过程。例如，大洪水过程不仅有利于泥沙输送，而且重新连接漫滩湿地与河道，为水生生物拓展了生存空间，也为滩区生物带来了养分；小流量过程，特别是在较大的河流中，可以为支流中的动物群落创造分布的条件，有利于维持物种在不同地区的数量；鱼类产卵繁殖需要特定的流量过程。四大家鱼繁殖期内，涨水的幅度和时长对四大家鱼产卵非常重要。

水工程改变了径流的年内分配过程，因此在规划和设计阶段应考虑这种影响。

2. 指标表达

$$C_{wr-3}=\sum_{i=1}^{12}\left[\left(\frac{r_i}{\overline{r_i}}\right)_1-\left(\frac{r_i}{\overline{r_i}}\right)_2\right]^2 \tag{5.6}$$

式中：C_{wr-3}为径流年内偏差系数；r_i为第i月径流量多年平均值；$\overline{r_i}$为多年平均年径流量；i为1，2，…，12；下标1表示工程建设前，下标2表示工程建设后。

3. 应用条件

在水工程规划设计中，当年内径流过程发生明显变化时，应进行径流年内分配偏差的分析计算。在水土保持与水生态修复工程中，该指标应用于流域尺度分析计算；在水电开发规划中，该指标分析范围为河流廊道尺度，对其他工程类型均服务于河段尺度。

5.1.4 地下水埋深

1. 指标定义及内涵

地下水埋深是指地表至浅层地下水水位之间的垂线距离。地下水埋深和毛管水最大上升高度决定了包气带垂直剖面的含水量分布，与植被生长状况密切相关。水工程建设对浅表地层的切割可能会改变地下水的径流排泄条件，地下水位也随着补给与排泄平衡关系的变化而变化，地下水位上升引起次生土壤盐碱化、沼泽化，地下水位下降会造成表层土壤干燥，引起地表植被退化、土壤沙化及环境地质灾害等问题，这些都需要在地质勘查的基础上结合各水文地质单元的水文地质条件和区域地下水动态特征，通过分析不同地下水位对区域生态环境的影响状况，合理分析地下水的埋深变化。

2. 指标表达

地下水埋深主要通过观测井进行量测。为了保证土壤不产生盐碱化和作物不受盐害所要求保持的地下水最小埋藏深度，也称为地下水临界深度。植物开始发生永久凋萎时的土壤含水率称为凋萎系数。一般来说，凋萎系数与田间持水量之间的土壤水，属于有效水分。最大地下水埋藏深度所对应的土壤允许最小含水量应大于凋萎系数，地下水埋深的变化范围表示如下式：

$$Z_{\text{临界深度}}\leqslant C_{wr-4}\leqslant Z_{\text{凋萎系数}} \tag{5.7}$$

3. 应用条件

可能引起地下水水位变化的水资源利用、堤防、灌溉、排涝等规划和工程，应分析地下水埋深变化，指标尺度为流域或区域尺度，主要应用于工程影响的区域。

5.1.5 地下水开采系数

1. 指标定义及内涵

地下水开采系数定义为一定区域地下水的实际开采量与地下水可开采量（允许开采量）的比值。

地下水资源的开发利用过程中，当地下水开采量超过允许开采量时，将造成地下水水位持续下降，从而形成区域性的地下水开采漏斗，并且部分地域出现地下水超采区；地下水超采不仅会引发环境地质灾害，而且由于破坏了地表水和地下水之间的转换关系，而造成河流径流量的衰减，将威胁到一些水生生物的生存及其栖息地的存在，因此需要对地下水开采情况进行评判，以便促进地下水资源的合理开发利用及有效保护。

2. 指标表达

$$C_{wr-5}=Q_{实}/Q_W \tag{5.8}$$

式中：C_{wr-5} 为年均地下水开采系数；$Q_{实}$ 为地下水开发利用时期内年均地下水实际开采量，万 m^3；Q_W 为年均地下水可开采量或允许开采量，万 m^3。

在均衡期内建立均衡方程，可开采量可表示为（若在开采过程中，ΔH 取负值）：

$$Q_W=(Q_k-Q_c)+W+\mu F\Delta H/\Delta t \tag{5.9}$$

地下水可开采量由 3 部分组成：一是侧向补给量（Q_k-Q_c），式中 Q_k 表示区域侧向入流量，Q_c 表示区域侧向排泄量；二是垂向补给量 W；三是开采过程中动用的储存量。这个关系式从理论上说明了可开采量的组成规律。μ 为含水层的给水度；F 为均衡计算区的面积，m^2；Δt 为均衡计算时段，均衡时段最短应选一个水文年，为了使地下水资源评价结果更加具有代表性，应选用包括丰水年、平水年和枯水年在内的一个多年均衡期。指标表达式适用于地下水达到合理埋深要求的地区，不适用于地下水强排区。

3. 应用条件

地下水开采系数适用于包括开发和利用地下水资源的流域综合规划，水资源开发利用类规划，和各类涉及取用水的水工程。指标适用于流域或区域尺度的分析应用。

5.1.6 生态基流

1. 指标定义及内涵

生态基流指为维持河流基本形态和基本生态功能，即防止河道断流，避免河流水生生物群落遭受到无法恢复破坏的河道内最小流量。

生态基流是维持河道生态功能的最小流量，其阈值与河流生态系统的演进过程及水生生物的生活史阶段相关。河流水生生物的生长与水、热同期，在汛期及非汛期对水量的要求不同，因此生态基流有汛期和非汛期之分。由于汛期生态基流多能得到满足，通常生态基流指非汛期生态基流。北方缺水地区则仍要关注汛期生态基流是否满足。

2. 指标表达

目前，有多种适合生态基流指标的计算方法。在大的分类上，有水文学法、水力学法、生境模拟法和整体法。由于生态基流是为满足生态需水的共性要求，同时考虑实际数据获取的难易程度，采用水文学法和水力学法计算生态基流较为普遍。本书生态基流计算方法的表达及适用条件，见表5.1。

表5.1　生态基流指标表达

序号	方　　法	方法类别	指标表达	适用条件	优　缺　点
1	Tennant法	水文学法	将多年平均流量的10%～30%作为生态基流	适用于流量较大的河流；拥有长序列水文资料	简单快速，但没有考虑到流量的季节变化
2	90%保证率法	水文学法	90%保证率最枯月平均流量	水资源量小，且开发利用程度已经较高的河流；拥有长序列水文资料	维持河流水质标准，更适合于国内河流的生态环境需水要求
3	近10年最枯月流量法	水文学法	近10年最枯月平均流量	与90%保证率法相同，均用于纳污能力计算	维持河流水质标准，更适合于国内河流的生态环境需水要求
4	流量历时曲线法	水文学法	利用历史流量资料构建各月流量历时曲线，以90%保证率对应流量作为生态基流	拥有至少20年的日均流量资料	简单快速，同时考虑了各个月份流量的差异
5	湿周法	水力学法	湿周流量关系图中的拐点确定生态流量；当拐点不明显时，以某个湿周率相应的流量，作为生态流量。湿周率为50%时对应的流量可作为生态基流	宽浅矩形渠道和抛物线形河道，且河床形状稳定	只需进行简单现场测量，而且假设河道是稳定的；此方法可同时计算生态基流和河流湿地及河谷林的最小生态流量
6	7Q10法	水文学法	90%保证率最枯连续7天的平均流量	水资源量小，且开发利用程度已经较高的河流；拥有长序列水文资料	维持河道不断流

Tennant法推荐流量，见表5.2。

表5.2　Tennant法推荐流量表

栖息地等定性描述	推荐的基流标准（年平均流量百分数）	
	一般用水期（10月～次年3月）	鱼类产卵育幼期（4～9月）
最大	200	200
最佳流量	60～100	60～100
极好	40	60
非常好	30	50
好	20	40
开始退化的	10	30
差或最小	10	10
极差	<10	<10

上述各种生态基流的计算方法分属于水文学法和水力学法，与另外两类生态基流的计算方法生境模拟法和整体法相比，具有计算简单，对资料的要求相对较低的优点，但缺点是缺乏生物学基础，说服力不强。

水文学法简单易行，适用于拥有长序列水文资料的河流，其中：Tennant法适用于流量较大的河流，但该方法没有考虑到流量的季节变化，没有区分干旱年、湿润年和标准年的差异，没有考虑河流形状，没有考虑生物体的需求，缺乏生态学角度的解释；流量历时曲线法利用历史流量资料构建各月流量历时曲线，使用某个频率来确定生态流量，其频率可以按照目标生物的水量需求设定，此方法不仅保留了采用流量资料计算生态流量的简单性，同时考虑了各个月份流量的差异，但目前按照目标生物的水量需求设定频率的研究基础薄弱；90%保证率法、近10年最枯月流量法、7Q10法同样缺乏生物学基础，目前主要用于计算河流的水环境容量。

湿周法为水力学法，该方法利用湿周作为栖息地质量指标来估算河道流量。其假设是：保护好临界区域的水生物栖息地的湿周，也将对非临界区域的栖息地提供足够的保护。此方法受河道形状的影响，如三角形河道的湿周—流量曲线的增长变化点表现不明显，难以判别，而宽浅矩形渠道和抛物线形河道都具有明显的湿周—流量关系增长变化点，所以该法适用于这两种河道，同时要求河床形状稳定，否则没有稳定的湿周，流量关系曲线也没有固定的增长变化点。

3. 应用条件

（1）各种水利规划及工程设计必须满足河流生态基流要求。

（2）由于全国各流域水资源状况差别较大，应在不同生态需水分区中采用不同的计算方法。供参考的生态需水分区见表6.13。

（3）由于我国各流域水资源状况差别较大，在基础数据满足的情况下，应采用尽可能多的方法计算生态基流，对比分析各计算结果，选择符合流域实际的方法和计算结果。

5.1.7 敏感生态需水

1. 指标定义及内涵

敏感生态需水是指：维持河湖生态敏感区正常生态功能的需水量及过程；在多沙河流，一般还要同时考虑输沙水量。

敏感生态需水与常用的类似概念河道内生态需水相比，在水工程规划和设计应用中具有较明显的优越性。此概念只计算其敏感期内的生态需水；在非敏感期，以及非敏感区只需要考虑生态基流。敏感生态需水在水资源紧张的河段更容易得到满足，降低了水资源管理的难度，也能够保障敏感的生态系统和水生生物对水量的需求。同时，此指标将按照规划或工程类型区别计算，能够较好的在水工程规划和设计中得到应用。

（1）敏感区的划分。根据各流域河道内生态特征，生态需水敏感区可以划分为4类：Ⅰ为有重要保护意义的河流湿地（如河流湿地保护区）及由河水为主要补给源的河谷林；Ⅱ为河流直接连通的湖泊；Ⅲ为河口；Ⅳ为土著、特有、珍稀濒危等重要水生生物，或者重要经济鱼类栖息地、“三场”分布区。

（2）敏感期的确定。敏感期的概念类似于植物的水分临界期，是指在一个生长周期中，维持生态系统结构和功能的水分敏感期，如果在该时期内，生态系统不能得到足够的水分，将严重影响生态系统的结构和功能。植物的水分临界期比较容易确定，通常来讲，植物的水分临界期与生殖规律有关，花芽分化期、生殖器官形成期抗旱性弱，均处在水分临界期；但对于生态系统来说，由于其组成复杂，很难确切把握其水分的敏感期。同时，由于基础水文水动力资料的缺乏和水生生物基础研究的薄弱，在许多流域，更多的时候只能粗略的确定某生态系统或水生生物月平均，甚至是数月平均的生态需水量。而往往发生在更小时间尺度上的生态需水，对某些生态系统或者水生生物来说可能是更重要的。例如在四大家鱼的研究中已经发现，四大家鱼繁殖期内，涨水的幅度和时长对四大家鱼产卵非常重要。因此，从理论上提出敏感期确定的原则：

1）对Ⅰ类生态系统，尽管与河流密切联系，但仍属于陆生生态系统。河流湿地需要生长良好的湿地植被和充足的水生动植物，以保障其生态功能的正常运转；河谷林是维持河流廊道功能最重要的生态系统类型，在西北干旱区尤其重要。因此，该生态系统主要组成植物的水分临界期为其敏感期。

2）对Ⅱ类和Ⅲ类生态系统，植物的水分临界期是其敏感期，但同时也需要考虑水生动物的栖息、觅食、遮蔽等行为需要的水量维持。另外，对Ⅲ类生态系统，还需要考虑水—盐平衡、水—沙平衡和其他生物因素。

3）Ⅳ类为重要水生生物，其敏感期主要为该生物的繁殖期。

根据上述原则，并考虑水工程规划和设计的特点，本文初步进行了上述4类生态系统和水生生物的敏感区的划分，见表5.3。

表5.3 敏感区类型及敏感时期

生态需水敏感区类型	敏感时期
河流湿地和河谷林	丰水期
河流直接连通的湖泊	逐月
河口	全年
重要水生生物产卵场	繁殖期

Ⅰ类生态系统敏感区的划分主要考虑到我国所处区域属于大陆性季风气候，雨、热同期，在植物开始生长季后不久，各流域均进入了丰水期，西北干旱区以冰川融水为主要补给的河流，春汛还在植物生长季之前。在自然状况下，河流湿地和河谷林生长季需要的水量均是在丰水期，通过脉冲洪水获得的。因此Ⅰ类生态系统生态需水敏感期在丰水期。

Ⅱ类生态系统仅限于与河流直接相连的湖泊，为水生生态系统。虽然植物生长季仍然是湖泊最重要的生态需水敏感期，但在生长季之外，水生生物的栖息、觅食、遮蔽等行为在一年中任何一个时期均有生态水量的需求。考虑到支撑数据的因素，Ⅱ类生态系统以月均生态水量的形式给出。敏感期相当于逐月。

Ⅲ类生态系统在河流的入海口，往往具有特有的栖息环境和饵料来源，因而其种群数量及生物多样性特征也具有一定的特殊性，计算河口海域的生态环境需水量相当复杂，国内外对河流入海口的生态需水量研究还很少。因此，Ⅲ类生态需水仅以年生态需水的形式给出，敏感期相当于全年。

Ⅳ类为重要水生生物，包括土著、特有、珍稀濒危，或者重要经济鱼类。对不同的鱼种，繁殖期的时间可能完全不同，四大家鱼繁殖期主要在4～6月，而中华鲟的繁殖期在9～11月，而且有许多种类的生活习性还没有研究清楚，因此无法统一确定此类型敏感期的具体时间段。在实际应用中，需要生物学家进行详细的调查研究，确定涉及到的重要水生生物的繁殖期。

2. 指标表达

敏感生态需水是上述四类需水量及过程的外包。各类需水计算，见表5.4。

(1) 河流湿地及河谷林生态需水量（W_W）。此处定义的河流湿地为河岸湿地和洪泛平原湿地，是河水洪水泛滥淹没的河流两岸地势平坦地区。河流湿地在中国分布较为广泛，除西南诸河较少外，其余地区均有分布。在水资源一级区中，松花江、黄河、海河、辽河区都分布有较大范围的河流湿地。河流湿地主要依靠丰水期的几次洪水脉冲淹没维持其基本生态功能，由此该指标可通过三个变量计算：最小洪峰流量（q_w）、丰水期天数（D）、必需的总洪水历时（d）。最小洪峰流量采用湿周法，采用湿周率为100%时的流量（表5.1）；敏感时段的总天数为该流域的丰水期天数；而由于目前对水生生态系统结构和功能研究基础不足，在现阶段必需的总洪水历时只能定性给出。计算可以采用公式4（表5.4）。

(2) 湖泊生态需水量（W_L）。这里的湖泊生态需水量指入湖生态需水量及过程，需要由湖区生态需水量和出湖生态需水量确定。对吞吐型湖泊，入湖生态需水量W_L=湖区生态需水量+出湖生态需水量；闭口型湖泊出湖生态需水量为零，入湖生态需水量W_L=湖区生态需水量。湖泊生态需水量需逐月计算，计算时段为月，单位为m^3。

1) 湖区生态需水量计算。湖区生态需水量包含两部分：湖区生态蓄水变化量和湖区生态耗水量。前者采用最小生态水位法计算；后者采用水量平衡法计算。①最小生态水位法：最小生态水位是湖泊能够维持基本生态功能的最低水位，最小水位法即通过维持湖泊生态系统各组成成分和满足湖泊主要生态环境功能的最小水位与水面面积的积，来确定湖泊生态环境需水量。湖泊最小水位可以采用天然水位资料法确定。此方法假设天然情况下的低水位对生态系统的干扰在生态系统的弹性范围内，此水位是湖泊生态系统已经适应了的最低水位，其相应的水面积和水深是湖泊生态系统已经适应了的最小空间。如果湖泊水位低于此水位，湖泊生态系统可能严重退化。此方法采用的天然月均水位数据，序列长度依数据基础而定，但至少不应少于20年。其表达式见公式1（表5.4）；湖区生态蓄水变化量表达式见公式2（表5.4）。②水量平衡法：通过水量平衡法计算湖区生态耗水量的表达式见公式3（表5.4）。

2) 出湖生态需水量计算：出湖生态需水量等于湖口下游生态需水敏感区的敏感生态需水量。计算范围由湖口至河口（干流）、汇入口（支流），采用综合计算方法，具体描述见后。

3) 入湖生态需水量的分配原则：在多条河流为同一个湖泊供水的情况下，各入湖河流的入湖水量根据流域水资源配置规划，由相关部门协调商定；但总入湖水量需满足生态需水要求。

(3) 河口生态需水量（W_M）。目前已应用的计算河口生态需水量的方法并不统一，而且均比较复杂。本书采用历史流量法，以干流50%保证率下的年入海水量的60%～80%作为河口生态需水量。

(4) 重要水生生物生态需水量（W_B）。重要水生生物的生态需水量计算采用生境模拟法。应用最普遍的生境模拟法为ifim/phabsim法。通过水文数据与重要水生生物种在不同生长阶段的生物学信息相结合，建立的流速栖息地适宜度曲线，根据控制断面的流量～流速关系计算该断面的适宜生态流量（q_a）。水生生物只要求在繁殖期中一定时间内达到适宜生态流量，因此还需要确定两个变量：繁殖期总天数（D）及需要达到适宜生态流量的天数（d）。由于目前对水生生物繁殖期，以及繁殖需要的水文、水动力学条件了解不足，d 值依旧需要定性给出。计算可以采用公式5（表5.4）。

表5.4 敏感生态需水计算公式

序号	表达式	备注
公式1	$Z_j=\min(Z_{ij})$	Z_j 为 j 月最小水位；min为最小值函数；Z_{ij} 为水位数据序列中第 i 年 j 月天然月均水位
公式2	$W_{j_a}=(Z_j-Z)\times S_j$	W_{j_a} 为 j 月湖区生态需水量；Z_j 为维持 j 月湖泊生态系统各组成分和满足湖泊主要生态环境功能的最小月均水位；Z 为现状水位；S_j 为 j 月的水面面积
公式3	$W_{j_b}=F(j)\times[E(j)-P(j)]\times K\times I$	W_{j_b} 为 j 月湖区生态耗水量；$F(j)$ 为 j 月均水面面积（m^2）；$E(j)$ 为 j 月湖面蒸散发量（m）；$P(j)$ 为 j 月湖面降水量（m）；K 为土壤渗透系数（无量纲）；I 为湖泊渗流坡度（无量纲）
公式4	$W_w=(D-d)\times\max(q_b,W')+d\times\max(q_w,W')$	W_w 为敏感期河流湿地及河谷林生态需水量；q_w 为最小洪峰流量；q_b 为生态基流；D 为丰水期天数；d 为必需的总洪水历时；W' 为输沙需水量，m^3，在不考虑输沙水量的河流，此项为0
公式5	$W_B=(D-d)\times\max(q_b,W')+d\times\max(q_a,W')$	W_B 为敏感期重要水生生物生态需水量；q_a 为适宜生态流量；q_b 为生态基流；D 为丰水期天数；d 为需要达到适宜生态流量的天数；W' 为输沙需水量，m^3，在不考虑输沙水量的河流，此项为0
公式6	$\frac{\Delta W_S}{W_S}=(W_{S进}-W_{S出})\times cW_{S进}, W'=Q\times D\times 86400$	W' 为输沙需水量，m^3；W_S 为输沙量，亿t；Q 为流量，m^3/s；D 为日数，d；$W_{S进}$ 为规划或工程影响范围上断面输沙量，t；$W_{S出}$ 为规划或工程影响范围下断面输沙量
公式7	$W_{总i}=\max[(W_{Wi}-W_{CW}),(W_{Bi}-W_{CB}),(W_L-W_{CL})]$	$W_{总i}$ 为第 i 月规划或工程影响范围内总生态需水量；在 q_w 和 q_a 为0时，W_{Wi} 和 W_{Bi} 也为0；W_{CW}、W_{CB}、W_{CL} 为生态需水敏感区至其计算断面之间的区间汇流
公式8	$W_{总N}=\max(\sum_{i=1}^{12}W_{总i},W_M)$	$W_{总N}$ 为第 i 月规划或工程影响范围内全年总生态需水量；当影响范围内没有河口时，W_M 为0

（5）输沙需水量（W'）。输沙需水量指河道内处于冲淤平衡时的临界水量。计算应采取以下步骤：①得到规划或工程影响范围上、下断面流量（Q）、径流量（W）、输沙量（W_S）、含沙量（S）等逐日的水、沙资料；②分析河段汛期、非汛期，冲淤比（$\Delta W_S/W_S$）与 W、Q、S 以及来沙系数等影响因素的关系；③建立冲淤比与规划或工程影响范围上断面流量（Q）的相关关系，冲淤比为0时的流量为冲淤平衡时的临界流量。对于类似于黄河下游这种淤积性河道，冲淤比可以取值0.1或0.2；④临界流量与汛期、非汛期日数的乘积为输沙需水量（W'）；⑤冲淤比（$\Delta W_S/W_S$）及输沙需水量（W'）计算见公式

6（表5.4）。

需要说明的是，对于像黄河这样的多沙河流，在相当长的时间内，要使冲积型河道的冲淤比为0是不可能的，因此需要根据规划不同水平年来水来沙状况和水工程运用不同阶段，合理确定可接受的冲淤比。对于多沙河流，输沙需水量不仅包含水量的概念，还应包含流量过程。

3. 应用条件

在实际应用中，要按照生态需水计算程序进行计算。

步骤1：收集资料的类型包括：工程及规划资料、水文资料、河道地形及断面资料、水质资料和水生态资料。生态资料一般可包括水生动植物、湿地和河谷林状况、河流形态与特征、陆地植物等。水生动植物资料包括水生植物、鱼类、珍稀动物以及鱼类产卵场、越冬场、鸟类集中栖息地、捕鱼量，不同水位、流量下生物的生存关系等。

步骤2：与生态需水相关的规划有：水电开发规划；与生态需水相关的工程有：枢纽工程，灌排工程，供、调水工程，水土保持与水生态修复工程。

步骤3：规划和工程的影响范围，见表5.5。

表5.5 各类规划和工程的生态需水影响范围

规划及工程	影响范围
水力发电规划	规划中第一个梯级坝址断面至河口（干流）或汇入口（支流）
枢纽工程	坝址断面至下游相邻水库库尾断面；若下游无水库，则至河口（干流）或汇入口（支流）
灌排工程	引水口上游相邻控制断面至退水口下游相邻控制断面；若此区间有水库，则至枢纽工程库尾断面
供、调水工程	引水口处上游临近控制断面至区间汇流达到引、调水规模的40%处临近控制断面；若此区间有水库，则至库尾断面

步骤4：参见生态基流的应用条件。

步骤5：按照收集到的水生态资料，判断规划和工程影响范围内是否存在表5.3中所列的生态需水敏感区。如果没有，计算程序将结束；如果有，需明确存在哪种类型的生态需水敏感区，以及敏感区上游临近的控制断面的位置。在含沙量较高，且对河流形态影响较大的河流中，需计算河道输沙水量。

步骤6：如果规划和工程影响范围内存在生态需水敏感区，则按照敏感生态需水计算子程序进行（图5.1）。

子步骤1：选取入湖、河流湿地及河谷林、重要水生生物栖息地或河口上游临近的控制断面，作为敏感区生态需水计算断面。选取的计算断面要具有至少10年以上可以利用的水位、流量、大断面等观测资料。

子步骤2：各类型敏感区生态需水计算公式，见表5.4。

子步骤3：水工程规划或设计生态需水控制断面是指在水工程规划或设计影响区域的起始断面，此断面需能够满足下游影响区域范围内全部敏感区的生态需水。下游影响区域范围即为该控制断面的控制范围。各类型规划和工程的生态需水控制断面及对应的控制范

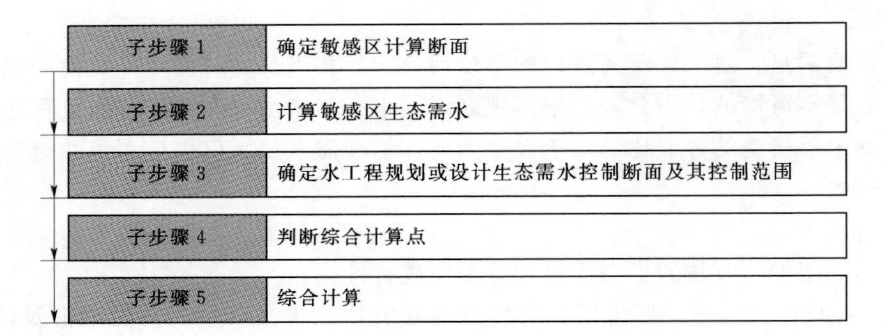

图5.1 敏感生态需水计算子程序

围，见表5.6。

表5.6 各规划及工程的生态需水控制断面、控制范围及分段节点

规划及工程	控制断面	控制范围	分段节点
水力发电规划	各规划梯级坝址断面	1. 各规划梯级（除最后一个规划梯级外）：坝址断面至下游相邻梯级库尾断面； 2. 最后一个规划梯级：坝址断面至河口（干流）或汇入口（支流）	分段计算
水资源开发利用类规划	各用水单元取水口上游临近控制断面①	计算断面至下游分段节点	分段计算，分段节点为已建水库坝址断面及河口（干流）或汇入口（支流）
流域综合规划	*A* 各规划梯级坝址断面； *B* 各用水单元取水口上游临近控制断面	*A* 类断面控制范围同水力发电规划； *B* 类断面控制范围同水资源配置与节约规划	*B* 类断面：分段计算，分段节点为已建、规划中水库坝址断面及河口（干流）或汇入口（支流）
枢纽工程	坝址断面	坝址断面至下游相邻水库库尾断面；若下游无水库，则至河口（干流）或汇入口（支流）	
灌排工程	引水口上游相邻控制断面	引水口上游相邻控制断面至退水口下游相邻控制断面； 若此区间有水库，则至枢纽工程库尾断面	
供、调水工程	引水口处上游临近控制断面②	引水口处上游临近控制断面至区间汇流达到引、调水规模的40%处临近控制断面；若此区间有水库，则至库尾断面	

① 最后一个用水单元取水后，河道内水量仍能够达到多年平均流量的40%时，可以不再计算该断面的敏感生态需水。

② 判定引水规模是否能满足敏感生态需水，满足则通过，不满足则调整引水规模，重新计算。

子步骤4：水资源配置与节约规划和流域综合规划需采取分段计算的方法。以分段节点将规划及工程影响范围分段；在每一段中，综合计算每一个控制断面的生态需水。

子步骤5：综合计算是指控制范围内，同时存在湖泊、河流湿地及河谷林、重要水生生物栖息地或河口，两种以上生态需水敏感区时，计算该规划或工程设计控制断面的敏感生态需水量。其计算思路是比较各敏感区生态需水，取最大值。由于敏感区生态需水计算值实际为该敏感区所处断面的生态需水，该断面与控制断面之间还存在区间汇流，因此需在各自减去至控制断面之间的区间汇流后，再比较取值。区间汇流从掌握的水文数据中得到，或者采用符合规范的水文学方法计算得到。综合计算公式采用公式7、公式8（表5.4），公式7用于逐月敏感生态需水计算，公式8可计算全年总敏感生态需水量。

通过生态基流与敏感生态需水两个指标的分析，综合两个指标的计算成果，取两个结果过程线的外包线，来确定生态需水量及过程。

5.2 水环境

5.2.1 水功能区水质达标率

1. 指标定义及内涵

水功能区水质达标率指规划范围内，水功能区水质达到其水质目标的水功能区个数（河长、面积）占水功能区总数（总河长、总面积）的比例。水功能区水质达标率宏观反映河湖水质满足水资源开发利用和生态与环境保护要求的总体状况。

流域及区域水功能区达标评价包括水功能区达标比例、水功能一级区（不包括开发利用区）达标比例、水功能区二级区达标比例、各分类水功能区达标比例4部分。流域及区域水功能区达标率基于水功能区数量及其达标频次，强调空间因素，特别是当以河长、面积为统计单位时更突出。

单个水功能区达标率评价包括单次水功能区达标评价、单次水功能区主要超标项目评价、水期或年度水功能区达标评价、水期或年度水功能区主要超标项目评价4部分。单个水功能区达标率基于达标频次，强调时间因素。

2. 指标表达

（1）流域及区域水功能区达标率指标。流域或区域水功能区水质达标率的计算公式如下：

$$C_{e-1} = D/Z \tag{5.10}$$

式中：C_{e-1}为水功能区达标率，%；D为水质达标的一级、二级水功能区个数（河长、面积）；Z为水功能区的总个数（总河长、总面积），总个数（总河长、总面积）为一级、二级水功能区的总和。

水功能区划为分级、分类体系，也可根据需要进行分级、分类的水功能区水质达标率分析。

（2）单个水功能区达标（C_{e-1b}）。水功能区达标评价就是评价水功能区水质是否能够满足水质目标的要求。水功能区的水质目标在水功能区划时已经明确地给定，达标评价时可以直接采用。水功能区（水质类别）达标评价的标准采用GB 3838—2002及其各评价项目的标准限值。对于具有特定功能的水域，还应执行相应的专业用水水质标准，如《渔业水质标准》（GB 11607—89）、《景观娱乐用水水质标准》（GB 12941—91）等。在实际工作中，由于对这些特定水域开展的监测项目有限或缺乏针对性，在水质评价中往往并没有考虑专业用水水质标准。

水功能区布设断面应是具有代表性的断面，其监测数据必须能够客观地反映水功能区的总体水质状况。水功能区的评价时段随水质信息发布的周期而定，一般缓冲区和重要饮用水源区每月监测1次；保护区和保留区则按丰、平、枯水期监测，且每期监测不少于2次；其他各类水功能区依具体情况确定监测频次。

单个水功能区达标是指在评价时段内，达到水质目标的次数占评价总次数的比例（%），其计算公式为：

$$S_i = \frac{b_i}{t_i} \tag{5.11}$$

式中：S_i 为第 i 个水功能区的达标率；b_i 为评价时段内达到水质目标的次数；t_i 为评价时段内的评价总次数。

3. 应用条件

水功能区水质达标率有两种表达形式，分别对应于区域范围内水功能区达标状况与单个水功能区水质达标状况综合评定。流域或区域规划侧重于用方法（1）评价总体达标状况，工程设计偏重于应用方法（2）评价单一河段。流域综合规划、水资源规划、区域性工程规划应分析水功能区水质达标率。该指标分析尺度为流域尺度。

5.2.2 湖库富营养化指数

1. 指标定义及内涵

富营养化是水体中营养盐类和有机物质大量积累，引起藻类和其他浮游生物异常增殖，导致水质恶化、景观破坏的现象。湖库营养化指数是反应湖泊、水库水体富营养化状况的评价指标，主要包括湖库水体透明度、氮磷含量及比值、溶解氧含量及其时空分布、藻类生物量及种类组成、初级生物生产力等指标。

天然水体一般都有维持藻类正常生长所需要的各种营养盐类（主要是氮、磷、钾、钙、镁等元素），但当天然水体接纳含有氮磷营养元素的农田排水、地表径流和水体自生的有机物腐败分解释放的营养物质，水中的营养物质不断得到补充，逐渐增多，藻类异常增殖而发生富营养化。对于湖泊等封闭型或半封闭型水体以及流速缓慢的河流来说，富营养化是一种普遍的、进程十分缓慢的自然现象。当含有大量氮磷的城市污水、工业废水和农田排水排入水体，则刺激藻类异常生长，加速水体富营养化进程，产生水华。而水库富营养化往往不是渐进的，而是带有突发性特征。

2. 指标表达

目前国内对湖泊（水库）富营养化评价，环保系统主要选用综合营养指数法，水利系统则主要采用指数法。

（1）指数法（地表水资源评价技术规程）。湖库营养状态评价项目共5项，包括总磷（TP）、总氮（TN）、叶绿素a（Chla）、高锰酸盐指数（COD_{Mn}）和透明度（SD）。湖库营养状态评价宜包括上述5项评价项目，如果评价项目不足5项，则评价项目中必须至少包括叶绿素a。否则，不宜进行营养状态评价。透明度可以根据当地实际情况灵活掌握。

首先根据湖库营养状态评价标准表（表5.7），将参数浓度值转换为评分值，监测值处于表列值两者中间者可采用相邻点内插，得到评价项目的分值。然后根据各评价项目评分值采用下式计算营养状态指数。最后，对照表5.7中的评分值分级标准，由平均评分值确定营养状态等级。

$$C_{e-2}EI = \sum_{n=1}^{N} \frac{E_n}{N} \tag{5.12}$$

式中：E_n 为各评价项目赋分值；EI 为营养状态指数；N 为评价项目个数。

根据营养状态 EI 对营养状态等级进行判别。营养状态评价分为贫营养、中营养、和富营养；富营养再分为轻度富营养、中度富营养和重度富营养。

湖泊（水库）营养状态评分法将湖泊（水库）分为贫营养、中营养和富营养 3 个等级，富营养再分为轻度富营养、中度富营养和重度富营养。

表 5.7　湖库营养状态评价标准采用富营养化评价标准表

营养状态		评价项目赋分值	总磷 (mg/L)	总氮 (mg/L)	叶绿素 a (mg/L)	高锰酸盐指数 (mg/L)	透明度 (m)
贫营养 $0 \leqslant EI \leqslant 20$		10	0.001	0.02	0.0005	0.15	10
		20	0.004	0.05	0.001	0.4	5
中营养 $20 < EI \leqslant 50$		30	0.01	0.1	0.002	1	3
		40	0.025	0.3	0.004	2	1.5
		50	0.05	0.5	0.01	4	1
富营养	轻度富营养 $50 < EI \leqslant 60$	60	0.1	1	0.026	8	0.5
	中度富营养 $60 < EI \leqslant 80$	70	0.2	2	0.064	10	0.4
		80	0.6	6	0.16	25	0.3
	重度富营养 $80 < EI \leqslant 100$	90	0.9	9	0.4	40	0.2
		100	1.3	16	1	60	0.12

（2）综合营养指数法（中国环境科学研究院）。中国环境监测总站《湖泊（水库）富营养化评价方法及分级技术规定》（2001 年）规定，湖泊（水库）富营养化评价方法采用综合营养状态指数法（TLI），富营养化状况评价指标主要包括叶绿素 a（Chla）、总磷（TP）、总氮（TN）、透明度（SD）、高锰酸盐指数（COD_{Mn}），其计算公式如下：

$$TLI(\Sigma) = \sum_{j=1}^{m} W_j TLI(j) \tag{5.13}$$

式中：$TLI(\Sigma)$ 为综合营养状态指数；W_j 为第 j 种参数的营养状态指数的相关权重；$TLI(j)$ 代表第 j 种参数的营养状态指数。

以 Chla 作为基准参数，则第 j 种参数的归一化的相关权重计算公式为：

$$W_j = \frac{r_{ij}^2}{\sum_{j=1}^{m} r_{ij}^2} \tag{5.14}$$

式中：r_{ij} 为第 j 种参数与基准参数 Chla 的相关系数；m 为评价参数的个数。

湖泊（水库）部分参数与 Chla 的相关关系 r_{ij} 及 r_{ij}^2 值，见表 5.8。

表 5.8 湖泊（水库）部分参数与Chla的相关关系 r_{ij} 及 r_{ij}^2 值

参 数	Chla	TP	TN	SD	COD_{Mn}
r_{ij}	1	0.84	0.82	−0.83	0.83
r_{ij}^2	1	0.7056	0.6724	0.6889	0.6889

注 引自金相灿等著《中国湖泊环境》，表中 r_{ij} 来源于中国26个主要湖泊调查数据的计算结果。

营养状态指数计算公式为：

$$\left.\begin{aligned}&TLI(Chla)=10(2.5+1.086\ln Chla)\\&TLI(TP)=10(9.436+1.624\ln TP)\\&TLI(TN)=10(5.453+1.694\ln TN)\\&TLI(SD)=10(5.118-1.94\ln SD)\\&TLI(COD_{Mn})=10(0.109+2.661\ln COD_{Mn})\end{aligned}\right\}\tag{5.15}$$

式中：叶绿素（Chla）单位为 mg/m^3，透明度（SD）单位为m；其他项目单位均为mg/L。

湖泊（水库）营养状态分级：采用1～100的一系列连续数字进行分级，水质类别与评分值对应关系见表6.17。

在同一营养状态下，指数值越高，其营养程度越高。

3. 应用条件

水工程建设可能造成湖泊、水库及局部河段等水体流速缓慢、富营养化状况评价指标发生变化时应评价该指标。在水资源开发利用类规划和流域综合规划中，该指标服务于流域尺度的宏观分析，在枢纽工程、供（调）水工程及水土保持与水生态修复工程中，该指标对具体某个湖库做分析，推荐采用指数法进行分析。

5.2.3 污染物入河控制量

1. 指标定义及内涵

污染物入河控制量指允许进入水功能区的污染物最大量。由于不同水功能区水体的纳污能力与其设计水量是相对应的，所以该指标的确定应依据水体的纳污能力和污染物入河量，综合考虑功能区水质状况、当地技术经济条件和经济社会发展等因素。

污染物入河控制量是进行功能区水质管理的依据。不同的功能区入河控制量按不同的方法分别确定，同一功能区不同水平年入河控制量可以不同。根据污染物入河控制量，还可计算污染物入河削减量、污染物排放控制量和污染物排放削减量，是开展污染物总量控制，制定水污染控制方案、对策措施的依据和基础。污染物入河控制量是维持水域良好水质的根本措施，是污染物排放入河的红线，也是制定陆域污染物源削减方案和实施总量控制的依据。

2. 指标表达

水功能区各规划水平年污染物入河控制量，按以下情况确定：

（1）对于规划水平年污染物入河量小于纳污能力的水功能区，一般是经济欠发达、水资源丰沛、现状水质良好的地区，可采用小于纳污能力的入河量（如现状污染物入河量）进行控制。

(2) 对于规划水平年污染物入河量大于纳污能力的水功能区：①2030 水平年统一采用规划纳污能力作为入河控制量；②饮用水源区和保护区各水平年入河控制量均采用现状纳污能力进行控制；③对开发利用区各水功能二级区、需改善水质的保护区及水质污染严重的缓冲区，应综合考虑功能区水质状况、功能区达标计划和当地社会经济状况等因素确定 2020 水平年入河控制量。

3. 应用条件

污染物入河控制量是实施水功能区污染物入河排放控制的红线指标，是水资源综合规划、水资源保护规划的核心内容。指标为流域尺度指标。污染物入河控制量是以水功能区的纳污能力为依据的，纳污能力计算按《水域纳污能力计算规程》。目前已完成全国主要水功能区污染物入河控制量方案，有关成果见全国水资源综合规划及各流域综合规划(修编)。

5.2.4 纳污能力

1. 指标定义及内涵

水域纳污能力是指在设计水文条件下，某种污染物满足水功能区水质目标要求所能容纳的该污染物的最大数量。纳污能力是水体自净能力的体现，与水体流量、流态等有关，对水生态系统的自身“免疫”和良性循环具有重要作用，也是水生态系统的服务功能之一。

2. 指标表达

保护区、保留区和缓冲区的水质目标原则上是维持现状水质不变。在设计流量（水量）不变的情况下，保护区和保留区的纳污能力与现状污染负荷相同，可直接采用现状入河污染物量代替其纳污能力；开发利用区纳污能力需根据各二级水功能区的水文设计条件、水质目标和模型参数，按水量水质模型进行计算求得。

水域纳污能力应按不同的水功能区确定计算方法。开发利用区和缓冲区水域纳污能力主要采用数学模型计算法，保护区和保留区水域纳污能力主要采用污染负荷计算法。

根据水域点污染源、面污染源、流动污染源的排放状况及特征，在综合考虑水域流量、区间来水量的变化等因素的基础上，从水质偏安全的角度出发，确定水域纳污能力分析的设计水文条件；以已经划定并颁布的水域水功能区为基础，依据不同水功能区水质目标，采用零维、一维和二维水质模型等方法计算水域水功能区的纳污能力。其中零维模型在计算纳污能力时可能导致较大偏差，应慎重采用。

(1) 河流纳污能力数学模型计算法。

1) 河流一维模型。适用于污染物在横断面上均匀混合的中、小型河段。相应的水域纳污能力按下式计算：

$$C_x = C_0 \exp\left(-K\frac{x}{u}\right) \quad (5.16)$$

式中：C_x 为流经 x 距离后的污染物浓度，mg/L；x 为沿河段的纵向距离，m；u 为设计流量下河道断面的平均流速，m/s；K 为污染物综合衰减系数，1/s。

相应的水域纳污能力按下式计算：

$$M = (C_s - C_x)(Q + Q_p) \quad (5.17)$$

当入河排污口位于计算河段的中部时，水功能区下断面的污染物浓度按下式计算。

$$C_{x=L}=C_0\exp(-KL/u)+\frac{m}{Q}\exp(-KL/2u) \tag{5.18}$$

式中：m 为污染物入河速率，g/s；$C_{x=L}$ 为水功能区下断面污染物浓度，mg/L。

相应的水域纳污能力按下式计算：

$$M=(C_s-C_{x=L})(Q+Q_p) \tag{5.19}$$

2）河流二维模型。适用于污染物非均匀混合的大型河段。对于顺直河段，忽略横向流速及纵向离散作用，且污染物排放不随时间变化时，二维对流扩散方程为：

$$u\frac{\partial C}{\partial x}=\frac{\partial}{\partial y}\left(E_y\frac{\partial C}{\partial y}\right)-KC \tag{5.20}$$

式中：E_y 为污染物的横向扩散系数，m^2/s；y 为计算点到岸边的横向距离，m；其余符号意义同前。

河道断面为矩形，上式的解析解为：

$$C(x,y)=\left[C_0+\frac{n}{h\sqrt{\pi E_y x v}}\exp\left(-\frac{v}{4x}\frac{y^2}{E_y}\right)\right]\exp\left(-K\frac{x}{v}\right) \tag{5.21}$$

以岸边污染物浓度作为下游控制断面的控制浓度时，即 $y=0$，岸边污染物浓度按下式计算。

$$C(x,0)=\left(C_0+\frac{m}{h\sqrt{\pi E_y x v}}\right)\exp\left(-K\frac{x}{v}\right) \tag{5.22}$$

式中：$C(x,0)$ 为纵向距离为 x 的断面岸边（$y=0$）污染物浓度，mg/L；v 为设计流量下计算水域的平均流速，m/s；h 为设计流量下计算水域的平均水深，m。

相应的水域纳污能力按下式计算：

$$M=[C_s-C(x,y)]Q \tag{5.23}$$

当 $y=0$ 时

$$M=[C_s-C(x,0)]Q \tag{5.24}$$

（2）河流纳污能力污染负荷计算法。污染负荷法计算水域纳污能力，可根据实际情况，采用实测法、调查统计法或估算法。应以影响水功能区水质的陆域作为调查和估算范围，收集基本资料。

资料收集的内容应按计算方法的要求确定。实测法以调查收集或实测入河排污口资料为主；调查统计法以调查收集工矿企业、城镇废污水排放资料为主；估算法以调查收集工矿企业和第三产业产量、产值以及城镇人口资料为主。

应根据管理和规划的要求，用实测法、调查统计法和估算法计算得到的污染物入河量作为水域纳污能力。

（3）湖（库）纳污能力计算模型。

1）湖（库）均匀混合模型（C_{e-4e}）。适用于污染物均匀混合的小型湖（库）。污染物平均浓度按下式计算：

$$C(t)=\frac{m+m_0}{K_hV}+\left(C_h-\frac{m+m_0}{K_hV}\right)\exp(-K_ht) \tag{5.25}$$

式中：$K_h=\dfrac{Q_L}{V}+K$ 为中间变量，1/s；C_h 为湖（库）现状污染物浓度，mg/L；$m_0=$

C_0Q_L 为湖（库）入流污染物排放速率，g/s；V 为设计水文条件下的湖（库）容积，m^3；Q_L 为湖（库）出流量，m^3/s；t 为计算时段长，s；$C(t)$ 为计算时段 t 内的污染物浓度，mg/L。

当流入和流出湖（库）的水量平衡时，小型湖（库）的水域纳污能力按下式计算：

$$M=(C_s-C_0)V \tag{5.26}$$

2）湖（库）非均匀混合模型（C_{e-4f}）。适用于污染物非均匀混合的大、中型湖（库）。当污染物入湖（库）后，污染仅出现在排污口附近水域时，按下式计算距排污口 r 处的污染物浓度。

$$M=(C_s-C_0)\exp\left(\frac{K\Phi h_L r^2}{2Q_p}\right)Q_p \tag{5.27}$$

式中：Φ 为扩散角，由排放口附近地形决定。排放口在开阔的岸边垂直排放时，$\Phi=\pi$；湖（库）中排放时，$\Phi=2\pi$；h_L 为扩散区湖（库）平均水深，m；r 为计算水域外边界到入河排污口的距离，m。

其他计算方法见《水域纳污能力计算规程》。

3. 应用条件

纳污能力是污染物限排总量制定的依据，流域综合规划、水资源开发利用和保护规划应分析计算水域纳污能力。

5.2.5 下泄水温

1. 指标定义及内涵

下泄水温是指水工程建成后水库下泄水体的温度及其变化过程。下泄水温对下游水生生物生长繁殖及农作物正常生长具有重要的影响，为维持水生生物适宜生境和农作物正常生长，需控制适宜的水库下泄水温。

2. 指标表达

下泄水温可直接采用水库下泄水取水口的水温，主要取决于水库水温分布和下泄方式及下泄口位置。下泄水温主要受水库水温和下泄方式的影响，其中水库水温对下泄水温影响最大，下泄水温的计算公式如下：

$$C_{e-5}=\frac{1}{Q_0}\int_0^{y_0}V(y)B(y)T(y)\mathrm{d}y \tag{5.28}$$

式中：C_{e-5} 为下泄水温，℃；Q_0 为下泄流量，m^3/s；$V(y)$ 为出流流速垂直分布，m/s；$B(y)$ 为水面宽，m；$T(y)$ 为坝前水温垂直分布。

下泄水温的计算方法主要与水库垂向水温算法有关，水温计算方法主要有经验法和模型法。

（1）经验法。经验法是在综合国内外水库实测资料的基础上提出的，应用非常简便，但需要知道库表和库底水温，而通过水温与纬度、气温等相关曲线查出的库表和库底水温精确度不高，且没有考虑当地的气候条件、水温、海拔及工程特性等，因此预测精度低，一般只适用于中小水库的初步估算。

1）东勘院法。《水利水电工程水文计算规范》附录 D 采用的垂向水温分布计算公式，估算水库垂向水温分布可按如下经验公式：

$$T_y=(T_0-T_b)\exp[-(Y/X)^n]+T_b \tag{5.29}$$

$$n=\frac{15}{m^2}+\frac{m^2}{35} \tag{5.30}$$

$$X=\frac{40}{m}+\frac{m^2}{2.37(1+0.1m)} \tag{5.31}$$

式中：T_y 为从库水面计水深为 Y 处的月平均水温，℃；T_0 为库表面月平均水温值，℃；m 为月份；Y 为坝前水深，m；n、x 为与 m 有关的参数；T_b 为库底月平均水温，℃。

对于分层型水库，各月库底水温与其年值差别甚小，可用年值代替；对于过渡型和混合型水库，各月库底水温可用式 $T_b=T_b'-K'N$ 计算，该式适用于23°～44°N 地区。式中：N 为大坝所在纬度；T_b'、K'为参数，其值见表5.9。

表5.9 库底水温计算公式中的 T_b'、K' 值表

月份	1～3	4～5			6～8			9			10			11			12
水深		20	40	60	20	40	60	20	40	60	20	40	60	20	40	60	
T_b'	24.0	30.4	25.6	23.6	35.4	29.9	22.9	37.3	30.0	23.6	33.1	28.0	23.6	37.4	30.9	24.1	31.5
K'	0.49	0.48	0.48	0.47	0.42	0.43	0.44	0.44	0.43	0.44	0.45	0.43	0.44	0.61	0.52	0.44	0.64

其中，库底水温与纬度有关，库底各月平均水温与库底年平均水温差异较小，通过比对《水利水电工程水文计算规范》(SL 278—2002) 中已建水库的库底水温与纬度的关系分布图得出。

2) 中国水科院朱伯芳法。通过对已建水库的实测水温的分析，水库水温存在一定的规律性：①水温以一年为周期，呈周期变化，温度变幅以表面为最大，随着水深增加，变幅逐渐减小；②与气温变化比较，水温变化有滞后现象，相位差随着深度的增加而改变；③由于日照的影响，表面水温存在略高于气温的现象。根据实测资料，朱伯芳提出了不同深度的月平均库水温变化可近似用余弦函数表示：

水温相位差：

$$\varepsilon = d - \int \mathrm{e}^{-ry} \tag{5.32}$$

水温年变幅：

$$A(y)=A_0\mathrm{e}^{-by} \tag{5.33}$$

任意深度的年平均水温：

$$T_m(y)=c+(b-c)\mathrm{e}^{-ay} \tag{5.34}$$

任意深度的水温变化：

$$T(y,t)=T_m(y)+A(y)\cos\omega(t-t_0-\varepsilon) \tag{5.35}$$

$$\varepsilon=d-f\mathrm{e}^{-ry}$$

$$c=\frac{T_d-bg}{1-g}$$

$$g=e^{-0.04H} \tag{5.36}$$

式中：$T(y,t)$ 为任意深度 y、t 月的水温,℃；$T_m(y)$ 为任意深度 y 的年平均水温,℃；$A(y)$ 为任意深度 y 的水温变幅,℃；ε 为水温与气温变化的相位差，月；t_0 为年内最低气温至最高气温的时间，月；t 为时间，月；T_d 为库底水温,℃；b 为库表水温,℃；H 为水库深度，m；ω 为温度变化频率，$\omega=2\pi/p$；p 为温度变化周期（12 月）。

（2）模型法。20 世纪 60 年代初，美国为了解决湖泊富营养问题和水工程带来的环境问题，广泛地开展了水库水温的研究工作。经过大量的观测研究，发现尽管水库的形状、长度、宽度、气候条件和水文条件有很大差异，但水库水温沿等高面的分布基本上是平直的，以此为基础 60 年代末期美国水资源工程公司和麻省理工学院分别提出 WRG 和 MIT 模型。两模型均为一维扩散模型。80 年代我国引进了 MIT 模型，并对模型进行扩充和修改，提出了“湖温一号”湖泊、水库和深冷却池水温预报通用数学模型。

3. 应用条件

水库枢纽工程应分析水库水温结构和下泄水温，该指标为局部河段指标。本书建议采用“湖温一号”或 MIT 模型用于下泄水温计算，在资料有限难以应用模型计算时，采用经验公式推算。

5.2.6 水温恢复距离

1. 指标定义及内涵

水温恢复距离指水工程建设后河流下游水温恢复到天然水温或满足下游敏感水体目标要求温度的水体流动长度。水温恢复距离的长短，在一定程度上决定了水工程对下游生境的影响区间。

2. 指标表达

下泄水温沿程变化与下泄水温、流量及沿程气象条件、河道特征、支流汇入情况等因素有关。可用以下经验公式表达：

$$C_{e-6}=-\frac{86400C\rho Q\ln\left(1-\frac{T_w-T_0}{T_e-T_0}\right)}{[109+Lf(W)\rho(0.61\times P_a/1000+b)]B}$$

$$L=597.31-0.5631T_w$$

$$f(W)=0.22\times10-3(1+0.31W_{200}^2)\times0.5 \tag{5.37}$$

式中：C_{e-6} 为水温恢复距离，m；Q 为流量，m^3/s；B 为研究河段水面宽，m；T_w 为平衡水温,℃；T_0 为初始水温,℃；T_e 为研究河段天然水温,℃；C 为水的比热，J/(kg·K)；ρ 为水密度，g/m^3；P_a 为大气压，Pa；b 为常数，当温度为 0～10℃时，$b=0.52$；当温度为 10～30℃时，$b=1.13$；L 为气化潜热；$f(W)$ 为风速函数；W_{200} 为水面 200cm 处的风速，m/s。

3. 应用条件

枢纽工程、灌排工程等需计算水库建设后下游河段的水温恢复距离，分析其对下游河段生态敏感目标及下游地区农业灌溉等的影响。指标尺度为河段尺度。

5.3 河流地貌

5.3.1 弯曲率

1. 指标定义及内涵

弯曲率（tortuosity）指沿河流中线两点间的实际长度与其直线距离的比值，是关于河流的弯曲程度的度量。弯曲率是无量纲数值。

2. 指标表达

弯曲率数据应是具体河段的测量结果，而不是整个河流不同河段的均值。

弯曲率的表达式为：

$$C_{l-1}=L/D \tag{5.38}$$

式中：C_{l-1}为河流的弯曲率；L为表示河流的实际长度；D为表示河流两端的直线距离。

3. 应用条件

河道整治、堤防、枢纽、围垦等改变河流形态的水利规划及工程应分析该指标，适用于河流廊道尺度和河段尺度。

5.3.2 纵向连通性

1. 指标定义及内涵

纵向连通性是指河流生态元素在纵向空间的连通程度，反映水工程建设对河流纵向连通的干扰状况。河流纵向连通是其能量及营养物质的传递、鱼类等生物物种迁徙的基本条件。一般从流域层面把握，可从下述几个方面得以反映：水坝等障碍物的数量及类型；鱼类等生物物种迁徙顺利程度；能量及营养物质的传递。

2. 指标表达

纵向连通性的数学表达式可以表述成以下形式：

纵向连通表达式1：

$$C_{l-2}=n/L(A) \tag{5.39}$$

式中：C_{l-2}为河流纵向连续性指数；n为河流的断点或节点等障碍物数量（如闸、坝等）；L为河流的长度，指从河流最下游控制性枢纽工程到最上游生态敏感区之间的河道长度；A为流域面积，指从河流最下游控制性枢纽工程到最上游生态敏感区之间的汇水面积。

可以按照河道障碍构筑物上游被隔离出来的河网百分数或流域面积百分数来表征纵向连续性，也可以按照河道障碍物的径流调节程度来表征纵向连续性。其表达式分别如下：

纵向连续表达式2：

$$C_{l-2}=A_{上}(L_{上})/A(L)\times 100\% \tag{5.40}$$

纵向连续表达式3：

$$C_{l-2}=V/Q\times 100\% \tag{5.41}$$

式中：$A_{上}$为河道障碍物隔断的上游流域面积；$L_{上}$为河道障碍物隔断的上游河流长度；V为河道障碍物的径流调节库容；Q为多年平均来水量。

3. 应用条件

上述纵向连通性表达式1［式（5.39）］仅考虑河流系统内的水坝等障碍物的数量，未考虑河流系统内营养物质和能量的输送、鱼类等生物物种的迁徙洄游等。研究认为该表达式对于纵向连通性的表述较为粗略，具有一定的局限性。建议可适用于区域、流域或河流廊道尺度内纵向连通性表征。该表达式适用于河道内布置了多个水工程的情况。对于流域综合规划、防洪规划、水电开发规划，使用时，既要考虑各生态分区内的情况，又要考虑流域层面的情况。

纵向连通性表达式2［式（5.40）］重点考虑了鱼类等生物物种的迁徙与洄游作为纵向连通性的表征特性，适用于单个水工程的情况。水工程又分为三种情况：下游断流；有生态基流下泄，但无鱼道布置；有鱼道布置，并且有生态基流下泄。适用于枢纽工程及水土保持与水生态修复工程。

纵向连通性表达式3［式（5.40）］则充分考虑了营养物质和能量在河道内的输送过程。在水工程对河流连通性影响中可有选择地使用。适用于下泄流量要求比较大的情况，以及枢纽工程、水土保持与水生态修复工程。

5.3.3 横向连通性

1. 指标定义及内涵

横向连通性指河流生态要素在横向空间的连通程度，反映水工程建设对河流横向连通的干扰状况。河湖之间的水系连通、洪泛区周期性的洪水过程是水生态系统的水量、沉积物、有机物质、营养物质和生物体的交换、循环的重要环节，保持河流的横向连通对水生态系统循环意义重大。横向连通性示意图，如图5.2所示。

2. 指标表达

（1）根据国内健康长江评价指标体系、珠江流域河流健康评价指标体系的相关研究成果，横向连通性以具有连通性的水面个数占统计的水面总数之比表示，其数学表达式为：

横向连通性表达式1 $C_{l-3}=A_2/A_1$ (5.42)

式中：C_{l-3}为横向连通性指标；A_2为具有连通性的水面个数；A_1为统计的相关水面总数。

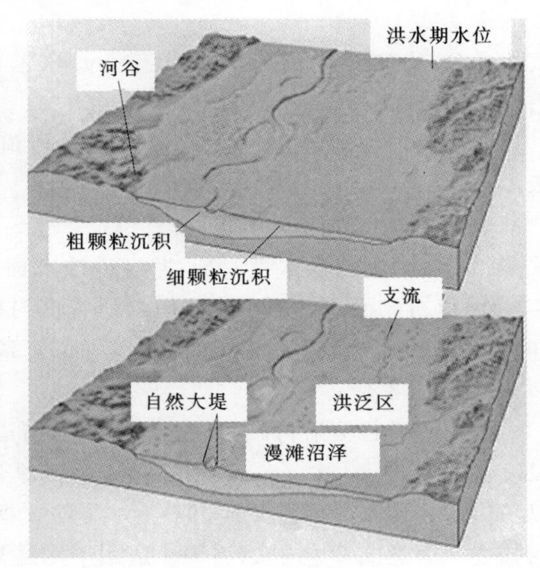

图5.2 河流横向连通性示意图

（2）借鉴瑞士联邦水科学技术研究所Woolsey等人对评价河流生态修复是否成功的相关研究，横向连通性使用岸线长度(Shoreline Length)来表示：

横向连通性表达式2 $C_{l-3}=k\times L$ (5.43)

式中：C_{l-3}为横向连通性指标；k为岸线长度修正系数，根据观测和实验结果，由专家分析确定；L为岸线长度，m。

岸线长度，指某一水位对应的岸线长度。譬如，湖泊、水库可以取正常水位对应的周长，也可取最高水位对应的周长；河流可以取正常水位（多年平均水位）或频繁出现洪水对应的岸线长度；海岸线长度取多年平均大潮高潮位线的长度。

3. 应用条件

横向连通性表达式1、2均适用于河流廊道和河段尺度。表达式1［式（5.42)］适用于水资源开发规划、水土保持规划、防洪规划、水电开发规划，以及供水、调水、灌排、河道整治、堤防、枢纽和围垦工程等，并适用于天然湿地面积的描述。表达式2［式（5.43)］适用于河道整治、堤防和围垦工程。

5.3.4　垂向透水性

1. 指标定义及内涵

垂向透水性用以表征地表水与地下水的连通程度，反映河湖基底受人为干扰的程度。河流、湖泊基底是底栖生物生长繁殖、营养物质交换等生物过程实现的重要场所，维持河流、湖泊基底的自然属性，保持其良好的透水性对水生态系统保护意义重大。

2. 指标表达

河床床沙的组成主要有细砂、中砂、粗砂、砾石、卵石，床沙级配不同，其透水性也不尽相同。当使用床沙级配来反映河流与地下水之间的相互作用程度时，一般用泥沙粒径D_{95}、D_{84}、D_{50}、D_{35}、D_{16}等代表粒径表示。为了便于计算，推荐使用D_{50}表征河流垂向流通性。

表达式1

$$C_{l-4}=D_{50} \tag{5.44}$$

式中：D_{50}为床沙中值粒径。其意义是床沙沙样中大于和小于这一粒径的泥沙重量各占50%。

水工程对河床透水性影响最大的是河道衬砌，其垂向透水性可以用下面公式近似表示：

表达式2

$$C_{l-4}=(S_1-S_2)/S_1 \tag{5.45}$$

式中：C_{l-4}为垂向透水性；S_1为河道透水面积，面积为湿周与研究区河段总长的乘积；S_2为河道衬砌面积，面积为湿周与研究区衬砌河段总长的乘积。如果河道过水断面没有任何衬砌，则该指标为1，如岸坡和河底全部衬砌为不透水，则该指标为0。

3. 应用条件

水工程进行河道衬砌时应分析工程对河道垂向透水性的影响，指标为河流廊道和河段尺度。表达式1［式（5.44)］适用于水资源开发规划、水保、防洪规划、水电开发规划，以及供水、调水、灌排、河道整治、堤防、枢纽工程和围垦工程，并适用于天然湿地面积的描述。表达式2［式（5.45)］适用于河道整治、堤防和围垦工程。

5.3.5　岸坡稳定性

1. 指标定义及内涵

岸坡稳定性是表征河道稳定性的指标之一，其重要指标包括岸坡加宽率、木质岸生物种的植被覆盖以及河岸增长率。岸坡的相对稳定性采用安全性因子（factor of safety）来度量，安全性因子是趋于阻止整体运动的力与趋于驱动岸坡破坏的力之比。

一般认为，岸坡加宽率，木质岸生物种的植被覆盖，以及河岸增长率是岸坡稳定性的重要指标。稳定岸坡由存在减少岸边侵蚀敏感性的大石头（boulders)、石块（rocks）或根系植被来刻画，而不稳定岸坡由暴露的粗泥土（raw dirt）、缺乏根系植被、陡峭坡岸、底切和频繁落下土壤的河岸来描述。岸坡稳定性影响因子，主要有河岸倾角、河岸高度、处于支配地位的基质和植被覆盖度。

2. 指标表达

岸坡稳定性采用岸坡稳定指数表示，其表达式为：

$$C_{l-5}=S_a+S_c+S_h+S_s \tag{5.46}$$

式中：S_a 为倾角分值；S_c 为覆盖度分值；S_h 为高度分值；S_s 为基质分值。各项取值，见表 5.10。地貌要素、平滩水位以及河岸倾角相对位释例，见图 5.3。

表 5.10　岸坡稳定性指数解释

岸坡特征	度量	分值
倾角（°）	0～30	1
	31～60	2
	>60	3
植被覆盖率（%）	>80	1
	50～80	2
	20～50	3
	<20	4
高度（m）	0～1	1
	1.1～2	2
	2.1～3	3
	3.1～4	4
	>4	5
基质（类别）	岩床，人工	1
	漂石（boulder），鹅卵石（cobble）	3
	黏土（clay）	4
	淤泥（silt）	5
	砂子（sand）	8
	砂砾（gravel）/砂子（sand）	10

3. 应用条件

结合我国水资源规划以及水工程分类，岸坡稳定性指标适于防洪规划以及枢纽工程、航道及河道整治、护岸及堤防工程，评价尺度为河流廊道及河段。适用于山区、丘陵、谷地等区域。河流廊道稳定性评价，采用稳定性分级的河段长占廊道河段总长的百分数表示。

5.3.6 河床稳定性

1. 指标定义及内涵

河床稳定性是河流在一个地质时期河床及剖面维持相对稳定的状态特性，即该时段河

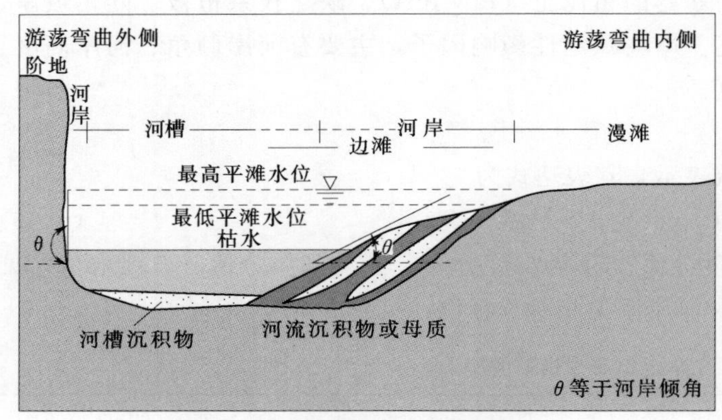

(a)游荡河流中的弯曲河段

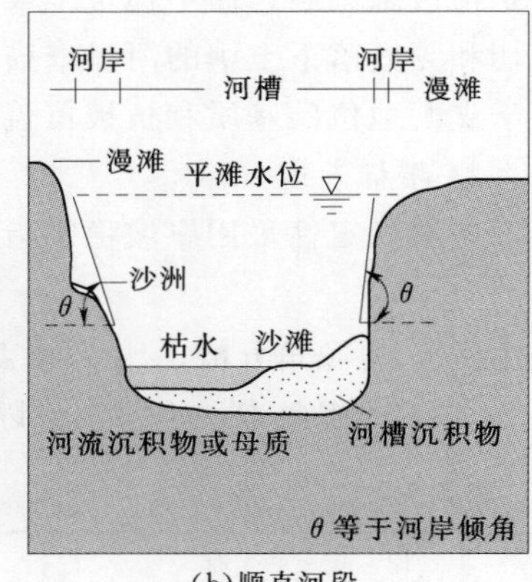

(b)顺直河段

图5.3　地貌要素、平滩水位以及河岸倾角相对位释例

流以既不淤积也不冲刷的方式输送泥沙。

2. 指标表达

河床稳定性指数可按照表5.11给出的用于快速地貌评价的河床稳定性等级评定方案进行评定。其表达式为：

$$C_{l-6}=\sum_{i=1}^{12}I_i \tag{5.47}$$

式中：C_{l-6}为河床稳定性指数；I_i为快速地貌评价（RGAs）中各项诊断标准的赋分值，$I_i=1$，2，3，…，12。

河床稳定性指数值不大于10，表明稳定；河床稳定性指数不小于20，表明严重不稳定，介于10～20之间表明中等不稳定。其中河床进化阶段可采用河床进化模型（CEMs）进行识别。河床稳定性指数与河床进化模型（CEMs）组合，用于确定不稳定是局部的还是系统的。可以使用6阶段河床进化模型（见图5.4）描述沿着河流河段发生的主导性河床进程。

表5.11　用于进行快速地貌评价的河床稳定性等级评定方案

断面：			测站描述：		
日期：	工作人员：	采集样品：			
照片（画圆圈）上游（U/S）下游（D/S）X—断面（X—section）坡度：					
河型：	蜿蜒		顺直		辫状
1. 原始河床质					
岩床	大石头/鹅卵石	砂砾	砂	淤泥	黏土
0	1	2	3	4	

续表

2. 河床保护			（若河床未被保护，则判断河岸被保护状况）		
	是	否		单岸未被保护	两岸均未被保护
	0	1		2	3
3. 切割度（“正常”枯水的相对高程；漫滩/阶地 为100%）					
	0～10%	11%～25%	26%～50%	51%～75%	76%～100%
	4	3	2	1	0
4. 缩窄度（自上游到下游河岸顶部宽度相对减少量）					
	0～10%	11%～25%	26%～50%	51%～75%	76%～100%
	0	1	2	3	4
5. 河岸侵蚀（各河岸）					
		无		冲刷侵蚀	块体坡移（破裂）
左		0		1	2
右		0		1	2
6. 河岸不稳定（各河岸破裂的百分比）					
	0～10%	11%～25%	26%～50%	51%～75%	76%～100%
左	0	0.5	1	1.5	2
右	0	0.5	1	1.5	2
7. 已建立起来的河岸木质植被覆盖（各河岸）					
	0～10%	11%～25%	26%～50%	51%～75%	76%～100%
左	2	1.5	1	0.5	0
右	2	1.5	1	0.5	0
8. 河岸增长事件（各河岸冲积的百分比）					
	0～10%	11%～25%	26%～50%	51%～75%	76%～100%
左	2	1.5	1	0.5	0
右	2	1.5	1	0.5	0
9. 河床演进阶段					
Ⅰ	Ⅱ	Ⅲ	Ⅳ	Ⅴ	Ⅵ
0	1	2	4	3	1.5
10. 相邻边坡组成					
	岩床	大石头		砂砾－SP	细粒
左	0.5	1		1.5	2
右	0.5	1		1.5	2
11. 贡献泥沙的坡长百分比					
	0～10%	11%～25%	26%～50%	51%～75%	76%～100%
左	0	0.5	1	1.5	2
右	0	0.5	1	1.5	2
12. 边坡侵蚀的严重程度					
	无	低		中	高
左	0	0.5		1.5	2
右	0	0.5		1.5	2

注 河床稳定性指数是12项诊断标准获得值的和。

阶段Ⅰ改变前。包含未被改变或区域极稳定的河流。这些河流在跨过它们的漫滩地时趋于蜿蜒而流，并且两岸河向下直到河床枯水线上植被覆盖致密。

阶段Ⅱ 构造中。常和近期改变或被建筑物渠化的河流相关联。该阶段的冲刷与河床坡度、河岸倾角和横断面面积等特性有关。

阶段 Ⅲ 冲刷。河床冲刷最快。增大的河床坡度使流速增大，从而使河床加深，岸坡变得更陡。随着河床下切侵蚀，岸坡坡脚被底切，发生堤岸崩塌。在该阶段，发生全面冲刷。

阶段 Ⅳ 冲刷并展宽。河床展宽明显。岸土和植被的重力侵蚀占优势，在河岸上形成扇形外观。在该阶段，河床侵蚀变缓。

阶段 Ⅴ 沉积并展宽。河床底部开始变稳定；堤岸崩塌减少，出现再生植被。河岸的高度和坡度减小。

阶段Ⅵ动态均衡。当河床日益稳定并且河岸展宽停止时，显露出再生植被。植被会以致密覆盖的形式向边坡上延伸。

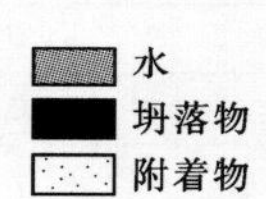

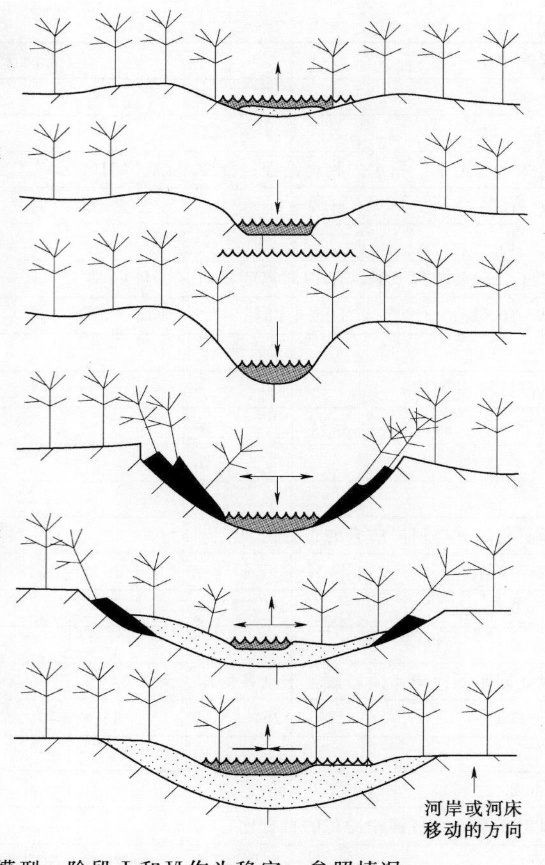

图 5.4　6阶段河床进化模型，阶段Ⅰ和Ⅵ作为稳定、参照情况

快速地貌评价程序分为5个步骤，现场完成总时间约为1.5h：①确定河段，河段长为河宽的6～20倍，至少含有2个深潭—浅滩序列。②拍摄观察上游、下游、跨河的照片。③采集河床质样品。可以是全样，如果河床质主要是砂砾和更粗的成分则可以使用颗粒计数，也可以是全样和颗粒计数两者的组合。④编制列于河床稳定性等级评判方案中的河床状况和诊断标准观测报告。⑤如水很深不能涉水，实施河床坡度或水面坡度测量。

3. 应用条件

与生态保护目标关系密切的防洪规划、水电开发规划及河段整治、堤防、枢纽等工程应分析河床稳定性指标。评价尺度为河流廊道及河段。适用的水生态区主要为山区、丘陵、谷地等。河流廊道稳定性评价，采用各种稳定性分级的河段总长占廊道河段总长的百分数表示。

5.4　生物及栖息地

5.4.1　鱼类物种多样性

1. 指标定义及内涵

鱼类物种多样性是指在规划或工程影响区域内鱼类物种的种类及组成，是反映河湖水生生物状况的代表性指标。在监测能力和条件允许的情况下，监测鱼类种群的数量。

2. 指标表达

该指标为定性指标，以河段存在鱼类的种数、类别及组成表示，主要通过调查、填表进行定性评价，鱼类组成调查见表 5.12。按照统计学方法和要求，针对影响范围内的多数典型断面或河段抽样调查，填写调查表。

表 5.12　鱼类组成调查表

调查时间					调查地点											
调查项目					断面号											
编号	鱼类名称	拉丁名称	目名称	科名称	属名称	数量（选填）	重量	重量百分比（以物种为单位）	是否洄游鱼类	是否入侵物种	是否重点保护种	是否土著种	是否特有种	产卵类型	年龄组成	摄食类别
累计的目、科、属总数																
总量																
入侵物种比例																
调查人																

注　若具备各类鱼类物种的数量监测数据，可采用 Shannon－Wiener 多样性指数进行全面衡量。该指数既可以说明种数，又可以表征组成，$C_{b-1}=-\sum_{i=1}^{n}P_i\ln P_i$。式中：$C_{b-1}$ 为多样性指标；P_i 代表第 i 种个体数 n_i 占总个体数 N 的比例，即 $P_i=n_i/N$。

鱼类种类监测调查：了解采集水域的形态特征，研究鱼类的行为习性，一般采用网捕的取样方法进行鱼类调查，并按照鱼类分类学方法鉴定鱼类的种类。流域层面调查：按照统计学的方法和要求，对影响范围内的多数典型断面或河段抽样调查，填写调查表。河流廊道层面调查：选择几个典型的断面或河段，填写调查表。河段层面调查：将水工程所在河段作为调查范围，填写调查表。

3. 应用条件

由于鱼类受生存环境的限制，在流域尺度考虑查找区域鱼类物种名录或者已有调查成果。对于涉及具体工程，在河流廊道与河段尺度时，需考虑该指标并进行鱼类调查。

在流域综合规划、防洪规划、水电开发规划、枢纽工程、河道整治工程、引调水工程需考虑鱼类物种多样性指标。至于具体指标计算方法应用上，根据规划、工程影响的尺度进行区分，大尺度考虑借鉴参考已有调查成果和区域鱼类物种名录或者按照统计学方法抽样调查，小尺度考虑实地捕捞调查。

5.4.2 植物物种多样性

1. 指标定义及内涵

植物物种多样性指植物物种（物种种数）的多样性和不同植物物种在一定空间尺度上组合方式的多样性。植物物种多样性具有两方面的含义：一方面反映植物物种的多样化（物种种数），另一方面反映不同植物物种在一定空间尺度上组合方式的多样性。

植物物种多样性评价重在实地调查，包括植物物种和物种的历史变迁、现状等方面的调查。在实际操作上，多样性调查多采用样方调查。调查结果一般用生物多样性指数来表达，它也是河边植物状况的重要指标。生物多样性指数是把物种微观的某些信息通过公式处理后用综合指数予以表达，是对多种物种组成方式的一种简化的反映。许多生态学家提出评估物种多样性大小的综合指数，最常用的是香依指数（Shannon Index）与辛普森指数（Simpson Index）。

在流域层面，以 C_{b-2a} “植被类型多样性指数”表征。在河流廊道和河段层面，以 C_{b-2b} “植物物种组成”表征。植物物种组成及其个体在空间上的配置状况反映植物物种的结构状况，在水平结构上表现为一定的分布格局，而垂直结构通常表现为垂直成层现象和层片结构。

2. 指标表达

在流域层面可采用香依—威纳（Shannon - Weiner）植被类型多样性指数来表征植物多样性：

$$C_{b-2a} = -\sum_{i=1}^{n} P_i \ln P_i \tag{5.48}$$

式中：C_{b-2a}为多样性指标；P_i 代表第 i 种植被类型面积 S_i 占总区域面积 S 的比例，即 $P_i = S_i/S$，植被类型分布根据中国植被类型分布图。

在河流廊道和河段层面，以植物物种组成 C_{b-2b}表征。植物物种组成调查，计算物种重要值进行表达。可以根据实际情况选择其一。

方法一：通过样方调查，列表得出评价区内的物种名称和数量，见表 5.13。

方法二：通过样方调查，详细给出物种相对密度、相对频度、相对盖度，计算乔木、灌木及草本植物的重要值。调查表见 5.14。

表 5.13 样方调查表一

调 查 时 间		地点（经纬度）	
	物种名称	拉丁文名称	数量
乔木层			
灌木层			
草本层			

表 5.14 样方调查表二

调查时间		地点（经纬度）			
物种名称	拉丁文名称	相对密度（%）	相对显著度（%）	相对频度（%）	重要值

物种重要值：

$$重要值(\%)=相对密度(\%)+相对频度(\%)+相对显著度(\%)$$

计算相对密度、相对频度、相对显著度及重要值的公式如下：

第 i 种植物的相对密度（%）=（第 i 种植物的密度/所有植物的密度和）×100

第 i 种植物的相对频度（%）=（第 i 种植物的频度/所有植物的频度和）×100

第 i 种植物的相对显著度（%）=（第 i 种植物的显著度/所有植物的显著度和）×100

密度是单位面积上的植株数（或枝条数），密度在植物群落学和种群生态学中是一个非常重要的数量指标，测定时直接记数样方内的实际株数（或枝条数），如果个体较小的植物数量太多不便记数，则可以进行估测。

频度表示某一种植物种的个体在一定区域内的特定样方中出现的百分率。计算公式：

$$F=(某一种植物出现的样方数/全部样方数)\times 100\%$$

显著度指样方内某种植物的胸高断面积除以样地面积。其中乔木层植物种的显著度用林木基盖度（即胸高断面积）表示，灌木层植物种的显著度用其植物冠层盖度表示，草本层植物种的显著度用其高度表示。

样地调查：样地面积一般为森林选用 $1000m^2$，疏林及灌木林选用 $500m^2$，草本群落选用 $100m^2$。在每个样地中选取一定数量的样方，乔木群落样方的面积 $400m^2$（20m×20m），一般设为正方形，特殊情况下可设长方形，但长方形的最短边不小于 5m；灌木群落样方面积 $16m^2$（4m×4m），草本群落样方面积 $1m^2$（1m×1m）。为保证调查所需精度，样方数量应视群落面积大小而定，每一群落设 1～3 个样方，具体规定为群落面积小于 $500hm^2$ 的设 3 个样方，大于 $500hm^2$ 的，每增加 $100hm^2$ 设一个样方，但样方总量最多至 5 个。群落分布在两个以上的地段时，小的地段可以不设样方，大的地段可以多设。

3. 应用条件

植物物种多样性的评价在流域、河流廊道与河段层面上均需考虑。在流域层面，将整个流域作为指标的评价范围，利用香侬—威纳指数评价植被类型多样性。在河流廊道层面，选择区域典型河段，通过典型河段样方调查来表征河流廊道的植物物种多样性，采用专家法根据调查表从植物优势种的重要值变化、植物优势种的变化、生态系统物种层次上的依存关系等方面综合分析评价。在河段层面，将水工程所在河段作为调查范围展开样方调查。

在流域综合规划、灌区工程、水土保持与水生态修复工程、蓄滞洪区建设工程及围垦工程中需评价植物物种多样性指标。至于具体指标计算方法应用上，根据规划工程影响区域尺度及资料的可获性，合理选择上述方法。

5.4.3 珍稀水生生物存活状况

1. 指标定义及内涵

珍稀水生生物指权威部门引用或参考的濒危物种标准中包括的水生生物，如中华人民共和国濒危物种科学委员会采用的“世界自然保护联盟”编制的红色手册或红色名录，我国相关部门编制的珍稀、濒危物种名录，地方物种名录中国家重点保护的、土著的、特有的水生生物。本书重点关注的水生生物包括国家重点保护的、珍稀濒危的、土著的、特有的、重要经济价值的水生物种。

珍稀水生生物存活状况指在规划或工程影响区域内，珍稀水生生物或者特殊水生生物在河流中生存繁衍，物种存活质量与数量的状况。另外，珍稀水生生物的存活质量和数量变动与种群遗传结构和遗传多样性密切相关，遗传多样性体现了一个物种对环境的适应能力，可以在一定程度上反映出外界变化对物种所产生的长期影响。

2. 指标表达

珍稀水生生物存活状况表征河流珍稀水生生物种群变化情况，根据不同情况，可分别采用以下两种方法进行评价。

方法一（定性评价）：通过国家或地方相关名录，背景调查了解所涉及流域范围内存在的珍稀水生生物。在规划或工程影响范围内进行实地调查，调查内容包括研究范围内的珍稀水生生物种数、珍稀水生生物物种濒危状况、珍稀水生生物种的估算数量或者实际数量。参照国家或地方相关名录，分析珍稀水生生物存活与否、存活质量与数量等主要因素，采用专家判定法对存活状况进行评价。该方法的优点是覆盖面全，评价可按不同生物状况灵活判断，缺点是缺乏定量依据，须凭专家主观感觉判定。一般以珍稀水生生物数量增减作为定性判断的依据。

方法二（定量评价）：借鉴“河流健康评价指标体系及评价方法”研究成果，该指标可尝试通过珍稀水生生物特征期聚集河段的捕捞情况来定量反映其存活状况。特征期主要为成熟期、产卵期、洄游期，捕捞情况则用捕捞到的次数来表示。但不同河流不同珍稀水生生物在数量上有很大差异，导致捕捞到的次数也有所不同，在确定评价标准时需针对特征水生生物分别制定。

珍稀水生生物存活状况＝特征期聚集河段捕捞到的次数/捕捞期天数

此外，根据多态性微卫星微点所提供的种群遗传信息，可以评价种群的存活状况，预测种群的发展趋势，评价水工程建设对其种群所产生的影响。可通过以下指标表达。

（1）有效等位基因数（Effective Number of Alleles）。有效等位基因数为基因纯合度的倒数，是反映群体遗传变异的指标，它表示等位基因在群体中分布的均匀程度。计算公式如下：

$$E = 1\Big/\sum_{i=1}^{n} p_i^2 \tag{5.49}$$

式中：n 为微卫星座位上等位基因数目；p_i 为第 i 个等位基因的频率。

（2）杂合度（H，Heterozygosity）。基因杂合度表示群体在微卫星座位上为杂合子的比例，是度量群体遗传变异的参数之一。由于微卫星 DNA 是一种共显性遗传标记，每个引物扩增一个位点，所以位点观测杂合度按照每个引物进行计算。其计算公式如下：

$$H = 1 - \sum_{i=1}^{n} p_i^2 \tag{5.50}$$

式中：n 为微卫星座位上等位基因数目；p_i 代表第 i 个等位基因的频率。

（3）香农多样性指数（Shannon's index of phenotype diversity）。按照 Shannon 等（1949）的方法进行，计算公式如下：

$$SH = -\sum p_i \log_2 p_i \tag{5.51}$$

式中：SH 为多样性指数；p_i 为一条扩增产物在群体中存在的频率。SH 可以计算两种水平的多样性：种群内遗传多样性 SH_{pop} 和种内遗传多样性 SH_{sp}。SH_{pop}/SH_s 为种群内遗传多样性所占的比例，（SH_{pop}/SH_s）/SH_{sp} 为种群间遗传多样性所占的比例。

（4）种群分化指数 F_{st}。主要包括 F_{is} 和 F_{it} 以及 F_{st} 等参数，分别描述亚群和全群偏离随机交配的程度以及亚群间的遗传分化程度。

通过分析群体结构，计算群体间遗传分化程度，可以评估水工程建设所造成的生境破碎化对水生生物种群所造成的影响。

（5）有效种群数量（N_e，Number of effective population size）。在一个理想种群中，和该种群随机遗传漂变下的等位基因传播或者近亲繁殖等同的繁殖体个体数量。

有效种群数量对于特定物种选择特定的种群模型进行计算。

根据多态性微卫星位点检测所得到的等位基因频率数据，可以计算出该种群的有效种群大小。

确定种群在不同条件下的有效种群大小，对防止近亲繁殖和保持种群遗传多样性有着重要意义。

（6）最小生存种群（MVP，Minimum Viable Population）。一个能经受得起栖息地极端的条件而在生物学上保证可以存活下来物种的最低数量。在遗传学概念中，主要根据种群遗传变异的损失率来计算维持种群长期生存的最小数量。

确定最小生存种群对于珍稀濒危物种的保护具有重要指导价值。

3. 应用条件

珍稀水生生物存活状况的评价在流域、河流廊道与河段层面上均需考虑（考虑历史名录）。珍稀水生生物的范围限定为权威部门引用或参与编制的濒危物种标准（如中华人民共和国濒危物种科学委员会采用的“世界自然保护联盟”编制的红色手册或红色名录；我国各个流域委员会编制的珍稀、濒危物种名录等）、地方物种名录中国家重点保护的、土著的、特有的、重要经济价值的水生生物。

在流域综合规划、防洪规划、水电开发规划、枢纽工程、河道整治工程、堤防及护岸工程、引调水工程及围垦工程中需考虑珍稀性生物存活状况指标。至于具体指标计算方法应用上，根据资料的可获性及规划工程的区域敏感性，选择上述方法中一种或两种结合使用。大多数情况下，采取“方法一”进行专家定性判定；有条件的地区可结合现场实地捕捞调查结果，将“方法二”与“方法一”综合考虑进行判断。

5.4.4 外来物种威胁程度

1. 指标定义及内涵

外来物种威胁程度指规划或工程是否造成外来物种入侵及外来物种对本地土著生物和

生态系统造成威胁的程度。外来物种是指出现在其过去或现在的自然分布范围以外的物种、亚种及以下的配子、繁殖体。入侵种指在引入地建立了庞大的种群，并向周围地区扩散、对新分布区生态系统的结构和功能造成了明显损害和影响的外来种。

外来物种入侵指一种生物在人类活动的影响下，从原产地进入到一个新的栖息地，并通过定居、建群和扩散而逐渐占领该栖息地，从而对当地土著生物和生态系统造成负面影响的一种生态现象。

2. 指标表达

一般认为外来种的传入扩散过程分为传入、定植（殖）、停滞期和扩散4个阶段。事实上，每一种入侵种生物都有其自身的入侵特性，扩散过程也不尽一致，不可能有统一的模式准确阐明每一个入侵过程。每个外来物种进入停滞期的数量均不相同，且相同物种入侵到不同地区进入停滞期的数量也不相同，很难以入侵数量作为判定的依据。因此，该指标只能通过外来物种调查，定性评价区域内外来物种入侵状况及威胁程度。针对水工程实际，选择外来鱼类、水生生物作为外来入侵物种评价指标，调查表见5.15。

入侵物种（鱼类）：根据鱼类组成调查表可以做定性判断。

入侵物种（水生植物）：通过现场调查，可以面积比例作为直观衡量依据。

表5.15　　外来物种调查表

外来侵入物种名称（中文名）	学名	原产地	侵入方式	侵入时间	侵入面积	危害情况
动物						
……						
植物						
……						

注　外来物种以国家环境保护部公布的第一、第二批外来物种名录为准，当地若有名录以外的外来入侵物种，可根据实际情况适当增加。

3. 应用条件

外来物种威胁程度的评价在河流廊道与河段层面上需考虑。针对鱼类入侵，仅存在河流廊道尺度，通过填写鱼类组成调查样表；针对水生植物入侵，存在河流廊道和河段两个尺度，则调查其入侵面积。

在引调水工程、引进外来物种的水生态修复工程等中需予以考虑外来物种威胁程度指标。引调水规划可能将一个流域的物种引入到另一个流域，从而对流域的土著种造成威胁。另外，一些人为引入也可能造成外来物种入侵现象，如沿海滩涂围垦中有意无意引入的互花米草。此外，水生态修复工程设计时应慎重考虑水生物种的引入。

5.4.5　植被覆盖率

1. 指标定义及内涵

植被覆盖率是指某一区域内符合一定标准的乔木林、灌木林和草本植物的土地面积占该区域土地总面积的百分比。主要根据《土地利用现状用途分类》（GB/T 21010—2007）

的有关规定：郁闭度 0.2 以上的乔木林地以及竹林地；覆盖度在 40%以上的灌木林地；覆盖度在 40%以上的草地。"郁闭度"和"植被覆盖度"是指在单位面积内植被（包括叶、茎、枝）的垂直投影面积所占百分比。

植被覆盖率是区域植物群落覆盖地表状况的量化指标，是反映生态系统的水文、生态、气候状况的重要参数，也是影响土壤侵蚀与水土流失的主要因子。

2. 指标表达

植被覆盖率计算公式：

$$C_{b-5}=S_{植}/S_{总} \tag{5.52}$$

式中：$S_{植}$ 为符合一定标准的乔木林、灌木林和草本植物的土地面积；$S_{总}$ 为区域土地总面积。实际中可通过遥感影像经识别、处理后得到各面积值。

在计算灌木林地及草地植被覆盖度时，流域层面可用下面公式进行计算。

植被覆盖度 C_{b-5a} 的一般计算公式：

$$C_{b-5a}=\frac{NDVI_t-NDVI_s}{NDVI_v-NDVI_s} \tag{5.53}$$

式中：$NDVI_s$ 为裸地的植被指数；$NDVI_v$ 为植被全覆盖时的植被指数；$NDVI_t$ 为归一化植被指数。

植被覆盖度在河流廊道和河段层面，采用 C_{b-5b} "河岸线植被率"作为衡量指标：

河岸线植被率 C_{b-5b} =林草超过一定宽度的河岸/总河岸线长

宽度限制参考 ISC（An Index of Stream Condition）中关于河岸带宽度（Width of Steamside Zone）健康程度的分级，见表 5.16、表 5.17。

表 5.16 河岸带宽度健康程度分级

植被宽度		级别
宽度小于 15m 的河流	宽度大于 15m 的河流	
>40m	大于 3 倍基流量河宽	4
>30～40m	1.5～3 倍基流量河宽	3
>10～30m	0.5～1.5 倍基流量河宽	2
5～10m	0.25～0.5 倍基流量河宽	1
<5m	小于 0.2 倍基流量河宽	0

表 5.17 河岸带宽度调查表

河流名称	河段编号	河流宽度	调查地点（经纬度）	植被宽度				
				4	3	2	1	0
	1							
	2							

3. 应用条件

水土保持规划、灌区工程规划、水生态修复规划等涉及区域性植被建设的规划，应分析规划实施前后区域植被覆盖率的变化，并可将其作为规划目标指标；各类水工程需根据建设项目水土保持方案编制有关规定分析植被覆盖率指标。该指标适用于各种尺度。评价时可选定该区域历史上植被覆盖率相对较好的水平年，以该年份的植被覆盖率作为参照标准。

5.4.6 净初级生产力

1. 指标定义及内涵

植被净初级生产力（Net Primary Productivity，NPP）是指植物在单位时间单位面积上由光合作用产生的有机物质总量（Gross Primary Productivity，GPP）中扣除自养呼吸（Autotrophic Respiration，RA）后的剩余部分，它是生态系统中物质与能量运转研究的基础，直接反映植物群落在自然环境条件下的生产能力。天然植被的净初级生产力是评价生态系统结构与功能协调性的重要指标。

2. 指标表达

天然植被净初级生产力反映了天然植被生长状况，也可反映植被对大气中 CO_2 固定的能力，是生态系统健康的指示物，可为合理开发、利用自然资源提供科学依据。对天然植被净初级生产力的研究方法主要有传统测量法和模型计算法两种。

传统测量法就是在单位面积的土地上收割某种植物，晾干后称重计算该种植物的生产力。地上部分采用收割法，地下部分用挖土坯取得，凋落物则靠收集获取，将采取的器官样品及收集的凋落物，放入烘干箱烘至恒重并称量，测得其生物量。传统方法只能研究某点或小范围的净初级生产力，测定精度比较高，其测定的数据可以用来检验其他方法测定结果的精度和作为其他方法建模的样本数据，但是传统方法需要耗费大量的人力、物力，对于大尺度的植被净初级生产力的估算，传统方法实现比较困难。

模型计算法就是通过模式中的参数化方案来模拟各种植被的净初级生产力，该方法已成为估算陆地生态系统净初级生产力的主要手段。基于 GIS 的计算机模型是区域尺度上精确计算 NPP 的最有效方法。NPP 的 GIS 计算模型主要有 3 种：统计模型，是利用气候因子或蒸发散热计算 NPP 的回归模型，以 Miami 模型、Thomthwaite－Memorial 模型等为代表；遥感参数模型，是利用光能的转换效率将植被吸收的太阳辐射转换为 NPP，以 CASA 模型为代表；生态过程模型，则可以模拟影响 NPP 的生物学过程，包括光合作用、植物呼吸和物质转换等，以 CENTURY 模型为代表。其中，生态过程模型是最可靠的，也是最复杂的，需要较多的参数和输入因子，其在区域计算中的应用取决于参数的质量和可获取程度。

周广胜与张新时（1995）基于 Chikugo 模型相似的推导过程，根据植物的生理生态学特点及联系能量平衡和水量平衡方程的实际蒸散模型，建立了适合中国大陆范围内计算天然植被 NPP 模型：

$$NPP = RDI \cdot \frac{rR_n(r^2 + R_n^2 + rR_n)}{(R_n + r)(R_n^2 + r^2)} \exp[-(9.87 + 6.25RDI)^{0.5}] \tag{5.54}$$

式中：NPP 为每年自然植被 NPP，t/hm^2；RDI 为辐射干燥度，是辐射能量的年净收入与蒸发的年降水量所需能量的比值，表示气候干燥程度；r 为年降水量，mm；R_n 为净辐射量，J/hm^2，代表热量或温度因子，是植被生态过程强度的度量。其中，RDI、R_n 和 I 的计算公式分别为：

$$RDI=\frac{R_n}{Lr} \tag{5.55}$$

$$R_n=R_a(1-V)-I$$

$$I=(0.39\times T_a{}^4-0.05\times\delta\times e_a{}^{0.5})(0.10+0.9\times\frac{n}{N})\left(\delta\times\frac{S}{4.18}\right)$$

式中：L 为水蒸发潜热，$L=(2500-2.4\times T)\times10^3$J/kg；$T$ 为年平均气温，℃；R_a 为总辐射量，J/hm²；V 为地表发射率，通常取 0.2；I 为长波有效辐射量，J/hm²；T_a 为年平均气温的绝对温标，K；e_a 为年平均水汽压，hPa；n/N 为日照百分率；δ 为斯蒂芬—玻耳兹曼常数，$\delta=5.67\times10^{-8}$ [W/(m² · K⁴)]；S 为太阳常数，$S=1353.73$W/m²。

鉴于上述模型计算方法较为复杂，数据需求较多，现阶段对于水工程规划设计中考虑该指标，可操作性不强。参考美国“Ecological indicators for the nation”及国内一些研究成果，$NDVI$ 与 NPP 呈近似相关关系，可借助遥感手段获取区域的 $NDVI$，进而估算区域的天然植被 NPP。利用 $NDVI$ 估算净初级生产力具有方便快捷的优点，实现对各种植被的快速监测。如郑元润、周广胜（2000）根据叶面积指数、归一化植被指数（$NDVI$）建立了中国森林植被净初级生产力模型：

$$NPP=-0.6394-67.064\ln(1-NDVI) \tag{5.56}$$

其中，$NDVI$（Normalized Difference Vegetation Index）归一化植被指数，又称标准化植被指数，在使用遥感图像进行植被研究以及植物物候研究中得到广泛应用。$NDVI$ 能反映出植物冠层的背景影响，如土壤、潮湿地面、枯叶、粗糙度等，且与植被覆盖有关，$-1\leqslant NDVI\leqslant1$，负值表示地面覆盖为云、水、雪等，对可见光高反射；0 表示有岩石或裸土等；正值，表示有植被覆盖，且随覆盖度增大而增大。用 $NDVI$ 能反应植物生物量的多少，$NDVI$ 越大，植物长势越好。

3. 应用条件

天然植被净初级生产力的评价在流域及河流廊道层面上需考虑。在流域层面，NPP 的计算宜选用模型计算法，充分借鉴已有研究文献成果，选择合适的模型估算，亦可考虑利用 $NDVI$ 估算。在河流廊道层面，可考虑传统测量法与模型计算法结合使用，根据统计学方法抽样实地调查，辅以适用模型计算获得。在河段层面，宜选用传统测量法计算 NPP。

在水土保持、区域水生态修复、蓄滞洪区建设及围垦等涉及大面积天然植被的规划及工程中需考虑天然植被净初级生产力。至于具体指标计算方法应用上，根据资料的可获性及规划工程的敏感性和区域影响尺度，选择上述方法中一种或两种结合使用。

5.4.7 土壤侵蚀强度

1. 指标定义及内涵

土壤侵蚀强度是以单位面积、单位时段内发生的土壤侵蚀量为指标划分的侵蚀等级，通常用侵蚀模数表达：即土壤及其母质在侵蚀营力（水力、风力、重力、冻融及和人类活动）的作用下，单位面积、单位时段内被侵蚀的总量。

土壤侵蚀强度表征区域的水土流失状况，通过分析规划或工程实施后土壤侵蚀强度的变化，可以评价区域水土保持工作效果。由于侵蚀量中沉积量难以测算，通常情况下土壤侵蚀量是通过对土壤流失量进行系数调整获得的。土壤流失量是土壤及其母质在侵蚀营力作用下单位时段内通过某一断面的流失量，是可观察与测算的。

2. 指标表达

土壤侵蚀强度可采用土壤侵蚀模数和土壤侵蚀厚度两种表达方式。单位分别为：吨每平方公里年 [t/(km^2 · a)]，毫米每年 (mm/a)。流域区域尺度土壤侵蚀强度一般采用多年平均土壤侵蚀模数表达，河流廊道及河道尺度，也可采用具体时段的侵蚀模数表达。我国《土壤侵蚀分类分级标准》(SL 190—2007) 规定的强度级划分，见表5.18、表5.19。

表5.18　土壤侵蚀强度分级标准

级 别	平均侵蚀模数/[t/(km^2 · a)]	级 别	平均侵蚀模数/[t/(km^2 · a)]
微度	<200，500，1000	强烈	5000～8000
轻度	200，500，1000～2500	极强烈	8000～15000
中度	2500～5000	剧烈	>15000

注　引自《土壤侵蚀分类分级标准》(SL 190—2007)。

表5.19　划分土壤侵蚀强度等级标准（土壤侵蚀强度面蚀（片蚀）分级指标）

<table>
<tr><th>地类</th><th>地面坡度</th><th>5°～8°</th><th>8°～15°</th><th>15°～25°</th><th>25°～35°</th><th>>35°</th></tr>
<tr><td rowspan="4">非耕地的林草覆盖度(%)</td><td>65～75</td><td colspan="5">轻 度</td></tr>
<tr><td>45～60</td><td colspan="3">轻 度</td><td rowspan="2">强烈</td><td>强烈</td></tr>
<tr><td>30～45</td><td>轻 度</td><td colspan="2">中 度</td><td>极强烈</td></tr>
<tr><td><30</td><td colspan="2">中 度</td><td rowspan="2">强烈</td><td rowspan="2">极强烈</td><td rowspan="2">剧烈</td></tr>
<tr><td colspan="2">坡耕地</td><td>轻度</td><td>中度</td></tr>
</table>

注　引自《土壤侵蚀分类分级标准》(SL 190—2007)。

3. 应用条件

流域尺度主要通过遥感方法获取，划定不同地块并通过遥感获取高程、坡度、植物覆盖、土地利用等相关特征值，利用《土壤侵蚀分类分级标准》(SL 190—2007) 划分土壤侵蚀强度等级见表5.18，确定侵蚀强度级，并通过一定经验模型或专家估判确定该地块平均侵蚀模数，再经加权平均得出区域平均侵蚀模数。

河流廊道及河段尺度根据实际监测获取，具体监测方法参见《水土保持监测技术规程》(SL 277—2002)。

水土保持规划、水生态修复规划、灌区工程规划等涉及区域性水土流失的规划应分析规划实施前后区域土壤侵蚀强度的变化，并可将其作为规划目标指标；各类水工程需根据建设项目水土保持方案编制有关规定分析土壤侵蚀强度指标。

至于具体指标计算方法应用上，根据资料的可获性及规划工程的敏感性和区域影响尺度，选择上述方法中一种或两种结合使用。针对具体的水工程建设项目，采用《水土保持监测技术规程》(SL 277—2002)"开发建设项目"一节的标准。

5.4.8　保护区影响程度

1. 指标定义及内涵

保护区影响程度是指水工程规划建设及运行对涉及的保护区的影响程度，如是否占用、扰动保护区土地，是否改变水文情势、是否产生阻隔等。其中“保护区”指国家及各级地方政府明文规定的自然保护区、风景名胜区、饮用水源保护区、水产种质资源保护区等。

2. 指标表达

保护区影响程度从以下几个角度，用专家判定法，按表5.20打分评价。首先确定区域各方面的敏感性及重要性，并据此确定各考虑因素的权重，其次根据各方面的影响情况进行打分，专家打分范围为－10～10分，10分为负面影响最重，一般可用5分为控制阈值。

(1) 保护区影响面积：评价区域内由于规划实施和水工程的建设引发的工程占地、淹没、扰动及其他原因导致的保护区面积缩减，或者由于工程蓄水所造成的湿地保护区的面积增加等。

(2) 保护区功能影响程度：评价由于规划实施和水工程建设、水文情势改变对保护区功能或价值的影响。

(3) 保护区潜在生态压力或风险：评价由于水工程的建设和规划的实施造成的生态系统的潜在压力（如：种群隔离造成的种群退化等）及生态风险（如：溃坝及各类突发性污染事故等）。

(4) 结合工程或者规划实际情况考虑的其他方面。

表5.20　保护区影响程度专家打分表

考虑因素	权重	专家打分	加权平均分
影响面积	α_1	正影响为负，负影响为正，下同	
功能影响程度	α_2		
潜在压力及风险	α_3		
其他因素	α_4		
总分	1.0		C_{b-8}

注　α_i 为第 i 项因素的权重；专家打分范围为－10～10分，10分的负面影响最为严重。

3. 应用条件

保护区影响程度的评价在流域、河流廊道与河段层面上均需考虑。在三个尺度上，其评价方法基本相同，差别仅在于涉及的自然保护区的个数不同。

在流域综合规划、水电开发规划、枢纽工程、河道整治工程、堤防及护岸工程、引调水工程、蓄滞洪区建设工程及围垦工程中需考虑保护区影响程度指标。至于具体指标计算方法应用上，根据资料的可获性及规划工程的敏感性和区域影响尺度，选择相关领域专家参与科学判定。

5.4.9 生态需水满足程度

1. 指标定义及内涵

生态需水满足程度指敏感期内实际流入生态敏感区的水量满足其生态需水量的程度。

2. 指标表达

生态需水满足程度可用某水平年敏感期内实际流入保护区的水量 $Q_{实际}$ 与保护区生态需水量 $Q_{生态}$ 之比表征：

$$C_{b-9}=Q_{实际}/Q_{生态} \tag{5.57}$$

实际中，可通过分析规划或工程实施前后生态需水满足程度的变化，评价规划或工程实施对生态敏感区生态需水的影响。

河流生态需水量的计算方法见“水文水资源”部分 C_{wr-6} 指标的计算方法。

3. 应用条件

生态需水满足程度的评价在流域、河流廊道与河段层面上均需考虑。在三个不同尺度上，指标的表达形式相同。在流域尺度，可以分支流或者敏感点（湿地、自然保护区或者鱼类三场等）进行计算；在河流廊道和河段尺度，重点关注敏感点的生态需水满足程度。

在流域综合规划、水资源开发利用类规划、枢纽工程、引调水工程等涉及生态敏感区时需考虑生态需水满足程度指标。可计算规划或工程实施前后生态敏感区生态需水的满足程度，通过专家法评价影响程度。至于具体指标计算方法应用上，根据资料的可获性及规划工程的敏感性和区域影响尺度，适度确定计算范围。

5.4.10 鱼类及两栖类生境保护状况

1. 指标定义及内涵

鱼类及两栖类生境保护状况指在规划或工程影响区域内，鱼类及两栖类物种生存繁衍的栖息地状况，可通过流速、水深、水面宽、过水断面面积、湿周、水温等水力参数及急流、缓流、深潭、浅滩等水力形态参数表征。这里的鱼类及两栖类指特种鱼类或两栖类，也就是国家重点保护的、珍稀的、濒危的、土著的、特有的、重要经济价值的鱼类及两栖类种，鱼类及两栖类生境重点关注产卵场、索饵场、越冬场情况。

2. 指标表达

该指标为定性描述指标，主要通过有关调查表采用专家判定法进行评价，调查内容如下：

鱼类及两栖类栖息地分布调查：结合国家或地方相关名录及水产部门调查成果，调查了解规划或工程影响范围内鱼类及两栖类产卵场、索饵场、越冬场的分布情况，见表5.21。

表5.21 鱼类及两栖类三场调查表

鱼种	评价河段内个数	分布位置	评价河段内面积
产卵场			
索饵场			
越冬场			

鱼类及两栖类栖息地特性调查：在条件允许的情况下，对代表性鱼类或两栖类栖息地的水量、流速、水质、水深、水温等水环境参数和深潭、浅滩等形态参数进行调查，见表5.22。

涉及较为敏感河段、敏感鱼种时，在条件允许的情况下，对鱼类及两栖类“三场”河段的流速、水深、水面宽、过水断面面积、湿周、水温等水力参数及急流、缓流、深潭、浅滩等水力形态等参数展开调查。

表 5.22 鱼类及两栖类生境保护状况细化调查表

生境参数	对鱼类及两栖类物种的影响	调查值
流速	1. 流速大的地方，物质与能量交换频繁，水流掺气效果好，水流中氧气的含量丰富。鱼在长期低氧环境中，呼吸频率加快，鱼的生命将受到威胁。 2. 从成熟卵的特性看，受精卵包括漂浮性卵、沉性卵和黏性卵，漂浮性卵需要水流具有一定的流速，才能漂浮到下游。 3. 从产卵习性看，鱼类及两栖类的产卵活动需要流水的刺激	
平均水深	水深太浅，阻碍鱼类在水中的自由游动、藏身及觅食，造成鱼类的死亡	
水面宽	1. 水面宽是人们感知河流大小的直接指标。 2. 水面太窄，将阻断鱼类通道	
湿周率	通过湿周率来反映岸边水生动、植物等对河流鱼类的生境影响，湿周越大，河流底质的覆盖率越大，对河道两岸的岸边水生生物，动植物的生存将越有益	
过水断面面积	代表水生生物生存的空间	
水温	孵化期，需要一定的水温刺激，温度偏低，孵化期延长，温度偏高，孵化期缩短，并影响孵出仔鱼的形态特征，如体长、卵黄量、肌节及卵的分化等	
急流缓流	急流适于喜急流水环境鱼类及两栖类的生存；缓流适于喜缓流水环境鱼类及两栖类的生存	
浅滩	光热条件优越，饵料丰富，敌害生物少，适于鱼类、两栖类和各类软体动物栖息、索饵	
深潭	深水层水温随深度变化迟缓，与表层变化相比存在滞后现象，由于水温、阳光辐射、食物和含氧量沿水深变化，在深潭中存在着生物群落的分层现象，往往被鱼类作为越冬场所	
其他参数		

3. 应用条件

鱼类及两栖类生境保护状况的评价在流域、河流廊道与河段层面上均需考虑。流域或区域的水利规划，应从流域或区域尺度重点调查评价对鱼类及两栖类产卵场、索饵场、越冬场分布的影响。水工程应在河流廊道和河段尺度，进一步调查评价对鱼及两栖类栖息地的水量、流速、水质、水深、水温等水环境要素和深潭、浅滩等形态特征的影响。在基础研究能力具备、区域敏感的河段，可考虑填写鱼类及两栖类生境保护状况细化调查表。

在流域综合规划、防洪规划、水电开发规划、枢纽工程、河道整治工程、堤防及护岸工程、围垦工程中需考虑鱼类及两栖类生境保护状况指标。至于具体指标计算方法应用上，根据资料的可获性及规划工程的敏感性和区域影响尺度，适度把握上述方法调查深度。

5.5 社会环境

5.5.1 移民（居民）人均年纯收入

1. 指标定义及内涵

移民（居民）人均年纯收入，是指全年总收入扣除转移性收入和各项经营性费用以及税收等项支出后，可用于生产和生活支出的那部分收入的人均水平。其中“移民”指由于水工程建设造成的水库库区和建设用地迁出人口。“居民”指水工程影响区域内的常住人口，水土保持工程及蓄滞洪区工程指工程范围内的常住人口。

该指标是衡量移民恢复、发展生产水平和水工程影响区域内居民生活水平高低、社会稳定的代表性指标。

2. 指标表达

移民（居民）人均年纯收入的计算公式是：

移民人均年纯收入(C_{s-1a})=(移民经济年总收入－总费用－国家税金－上交有关部门的利润－企业各项基金－村提留－乡统筹)/总人口

居民人均年纯收入(C_{s-1b})=(居民经济年总收入－总费用－国家税金－上交有关部门的利润－企业各项基金－村提留－乡统筹)/总人口

上述计算公式中的移民（居民）经济年总收入，指移民（居民）从当年各项生产经营项目中取得的生产经营收入及利息、租金等非生产性收入，但不包括那些不能用来分配，属于借贷性质或暂收性质的收入，如贷款收入、预购定金、国家投资、亲友赠送等。

从经营层次来看，年总收入包括乡办企业收入，村组集体统一经营收入，联户企业收入和农户家庭经营收入等4个层次的收入；从经营行业来看，包括农业、林业、牧业、渔业、工业、交通运输业、建筑业、商业服务业及其他各业的收入。

3. 应用条件

本指标为流域或区域尺度指标。

对所有涉及移民的规划、设计都应对移民人均年总收入做出评估。特别是在水电开发规划，以及枢纽工程、灌排工程、引调水工程中，要分析工程实施对移民经济活动的影响。从分析方法上讲，对各区域各种尺度的移民问题，其分析方法一致。

对水土保持工程及蓄滞洪区建设工程，应分析影响区域内居民的人均年收入变化情况。水土保持工程对于防治水土流失，保护农田，维护和提高土地生产力具有重要作用，工程影响区内的人民生活水平会因工程实施而提高。蓄滞洪区内的居民在蓄滞洪区启用后，正常的生产生活状况会受到负面影响。因此，应对水土保持工程及蓄滞洪区建设工程实施前后的居民人均年收入变化情况做出评估。

5.5.2 传播阻断率

1. 指标定义及内涵

传播阻断率指水工程对各类相关疾病传播或阻断的综合效果。这种阻断效果可能为正，也可能为负。水工程的实施减少了各类涉水疾病的传播几率，则传播阻断效果为正，反之则为负。作为一个综合判断指标，对不同地区不同类型的涉水疾病，传播阻断率的概念有着不同的含义，在具体分析计算方法上也有所不同。

与水工程建设相关的疾病可以分为以下4类：自然疫源性疾病、虫媒传染病、介水传染病和地方病。

在自然界中，某些疾病的病原体、媒介和易感动物同在某一特定生态系统中长期存在、循环，一旦人类进入这一生态环境中，也可感染此种疾病，这种现象被称作自然疫源性疾病。其传播介质主要是各类动物及寄生虫。血吸虫病、流行性出血热和钩端螺旋体病是最为常见的三种自然疫源性疾病。其中尤以血吸虫病分布最广。血吸虫以人类作为终宿主，钉螺是其唯一的中间宿主，也就是唯一的传播途径。从地区分布来看，血吸虫病与钉螺的地区分布是一致的，凡有血吸虫病流行的地方都有钉螺的分布。因此，可以钉螺的分布密度变化来表征该疾病的传播阻断率。流行性出血热与钩端螺旋体病都是以鼠类作为病毒主要传染源的，因此可以用鼠类的分布密度变化表示传播阻断率。

虫媒传染病是指以蚊、虱、蚤、蜱等为媒介引起的传染病，最具代表性的该类疾病包括疟疾、丝虫病和流行性乙型脑炎。对于虫媒传染病，传播阻断率的研究主要考虑水工程实施前后主要虫媒的分布密度变化。

介水传染病是指病原体通过饮水进入人体引起的肠道传染性疾病，包括痢疾、伤寒和副伤寒、霍乱和副霍乱、传染性肝炎、脊髓灰质炎等，与水源和水环境关系十分密切。对于这类传染病，传播阻断率主要通过工程前后人群的感染率变化率来表示。

地方病具有严格的地方性区域特点，病种多，分布广，主要是由当地某种化学元素的富集或缺少而引起的。对这类疾病要具体问题具体分析，但总的来讲传播阻断率也可用工程前后人群的感染率变化率来表示。

2. 指标表达

分析某一具体工程的传播阻断率，要从工程所在地区的实际入手，首先分析区域内易发的涉水疾病，选取最主要的疾病类型，分别计算阻断率，再综合分析得到该工程的传播阻断率。

步骤一，明确主要疾病类型。

针对工程建设区域和移民安置区域开展全面的医学调查，包括人口的健康现状，与水工程相关疾病的类型、发病率及病史。通过资料查询和现场调研等方式确定当地主要疾病类型，并按照发病率和影响程度综合排序，通过专家分析方法确定1～3种最主要的疾病类型作为研究对象，并给出各主要疾病在分析综合传播阻断率时的计算权重。

步骤二，计算各主要疾病的传播阻断率。

传播阻断率的计算，对于不同类型的疾病有两种不同的计算方法。对于自然疫源性疾病和虫媒传染病，传播阻断率用主要传染媒介（如鼠类、蚊、钉螺等）的分布密度变化率来表征，计算公式如下：

$$C_z=(S_2-S_1)/S_1 \tag{5.58}$$

式中：S_1 为工程项目实施后的主要传播媒介的分布密度，只/m^2；S_2 为工程项目实施前的主要传播媒介的分布密度，只/m^2。

介水传染病和地方病传播阻断率用工程前后人群感染率变化率表示。

步骤三，计算综合传播阻断率。

根据各主要疾病的传播阻断率和专家分析确定的各主要疾病的计算权重，分析得到综合传播阻断率。计算公式如下：

$$C_{s-2}=a_1Cz_1+a_2Cz_2+a_3Cz_3 \tag{5.59}$$

$$a_1+a_2+a_3=1$$

式中：C_{s-2}为综合传播阻断率；Cz_n 为各主要疾病的传播阻断率；a_n 为其权重。

3. 应用条件

水电开发规划、枢纽工程、引调水工程、灌排工程及具有相当规模外迁移民的水工程，应调查相关区域自然疫源性疾病、虫媒传染病、介水传染病和地方病，并分析疾病传播阻断率。

从分析方法上讲，对各区域各种尺度的人群健康问题，其分析方法一致，但涉及的具体疾病类型会有所不同，分析传播阻断率的变化则先要评价筛选主要疾病类型。

5.5.3 水资源开发利用率

1. 指标定义及内涵

水资源开发利用率是某水平年流域水资源开发利用量与流域内水资源总量的比例关系。水资源开发利用率反映了流域的水资源开发程度，结合水资源可利用量可反映社会经济发展与生态环境保护之间的协调性。其中，地表水开发利用率是同期当地地表水形成的供水量（包括调出水量）与同期地表水资源量的比值。地下水资源开发利用率一般针对平原区，是指一定时期平原区地下水供水量与平原区浅层地下水可开采量的比值。

水资源开发利用率包含了社会经济用水与生态用水在水量方面的分配关系，其阈值的动态性还包含了用水效率、用水结构等诸多复杂问题，因此是一个综合性的判别指标，在实际应用时，可通过分别分析地表水开发利用率和平原区地下水资源开发利用率，综合分析流域水资源开发利用程度。

2. 指标表达

水资源开发利用率是一个状态指标，其研究对象是流域。研究水资源开发利用率需要对流域水资源量和开发利用状况分别开展调查。

这里所用的水资源量的概念是传统的狭义水资源量，即降水所形成的地表和地下的产水量，是河川径流量与降水入渗补给量之和，计算可用地表水资源量与地下水资源量之和减去重复量得到。计算公式如下所示：

$$W_r = Q_s + P_r - D \tag{5.60}$$

式中：W_r 为水资源总量；Q_s 为河川径流量；P_r 为降雨入渗补给量；D 为重复量。

各流域水资源量在全国水资源评价中都有明确的数值以备查用。

了解水资源开发利用状况，要对流域内的各类生产、生活用水量做全面调查，扣除重复利用量，得到总的水资源开发利用量。

水资源开发利用率计算公式如下：

$$C_{s-3} = W_u / W_r \tag{5.61}$$

式中：C_{s-3} 为水资源开发利用率；W_r 为水资源总量；W_u 为水资源开发利用量，指流域内各类生产用水、生活用水及河道外生态用水的总量。

3. 应用条件

水资源开发利用率指标主要服务于水资源综合规划和水资源开发利用类规划中，研究对象是具体的流域，可以是完整的大流域，也可以是子流域，研究尺度为流域尺度。

5.5.4 水能生态安全开发利用率

1. 指标定义及内涵

水能生态安全开发利用率，指流域或河流已开发的水能资源占生态安全可开发水能资源的比例。生态安全可开发的水能资源，是指满足流域或河流生态保护限制性约束条件下可开发的水能最大量，即对于可能造成流域生态重大影响的敏感区域和河段应予以保护，禁止开发。

2. 指标表达

对于一条河流而言，以往的水能普查工作确定了河流水能的技术经济可开发的河段，再进一步计算得到了技术经济可开发量。对于水能生态安全可开发量，目前国内外的研究都在理论探讨层面上，还没有成型的计算分析方法。

在以往研究基础上，本书提出如下的一套分析思路：首先分析流域内的生态敏感性，指出生态保护区、生态敏感与脆弱区以及社会关注地区，明确不可开发的范围；其次将不可开发范围内的河段提出来，划分基于生态安全的不可开发河段；再次将原有技术经济不可开发河段与生态安全不可开发河段叠加起来，之外的部分就是生态安全的水能可开发河段；最后计算统计各可开发河段的水能总量，即为水能生态安全可开发量。

（1）流域生态敏感性分析。分析提出生态保护区、生态敏感与脆弱区以及社会关注地区，对研究区内有无上述区域及受保护程度进行分类，确定不可开发范围。

生态保护区包括：国家法律、法规、行政规章及规划确定或经县级以上人民政府批准的需要特别保护的地区，如饮用水水源保护区、自然保护区、生态功能区、基本农田保护区、水土流失重点防治区、森林公园、地质公园、世界遗产地、国家重点文物保护单位、历史文化保护地等。

生态敏感与脆弱区包括：珍稀动植物栖息地、特殊生态系统、重要湿地、珍稀鱼类产卵场、索饵场、越冬场等。

社会关注区包括：人口密集区、具有重要意义的文化、宗教、民族分布及聚居区。

（2）不可开发河段的确定。依据敏感性分析成果，将位于不可开发区域内的河段提出来，作为不可开发河段。特别要关注鱼类产卵场、索饵场、越冬场对河流连通性与水温的要求，重要珍稀保护物种如对连通性和水温要求很高且水工程会造成不可挽回影响的，则应考虑将相关河段也划为不可开发区。

将原有技术经济不可开发河段与生态安全不可开发河段叠加起来，其余河段就是生态安全的水能可开发河段。

（3）水能生态安全可开发量计算。可开发河段的水能资源按下式计算：

$$E_e = \sum_{1}^{n} K g W_n H_n \tag{5.62}$$

式中：E_e 为水能生态安全可开发电量，kW·h；K 为折算系数，$K=2.778\times10^{-4}$；g 为重力加速度，取 9.81；H_n 为可开发河段上下断面水位差，m；W_n 为河川或湖泊年水量，河段取上下断面多年平均年径流量的平均值，m^3。

$$W = 8.64\times10^4 \sum_{t=1}^{t=365} qt \tag{5.63}$$

式中：q 为河段上下断面日平均流量的平均值，m^3/s；t 为时间，d。

或

$$W = 2.628\times10^6 \sum_{t=1}^{t=12} qt \tag{5.64}$$

式中：q 为河段上下断面月平均流量的平均值，m^3/s；t 为时间，月。

（4）水能生态安全开发利用率计算。水能生态安全开发利用率可按下式计算：

$$C_{s-4}=E_1/E_e \tag{5.65}$$

式中：C_{s-4} 为流域或河流生态安全的水能开发利用率；E_e 为区域水能生态安全可开发量，可从传统的水能技术经济可开发量中，扣除因流域或河流生态保护要求禁止开发区域的水能技术经济开发量得到；E_1 为已建和在建的水电站总装机容量。

3. 应用条件

水能生态安全开发利用率指标主要服务于水资源综合规划和水电开发规划，并作为规划的控制性指标之一。研究对象是具体的河流，研究尺度为流域和廊道尺度，且研究方法一致。该指标在各类规划中应作为重要的参考依据。

5.5.5 农田灌溉水有效利用系数

1. 指标定义及内涵

农田灌溉水有效利用系数指灌入田间可被作物利用的水量与渠首引进的总水量之比值，是衡量灌溉水利用水平的指标，反映水资源利用效率。也就是农作物实际利用的水量与灌溉引用水之间的比值。农业灌溉从渠首引进的总水量，部分用于作物生长，其余水量一部分耗散于渠系渗漏与蒸发过程，一部分耗散于田间的无效蒸发，剩余未利用水量成为回归水。因此，农田灌溉水有效利用率与渠系水利用率、田间水利用率有着密切的联系。

2. 指标表达

灌溉的最终目的是满足作物的蒸腾需水要求在灌溉过程中的渠系输水损失棵间蒸发和深层渗漏均视为无效的水分消耗。因此，农田灌溉水有效利用系数可以表述为渠系水利用率与田间水利用率的乘积。

$$C_{s-5}=C_{渠系}\times C_{田间} \tag{5.66}$$

渠系水利用率是指在正常运行情况下，一个完整的灌水周期中流出渠系进入田间的总水量与流入渠系的总水量之比值。

$$C_{渠系}=W_{田间}/W_{渠道} \tag{5.67}$$

式中：$C_{渠系}$ 为渠系水利用率；$W_{田间}$ 为正常运行情况下，在一个灌水周期中末级固定渠道输出的总水量，即由渠系进入田间的总水量，m^3；$W_{渠道}$ 为正常运行情况下，在一个灌水周期中干渠首引入的总水量，m^3。

灌区田间水利用效率是指灌入田间可被作物利用的水量与末级固定渠道放出水量的比值，可通过平均法或实测法确定：

（1）平均法。

$$C_{田间}=mA/W_{田间} \tag{5.68}$$

式中：$C_{田间}$ 为田间水利用系数；m 为某次灌水后计划湿润层增加的水量，m^3/hm^2；A 为末级固定渠道控制的实灌面积，hm^2；$W_{田间}$ 为末级固定渠道放出的总水量，m^3。

（2）实测法。在灌区中选择有代表性的地块，通过实测灌水前后（1～3d 内）计划湿润层土壤含水量的变化，计算净灌溉水定额，算出田间水利用系数。

$$C_{田间}=10^2(\beta_2-\beta_1)\gamma HA/W_{田间} \tag{5.69}$$

式中：β_1、β_2 分别为灌水前后计划湿润层的土壤含水率（以干土重的百分数表示）；γ 为土的干容重，t/m^3；H 为计划湿润深度，m。

3. 应用条件

农田灌溉水有效利用系数指标适用于流域尺度的水资源综合规划、灌溉工程，在这些规划与设计中，该指标是其中一项主要的设计依据；在流域综合规划及其他相关规划中也可能会涉及，该指标作为重要的参考。指标的研究方法应用在不同区域是相同的。

5.5.6 单位工业增加值用水量

1. 指标定义及内涵

单位工业增加值用水量是指工业企业在统计周期内全部生产活动的总成果，扣除了在生产过程中消耗或转移的物质产品和劳务价值后的单位产值对应的取用水量，以区域及行业作为统计口径。用以衡量区域工业用水效率，与区域经济社会发展水平、产业结构、工业用水重复利用率等密切相关。

2. 指标表达

单位工业增加值用水量通常用万元工业增加值用水量（m^3/万元）表述。

万元工业增加值用水量(m^3/万元)＝工业用水量(m^3)/工业增加值(万元)

式中：工业用水量指工矿企业在生产过程中用于制造、加工、冷却（包括火电直流冷却）、空调、净化、洗涤等方面的用水，按新水取用量计，不包括企业内部的重复利用水量。

3. 应用条件

单位工业增加值用水量指标适用于任何流域、区域的计算分析，主要服务于水资源开发利用类规划，且表述形式一致。

5.5.7 景观舒适度

1. 指标定义及内涵

景观舒适度就是人类对环境景观的整体印象和感受的综合评判。景观一般泛指地表的自然景色，包括形态、结构、色彩等。景观具有美学观念，是人类对环境的一种感知，也是人类对审美情趣的需求。景观主要有自然景观和人文景观两大类：自然景观主要指自然地理环境和生态环境所展示的景观形象；人文景观是指人类生产和生活活动所创造的一切文化产物所显示的景观形象。

2. 指标表达

景观舒适度指标很难采用定量分析的方法确定，宜采用公众调查与专家评判相结合的方法，定性的评估水工程对景观舒适程度的影响，可根据具体景观特点设计相应调查表格。

评价可以从景观布局、景观动态、人体感受三方面进行综合评分。景观布局包括景观结构、色彩、光照条件等方面；景观动态是指景观格局随时间的变化，包括随景观昼夜、季节不同呈现的变化和差异等；人体感受是指人临其境除视觉外的其他感受，包括气味、温度、湿度及声音等。

3. 应用条件

景观舒适度指标适用于任何流域、区域的分析，涉及重要景观及城市区域的水工程应评价景观舒适度指标。重点是对城市河湖景观的评价，评价方法以主观评价为主，在枢纽工程、河道整治工程、堤防护岸工程以及水土保持与水生态修复工程中，应作为工程设计的重要参考。该指标的判定应结合各地实际，考虑居民的不同审美需求综合评判。

第6章 生态指标阈值

一个领域或一个系统的界限称为“阈”，其数值称为“阈值”，即临界值。生态系统阈值是指某区域或（流域）生态系统对人类活动造成的影响或胁迫的最大容纳量。影响或胁迫超过这一最大容纳量，生态系统平衡和正常功能就会遭到破坏。根据生态安全的木桶理论，可通过各生态指标的阈值反映。

流域的水文特征、水资源开发利用程度、生态系统功能水平等具有很强的地域特性，因而各生态指标的阈值会因地理、气候等地域差异而各有不同。

生态指标阈值是水工程规划设计关键生态指标体系中的一个重要组成部分。生态指标阈值是评判流域生态安全状况的依据，也是衡量水工程生态影响程度，指导水工程生态保护规划设计的依据。

本章在水生态分区研究基础上，针对水工程规划设计关键生态指标，对具有区域差异性的各指标进行阈值分析。具体阈值的获取需要针对不同生态分区，进行典型研究或实验测定后确定。

6.1 水生态分区研究

6.1.1 我国水生态分区划分

6.1.1.1 分区背景与意义

我国幅员辽阔，河流众多，水工程纷繁复杂，全国各流域气候、水文分异复杂，各流域之间以及流域内部的生态和水文特征迥然不同。我国的地形、气候特征决定了我国降水分布和河流形成与发育的特点，奠定了我国各类型生态系统发育与演变的自然基础，以及我国社会经济发展的空间格局和发展特点。

“生态区”一词最早由 Crowley 于 1967 年提出，指具有相似生态系统或期待发挥相似生态功能的陆地及水域。由此可见，生态区划的目的就是为生态系统的研究、评价、修复和管理提供合适的空间单元。水生态区划是生态区划工作的一个重要研究领域，也是研究最早、应用最成功的领域之一。

我国生态区划工作是在 20 世纪 70 年代各单项自然区划和综合自然区划方案已趋于完善的基础上发展起来的。20 世纪初，中国科学院傅伯杰等在综合分析我国生态环境特点的基础上，探讨了开展全国生态区划的原则和依据，建立了各级生态区单元划分的指标体系和命名系统，并对我国生态环境进行了区域划分，将全国划分为 3 个生态大区、13 个生态地区和 57 个生态区。2007 年，《中国生态功能区划》正式通过论证，该区划明确了不同区域生态系统的主导生态服务功能及生态保护目标，提出了全国生态功能区划方案，全国初步被划分为 208 个生态功能区。此外，还确定了 50 个对保障国家生态安全具有重要意义的区域，涵盖了生物多样性保护、土壤保持等不同类型的重点生态功能保护区。

通过划分全国水生态分区并确定水生态功能，可更好地对水工程建设的水生态环境的影响进行评价。同时，为水生态保护与修复工作的总体布局及分区管理提供支撑。

6.1.1.2 划分基本原则与方法

水生态分区划分坚持以下几项原则：

(1) 区域相关性原则：在区划过程中，应综合考虑区域自然地理和气候条件、流域上下游水资源条件、水生态系统特点等关键要素，既要考虑它们在空间上的差异，以突出不同分区的特点，又要考虑其具有一定相关性，以保证分区具有可操作性。

(2) 协调原则：水生态分区的划定应与国家现有的水资源分区、生态功能区划、水功能区划等相关区划成果相互衔接，充分体现出国家分区管理的系统性、层次性和协调性。

(3) 主导功能原则：区域水生态功能的确定，以水生态系统的主导服务功能为主。在具有多种水生态服务功能的地域，以水生态调节功能优先；在具有多种水生态调节功能的地域，以主导调节功能优先。

(4) 分级区划原则：全国水生态区划采用分级区划的思路。其中，水生态一级区和水生态二级区主要从满足国家经济社会发展和水生态保护工作宏观管理的需要出发，进行大尺度范围划分；水生态功能区主要从与流域水资源二、三级分区、行政区划和水功能区划相协调的角度，进行中、微观尺度范围划分。

各级分区的划分依据如下：

1. 水生态一级区的划分

水生态一级区的划分主要考虑了我国气候特征和地势、地貌等自然条件在空间分布上的差异。我国地处欧亚大陆东南部，自北向南跨寒温带、中温带、暖温带、亚热带和热带5个气候带。同时，我国也是世界上季风最为显著的国家，冬季风来自西伯利亚和蒙古高原，寒冷干燥，向南势力逐渐减弱；夏季风来自太平洋和印度洋，温暖湿润，影响至大兴安岭、阴山、贺兰山、巴颜喀拉山、冈底斯山一线以东、以南的广大地区，形成大半个中国夏季高温多雨的特点。远离海洋的西北内陆地区，受重重山岭阻隔，夏季风无法到达，大陆性气候显著。我国气候的垂直分布也非常显著，极高山区为寒冷气候，在青藏高原形成了特殊的高原气候。

我国地貌类型十分复杂，由西向东形成三大阶梯。第一阶梯是号称“世界屋脊”的青藏高原，平均海拔在4000m以上；第二阶梯从青藏高原的北缘和东缘到大兴安岭—太行山—巫山—雪峰山一线之间，有广阔的高原和巨大的盆地相间分布，海拔在1000～2000m；第三阶梯为我国东部地区，丘陵和平原交错分布，海拔在500m以下。

我国气候和地势特征，决定着我国降水和河流的分布特点。我国降水的地区分布十分不均，从东南向西北方向递减。降水深等值线大体上呈东北—西南走向，400mm降水深等值线始自东北大兴安岭西侧，终止于中尼边境西端，由东北至西南斜贯我国全境，其以西地区除阿尔泰山、天山、祁连山等山地年降水深达500～800mm外，其余大部分地区干旱少雨。800mm降水深等值线位于秦岭、淮河一带，该线以南和以东地区，气候湿润，降水丰沛。该区长江以南的湘赣山区，浙江、福建、广东大部，广西东部地区，云南西南部，西藏东南隅，以及四川西部山区等年降水深超过1600mm，其中海南山区年降水深可超过2000mm，中印边境东端一些地区，年降水深达6000mm以上。我国河网密度和河川径流量与降水量具有相似的分布规律，受地势条件影响，我国大江大河基本上自西向东注入大海。

我国气候和地势特征决定了我国生态系统发育和演变的基本条件。结合全国由西向东形成的三大阶梯地貌类型、由北向南所跨5个温度带与1个高原气候区、自西北向东南延伸的干湿区分布特征，并参照全国生态功能区划方案，将全国划分为7个水生态一级区。考虑地理位置、气候带以及降雨量分布情况，7个水生态一级区分别命名为：东北温带亚湿润区（109.38万km^2）、华北东部温带亚湿润区（71.64万km^2）、华北西部温带亚干旱区（95.41万km^2）、西北温带干旱区（204.8万km^2）、华南东部亚热带湿润区（123.32万km^2）、华南西部亚热带湿润区（117.16万km^2）和西南高原气候区（299万km^2），编号分别为Ⅰ、Ⅱ、Ⅲ、Ⅳ、Ⅴ、Ⅵ、Ⅶ。考虑到热带面积较小，仅在我国海南省和云南、广东、台湾南部有分布，在水生态一级区的划分中，将其与亚热带合在一起考虑，并以亚热带来命名。

2. 水生态二级区的划分

在水生态一级区划分的基础上，依据全国水资源分区和生态功能区划来划分水生态二级区。划分二级区时，重点考虑区域间的水资源条件、人类活动强度、经济社会布局以及生态结构类型在空间上的分布差异，并参考全国50个重要生态功能区划及水资源综合规划分区成果。

全国水资源分区有机结合了流域分区与行政分区，保持了流域分区与行政分区的统分性、组合性与完整性。全国按流域水系划分为10个水资源一级区；在一级区划分的基础上，按基本保持河流完整性的原则，划分为80个二级区；结合流域分区与行政区域，进一步划分为214个三级区。为满足按照流域和行政分区同时进行水资源评价和规划的要求，以水资源三级区套地级行政区界线，全国共划分为1055个计算分区。

全国生态功能区划生态功能一级区共有3类31个区，包括生态调节功能区、产品提供功能区与人居保障功能区。生态功能二级区共有9类67个区。其中，包括水源涵养、土壤保持、防风固沙、生物多样性保护、洪水调蓄等生态调节功能，农产品与林产品等产品提供功能，以及大都市群和重点城镇群人居保障功能二级生态功能区。生态功能三级区共有216个。

根据全国水资源分区和生态功能区划成果，在每个水生态一级区内，依据气候、降雨、人口密度、大城市分布情况等，将全国分为34个水生态二级区。其分布情况为：东北温带亚湿润区5个，华北东部温带亚湿润区4个，华北西部温带亚干旱区4个，西北温带干旱区5个，华南东部亚热带湿润区6个，华南西部亚热带湿润区5个，西南高原气候区5个。类型区的范围，以水资源综合规划三级区套地级行政区划为基本单元具体划分，并以习惯地理地貌名称命名。

划分的水生态二级区代码由3位字符组成，从左到右，第1位为罗马数字（Ⅰ、Ⅱ、Ⅲ、Ⅳ、Ⅴ、Ⅵ、Ⅶ），代表水生态一级区代码；第2、3两位为阿拉伯数字，代表水生态二级区代码。仅含有第一位数码时，表示编至水生态一级区的代码。比如，表6.1中“三江平原”的代码为“Ⅰ-01”，“淮河平原”的代码为“Ⅱ-04”。

6.1.1.3 分区体系

应用以上分区方法，划定全国水生态功能区，形成水生态一级区、水生态二级区及各类型水生态功能区的全国水生态分区体系。由于我国的自然地理和水资源条件空间差异显著，各地经济社会发展状况差异较大，因此各地的水生态状况及其存在的问题也有明显的差别。划分水生态功能区，既能反映出同种水生态类型区的不同水生态状况，又能反映多个水生态类型区的相似功能特征。从流域和河段的不同层面出发，明确各类型水生态功能区保护与修复的原则和重点，进而提出相应的保护与修复对象、目标、要求和措施对策。全国水生态区划分成果体系，见表6.1、表6.2和图6.1。

表6.1 全国水生态区划分一览表

水生态一级区	水生态二级区					
	序号	名　称	气候分区	降雨量（mm）	分区面积（万 km^2）	涉及的省级行政区
Ⅰ．东北温带亚湿润区	1	三江平原	中温带	600	9.78	黑
	2	小兴安岭—长白山	中温带	500～1000	25.68	黑、吉、辽
	3	松嫩平原	中温带	400～700	23.92	黑、吉
	4	大兴安岭	中温带、寒温带	400～500	38.61	蒙、黑
	5	辽河平原	中温带	400～800	11.39	蒙、吉、辽
Ⅱ．华北东部温带亚湿润区	1	环渤海丘陵	暖温带	400～1000	15.46	冀、辽、鲁
	2	太行山燕山伏牛山山区	暖温带	400～900	23.84	冀、晋、豫、京、蒙、津
	3	黄河—海河平原	暖温带	500～600	16.04	冀、鲁、豫、津、京
	4	淮河平原	暖温带	700～1400	16.3	皖、豫、苏、鲁
Ⅲ．华北西部温带亚干旱区	1	内蒙古高原	中温带	100～500	40.51	蒙、冀
	2	宁蒙灌区	中温带	200～400	7.74	蒙、宁
	3	黄土高原	中温带、暖温带	200～700	38.13	甘、蒙、陕、晋、宁
	4	汾渭谷地	暖温带	500～800	9.03	晋、陕
Ⅳ．西北温带干旱区	1	祁连山—河西走廊	中温带、高原气候区	25～600	34.88	甘、青、蒙
	2	阿尔泰山	中温带	200～1000	10.26	新
	3	天山	中温带、暖温带	25～1000	63.88	新
	4	西北荒漠	中温带、暖温带	25～200	58.22	新、蒙
	5	昆仑山北麓	高原气候区、暖温带	25～300	37.56	新
Ⅴ．华南东部亚热带湿润区	1	大别山—桐柏山	北亚热带	800～1400	10.1	鄂、豫
	2	长江中下游平原	北亚热带	1000～1800	23.95	鄂、赣、皖、湘、苏
	3	长江三角洲	北亚热带	1000～1600	9.7	苏、浙、沪
	4	浙闽台丘陵	中亚热带、南亚热带	1000～2000	27.08	闽、浙、台、皖、赣
	5	南岭—江南丘陵	中亚热带、南亚热带	1200～2000	27.33	湘、赣、粤、桂、闽
	6	华南沿海	南亚热带、热带	1000～3000	25.16	粤、桂、琼、港、澳

续表

水生态一级区	水生态二级区					
	序号	名称	气候分区	降雨量（mm）	分区面积（万 km²）	涉及的省级行政区
Ⅵ．华南西部亚热带湿润区	1	秦巴山地	北亚热带	600～1000	18.38	鄂、渝、川、陕、甘
	2	四川盆地及三峡库区	中亚热带	700～1400	22.4	川、渝、鄂
	3	云贵高原	中亚热带	800～1600	41.02	川、滇、鄂、湘、渝、贵、黔
	4	黔桂山地	中亚热带、南亚热带	1000～2000	15.66	桂、黔、滇
	5	滇南谷地	南亚热带、热带	1000～4000	19.7	滇
Ⅶ．西南高原气候区	1	柴达木盆地一青海湖	高原气候区	25～600	30.38	青
	2	三江源	高原气候区	200～800	31.87	青
	3	横断山	高原气候区	400～1500	49.11	川、藏、滇
	4	羌塘高原	高原气候区	100～400	73.46	藏、新、青
	5	藏南谷地	高原气候区	100～1500	44.18	藏

表 6.2　水生态分区对应水资源分区表

水生态一级区	序号	水生态二级区	面积（万 km²）	省级行政区名	水资源二级区	水资源三级区	备注
Ⅰ．东北温带亚湿润区	1	三江平原	9.78	黑	松花江（三岔口以下）	通河至佳木斯区间	七台河、佳木斯
						佳木斯以下	
					黑龙江干流	黑龙江干流	佳木斯、鹤岗
					乌苏里江	穆棱河口以上	鸡西
						穆棱河口以下	
	2	小兴安岭长白山	25.68	黑、辽、吉	嫩江	尼尔基以上	黑龙江
					黑龙江干流	黑龙江干流	黑河、伊春
					松花江（三岔口以下）	牡丹江	吉林、黑龙江
						通河至佳木斯区间	哈尔滨、伊春
					乌苏里江	穆棱河口以上	牡丹江
					绥芬河、图们江		绥芬河、图们江
					第二松花江	二松丰满以上	
					浑太河	浑河	抚顺
						太子河	抚顺、本溪、丹东
					鸭绿江		

续表

水生态一级区	序号	水生态二级区	面积（万 km^2）	省级行政区名	水资源二级区	水资源三级区	备注
Ⅰ.东北温带亚湿润区	3	松嫩平原	23.92	黑、吉	嫩江	尼尔基至江桥	黑龙江
						江桥以下	黑龙江、吉林
					松花江干流	松干三岔口至通河	
					第二松花江	二松丰满以下	
	4	大兴安岭	38.61	蒙、黑	嫩江	尼尔基以上	内蒙古
						尼尔基至江桥	内蒙古
						江桥以下	内蒙古
					额尔古纳河	呼伦湖水系	
						海拉尔河	
						额尔古纳河干流	
					黑龙江干流		大兴安岭地区
	5	辽河平原	11.39	蒙、吉、辽	西辽河	乌力吉木仁河	吉林
						西辽河下游	
					东北沿黄渤海诸河		内蒙古
					东辽河		
					辽干		
					浑太河	浑河	不含抚顺
						太子河	不含抚顺、本溪、丹东
Ⅱ.华北东部温带亚湿润区	1	环渤海丘陵	15.46	冀、辽、鲁	东北沿黄渤海诸河	辽东沿黄渤海诸河	
						辽西沿黄渤海诸河	不含内蒙古
					西辽河	西拉木伦河及老哈河	辽宁
					滦河及冀东沿海	滦河山区	秦皇岛、辽宁
					黄河花园口以下	黄河大汶河	
					沂沭泗河	湖东区	
						沂沭河区	山东
						日赣区	山东
					山东半岛沿海诸河	胶东诸河	
	2	太行山燕山伏牛山山区	23.84	京、津、冀、蒙、晋、豫	滦河	滦河山区	不含秦皇岛、辽宁省部分
					滦河及冀东沿海	滦河山区	内蒙古
					海河北系	北三河山区	
						永定河山区	
					海河南系	南系山区	
					黄河龙门至三门峡	龙门至三门峡干流区间	河南
					三门峡至花园口		不含陕西
					淮河中游	王蚌区间北岸	郑州、洛阳、平顶山

续表

水生态一级区	序号	水生态二级区	面积（万 km^2）	省级行政区名	水资源二级区	水资源三级区	备注
Ⅱ.华北东部温带亚湿润区	3	黄河—海河平原	16.04	京、津、冀、鲁、豫	滦河及冀东沿海	滦河平原	
					海河北系	海河北系平原	
					海河南系	大清河淀西平原	
						子牙河平原	
						漳卫河平原	
					海河南系	大清河淀东平原	
						黑龙港及运东平原	
					徒骇马颊河		
					黄河花园口以下		不含大汶河三级区
					山东半岛沿海诸河	小清河区	
	4	淮河平原	16.3	苏、皖、鲁、豫	淮河中游		不含郑州、洛阳、平顶山
					沂沭泗河	湖西区	
						中运河区	
						沂沭河区	江苏
						日赣区	江苏
Ⅲ.华北西部温带亚干旱区	1	内蒙古高原	40.51	蒙、冀	西辽河	西拉木伦河及老哈河	不含辽宁
						乌力吉木伦河	内蒙古，不含吉林
					内蒙古内陆河	内蒙古高原东部	
						内蒙古高原西部	
	2	宁蒙灌区	7.74	宁、蒙	黄河兰州至河口镇	下河沿至石嘴山	宁夏
						石嘴山至河口镇南岸	乌海市
						石嘴山至河口镇北岸	
	3	黄土高原	38.13	甘、陕、宁、晋、蒙	黄河龙羊峡至兰州	大夏河、洮河	甘肃
						龙羊峡至兰州干流	甘肃
					河西内陆河	石羊河	宁夏
					黄河兰州至河口镇	兰州至下河沿	
						清水河、苦水河	
						下河沿至石嘴山	内蒙古
						石嘴山至河口镇南岸	鄂尔多斯市
					黄河内流区		
					黄河河口镇至龙门		
					黄河龙门至三门峡	北洛河状头以上	
						泾河张家山以上	
						渭河宝鸡峡以上	

续表

水生态一级区	序号	水生态二级区	面积（万 km^2）	省级行政区名	水资源二级区	水资源三级区	备注
Ⅲ. 华北西部温带亚干旱区	4	汾渭谷地	9.03	晋、陕	黄河龙门至三门峡	汾河	
						龙门至三门峡干流区间	不含河南
						渭河宝鸡峡至咸阳	
						渭河咸阳至潼关	
					三门峡至花园口		陕西
Ⅳ. 西北温带干旱区	1	祁连山—河西走廊	34.88	甘、青、蒙	黄河龙羊峡至兰州	黄河大通河、湟水	
					河西内陆河	石羊河	不含宁夏
						黑河	
						疏勒河	
	2	阿尔泰山	10.26	新	阿尔泰山南麓诸河		
					中亚西亚内陆河	额敏河	
	3	天山	63.88	新	中亚西亚内陆河	伊犁河	
					天山北麓诸河		
					吐哈盆地小河	吐鲁番盆地	
						巴伊盆地	
						哈密盆地	
					塔里木河源	喀什噶尔河	
						阿克苏河	
						渭干河	
						开孔河	
					塔里木河干流		
	4	西北荒漠	58.22	蒙、新	河西内陆河	河西荒漠区	
					古尔班通古特荒漠区		
					塔里木盆地荒漠区		
	5	昆仑山北麓	37.56	新	塔里木河源	和田河	
						叶儿羌河	
					昆仑山北麓小河		
					柴达木盆地	柴达木盆地西部	新疆部分
Ⅴ. 华南东部亚热带湿润区	1	大别山—桐柏山	10.1	豫、鄂	淮河上游（王家坝以上）	王家坝以上南岸	
					汉江	唐白河	
						丹江口以上	河南
						丹江口以下干流	南阳、襄樊
					长江宜昌至湖口	武汉至湖口左岸	信阳、随州、黄冈
						宜昌至武汉左岸	襄樊

续表

水生态一级区	序号	水生态二级区	面积（万 km^2）	省级行政区名	水资源二级区	水资源三级区	备　注
V. 华南东部亚热带湿润区	2	长江中下游平原	23.95	鄂、赣、湘、苏、皖	洞庭湖水系	湘江衡阳以下	长沙、湘潭
						洞庭湖环湖区	
						沅江浦市镇以下	常德市
					鄱阳湖水系	修水	
						赣江峡江以下	
						鄱阳湖环湖区	
					汉江	丹江口以下干流	不含南阳、十堰、襄樊、神农架
					长江宜昌至湖口	宜昌至武汉左岸	不含襄樊
						武汉至湖口左岸	不含信阳、随州、黄冈
						城陵矶至湖口右岸	
					长江湖口以下干流	巢滁皖及沿江诸河	
						青弋江、水阳江诸河	不含黄山、宣城、池州
					淮河下游	高天区	
	3	长江三角洲	9.7	苏、浙、沪	淮河下游	里下河区	
					长江湖口以下干流	通南及崇明诸岛	
					太湖水系		不含安徽
					钱塘江	富春江水库以下	杭州、宁波、绍兴
					浙东诸河		宁波、绍兴
	4	浙闽台丘陵	27.08	浙、皖、闽、赣、台	鄱阳湖水系	信江	
						饶河	
					长江湖口以下干流	青弋江、水阳江诸河	黄山、宣城、池州
					太湖水系	湖西及湖区	安徽
					钱塘江	富春江水库以上	
					闽江	闽江上游	
					鄱阳湖水系	赣江栋背椅上	福建
					钱塘江	富春江水库以下	金华、台州
					浙东诸河		台州、舟山
					浙南诸河		
					闽东诸河		
					闽江	闽江下游	
					闽南诸河		
					台澎诸河		

续表

水生态一级区	序号	水生态二级区	面积（万 km^2）	省级行政区名	水资源二级区	水资源三级区	备　注
Ⅴ.华南东部亚热带湿润区	5	南岭—江南丘陵	27.33	桂、湘、粤、赣、闽	洞庭湖水系	资水冷水江以下	
						湘江衡阳以下	不含长沙、湘潭
					鄱阳湖水系	赣江栋背至峡江	
						抚河	
					洞庭湖水系	资水冷水江以上	
						湘江衡阳以上	
					鄱阳湖水系	赣江栋背以上	不含福建
					西江	桂贺江	不含广东、广西梧州
					北江	大坑以上	
					东江	秋香江口以上	
					韩江及粤东诸河	白莲以上	
	6	华南沿海	25.16	桂、粤、琼、港、澳	郁江	左江及郁江干流	不含百色
					西江	黔浔江及西江梧州以下	
						桂贺江	广东、广西梧州
					北江	大坑口以下	
					东江	秋香江口以下	
					珠江三角洲		不含澳门、香港
					韩江及粤东诸河	韩江白莲以下	
					粤西桂南诸河		
					海南岛及南海各岛诸河		
					珠江三角洲	澳门、香港	
Ⅵ.华南西部亚热带湿润区	1	秦巴山地	18.38	鄂、渝、川、陕、甘	黄河龙羊峡以上		四川，甘肃
					嘉陵江	广元昭化以上	
						涪江	阿坝州
						渠江	陕西
						广元昭化以下	陕西
					长江宜宾至宜昌	宜宾至宜昌干流	湖北
					汉江	丹江口以上	不含河南
						丹江口以下干流	十堰、神农架
	2	四川盆地及三峡库区	22.4	渝、川、鄂	岷沱江	青衣江、岷江干流	不含阿坝州、雅安
						沱江	
					嘉陵江	涪江	不含阿坝州
						渠江	不含陕西
						嘉陵江广元昭化以下	不含陕西
					长江宜宾至宜昌	宜宾至宜昌干流	四川
						宜宾至宜昌干流	重庆、湖北

续表

水生态一级区	序号	水生态二级区	面积（万 km^2）	省级行政区名	水资源二级区	水资源三级区	备　注
Ⅵ. 华南西部亚热带湿润区	3	云贵高原	41.02	川、滇、鄂、湘、渝、贵、黔	金沙江石鼓以下	石鼓以下干流	不含甘孜、迪庆、丽江、大理
					乌江		
					长江宜宾至宜昌	赤水河	
						宜宾至宜昌干流	贵州、云南
					长江宜昌至湖口	清江	
					洞庭湖水系	澧水	
						沅江浦市镇以下	不含常德市
						沅江浦市镇以上	
					红柳江		湖南
					南北盘江		
	4	黔桂山地	15.66	桂、滇、黔	红柳江		不含湖南
					郁江	右江	
						左江及郁江干流	百色
					红河		广西（百色）
	5	滇南谷地	19.7	滇	澜沧江	沘江口以下	
					怒江及伊洛瓦底江	怒江勐古以下	
						伊洛瓦底江	德宏州、保山州
					金沙江石鼓以下	石鼓以下干流	大理
					红河		不包括广西
Ⅶ. 西南高原气候区	1	柴达木盆地—青海湖	30.38	青	柴达木盆地		不包括新疆
					青海湖水系		
	2	三江源	31.87	青	黄河龙羊峡以上		青海
					黄河龙羊峡至兰州	龙羊峡至兰州干流	青海
						大夏河、洮河	青海
					金沙江石鼓以上	通天河	
						直门达至石鼓	
					金沙江石鼓以下	雅砻江	青海
					岷沱江	大通河	青海
					澜沧江	沘江口以上	青海
	3	横断山	49.11	川、藏、滇	金沙江石鼓以上	金沙江直门达至石鼓	不含青海
					澜沧江	沘江口以上	云南、西藏
					怒江及伊洛瓦底江	怒江勐古以上	
						伊洛瓦底江	林芝地区、怒江州
					金沙江石鼓以下	雅砻江	不含青海
						金沙江石鼓以下干流	含甘孜、迪庆、丽江
					岷沱江	大渡河	四川
						青衣江、岷江干流	含雅安、阿坝

续表

水生态一级区	序号	水生态二级区	面积（万 km^2）	省级行政区名	水资源二级区	水资源三级区	备注
Ⅶ.西南高原气候区	4	羌塘高原	73.46	青、藏、新	羌塘高原内陆河		
					藏西诸河		新疆
	5	藏南谷地	44.18	藏	雅鲁藏布江	拉孜至派乡	
						拉孜以上	
						派乡以下	
					藏南诸河		
					藏西诸河		西藏

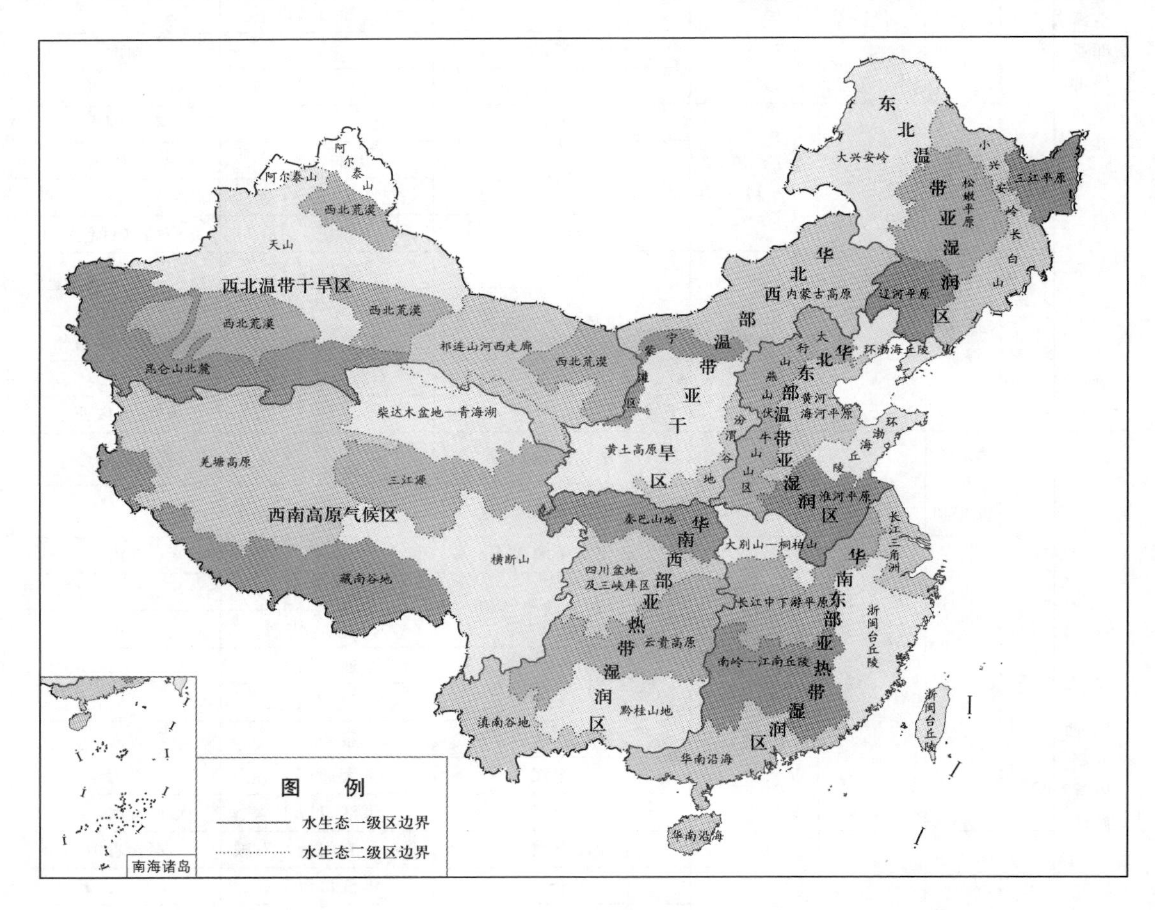

图6.1 全国生态分区示意图

6.1.2 水生态功能类型及水生态分区功能定位

6.1.2.1 水生态功能类型划分

我国区域间自然地理和水资源条件差异显著，各地经济社会发展水平存在一定差别，因此导致区域水生态状况及面临的生态环境问题也各不相同，水生态功能表现形式复杂多样。需要在高度概括我国各地区水生态系统特点，充分辨识区域生态系统结构及其演化过程与生态功能空间分异规律的基础上来划分水生态功能类型。

在水生态二级分区的基础上，以水生态的修复和保护为原则，对各分区的生态功能进行定位。结合各生态分区的实际情况，与环保部2003年生态功能相对应，对全国水生态功能进行分类，划分出水源涵养、河湖生境形态修复、物种多样性保护、地表水利用、拦沙保土、水域景观维护、地下水保护7种水生态功能类型。

不同水生态功能类型代表了区域不同的水生态系统结构和特征，反映了各水生态区对当地经济社会的贡献和作用。因此，充分认识各类水生态功能的特征是制定科学的水生态保护与修复对策的前提。下面具体介绍各类水生态功能。

1. 水源涵养

水源涵养主要指重要江河水源头区及其境内森林、湿地、草地等生态系统，海拔较高山区冰川雪峰等众多江河的重要水源。我国主要河流上游和重要水源补给区具有强大的水源涵养和径流调节能力，其境内的森林、湿地、草地等生态系统素有“绿色水库”之称，具有截留降水、增强土壤下渗、抑制林地地面蒸发、缓和地表径流状况以及增加降水等功能，表现出较强的水文效应。水源涵养功能对维持江河流量和河流、湖泊生态系统健康具有决定性意义，对江河中下游平原区经济社会发展及饮用水源的供水保障也起到关键性作用。水源涵养功能在流域层面和河段层面均有所体现。

我国重要的水源涵养水生态功能区主要包括大兴安岭，小兴安岭—长白山区，东西辽河及滦河上游，淮河源，秦巴山地、大别山，珠江（东江、西江、北江）的上游，南岭山地，海南省中部山区，渭河上游，黑河、疏勒河、石羊河上游，长江—黄河—澜沧江三江源区，塔里木河源，藏南谷地雅鲁藏布江上游，横断山区，以及南水北调水源区和密云水库上游等，要加强对上述区域的植被保护，充分发挥其水源涵养功能。

2. 河湖生境形态修复

河湖生境形态修复是指河湖形态维持、河湖连通性保障、湿地面积维持和河口生态保护、生态需水的水质与水量保障。河湖生境是水生生物生存繁衍的空间与栖息场所，对其进行保护的目的是为了确保水生生态系统拥有足够的生存空间，避免由于人类过度开发利用水资源或压缩水域空间而导致其长期处于亚健康状况或濒临灭绝的恶性后果。基于此，在水生态区划过程中，河湖生境形态修复功能具体包括以下几个方面的具体内容：河湖形态与连通性保障、湿地与河口生态保护、生态需水的水质与水量保障。其中，仅体现在流域层面的水生态功能为湿地、河口生态保护，仅体现在河段层面上水生态功能为河湖形态维持、河湖连通性保障，在两种层面均有体现的水生态功能为生态需水保障。

我国具有重要意义的河湖生境形态修复功能区主要包括东北平原沼泽、湿地区，华北平原及河谷灌区，西北内陆河湖及湿地，江南与华南沿海平原、湿地、三角洲，西南高原湖泊区等。要加强对上述区域的水资源合理配置，确保满足生态用水需求。

3. 物种多样性保护

物种多样性保护主要指河湖水域珍稀、濒危动植物物种的多样性保护，国家自然保护区和国家水产种质资源保护区的保护。生物多样性就是地球上的生物所有形式、层次、联合体中生命的多样化程度。也就是生物和它们所组成的系统的总体多样性和变异性。生物多样性包括三个层次：基因多样性、物种多样性和生态系统多样性。规划重点考虑了物种多样性保护。物种多样性是人类社会赖以生存和发展的物质基础，是全人类共有的宝贵财富。保护物种多样性既维护了自然界的生态平衡，也保护了人类生存和社会发展的基石，即保护了人类自身。水是生命之源，是维持物种多样性最基本的生态要素。在我国水资源充沛、自然条件较优越的地区，加强物种多样性保护工作。物种多样性保护功能在流域和河段两个层面均有体现。

我国具有重要作用的物种多样性保护功能区主要包括东北平原湖沼、洼地、山区岭地，黄土高原、内蒙古高原，西北干旱区山地，长江中下游平原，华南沿海地区，秦巴山地，川西高山峡谷，滇西南横断山区，青海湖，羌塘高原北部、南部山麓地区，三江源区，藏南峡谷等。加强物种多样性保护是保护自然、保护地球，即保护人类自身生存环境的重要组成部分。

4. 地表水利用

地表水利用主要指河道外城市群及重点灌区的生活、生产和生态用水的供水水质和水量保障。地表水主要包括江河、湖泊、水库和海洋水。本书主要考虑前三种，重点针对江河湖库对大都市群与重点城镇群及主要灌区、水产品提供区的生产、生活、生态用水的供水功能。地表水是城市、工业及农业灌溉的主要水源，一般水量丰富，但水质易受环境污染。江河水水量较大，但流量和水位变化较大，水的浊度高、硬度低。湖泊和水库水悬浮物少，浑浊度低。高地水库不易受城市和农田污染，易于保护，水质优良，但综合利用水库易受污染，水质较差。地表水利用功能是经济社会发展的基础和人民安居乐业的保障。地表水利用功能在流域层面和河段层面均有体现，其中城市群和重点灌区的用水保障主要体现在流域层面，而水产品提供区的用水保障主要体现在河段层面。

我国重要的地表水保障水生态功能区主要包括东北平原，环渤海丘陵地区，华北平原，宁蒙灌区，汾渭谷地，长江中下游平原，江南丘陵，华南沿海，四川盆地，京津冀、长三角、珠三角大都市群，以及辽中南、胶东半岛、关中、乌鲁木齐、中原、武汉、成都、滇中等重点城镇群。

5. 拦沙保土

拦沙保土是指国家水土保持重点治理区和西北地区土地沙化、盐碱化和防风固沙地区。土壤保持是江河治理和国土整治的根本，是防洪保安的重要屏障，也是维系水生态系统安全的主体措施，对维护河湖健康具有重要的作用。土壤保持能有效保护和培育水土资源；减少水旱灾害发生的频率，并降低其破坏程度；减少洪水、滑坡、泥石流等自然灾害对水工程的破坏，提高水工程效益；有效防止水土流失，减少湖库淤积和河流含沙量，提高水环境质量，从而改善生态环境，实现生态系统的良性循环。拦沙保土功能主要体现在流域层面。

我国对国家生态安全具有重要作用的拦沙保土功能区主要包括西辽河一柳河，山东半岛胶东诸河丘陵，太行山东部，西北内陆河流域及干旱荒漠区，江南红壤丘陵区，浙南一闽东丘陵，黄土高原，陕北一晋西南丘陵，四川盆地东部丘陵和盆周山地地区，西南喀斯特地区，金沙江干热河谷，湟水谷地等。要加强对上述区域的土壤保持力度，保障生态安全。

6. 水域景观维护

水域景观维护是指国家级风景名胜区、世界自然遗产、国家地质公园、涉水景观生态系统，包括部分人工水域景观。大江大河源头、深山峡谷瀑布、天然湖泊沼泽等自然水域充分展现了大自然的鬼斧神工与多姿多彩，这些自然水域景观不仅环境优美，能有效带动区域旅游业和经济发展，而且对当地的水生态系统也具有重要意义。长期以来，人类在与水灾害作斗争的过程中修建了大量的水工程设施，如何在充分发挥水工程巨大经济社会效益的同时，有效保护当地的生态环境，是今后水资源管理和保护工作的重点课题。基于以上考虑，今后应进一步加强对各类人工水域景观的水生态调控，特别是对于大型水利枢纽以及水工程密集的区域，形成特殊的人工水域景观生态系统，进而有效推动区域旅游业的发展和生态环境的改善。水域景观维护功能在流域层面和河段层面均有体现。

我国重要的水域景观维护水生态功能区主要有黄河壶口瀑布、桂林山水、黄果树瀑布、西南喀斯特石林景观。可观赏动植物资源丰富的山区，主要指国家级风景名胜区、国家森林公园和地质公园、世界自然遗迹及三峡、葛洲坝、都江堰大型水工程形成的人工水域景观等。

7. 地下水保护

地下水保护是指引起环境灾害的地下水超采、地下水污染和海水入侵的地区。地下水是地球水资源的一部分，与大气降水资源和地表水资源密切联系，互相转化，河流、湖泊等地表水的水量、水质状况与地下水的水环境质量直接相关。因此，要实现河湖生态系统健康，还应该将地下水资源的合理开发利用与有效管理纳入到水资源综合规划与管理体系中来。要做到合理开发利用地下水，应注意以下几点：①开采量要小于开采条件下的补给量，不过量开采，否则将造成地下水水位持续下降，区域降落漏斗形成并不断扩大、加深，水井出水量减少，甚至于水资源枯竭；②远离污染源，并注意避免造成海水或高矿化水入侵到淡水含水层，否则将造成地下水污染，水质恶化以致不能使用；③全面考虑供需数量、开源与节流、供水与排水、水源地保护等问题，实现地表水资源和地下水资源联合调度。此外，还要通过法律、经济、行政、科技等手段和途径，对地下水资源进行有效的管理。地下水保护功能主要体现在流域层面。

我国重要的地下水保护功能区主要分布在辽河平原，环渤海地区，华北平原，黄河中上游重要灌区，西北石羊河、黑河中下游地区，长三角地区等，应加强对这些地区的地下水资源保护。

6.1.2.2 各类水生态功能问题分析

在划分水生态功能类型的基础上，根据划定的全国水生态功能区具体情况，深入分析其面临的生态环境问题（表6.4），以便于在概括总结同类型水生态功能区的共性问题，制定具有指导性意义的保护与修复对策。同时，也使所制定的措施更具有针对性和可操作性。

1. 水源涵养型水生态功能区

在人类活动干扰强度较大的水源涵养区，如东北大小兴安岭、淮河源、秦巴山地、南岭山地、珠江源等，由于森林资源过度开发，林种多样性结构改变，造成水源涵养能力衰退，水生态功能严重破坏；内蒙古天然草原由于过度放牧，导致草场退化、土地沙化、土壤侵蚀严重。

随着全球气候变暖的效果日益显著，我国祁连山脉、阿尔泰山、天山山脉、昆仑山脉等西北内陆水源涵养区出现了冰川后退、雪线上升现象。此外，由于当地的植被种类单一、结构简单、生态脆弱，加上雪灾、风蚀、病虫害及滑坡等自然灾害频发，造成西北地区的一些水源涵养区生态系统遭受破坏，且较难恢复。

我国西南地区大江大河源头及山区林地，多属中亚热带季风气候区，雨量充沛，植被茂盛，水源涵养生态功能较强。但是，滑坡、泥石流等自然灾害频发，对植被破坏较大，降低了生态系统功能。

2. 河湖生境形态修复型水生态功能区

大量水工程的修建破坏了河湖水系连通，阻隔了洄游鱼类的通道，导致河湖生态系统支离破碎化，直接影响水生生物生活史（如产卵、发育等）的完成，并导致河流水文情势发生较大变化，使适应于原河道自然条件的土著鱼类生境（如产卵场、越冬场和索饵场）被大幅度压缩。

受人类活动和自然因素的影响，如围垦、淤积等，造成湖泊、湿地、河口面积不断萎缩，补给水源不足，水质恶化，从而间接降低其洪水调蓄、物种多样性保护、地下水补给、水质净化等功能，威胁生态系统安全。强烈的人类活动还显著改变沿河生态水文和气候，进而引发流域上下游和河口水文特征的变化。在我国北方地区，以黄河、海河平原为例，降雨量不足，且年际、年内变化大，同时人口集中、工农业发达，对水源需求旺盛，造成生态用水被大量挤占，下游湿地、河口萎缩，生态系统稳定性遭受破坏。而在西北内陆河区，因天然降水量少，气候极度干旱，冰川融水补给量季节变化显著，水量蒸发、下渗损失量大，加以绿洲灌溉等生产用水消耗，许多内陆河河岸带萎缩，有的甚至中途消亡，成为无尾河；河流下游湖泊因得不到水源补给，水面面积不断减小，甚至干涸，生态系统严重退化。

3. 物种多样性保护型水生态功能区

随着人类生产和经济活动的加剧，如大面积滥伐森林、毁林开荒、围湖造田、过度放牧及盲目建造水库、高速公路、铁路等，致使生物的栖息环境受到严重的破坏和改变。一方面造成生物适宜的栖息环境减少，另一方面使生物的栖息环境破碎化、岛屿化，导致物种濒危或灭绝。部分地区为了片面追求经济效益，乱捕滥猎和乱采滥挖现象十分严重，如我国淡水鱼类资源由于长期过度捕捞，种群数量持续下降，并难以回升。

环境污染、气候变化、水质恶化等导致物种濒危或灭绝的同时，外来物种入侵，在国内自然或人为生态系统定居、繁殖和扩散，破坏本地生态平衡，抑制它类生物的生长，造成本地优势种群数量减少，甚至摧毁生态系统。

4. 地表水利用型水生态功能区

人口增加、城镇化建设等使得大都市群、重点城镇群规模不断扩大，城镇生产、生活用水不断增加，一方面挤占天然生态用水，另一方面城镇排放的大量生产、生活污水，如不能很好地处理利用，又会造成严重的水污染，给生态环境带来威胁。

盲目扩大灌区面积，造成农业用水量大幅增加，生态环境用水保证率下降，生态退化加剧。尤其是在西北干旱、半干旱地区，绿洲农业的不合理发展使得原本短缺的水资源供给进一步紧张，水资源矛盾更加尖锐化。

过度捕捞造成渔业资源衰退，甚至导致某些物种濒临灭绝；网箱养鱼等水产品养殖过程中投放的饲料、肥料是造成湖库富营养化及近海赤潮频发的重要氮、磷污染源；水产品养殖所产生的重金属、病原微生物及有机污染物严重影响地表水水质。

5. 拦沙保土型水生态功能区

土壤流失是全球性的环境破损和地力衰退的主要原因，我国是世界上土壤流失最严重的国家之一。总体来看，我国土壤流失的原因主要包括：①自然水文地质与气候条件的影响。我国江南红壤丘陵区、黄土高原、西南石漠化及喀斯特区，土质疏松，易受冲刷，区域性土壤流失严重；西北内陆及荒漠地区降水稀少，气候干旱，土壤沙化严重。②过伐、过垦、过牧导致植被破坏严重，造成土壤流失，如大兴安岭东南地区、四川盆地东部丘陵和盆周山地地区、阴山山脉西部地区等。③水资源不合理开发利用及大型水工程建设，导致生态环境恶化，造成土壤流失，如三峡库区、长江中游南岭地区等。

土壤流失造成土地严重退化，包括量的减少和质的退化。黄土高原每年因水土流失带走的氮、磷、钾养分就达3800万t，相当于全国每年生产的化肥总量；辽西低山丘陵区每年冲走的氮、磷、钾，折合化肥26.8万t，冲走有机质85万t；南方山地丘陵区，由于水土流失，不少地方的土壤有机质含量降至0.3%～0.5%。水土流失还导致生态恶化，加剧地区贫困程度，形成“越穷越垦，越垦越穷”的恶性循环。同时，化肥、农药被带入江河、湖库、海洋，造成湖泊、海域富营养化，严重污染地表水水质。西北内陆区由于水资源的过度开发利用导致河流下游来水量减少、河道断流、草场退化、植被枯死、土地荒漠化，加剧生态脆弱性，沿河湖泊、湿地生态系统遭受威胁。

6. 水域景观维护型水生态功能区

河川整治等水工程将河道裁弯取直、堤防加固，改变了河流天然河道及水文、水动力条件，破坏水生生物栖息地，减少了生物多样性；修筑大坝、引水发电等工程人为地改变了河流原有的物质场、能量场、化学场和生物场，直接影响生物要素在河流中的生物地球化学行为，进而改变河流生态系统的物种构成、栖息地分布以及相应的生态功能。人工水域景观旅游业的发展及大量游客的到来一定程度上干扰了当地动植物的正常生长、繁殖，并对生物栖息地产生一定的影响；船舶油污、垃圾污染及景区水上摩托艇、划船、垂钓、潜水等水上运动项目的开展给景区水生态环境带来巨大冲击。

对自然水域景观保护区、风景名胜区的不合理开发利用，破坏了水域原有的天然环境条件，影响物种多样性及生态系统稳定性；观光旅游项目和一些不文明的行为活动给景区带来不同程度的环境污染和生态破坏。

7. 地下水保护型水生态功能区

经济社会发展对水资源需求的持续增长导致地下水超采严重，形成大面积超采漏斗与地面沉降，地面坍塌、岩溶塌陷等地质灾害频发，海水入侵与环境污染造成地下水污染趋势加剧。

华北平原（黄淮海平原）、山西六大盆地、关中平原、松嫩平原、下辽河平原、西北内陆盆地的部分流域（石羊河、吐鲁番盆地等）、长江三角洲、东南沿海平原等地区的地下水超采造成众多泉水断流，部分水源地枯竭，其中华北平原深层地下水水位持续下降，储存资源濒临枯竭。上海、天津、苏—锡—常地区、西安等地长期超采地下水，造成弱透水层和含水层孔隙水位压力降低，黏性土层孔隙水被挤出，使黏性土层产生压密变形，而引起地面沉降。

大规模集中开采地下水以及矿山排水等，造成地面塌陷频繁发生，呈现向城镇和矿山集中的趋势，规模越来越大，损失不断增加。在环渤海地区、长江三角洲的部分沿海城市和南方沿海地区，由于过量开采地下水引起不同程度的海水入侵，呈现从点状入侵向面状入侵的发展趋势。海水入侵使地下水产生不同程度的咸化，造成当地群众饮水困难，土地发生盐渍化，农田减产甚至绝产。城市与工业“三废”排放量的迅速增加，农牧区农药、化肥的大量使用，导致我国地下水污染日益严重，呈现由点到面、由浅到深、由城市到农村的扩展趋势。各类水生态功能类型及面临的问题见表6.3。

表6.3 各类水生态功能类型及面临的问题

水生态功能类型	面临问题
水源涵养	源头区森林、湿地、草地资源过度开发，加上滑坡、泥石流等自然灾害和全球变暖的气候变化影响，导致植被破坏、草场沙化、土壤侵蚀、湿地萎缩、冰川后退、雪线上升等，生态功能退化
河湖生境形态修复	大量水工程的修建破坏河湖连通性，造成水生生境破碎化，阻断鱼类洄游通道，挤占鱼类“三场”；气候因素、围垦、淤积及上游水资源开发利用过度，造成下游河道断流、河口湿地萎缩、廊道和三角洲面积减小、湖泊干涸、水质恶化，水生态环境遭受不同程度的污染和破坏
物种多样性保护	乱捕滥猎和乱采滥挖以及由不合理的人类活动造成的生物栖息环境的破坏，直接或间接地造成了生物多样性丧失；环境污染、气候变化及外来物种入侵，打破了本地生态平衡，使当地生态系统物种多样性降低
地表水利用	城市化与工农业发展对水资源需求量不断增加，生态用水保证率降低，威胁下游湖泊、湿地、河口三角洲生态系统安全；过度捕捞造成渔业资源衰竭，养殖污染加剧河流、湖库等地表水体污染和富营养化
拦沙保土	过伐、过垦、过牧及水资源不合理开发利用，严重破坏地表植被，造成水土流失、草场退化、土地荒漠化及水库淤积等生态环境问题，并加剧地区贫困，给生态环境和经济社会发展带来巨大危害和阻力
水域景观维护	大型水工程阻断鱼类洄游通道，破坏河湖水系连通，造成水土流失与淤积，增加地质灾害发生频率，影响居地气候等；对景区的不合理开发给自然遗迹保护区、天然涉水风景名胜区带来不同程度的危害，景区开发造成一定程度的旅游污染与生态破坏
地下水保护	经济社会发展对水资源需求的持续增长导致地下水超采严重，形成大面积超采漏斗与地面沉降，地面坍塌、岩溶塌陷等地质灾害频发；海水入侵与环境污染造成地下水污染趋势加剧

6.1.2.3 全国水生态分区功能定位

在水生态二级区划分的基础上，对各分区进行水生态功能定位。考虑到诸多分区生态功能的双重性、多重性及在地理位置上的交错性、重叠性，对水生态功能区进行模糊划分。

水生态功能区的划定以水生态功能类型为主要依据，不在地理位置上直接划分，不给出具体的面积，只从生态功能角度进行模糊分区和描述，原则上每个水生态类型区所包含的水生态功能不超过4种，个别地区的特殊生态功能另算，并在功能区描述的时候给予文字说明。

全国共划分 83 个主要水生态功能类型区，其中东北温带亚湿润区 14 个，华北东部温带亚湿润区 12 个，华北西部温带亚干旱区 9 个，西北温带干旱区 10 个，华南东部亚热带湿润区 16 个，华南西部亚热带湿润区 13 个，西南高原气候区 9 个。

划分的水生态功能区代码由 5 位字符组成，从左到右，第 1 位为罗马数字（Ⅰ、Ⅱ、Ⅲ、Ⅳ、Ⅴ、Ⅵ、Ⅶ），代表水生态一级区代码；第 2、3 两位阿拉伯数字代表水生态二级区代码；第 4、5 两位阿拉伯数字是水生态功能区代码。仅含有前三位数码时，表示编至水生态二级区的代码；仅含有第一位数码时，表示编至水生态一级区的代码。比如，表 6.4 中淮河平原水生态二级区中“地表水利用区”的代码为“Ⅱ-04-02”。

表 6.4　　全国水生态功能区划分一览表

水生态一级区	水生态二级区		水生态功能区	
	序号	名称	序号	主要水生态功能类型
Ⅰ. 东北温带亚湿润区	1	三江平原	1	河湖生境形态修复
			2	物种多样性保护
	2	小兴安岭—长白山	1	水源涵养
			2	物种多样性保护
			3	水域景观维持
	3	松嫩平原	1	河湖生境形态修复
			2	地表水利用
			3	物种多样性保护
	4	大兴安岭	1	水源涵养
			2	物种多样性保护
	5	辽河平原	1	地表水利用
			2	河湖生境形态修复
			3	拦沙保土
			4	地下水保护
Ⅱ. 华北东部温带亚湿润区	1	环渤海丘陵	1	地表水利用
			2	地下水保护
			3	水源涵养
			4	拦沙保土
	2	太行山、燕山、伏牛山山区	1	水源涵养
			2	拦沙保土
	3	黄河—海河平原	1	地表水利用
			2	河湖生境形态修复
			3	地下水保护
	4	淮河平原	1	河湖生境形态修复
			2	地表水利用
			3	地下水保护

续表

水生态一级区	水生态二级区		水生态功能区	
	序号	名称	序号	主要水生态功能类型
Ⅲ.华北西部温带亚干旱区	1	内蒙古高原	1	物种多样性保护
			2	拦沙保土
	2	宁蒙灌区	1	河湖生境形态修复
	3	黄土高原	1	拦沙保土
			2	物种多样性保护
			3	水域景观维护
	4	汾渭谷地	1	地表水利用
			2	河湖生境形态修复
			3	地下水保护
Ⅳ.西北温带干旱区	1	祁连山—河西走廊	1	水源涵养
			2	河湖生境形态修复
			3	地下水保护
	2	阿尔泰山	1	水源涵养
			2	物种多样性保护
	3	天山	1	水源涵养
			2	地表水利用
			3	河湖生境形态修复
	4	西北荒漠	1	拦沙保土
	5	昆仑山北麓	1	水源涵养
Ⅴ.华南东部亚热带湿润区	1	大别山—桐柏山	1	水源涵养
			2	物种多样性保护
	2	长江中下游平原	1	物种多样性保护
			2	河湖生境形态修复
	3	长江三角洲	1	河湖生境形态修复
			2	地表水利用
			3	地下水保护
	4	浙闽台丘陵	1	水源涵养
			2	水域景观维护
			3	拦沙保土
	5	南岭—江南丘陵	1	水源涵养
			2	物种多样性保护
			3	拦沙保土
	6	华南沿海	1	物种多样性保护
			2	地表水利用
			3	水域景观维护

续表

水生态一级区	水生态二级区		水生态功能区	
	序号	名称	序号	主要水生态功能类型
Ⅵ. 华南西部亚热带湿润区	1	秦巴山地	1	水源涵养
			2	物种多样性保护
	2	四川盆地及三峡库区	1	地表水利用
			2	水域景观维护
			3	拦沙保土
			4	河湖生境形态修复
	3	云贵高原	1	物种多样性保护
			2	拦沙保土
			3	水域景观维护
			4	地表水利用
	4	黔桂山地	1	物种多样性保护
			2	地表水利用
	5	滇南谷地	1	物种多样性保护
Ⅶ. 西南高原气候区	1	柴达木盆地—青海湖	1	物种多样性保护
			2	河湖生境形态修复
	2	三江源	1	水源涵养
			2	物种多样性保护
	3	横断山	1	物种多样性保护
			2	水域景观维护
	4	羌塘高原	1	物种多样性保护
			2	河湖生境形态修复
	5	藏南谷地	1	物种多样性保护

6.2　水生态分区的关键生态指标阈值研究

6.2.1　指标阈值研究方法

6.2.1.1　水工程生态指标阈值的特点

水工程把水资源与人类社会经济活动联系起来，集中反映了水与人类活动之间的交互影响。一方面，人类的社会经济活动高度依赖于流域生态系统提供的各种服务功能；另一方面，人类的社会经济活动对流域生态系统的安全状况产生影响。人类活动和流域生态系统的安全状况的关系，见图6.2。

当人为干扰的强度小于生态系统的自调控阈值时，流域生态系统保持一种动态的平衡（A～B段），处于安全的状态；当人为干扰的强度超过生态系统的自调控阈值时，河湖生态系统结构和功能改变，流域生态系统安全状况受到损害，生态质量下降，处于临界状态

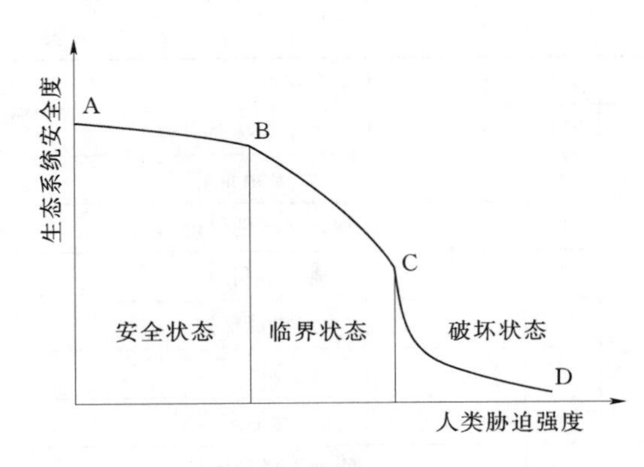

图 6.2 人类活动与河湖生态安全的关系

（B～C 段），此时可以通过人工或自然恢复对其进行改善；当到达 C 点（临界状态的最小值）时，流域生态系统进一步恶化，处于不安全的状态（C～D 段），其自然恢复难度加大。

保障社会经济发展与维护生态安全之间要实现一种动态的平衡，短时间内在社会经济系统出现紧急状况时，可以暂时牺牲生态利益，但在一个相对较长的时间范围内，社会经济的发展应以维护生态安全作为前提条件。

6.2.1.2 水工程生态指标阈值分析方法

由于流域生态系统具有一定的稳定性和抗干扰能力，水工程生态响应也具有一定的滞后性，使指标阈值研究相对困难。同时，不同区域间自然条件与生态状况的差异，使得关键生态指标的研究方法、计算参数与应用标准等显著不同。各种水工程，特别是水库大坝的建设改变了水流的自然属性，影响坝下一定河段的水文与生态状况，多个水库的存在则以节点的形式将河流人为划分为若干个河段，使其影响趋于复杂化。

由于对生态系统认知的匮乏，生态指标阈值的确定是目前生态领域的一个全球性前缘研究问题。目前，发达国家在河流健康及流域生态安全评价方面已经积累了一些经验，有的国家已经制定了相应的技术法规和规范，这对开展水工程生态安全研究具有一定的参考价值。目前运用于河流健康、流域生态安全、水环境安全研究的评价方法主要有数学模型法、生态模型法、景观生态学方法等。

1. 数学模型法

在生态评价中，较常用的方法是临界指标综合评判法，该方法通过建立所有评价指标的临界值或等级评价准则，通过确定指标权重进行综合评价，包括综合指数法、层次分析法、模糊综合评判法、灰色关联优势度分析模型、物元评判法、人工神经网络法、主成分投影法等。此外，在综合各方法优点基础上，相继产生运用多种方法相结合的复合评价模型，如 FDA（模糊综合评价—层次分析—主成分分析）模型、多级模糊综合评价—灰色关联优势分析模型、模糊—变权模型、层次分析—变权—模糊—灰色关联复合模型等。以上这些基于数学模型的各种方法都各有其优缺点，在实际评价中很难做到尽善尽美。需要指出的是在运用数学模型方法进行评价过程中尽可能做到计算简捷、符合生态系统自然演化机理，避免出现就方法论方法的现象。

2. 生态模型法

随着研究的深入，生态模型在生态安全评价研究中所起的作用越来越重要，用生态模型法评价不同尺度的生态安全问题将是未来重要的发展方向。其从尺度上可划分为：个体与群落尺度模型，如个体生态模型（IBMs）、种群统计模型；生态系统尺度模型；生境、区域以及景观尺度上的模型。在研究过程中，由于小尺度的结论不能轻易推至大尺度上，而大尺度的模型，其涉及较多因子，且具有复杂的相互作用关系，模型验证存在困难，需要进行复杂的论证。

近年来，生态经济学方法中的生态足迹法成为国内外分析生态承载力最为热门的方向。生态足迹可直接分析某地区或国家在给定时间所占用的地球生物生产率的数量，通过地区或国家的资源与能源消费同自己所拥有的资源与能源的比较，判断一个国家或地区的发展是否处于生态承载力范围内，其生态系统是否安全。该方法定量化程度较高，表达简明，易于理解，但因无法考虑影响生态承载力复杂因素间的作用，且单纯以人类对自然资源的占有与利用角度分析，显然有失偏颇，尤其是过于强调了社会经济发展对环境的影响，而忽略了其他环境影响因素的作用。

3. 景观生态学法

通过空间异质性分析景观生态空间稳定性的理论逐渐成为区域生态安全研究的重要手段，在流域生态安全评估中运用广泛。目前主要有景观格局分析法和景观空间邻接度法。景观格局分析可以有效揭示土地利用/土地覆盖变化（LUCC）对生态空间稳定性的作用，而LUCC是区域生态安全的主要影响因素，可以从生态系统结构出发综合评价各种潜在生态影响模型，充分利用遥感影像和GIS技术把空间结构与功能、生态流相结合分析生态系统功能、生物多样性等。景观空间邻接度法，在空间尺度上较适用于生态安全研究，主要着眼于相对宏观的要求。

通过对上述三类方法的介绍不难看出，在生态安全的综合评价中，虽已开始逐渐摆脱定性评价，能够运用各种数学方法进行定量评估，但是缺乏对各模型基本参数与可信度、准确度的评价。总体看来，目前生态安全研究方法较多，但各具优缺点，实际应用中大多采用单一研究方法，较少综合多学科多角度的研究方法进行比较；存在的最大问题仍是定量评估方法与准则的确定，其困难不仅是生态安全所涉及的因素复杂多样，还在于多数因子的量度与研究尺度密切相关。各个模型基本均采用计算出安全指数，而对于安全指数等级划分没有统一的标准和依据，存在随意性。另外，用一个综合指数对流域生态状况进行描述，有利于各个不同的研究对象横向间的对比，然而站在水工程建设和规划设计角度，综合指数缺乏实际指导意义，更重要的还是各个具体指标的限制作用。

本章将生态指标阈值的研究方法归纳成两大类：经验总结法与模型分析法。经验总结法是指借鉴已有工程规划设计经验，通过查阅工程设计规范标准、比对类似工程经验、查阅相关研究成果或调查成果的方法，总结出阈值或确定阈值的原则方法。此外，经验总结类的方法还包括借鉴专家经验判别阈值的方法。

模型分析法是通过各种模拟手段分析水工程实施前后生态系统的变化状况。分析手段主要包括统计模型、物理模型和数学模型。

统计模型通过大量比对各类工程实测参数的变化，通过统计学的方法总结出指标阈值。这类方法属于“黑箱”模型的范畴，也就是不需要了解物理机制，仅靠数量关系即可推求出指标阈值，使用较简便快捷，然而由于缺乏机理分析，分析精度相对较低。

物理模型就是依靠各类试验手段获取资料信息，对所得资料进行数据加工，从而得到阈值的分析方法。这类方法获取的数据较为直接，对所研究的问题具有针对性，对生态系统的干扰强度可以连续变化，从而对试验区域内的生态阈值有较准确的把握。这类方法的缺点就在于受尺度效应的影响较大，由于生态系统尺度效应造成不同尺度间的非线性变化，使得不同时空尺度的数据转换存在一定困难。

在生态指标阈值研究中使用的数学模型主要包括生态模型、水文模型、生态水文耦合模型、水资源配置模型等，应用“3S”技术与现代数值模拟技术，模拟研究区在不同人类活动影响下的生态过程、水文过程、生态水文过程。数学模型方法还包括对所研究的指标阈值提出的计算分析方法。这种方法是具有物理机制的数学模拟，在实践中应用最为广泛。在实际工作中，上述方法都得到了较为广泛的运用。但是，由于流域的地域分异性，而目前的研究基础又相对薄弱，对某些生态指标来说，通行的做法就是采用多种方法，不同方法相互印证、相互补充，来综合确定阈值，见表6.5。

表6.5　关键生态指标阈值确定方法一览表

属性层	要素层	关键生态指标	监测综合法			模型分析法		
			监测评估	规范标准及类比	专家判断	统计模型	物理模型	数学模型
水文水资源	水资源量	水资源可利用量			√			√
	地表水过程	年径流变差系数变化率						√
		径流年内分配偏差			√	√		
	地下水状态	地下水埋深	√		√			√
		地下水开采系数		√				√
	生态水文	生态基流	√		√		√	√
		敏感生态需水	√		√	√	√	
水环境	水质	水功能区水质达标率	√	√				
		湖库富营养化指数		√				
		污染物入河控制量		√				√
		纳污能力变化率	√		√		√	√
	水温	下泄水温	√	√	√			
		水温恢复距离			√			√
河流地貌	河流特征	弯曲率		√	√	√		
	连通性	纵向连通性			√			
		横向连通性			√			√
		垂向透水性		√		√		
	稳定性	岸坡稳定性					√	√
		河床稳定性				√	√	

续表

属性层	要素层	关键生态指标	监测综合法			模型分析法		
			监测评估	规范标准及类比	专家判断	统计模型	物理模型	数学模型
生物及栖息地	生物多样性	鱼类物种多样性			√		√	
		植物物种多样性		√	√	√		
		珍稀水生生物存活状况	√		√			
		外来物种威胁程度			√	√		
	植被特征	植被覆盖度				√		√
		净初级生产力				√	√	
	水土流失	土壤侵蚀强度	√	√				
	生态敏感区	重要湿地保留率			√		√	
		生态需水满足程度			√	√		
		鱼类生境保护状况	√		√		√	
社会环境	移民（居民）生活状况	移民（居民）人均年纯收入				√		
	人群健康	传播阻断率	√	√		√		
	流域开发强度	水能生态安全开发利用率						√
		水资源开发利用率						√
	节水水平	农田灌溉水有效利用系数		√				√
		单位工业增加值用水量				√		
	景观	景观舒适度			√			

实际工作中可基于上述基本研究方法，在阈值确定过程中参照标准，引用文献，充分咨询各专业的专家学者。尤其是还多次进行现场查勘，针对某些关键指标难于分析阈值，还要进行实际调研和查勘，获取实测数据，为进一步分析阈值奠定基础。

6.2.2 关键生态指标阈值研究

6.2.2.1 水文水资源

1. 水资源可利用量

水资源可利用总量是一个流域和区域可供经济社会系统利用的最大不重复利用水量，该指标用以控制流域水资源开发利用的总体程度。据初步估算，在全国水资源总量中，水资源可利用总量约为8140亿m^3，水资源可利用率（水资源可利用总量与水资源总量的比值）为29%。若将水资源总量中扣除水资源可利用总量，剩余的水资源则为河流及地下水系统的总生态环境用水量，全国合计水量为19578亿m^3，约占全国水资源总量的71%。

由于不同地区水资源条件和生态环境状况有很大差异，河道及地下水生态环境保护的要求与标准也不同，水资源开发利用条件差别也很大，因而水资源可利用总量具有明显的差异。总体而言，我国水资源可利用率北方地区高于南方地区，开发利用条件好的河流

(区域)高于开发利用条件差的地区，生态环境敏感的地区低于一般地区。

北方松花江、辽河、海河、黄河和淮河5个水资源一级区水资源可利用率为51%，其中地表水资源可利用量占水资源可利用总量的72%，扣除河道外经济社会系统的可利用量后，河道及地下水系统剩余的生态环境总用水量为49.7%。西北诸河区水资源总量中，水资源可利用率为39%，除部分水量出境外，超过50%的水量为河道内生态环境用水量，其地表水资源可利用量占可利用总量的89%。南方地区地表水资源与水资源总量相差不大，因此以其地表水资源可利用量作为水资源可利用总量，水资源可利用率为25%，河道内剩余的生态环境总用水量占其水资源总量的75%。全国水资源可利用量及地下水可利用量见表6.6、表6.7。

表6.6 全国水资源可利用量估算成果

流域名称	水资源量		地表水资源可利用量		水资源可利用总量	
	地表水资源量(亿 m^3)	总量(亿 m^3)	可利用量(亿 m^3)	可利用率(%)	可利用总量(亿 m^3)	可利用率(%)
松花江区	1296	1492	542	41.8	660	44.3
松花江流域	818	961	339	41.4	427	44.4
跨界河流	478	531	203	42.5	234	44.0
辽河区	408	498	184	45.0	240	48.1
辽河流域	137	222	62	45.4	115	51.8
鸭绿江	155	155	68	43.9	68	43.9
辽宁沿海河流	116	121	53	46.0	57	46.7
海河区	216	370	110	51.1	237	64.1
黄河区	607	719	315	51.8	396	55.1
淮河区	677	911	330	48.8	512	56.2
淮河水系	452	584	218	48.2	323	55.3
沂沭泗	143	211	72	50.2	122	58.1
山东半岛	82	117	41	49.6	67	57.3
长江区	9856	9958	2827	28.7	2827	28.4
东南诸河区	1988	1995	560	28.2	560	28.1
珠江区	4708	4723	1235	26.2	1235	26.1
珠江流域	3366	3370	796	23.6	796	23.6
华南诸河	1342	1352	439	32.7	439	32.5
西南诸河区	5775	5775	978	16.9	978	16.9
西北诸河区	1174	1276	443	37.7	495	38.8
干旱内陆河	508	582	251	49.3	290	49.7

续表

流域名称	水资源量		地表水资源可利用量		水资源可利用总量	
	地表水资源量（亿 m³）	总量（亿 m³）	可利用量（亿 m³）	可利用率（%）	可利用总量（亿 m³）	可利用率（%）
青藏高原内陆河	383	404	51	13.4	60	14.9
跨界河流	282	290	141	50.0	145	50.2
北方 5 区	3204	3991	1481	46.2	2045	51.2
南方 4 区	22327	22451	5600	25.1	5600	24.9
全国	26705	27718	7524	28.2	8140	29.4

注 1. 本表全国及东南诸河和珠江区地表水资源、水资源总量、地表水资源可利用量及水资源可利用总量均未包含台湾省和香港及澳门特别行政区。

2. 北方 5 区为松花江、辽河、海河、黄河和淮河区 5 个水资源一级区；南方 4 区为长江、东南诸河、珠江和西南诸河区 4 个水资源一级区。

3. 华南诸河指韩江及粤东诸河、粤西桂南沿海诸河、海南岛及南海各岛诸河。

表 6.7 水资源一级区平原区浅层地下水可开采量

水资源一级区	计算面积（万 km²）	总补给量（亿 m³）	地下水资源量（亿 m³）	可开采量（亿 m³）	可开采系数
松花江区	29.9	256	244	204	0.80
辽河区	9.4	126	117	95	0.75
海河区	11.3	174	160	152	0.88
黄河区	15.2	162	155	119	0.74
淮河区	15.7	289	280	199	0.69
长江区	12.0	248	248	150	0.61
东南诸河区	1.7	56	56	42	0.75
珠江流域	2.3	78	78	47	0.60
西南诸河区	69.1	437	428	222	0.51
北方地区	150.6	1443	1383	991	0.69
南方地区	16.0	383	382	239	0.62
总计	166.6	31826	1765	1230	0.67

2. 年径流变差系数变化率

年径流变差系数反映了径流的年际变化特性。一般而言，河流中许多种群完成其生命周期需要不同的水文过程。水工程的建设，改变了河流天然生态水文过程，干扰河流的自然功能。河流是一个巨大的系统，具有较强的抗干扰能力，但如果干扰超过它的自我调节和自我修复能力，其自然功能也将不可逆转地逐渐退化，最终将影响甚至威胁人类的生存和发展。因此，年径流变差系数变化率越接近于零，表示年径流变差系数的变化率越小，对河流自然功能的干扰程度越小，则河流生态系统和生物过程越安全。年径流变差系数变化率的阈值选取，依据工程建设前年径流变差系数的不同，通过数据分析法，得到表6.8所示的安全阈值。

表6.8 年径流变差系数变化率的阈值选取

序号	工程建设前年径流变差系数	安全阈值
1	0.0～0.2	≤0.05
2	0.3～0.5	≤0.1
3	>0.6	≤0.2

3. 径流年内分配偏差

长期生物演化过程中所形成的生命过程与天然河道的年径流过程相适应。水库的修建增大了小流量过程（基流）的幅度，降低了中高流量过程的幅度，特别是削减了洪峰流量，使得年径流量过程中的极值（峰、谷值）消失，过程趋于均化。引水工程的修建有可能引起河道下游局部发生干涸或断流，水文条件的变化对于河流生态系统结构与功能产生重要影响。一些鱼类在江河涨水时产漂流性卵，梯级开发使径流均化后，能否形成可促使鱼类产卵的涨水条件，可通过捕捞其鱼卵或仔鱼予以确定。

径流年内分配偏差是从生态角度评估水流的模式变化，建立了河流水文特性与生态响应之间的关系，径流年内分配偏差越小，说明越接近于天然的水流模式，生态系统越趋向安全。径流年内分配偏差取值与生态干扰程度分析，见表6.9。

表6.9 径流年内分配偏差取值与河流生态安全状况等级

径流年内分配偏差	状况分类	径流年内分配偏差	状况分类
<2.0	接近参照自然状况	6.0～8.0	重大干扰
2.0～4.0	轻度干扰	8.0～10.0	彻底干扰
4.0～6.0	中等干扰	>10.0	破坏性干扰

4. 地下水埋深

地下水临界深度的大小与土壤质地、地下水矿化度、气象条件、灌溉排水条件和农业技术措施（耕作、施肥等）有关。轻质土（砂壤、轻壤土）的毛管输水能力强，当其他条件相同时，在同一地下水埋深的情况下，较黏质土的蒸发量大，因而也容易积盐，为了防止其盐碱化，地下水临界深度的取值较大。在同一蒸发强度的情况下，地下水矿化度高的地区，积盐速度快，因而也应有较大的地下水临界深度。反之，精耕细作，松土施肥，可以减少土壤蒸发，防止返盐，适时灌水可以起到冲洗压盐的作用，在这些地区地下水临界深度可以适当减小。

正是因为不同地区的地下水条件不同，地下水临界深度也不同，一般应根据实地调查和观测试验资料确定。但是应当指出，年内不同季节，气象（蒸发和降雨）、耕作、灌水等具体条件不同，防止土壤返盐要求的地下水埋深及其持续时间也应有所不同。因此，对地下水位的要求不应是一个固定值，而应是一个随季节而变化的动态地下水水位。我国北方一些地区根据土壤质地和地下水矿化度所采用的地下水临界深度取值，见表6.10。

表 6.10 我国北方地区采用的地下水临界深度表 单位：m

地下水矿化度 (g/L) \ 土壤质地	砂壤	壤土	黏土
<2	1.8～2.1	1.5～1.7	1.0～1.2
2～5	2.1～2.3	1.7～1.9	1.1～1.3
5～10	2.3～2.6	1.8～2.0	1.2～1.4
>10	2.6～2.8	2.0～2.2	1.3～1.5

作物根系活动层内土壤含水率的大小与地下水的埋藏深度有着密切的关系，在地下水水位过高时，根系活动层内的平均含水率将超过土壤适宜含水率，严重影响作物产量，并在一定幅度内产量随着地下水位的降低而增加。地下水埋深越浅，作物对地下水的利用量越少，同时农田水分太多可能造成洪、涝、渍和盐碱等灾害，因此适当保持一定埋深的地下水位，将有利于浅层地下水对作物根系层土壤含水量的补给。作物所要求的地下水埋深，随作物种类、生育阶段、土壤性质而不同。我国南方主要作物降雨后在允许排水时间内要求达到的地下水埋深为：棉花 0.9～1.2m，小麦 0.8～1.0m，水稻 0.4～0.6m。

西北地区开发利用地下水必须考虑控制一定的地下水位埋深，应该保证适当的生态用水，尤其在绿洲边缘、沙漠边缘地带更要注意这点。根据以往对西北地区野生生态系统的调查研究，防止植被退化和生态环境恶化，维持野生生态系统平衡，乔木、灌木分布区，潜水埋深不能大于 6～7m，而草甸分布区潜水埋深不能大于 2～3m。

从研究干旱区植物生长与地下水位的角度提出了沼泽化水位、盐渍化水位、适宜生态水位、生态胁迫水位、荒漠化水位、临界深度及最佳水文地质环境等概念。把维持地带性自然植被生长所需水分的浅层地下水水位称作生态地下水位（简称生态水位）。当地下水水位埋深处于适宜生态水位时，植被生长最好，即生态因子强度发生一些变化，对植物产生不大的影响，即不起限制因子的作用。当处在荒漠化水位的植物，生态因子偏离会发生微小改变，植物就会发生显著的变化，地下水水位越接近荒漠化水位或盐渍化水位，植物生长就会越受到抑制，对水位变化的反应就越敏感。当地下水位下降超过荒漠化水位时，植物生命活动受到明显的限制，即使深根系的乔木和灌木的水分利用也较困难，天然植被衰败退化或死亡，沙漠化程度增加。在干旱区的研究中将 1m 以内地下水埋深定义为沼泽化水位，1～2m 内地下水埋深定义为盐渍化水位，2～4m 内地下水埋深定义为适宜生态水位，4～6m 地下水埋深定义为对植物生长发育产生胁迫的地下水水位（也称生态警戒水位），地下水埋深大于 6m 定义为荒漠化水位。

5. 地下水开采系数

开采系数的阈值选取根据当地实际情况确定。一般来说，对于湿润地区或半干旱半湿润地区，灌区地下水的补给一方面来自降雨入渗，另一方面来自地表水的转化（河道、水库、湖泊和渠道的渗漏，以及田间灌溉水的渗漏转化为地下水）。因此，地下水的开采系数可以达到稍高的数值（有时可达 0.7～0.9）。在工程设计中，阈值可以取到 1.2，即某一时期内的地下水实际开采量可以略大于可开采量，但必须具有相应的生态保护和修复措施；对于生态环境脆弱地区，地下水开采系数阈值应小于1。对于各类规划，地下水开采系数阈值应小于1。

干旱地区降水量稀少，地下水的补给量大部分来自地表水的转化，且有相当一部分消耗于农田和非耕地天然植被的蒸发，因而地下水的开采系数应远小于半湿润地区，并在很大程度上取决于地表水的利用条件。由于水工程的建设、渠道防渗和田间节水技术的推广，都会严重影响地表水对地下水的补给。因此，一个地区地下水开采系数不是一个固定不变的数量，而是一个随水利条件的改善、灌区的改建、节水措施的实施等地表水的开发利用情况变化的数值。

当一个地区的多年年平均地下水开采量超过了该地区地下水可开采量（开采系数大于1），并造成了地下水位持续下降时，即表明该区地下水超采。在超采区范围内出现：开采系数大于1.2，年平均地下水位下降速率大于1.5m，年地面沉降速率大于10mm，或发生了海水入侵或荒漠化等现象之一者，即为严重超采。综上，可以对地下水开采系数做出评价标准，见表6.11。

表6.11 地下水开采系数指标评价标准

指标名称	评价标准（%）				
	优	良	中	差	劣
地下水开采系数	<80	≤90	≤100	≤130	>130

6. 生态基流

由于全国各流域的水资源量、年径流过程、水资源开发程度及水质现状差异较大，生态基流与敏感区生态需水也不尽相同，一般需要分区域、采用不同的计算方法进行计算。但是，目前我国对于生态需水分区研究仍较薄弱，而且不同分区所具备的序列水文长度、断面数据详细程度也不尽相同，应用于不同分区的计算方法也不成熟，这些都需要在实际应用中不断加以完善。

表6.12介绍了一种生态需水分区的研究成果，但每一个生态需水分区范围仍较大，在分区内部实际情况仍有较大差别，因此在计算生态基流时应遵循以下原则：

（1）对南方河流，在资料允许的条件下，采取多种方法计算南方河流生态基流，并取其外包线作为生态基流的阈值，为保证河流水质，生态基流应不小于90%保证率最枯月平均流量，如采用Tennant法，则应取多年平均天然径流量的20%～30%以上。

（2）对北方地区，生态基流应分非汛期和汛期两个水期分别确定。在基础数据能够支撑的情况下，生态基流计算应用多种计算方法。一般情况下，非汛期生态基流应不低于多年平均天然径流量的10%；汛期生态基流可按多年平均天然径流量20%～30%，或汛期平均流量的10%确定。断流河段（如内陆河、海河、辽河等）生态基流汛期为同期流量的10%；非汛期生态基流可根据各流域综合规划的结果确定。

（3）结合目标河段实际水资源量、年径流过程、水资源开发程度及水质现状，以区域经济不受较大损害为前提，选择最大的计算结果作为生态基流阈值。在已开展生境模拟法和整体法计算生态基流的河流，生态基流阈值应参考其计算成果。

（4）非汛期生态基流必须能够满足水质达标对流量的要求。在西北内陆水生态区，潜水河段不强制要求满足生态基流。

表6.12　生态需水分区特征

水生态二级分区	范围	水文特征	生态需水特征
Ⅰ-04. 大兴安岭，Ⅲ-02. 宁蒙灌区，Ⅲ-01. 内蒙古高原，Ⅳ-01. 祁连山—河西走廊，Ⅳ-02. 阿尔泰山，Ⅳ-03. 天山，Ⅳ-05. 昆仑山北麓，Ⅳ-04. 西北荒漠，Ⅶ-01. 柴达木盆地—青海湖，Ⅶ-04. 羌塘高原	西北各外流河、内流河	干旱区，降雨-径流发生区域与径流运动区分离。发生在山区的降雨径流比较稳定，但主要用水单元位于出山口以下的绿洲。河道径流下渗形成的潜流是绿洲植被用水的唯一来源	河道径流量及地下水必须首先满足绿洲的生存，河道水生态系统的用水服从于绿洲植被用水需求
Ⅰ-05. 辽河平原，Ⅱ-01. 环渤海丘陵，Ⅱ-03. 黄河、海河平原，Ⅱ-04. 淮河平原，Ⅱ-02. 太行山燕山伏牛山山区，Ⅲ-04. 汾渭谷地，Ⅲ-03. 黄土高原	黄、海、辽河及淮河流域北部区域	上游山区，地下水补给地表径流；山前平原，地下水补给地表径流为主；下游平原，地表地下交互，汛期地表水补给地下水为主，枯水期地下水对河道调节补给。当水资源过渡开发后，在山前平原，地表地下交互补给；下游平原，地表水补给地下水，枯水期河道径流加剧渗漏，河流“准内陆河化”	水资源开发利用引发的生态需水问题非常复杂，水质现状较差，且径流受水工程控制程度较高，其生态需水的核心是维持河道一定程度的径流量，保证河道水质不再恶化
Ⅰ-01. 三江平原，Ⅰ-02. 小兴安岭—长白山，Ⅰ-03. 松嫩平原	松花江流域	降水量与蒸发量均较小，连续干旱年易出现水危机	水质现状好于半干旱、半湿润区，湿地生态需水是主要问题
Ⅶ-02. 三江源，Ⅵ-01. 秦巴山地，Ⅵ-02. 四川盆地及三峡库区，Ⅵ-03. 云贵高原，Ⅵ-04. 黔桂山地，Ⅵ-05. 滇南谷地，Ⅴ-01. 大别山—桐柏山，Ⅴ-02. 长江中下游平原，Ⅴ-03. 长江三角洲，Ⅴ-04. 浙闽台丘陵，Ⅴ-05. 南岭—江南丘陵，Ⅴ-06. 华南沿海，Ⅶ-05. 藏南谷地，Ⅶ-03. 横断山	淮河流域南部、长江流域、珠江流域、东南诸河、西南诸河	从水量角度，水资源开发利用对生态需水影响较小。此分区内除太湖水系外，水质状况相对较好，仅在枯水期，存在水质恶化和出海口的咸水入侵问题	需重点考虑枯水期的河道生态流量；其他水期可以从水生态系统服务功能角度，系统考虑河流生态服务功能最大化需求

7. 敏感生态需水

在各类型生态需水敏感区中，湖泊及河口生态需水的计算可采用水文学的方法。水文学方法虽然简单，但无法直接反映水生生物对水量的需求，由此方法计算出来的阈值精度较差；对河流湿地、河谷林以及重要水生生物，生态需水阈值取决于变量 d 和 d_i 值的大小。目前，由于这两种生态系统对水量及水量过程的研究较少，而且很不充分，这两个变量只能按照各分区水资源、年径流过程、水资源开发程度及生态需水特征来定性确定。

表6.13给出了变量 d 值大小和 d 值分布确定的示例，仅供参考。在实际研究工作中，需要从生物的角度出发，进一步研究湖泊水生生物的习性，从植被蒸腾蒸发角度，研究湖泊、河口及河流湿地和河谷林敏感期对水量和水量过程的需求。对重要水生生物，则需要进一步研究其繁殖期的水文、水动力条件，准确判断流速适宜曲线，计算其繁殖期的

生态需水。

表 6.13 敏感生态需水计算 *d* 值取值方法示例

水生态二级分区	*d* 值	*d* 值分布	重点生态目标
Ⅰ-04. 大兴安岭，Ⅲ-02. 宁蒙灌区，Ⅲ-01. 内蒙古高原，Ⅳ-01. 祁连山—河西走廊，Ⅳ-02. 阿尔泰山，Ⅳ-03. 天山，Ⅳ-05. 昆仑山北麓，Ⅳ-04. 西北荒漠，Ⅶ-01. 柴达木盆地—青海湖，Ⅶ-04. 羌塘高原	2d	5、7 月，每月 1d	河谷林
Ⅰ-05. 辽河平原，Ⅱ-01. 环渤海丘陵，Ⅱ-03. 黄河—海河平原，Ⅱ-04. 淮河平原，Ⅱ-02. 太行山燕山伏牛山山区，Ⅲ-04. 汾渭谷地，Ⅲ-03. 黄土高原	3d	5、7、8 月，每月 1d	河流湿地
Ⅰ-01. 三江平原，Ⅰ-02. 小兴安岭—长白山，Ⅰ-03. 松嫩平原	6d	7 月和 9 月，每月 3d	河流湿地
Ⅶ-02. 三江源，Ⅵ-01. 秦巴山地，Ⅵ-02. 四川盆地及三峡库区，Ⅵ-03. 云贵高原，Ⅵ-04. 黔桂山地，Ⅵ-05. 滇南谷地，Ⅴ-01. 大别山、桐柏山，Ⅴ-02. 长江中下游平原，Ⅴ-03. 长江三角洲，Ⅴ-04. 浙闽台丘陵，Ⅴ-05. 南岭-江南丘陵，Ⅴ-06. 华南沿海，Ⅶ-05. 藏南谷地，Ⅶ-03. 横断山	9d	4、5、6 月，每月 3d	重要水生生物

6.2.2.2 水环境

1. 水功能区达标率

流域及河段水功能区达标率应满足流域及河段水资源保护规划要求，满足水功能区管理要求。流域及河流水功能区（河长、面积）达标评价可依据《地表水资源质量评价技术规程》（SL 395—2007）及流域综合规划、水资源保护规划确定的达标目标进行评价。

2. 湖库富营养化指数

根据《地表水资源质量评价技术规程》（SL 395－2007）和《湖泊（水库）富营养化评价方法及分级技术规定》，湖泊（水库）营养状态等级判别标准，见表 6.14 和表 6.15。

表 6.14 营养状态等级判别标准
（地表水资源质量评价技术规程）

营养状态分级	评分值 $TLI\ (\Sigma)$
贫营养	$0 < TLI\ (\Sigma) \leqslant 30$
中营养	$30 < TLI\ (\Sigma) \leqslant 50$
（轻度）富营养	$50 < TLI\ (\Sigma) \leqslant 60$
（中度）富营养	$60 < TLI\ (\Sigma) \leqslant 70$
（重度）富营养	$70 < TLI\ (\Sigma) \leqslant 100$

表 6.15 营养状态等级判别标准
（富营养化评价方法及分级技术规定）

营养状态分级	营养状态指数 EI
贫营养	$0 \leqslant EI \leqslant 20$
中营养	$20 < EI \leqslant 50$
（轻度）富营养	$50 < EI \leqslant 60$
（中度）富营养	$60 < EI \leqslant 80$
（重度）富营养	$80 < EI \leqslant 100$

3. 污染物入河控制量

该指标本身就是控制性标准，具有阈值性质。污染物入河控制方案应依据水域纳污能力和规划目标，结合规划水域现状污染物入河量制定，并按水功能区和行政区分别统计。对于跨行政区的水功能区，其污染物入河控制量应根据污染分布及排放状况，视实际情况合理分配。

4. 纳污能力

水域纳污能力的大小与水体特征、水质目标、污染物的分布及特性有关。当水质保护目标及污染源分布一定时，水域纳污能力主要与设计水文条件下的水域水动力条件有关。

规划或工程实施对水域纳污能力的影响，可通过计算规划或工程实施前后的纳污能力变化率进行评价。在规划或工程实施后，若改善了水域的水动力条件，使得水域纳污能力增加，则纳污能力变化率呈正值，且变化率越大越有利于水质的改善；在规划或工程实施后，若恶化了水域的水动力条件，使得水域纳污能力降低，则纳污能力变化率呈负值，且变化率越大越不利于水质的改善。

水域纳污能力变化率的阈值确定步骤如下：

1）水域概化。将天然水域（河流、湖泊水库）概化成计算水域，并可以利用简单的数学模型来描述水质变化规律。同时，支流、排污口、取水口等影响水环境的因素，也要进行相应概化。若排污口距离较近，可把多个排污口简化成集中的排污口。

2）基础资料调查与评价。包括调查与评价水域水文、水质资料，取水口、排污口、污染源资料，并进行数据一致性分析，形成数据库。

3）选择控制点（或边界）。

4）建立水质模型。根据实际情况选择建立零维、一维或二维水质模型，在进行各类数据资料的一致性分析的基础上，确定模型所需的各项参数。

5）纳污能力计算分析。应用设计水文条件和上下游水质限制条件进行水质模型计算，利用试算法（根据经验调整污染负荷分布反复试算，直到水域功能区达标为止）或建立线性规划模型（建立优化的约束条件方程）等方法确定水域的纳污能力。

6）纳污能力变化率确定。在上述计算分析的基础上，扣除非点源污染影响部分，得出水工程规划实施影响后的纳污能力变化率。

7）纳污能力变化率阈值的确定。工程实施后，以纳污能力提高为好，但水工程的实施或减少河道水量或降低流速，对纳污能力的影响很多是负面的。对这类工程，阈值应根据大量实测变化率的数据加以确定。

5. 下泄水温

下泄水温变化须能满足下游受影响河段的农业灌溉和水生态环境要求，特别是满足鱼类产卵等特殊水生生物对水温的要求。鱼类繁殖要求适宜的水温，水温值因种类不同而异。不同种类的产卵要求不同的水温阈值，可以通过其仔幼鱼索饵观测，以确定其出生日期，再根据逐日测量的水温记录，反推出其适宜水温阈值。某些经济鱼类对水温要求，见表 6.16。

《地表水环境质量标准》(GB 3838—2002) 中规定，人为造成环境水温变化应限制在：

表 6.16 **经济鱼类水温要求** 单位：℃

<table>
<tr><th>种类</th><th>产卵水温</th><th>最适宜水温</th><th>开始不利高温</th><th>开始不利低温</th></tr>
<tr><td>青鱼</td><td rowspan="4">>18</td><td rowspan="4">24～28</td><td rowspan="2">30</td><td rowspan="2">17</td></tr>
<tr><td>草鱼</td></tr>
<tr><td>鲢</td><td rowspan="2">37</td><td rowspan="2"></td></tr>
<tr><td>鳙</td></tr>
<tr><td>鲤</td><td>>17</td><td>25～28</td><td></td><td>13</td></tr>
<tr><td>鲫</td><td>>15</td><td></td><td>29</td><td></td></tr>
<tr><td>罗非鱼</td><td>23～33</td><td>20～35</td><td>45</td><td>10</td></tr>
<tr><td>鲥鱼</td><td>27～30</td><td></td><td></td><td></td></tr>
</table>

周平均最大温升不大于1℃；周平均最大温降不大于2℃。

表6.17为推荐一组评价下泄水温的阈值，作为无法通过生物学监测获得资料河流的水库下泄水温变幅评价标准。

表 6.17 **下泄水温指标评价阈值** 单位：℃

指标名称	阈值标准				
	优	良	中	差	劣
下泄水温（变幅）	0	−2～1	1～2，−2～−4	2～4，−4～−6	<−6

6. 水温恢复距离

一般要求水温恢复距离越小越好，且能满足下游敏感目标对水温的要求。首先判断水库下游生态敏感区与坝址处的位置关系，水温恢复距离应小于坝址到敏感区的距离。

要结合工程调度运行方式，分析水温的沿程变化规律及可能产生的生态影响。低温水下泄对农作物，以及敏感生态水域和重要水功能区的水资源条件构成明显影响时，要针对水体的流动性、热传导与扩散、太阳辐射在水体中的透射、水流含沙等影响热量（温度）在水体内的分布情况，对可能进一步产生的对水域生态系统中保护性生物群落栖息地、繁殖场和迁徙通道的影响等问题进行重点分析，预测水温变化对水域生态系统、生态完整性和生物多样性的影响，以及影响水温分布的水库几何形态（库长、宽、深）、取水口的布置及水库调度运用等进行综合分析，确定下泄水温恢复距离的阈值。

6.2.2.3 河流地貌

1. 弯曲率

弯曲率，表征河段弯曲程度，以河段长度除以河段两点间的直线长度来度量。弯曲率是无量纲数值。弯曲率数值应是具体河段的测量结果，而不是整个河流不同河段的均值。弯曲率的调查应考虑洪水对河流形态的塑造作用，特别是大洪水对河流形态的塑造情况。可以根据长系列水文资料（30年以上）进行频率分析，选择适当频率的洪水确定两个典型年。收集可能影响河段，处在两个典型年之间系列大比例尺空中航拍照片或者大比例尺（如比尺不小于1：24000）的地形图，在图上量测河段的弯曲率。测量时，需确保河流直线长度为平滩流量时河流的宽度的20倍以上，并且需包含两个充分弯曲。

两个典型年中弯曲率最小值确定为河流弯曲率的下限阈值，最大值确定为河流弯曲率的上限阈值。水工程建设对河流弯曲率的改变一般不宜超过上、下限阈值。

资料需求：30年以上的连续7日洪水实测流量资料系列；两个典型年之间的长系列的卫片，或两个典型年之间的长系列的河道图、河势图、地图等。当水文、图片资料缺乏时，弯曲率阈值确定困难，可采用专家咨询法予以确定。

2. 纵向连通性

根据目前的调查分析，对于河流纵向连通性尚没有公认的阈值，应多做调查和实验。根据调查和实验结果，选定参照系统，如选择水工程建设前或假定天然参照状态，具体评价程序如下：①调查流域内闸、坝等障碍物数量和类型，以及流域内河道长度、障碍物上下游片段长度等特征数据；②根据河流特征和水工程特点，确定障碍物上下游的通过能力；③选定水工程运行前后或天然状态，应用纵向连通性公式计算河流系统两种状态下的纵向连续指数；采用专家判断法确定阈值。

应用上述方法，所需的资料包括：①河流系统内闸、坝数量、类型统计数据；②河流系统内河道总长度、障碍物上下游片段长度等特征数据。

纵向连通性的评价阈值标准，见表6.18。

表6.18　纵向连通性指标阈值　单位：个/100km

指标名称	阈值标准				
	优	良	中	差	劣
纵向连通性	<0.3	0.3～0.6	0.6～0.9	0.9～1.2	>1.2

3. 横向连通性

调查规划实施前或工程建设前，2年一遇、5年一遇、10年一遇洪水以及最大洪水情况下，河流与湖泊及其他湿地水体的现状连通情况，按横向连通性指标表达式计算横向连通性指标值，其最小值作为横向连通性指标阈值下限，其最大值作为横向连通性指标阈值上限。具体的评价步骤为：

1）计算规划实施前或工程建设前，2年一遇、5年一遇、10年一遇洪水以及最大洪水情况下的横向连通性值$C_{前}$；

2）选择对应的横向连通性表达式，预测规划实施后或工程建设后2年一遇、5年一遇、10年一遇洪水以及最大洪水情况下计算的横向连通性值$C_{后}$；

3）将$C_{前}$与$C_{后}$进行对比，若$C_{后}$的值位于$C_{前}$值确定的区间内，认为规划实施或工程建设后对横向连通性的影响可以接受。反之，认为不可以接受。

所需资料为2年一遇、5年一遇、10年一遇以及最大洪水情况下，高分辨率航片或大比例尺地形图解译得到的连通的河岸长度。另外，当资料缺乏，横向连通性阈值难以确定时，可采用专家评判法予以确定。表6.19为推荐的一组阈值标准。

表6.19　横向连通性指标阈值

指标名称	阈值标准（%）				
	优	良	中	差	劣
横向连通性	90～100	80～90	60～80	40～60	<40

4. 垂向透水性

垂向透水性阈值的确定可以依据以下程序进行评价：

1）在工程未实施以前，预测可能受影响的河段，进而将同一水生态分区天然状态下，或扰动较小的状态下，或工程修建前的河段确定为参照河段。

影响河段的确定。对于堤防和河段衬砌工程，可将工程衬砌的河段直接确定为受影响河段；水工程如水库、大型取调水工程等的修建和运行，使下游水文情势发生改变造成河流沉积物（砾石、鹅卵石等）组成发生变化的，可将水工程位置以下的河段确定为受影响河段。

2）收集参照河段天然状态下或扰动较小的状态下，区域15年以上实测河床质断面平均颗粒级配成果表以及区域水文地质图。

3）统计15年中，床沙中值粒径 D_{50}，以 D_{50} 的变化范围作为该河段的阈值区间。

阈值确定公式为：$\min(D_{50})\leqslant\Delta C\leqslant\max(D_{50})$

推荐使用的评价方法：预测水工程实施后床沙级配的变化程度，确定 D_{50} 值，若在阈值区间内视为可接受，在阈值以外视为不可接受。也可在调查和实验的基础上，由行业专家分析判断。工程建设对河段床沙的影响范围，是评价垂向透水性的基础，在实际应用中应加以深入研究。

由于城市河道衬砌采用材料与天然河床质有很大区别，目前还没有一个公认的阈值可以使用，可采用专家评判法予以确定。一般情况下，暂推荐不透水河道的面积不大于城市河道总面积的10%作为阈值。

5. 岸坡稳定性

岸坡稳定性参数使用的各项分值见第5章，其分类系统是在相应的稳定性研究基础上提出的，均已考虑了阈值问题。各特征分值合计为岸坡稳定性取值，赋分4～7的岸坡可以认为稳定，赋分为8～10的处于危险之中，赋分11～15的为不稳定，赋分16～22的为极不稳定。

确定各水生态分区岸坡稳定性阈值，应对分区中的各河流选取多个横断面分析，统计确定。评价程序为：①计算工程建设前的岸坡稳定性指数值；②预测工程建设后的岸坡稳定性指数值；③将工程建设前的岸坡稳定性指数值与预测工程建设后的岸坡稳定性指数值进行对比，若建设后的分值与建设前的分值同属一个类别或建设后的分值类别比建设前的分值类别更稳定，认为工程建设后对岸坡稳定性的影响可以接受。反之，认为不可以接受。另外，也可在调查和实验的基础上，由行业专家分析判断。

6. 河床稳定性

河床稳定性参数使用的各项分值见第5章，其分类系统是在相应的稳定性研究基础上提出的，均已考虑了阈值问题。各特征分值合计为河床稳定性指数值，不大于10，表明稳定；不小于20，表明显著不稳定；介于10～20之间表明中等不稳定。等级评定未赋权重，譬如，等级16并不意味着该站点的不稳定程度是等级8站点的不稳定程度的2倍。

确定各水生态分区岸坡稳定性阈值，应对分区中的各河流选取多个横断面分析，统计确定。评价程序为：①计算工程建设前的河床稳定性指数值；②预测工程建设后的河床稳定性指数值；③将工程建设前的河床稳定性指数值与工程建设后的河床稳定性指数值进行对比，若建设后的分值与建设前的分值同属一个类别或建设后的分值类别比建设前的分值类别更稳定，认为工程建设后对岸坡稳定性的影响可以接受。反之，认为不可以接受。另外，也可在调查和实验的基础上，由行业专家分析判断。

6.2.2.4 生物及栖息地

1. 鱼类物种多样性

由于各地河流鱼类物种变化规律复杂，在确定鱼类物种多样性阈值时，应注意以下几点：①真实表征不同尺度下，研究目标的动物生存状态；②真实表征时间尺度（包括施工前后，丰、平、枯年际变化和年内变化三种时间尺度）下，研究目标的动物生存状态；③根据评价种类、评价重点、评价区特点、评价工程特点等因素确定阈值范围；④推荐但不强制进行鱼类物种数量的监测。一般来说，可以根据下述方法确定鱼类物种多样性阈值：

1）根据不同尺度的要求，确定监测断面：断面数量根据河流形态、长度、鱼类数量与种类综合确定。一般河流形态复杂、支流众多、长度较长、鱼类数量大、种类结构复杂，则需要的监测断面较多。一般河流廊道尺度的监测断面数设置多于河段的断面数。

2）为了表征水工程修建前后鱼类种数的变化，要求工程施工前开始生态监测工作；丰、平、枯 3 种不同频率应当全部监测，并分类监测、分类统计。

3）针对洄游性鱼类，确定三种不同洄游鱼类类型（生殖、适温、索饵）的洄游规律，在洄游鱼类高峰、初始或者结束时期分别制定相应的监测计划。

4）阈值的制定参考历年洄游性鱼类的平均值与标准方差，标准方差较大的，其对应的阈值范围可以相应扩大。如果资料齐全，可以考虑制定多重阈值，即针对同一个监测项目的不同时期或者不同的监测点位制定互相独立的阈值。如：同一监测点位，在洄游期与非洄游期制定不同的阈值范围。

5）本指标主要采用专家法进行评价，应当主要考虑以下几个方面：水工程建设后，鱼类种数的总变化率；洄游性鱼类的种数变化率；鱼类种数年际变化规律及稳定程度；耐污类与寡污类物种的分配比例变化；洄游性鱼类与本地物种的比例变化；肉食性鱼类、杂食性鱼类和素食性鱼类的比例变化；优势种的变化等。根据各个角度变化情况的研究，分析水工程建设对水生态环境的有利或不利影响。

2. 植物物种多样性

由于各个地区组成陆生植物生态系统的植物物种各异，导致了生态系统稳定性、优势物种特征等因素难以用一个统一的标准进行表征。在确定植物物种多样性阈值时，应注意以下几点：

植物以陆生为主；评价尺度为流域层面时，只能作为状态或背景调查；评价范围为河流廊道或者河段时，作为评价指标使用。根据评价种类、评价重点、评价区域和工程特点等因素确定阈值范围。一般来说，可以根据下述方法确定植物物种多样性阈值：

1）确定香依—威纳（Shannon－Weiner）指数的阈值范围时，建议考虑如下几个方面：多年年平均值、优势物种特征、陆生植物生态系统稳定度。一般情况下：优势物种越脆弱、生态系统越不稳定，制定的阈值范围可以略微放宽。其阈值可由相似区域内处于健康状况的参考系河流分析计算得到，而在缺乏相关数据时，根据具体情况，选择 Shannon－Wiener 指数 1.5～3.5 取值范围内的适当值作为阈值。

2）针对河流廊道或河段层面时，可以从下列方法中选用一种或多种进行评价：

方法一：通过列表，将研究区内植物的各物种名称列出，定性的衡量工程对物种组成的影响，如果物种发生了根本性的减少，则说明工程对植物的物种组成造成了不良的影响，但不以某一特定物种的数量的增减说明物种组成发生了变化。

方法二：通过列表，将研究区内植物的各物种名称、相对密度、相对频度、相对显著度以及重要值列表，并根据重要值对物种进行排序，通过进行水工程前后物种序列的变化来衡量植物物种组成的结构变化，如果结构发生了根本性的变化则是水工程对植物物种组成的结构造成了影响，并以不使结构向低级退化为阈值确定的原则。

方法三：应用本指标可以考虑如果覆盖面积比例最大的植物类型在工程建设后，向低等类型演化，则认为产生了不良影响。

3）建议从多个角度评价水工程建设的影响：植物优势种的重要值变化；植物优势种的变化；生态系统物种层次上的依存关系综合分析等。

3. 珍稀水生生物存活状况

由于地区珍稀水生生物物种各异，在确定珍稀水生生物存活状况阈值时应注意以下几点：

在评价时选择评价流域内具有代表性的珍稀水生生物，通过调查和走访相关部门了解珍稀水生生物物种生存状况，按照生存状态良好、生存环境受威胁、数量急剧减少划分等级。根据评价种类、评价重点、评价区域和工程特点等因素确定阈值范围。

当采用专家判定阈值时，宜根据调查结果，统筹考虑评价对珍稀水生生物种类、种群规模、生态习性、种群结构、生境条件与分布、保护级别与状况等因素，结合相应水工程或规划实施影响预测，提出阈值。其他可采用方法包括：①类比分析法：可根据已建工程的环境影响，定性或定量地类比分析拟建工程环境影响；选用类比工程应具有相似的自然地理环境和相似的工程规模、特性和运行方式；②景观生态学方法、生态机理法：根据其生态条件分析拟建工程影响，可根据实际情况进行相应的生境模拟、生物习性模拟等；③图形叠置法：可将特征图与工程布置图叠置，预测影响的范围和程度。表 6.20 为推荐的一组阈值标准。

表 6.20 珍稀水生生物存活状况指标阈值

指标名称	阈值标准（单位%）				
	优	良	中	差	劣
珍稀水生生物存活状况	珍稀水生生物种群密度相对高，物种数量呈明显增长趋势	珍稀水生生物种群密度相对较高，物种数量具备增长趋势	珍稀水生生物可以捕获，物种数量不减少	珍稀水生生物偶有捕获，物种数量减少，但尚未灭绝	珍稀水生生物很难捕获或已经灭绝

4. 外来物种威胁程度

该指标通过技术人员调查判断并咨询当地相关部门了解评价区域外来入侵物种威胁程度，将该指标从最安全到最不安全分为以下几个等级：①无外来入侵物种；②有外来物种入侵，但未对本地物种造成任何影响；③有外来物种入侵，并且已经对本地物种造成严重威胁（如挤占了本地物种生存空间、与本地物种竞争食物或释放化学物质毒害本地物种）；④有外来物种入侵，并且已造成本地一种以上的物种消失。由于该指标为定性评价指标，阈值判定依据专家判定法进行，外来物种评价基本程序如图 6.3 所示。

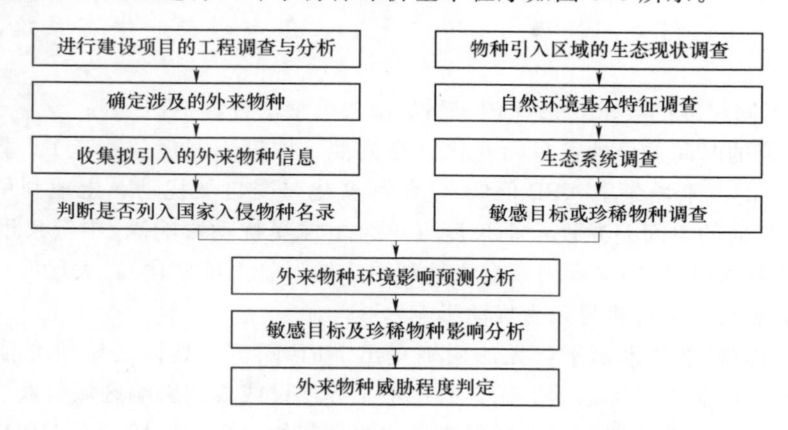

图 6.3 外来物种威胁程度评价基本程序

5. 植被覆盖率

评价时可选定该区域历史上植被覆盖率相对较好的年份，以该年份的植被覆盖率作为参照标准。

在确定流域层面的植被覆盖率阈值时，先选定一个植被覆盖率的参考水平年，默认该年份的植被覆盖率相对较好；将该参考年的植被覆盖率分级，植被覆盖率越高，其分级值越大，见表 6.21。

表 6.21 植被覆盖率等级及赋值表

分级值	植被覆盖率（%）	分级值	植被覆盖率（%）
1	≤10	4	35～55
2	10～20	5	55～75
3	20～35	6	>75

在确定河流廊道及河段层面的植被覆盖率阈值时，计算河岸线植被率。

河岸线植被覆盖率＝林草超过一定宽度的河岸长/总河岸线长

在该指标评价过程中，既考虑岸边天然植被覆盖宽度，又考虑天然植被覆盖长度，并且安全阈值按照划分河流的上、中、下游不同区域来制定，见表 6.22。

6. 净初级生产力

由于各区域天然植被各不相同且存在时空变异性，净初级生产力（NPP）计算的影响因素众多，无法给出统一的阈值。确定天然植被 NPP 阈值时应注意：根据评价种类、评价重点、评价区和工程特点等

表 6.22 植被覆盖率分值阈值表

河流分段	阈值
上游	0.9
中游	0.6
下游	0.4

因素确定阈值范围；充分参考地域已有有关天然植被NPP的研究成果。

净初级生产力阈值确定的方法如下：

1）调查收集水工程规划影响区域已有相关研究成果，或者类似地区NPP值，确定大尺度范围下净初级生产力大致取值区间。NPP取值范围在不同地带差异较大，从热带雨林1400g/(m^2·a)到美洲沙漠50g/(m^2·a)，在一些农业生态系统，NPP可达6000g/(m^2·a)。

2）根据不同尺度的要求，选择传统测量法或模型法计算NPP值。

3）NPP值的时间差异性：日际变化（受光照、温度、湿度等影响）、季节变化（多雨夏季NPP值高，干燥冬季NPP值低）、年际变化（受自然扰动、土地利用变化、气候等影响）。NPP值的空间差异性：小尺度（单个植株受扰动影响）、中等尺度（相同气候条件区域，影响NPP值的主要因素有土地利用、地形、土壤变化）、大尺度（主要由气候所决定，受土地利用和自然与人为扰动影响）。

4）鉴于当前科学技术水平，无法明确提出NPP阈值，具体区域研究依赖于专家判定。专家判定时，应主要考虑以下几方面：水工程建设或规划影响区域气候、土地利用变化、自然扰动、人为扰动情况、水工程建设或规划起始年限、地域已有NPP研究成果等。

7. 土壤侵蚀强度

阈值制定标准参考《土壤侵蚀分类分级标准》（SL 190—2007）的分区标准规定。

监测方法符合《水土保持监测技术规程》（SL 277—2002）的标准规定。

每个工程和规划实施前必须进行水土流失监测。因此，其土壤侵蚀强度值即来自水土流失监测结果。水利部发布的《土壤侵蚀分类分级标准》中，将全国土壤侵蚀类型分为水力、风力和冻融侵蚀三个一级类型区，其中水力侵蚀区与水工程建设和规划关系密切。将全国土壤侵蚀类型区划图与水全国水生态分区图叠加，将具有相同土壤容许流失量的分区进行合并。

根据《水土保持监测技术规程》（SL 277—2002）推荐的监测方法，流域尺度采用遥感监测法；廊道和河段尺度采用地面观测法和调查监测法进行监测。每场暴雨结束后应观测径流和泥沙量，数据较全的地区可以根据土壤侵蚀方程计算。

土壤侵蚀模数背景值：在水利部水土保持监测中心《关于印发开发建设项目水土保持方案大纲及报告书技术审查要点的函》（水保监方案函［2002］118号文）中规定：土壤侵蚀模数背景值最好用当地实测成果和已有的科研成果，或用当地水文水保资料（多年土壤侵蚀模数的平均值、标准方差）；在当地做过侵蚀因子研究的地区，可用土壤流失方程式测算。如果原始数据为研究区域的子区域，通过面积加权平均数计算土壤侵蚀模数平均数。

土壤侵蚀模数参考依据：土壤侵蚀模数阈值范围，原则上小于《土壤侵蚀分类分级标准》（SL 190—2007）的分区标准规定。开发建设项目水土保持方案中，需要确定工程方案土壤侵蚀强度目标值。土壤侵蚀模数以工程方案目标值为中心。

由于水库工程修建的地点一般为水流落差大、水流湍急、水能资源丰富的地区，所以土壤侵蚀模数的背景值可能会高于《土壤侵蚀分类分级标准》（SL 190—2007）规定的地区平均值。当这种情况发生时，直接使用专家判断法，判断影响因素参考方法中列出的因素。

1）初始阈值（参考性阈值）确定：阈值可参照：①《土壤侵蚀分类分级标准》（SL 190—2007）的分区标准规定值—工程方案目标值；②土壤侵蚀模数背景值—工程方案目标值两种情况。如果工程有土壤侵蚀强度目标值，那么初始阈值取①、②绝对值的较小值。如果不能确定该目标值，则初始阈值取土壤侵蚀模数背景值与《土壤侵蚀分类分级标准》（SL190－2007）的分区标准规定值的差的绝对值。

2）初始阈值的修正：上述方法取得的初始阈值仅仅考虑的是国家标准和工程方案。除此以外，专家应根据：降雨和径流侵蚀特征；地面坡度；作物或自然植物盖度；土壤保持工程等实际情况对初始阈值进行修正。

实际工作中可以容许土壤流失量作为土壤侵蚀强度的阈值。容许土壤流失量是指维持土壤生产能力不下降的土壤流失的上限，理论是指流失率与成土率相当时的流失量，即土壤的厚度和养分不因流失而发生变化时的流失量。我国不同侵蚀类型区土壤容许流失量，见表 6.23。

表 6.23　各侵蚀类型区土壤容许流失量表　单位：t/（km^2·a）

类型区	土壤容许流失量	类型区	土壤容许流失量
西北黄土高原区	1000	南方红壤丘陵区	500
东北黑土区	200	西南土石山区	500
北方土石山区	200		

8. 保护区影响程度

确定阈值时应注意以下几点：①评价各类保护区，统一使用该项指标；②各类保护区需为中央及各级地方政府设立并记录在案；③制定阈值时参照国家或地方的分级控制标准；④除自然保护区外，其他类型保护区没有明确阈值范围，规划或工程可根据当地实际情况确定。

1）自然保护区。规划或工程对自然保护区的影响主要考虑三方面，即规划或工程影响的保护区面积、对保护区保护功能的影响及对生态环境的潜在压力及风险。专家根据现实情况进行权重确定并进行打分。对具有国际影响的自然保护区（列入《保护世界文化与自然遗产公约》、《国际重要湿地名录》等国际条例保护）的得分不得高于 2 分；对其他自然保护区影响程度的得分不得高于 4 分。

2）风景名胜区。水工程建设及相关规划依据《风景名胜区条例》（第 474 号国务院令）对其进行保护。阈值的确定考虑以下几个因素：风景名胜区的自然生态条件、社会与人文价值、风景名胜区对当地经济的作用大小、规划或工程对风景名胜区可能的影响等。

3）饮用水源保护区。对饮用水水源保护区进行划分，并根据相关法律法规对饮用水水源保护区进行保护。阈值的确定考虑以下几个因素：承载的人口数量、承载人口分布地区的重要程度、规划编制或者工程建设对饮用水源的影响等。

4）水产种质资源保护区。对水产种质资源保护区依据《水产种质资源保护区划定工作规范》（试行）进行划分，并根据相关规定进行保护。阈值的确定考虑以下几个因素：基因多样性价值、经济价值、种质资源的重要程度等。

5）基本农田保护区。对基本农田保护区依据《基本农田保护条例》（第257号国务院令）进行划定及保护。阈值的确定考虑以下几个因素：侵占的必要性（如果可避免或少侵占、尽量选择影响程度较轻的方案）、单位面积产量、当地农民的生活需求等。

9. 生态需水满足程度

确定阈值时应注意以下几点：①评价适用于包含一定范围水域的敏感保护区，主要为湿地保护区时使用；②根据评价种类、评价重点、评价区及工程特点等因素确定阈值范围；③当规划工程考虑“河流生态需水量”指标时，方可开展“生态需水满足程度”阈值研究。

阈值确定方法为：

在第一层次的分级中，水工程规划设计及施工过程中，无论该湿地处于何种地位（国际或国内），至少把“较好”状态作为控制阈值。列入国际重要湿地名录的湿地生态需水至少要保证施工前60％的水平，而我国名录上的重要湿地的生态需水至少要保证施工前50％的保证率。此分级为基准，一般情况下湿地生态需水保证率不得低于此标准。

针对第二层次的分级，由于全国范围内水资源禀赋及利用率各异，尽管各个水生态分区内部具有一定的相似性，但由于湿地生态需水受到生态系统变化趋势、降雨、蒸发、地下水等因素的影响，其阈值确定需要通过大量的研究才可获得。

在第三层次的分级中，保护区的核心区以及保护区重点保护对象的生境（无论其生境位于核心区、缓冲区还是实验区）必须得到重点保护，要切实保障这两类区域的生态需水达到最佳状态。其他缓冲区和实验区要保证“较好”以上的状态。水工程建设需根据实际情况制定具体的控制阈值范围，如湿地下垫面情况、水文特征、湿地生态需水相关研究基础、水工程需求等，见表6.24。

表6.24 湿地自然保护区生态需水满足程度阈值 ％

状 态	最佳	较好	尚可	预警	危险
国际重要湿地阈值	100～80	80～60	60～40	40～20	20～0
国家级及省级重要湿地阈值	100～70	70～50	50～40	40～20	20～0

10. 鱼类及两栖类生境保护状况

鱼类及两栖类生境保护状况为定性描述性指标。由于地区鱼类及两栖类栖息地各异，很难有统一的标准进行规范，故只提出阈值确定的原则。

专家判定时，根据鱼类及两栖类生物习性，分析本地珍稀、保护鱼类及两栖类的栖息地现状与预期保护措施，预测工程对鱼类及两栖类栖息地的影响，对于水工程建设是否直接或间接挤占鱼类及两栖类“三场”，导致“三场”消失或面积急剧减小等进行评判。分为以下几个等级：无影响、有影响但通过保护措施可将影响降至很低、有影响并对当地鱼类及两栖类“三场”造成严重威胁。鱼类及两栖类生境保护状况专家判定工作程序如下：

1）确定调查目的，拟订调查提纲。首先确定水工程影响区域鱼类及两栖类保护目标，拟订出要求专家回答的详细问题提纲，并同时向专家提供有关背景材料，包括鱼类及两栖类“三场”分布情况、生物习性、规划工程基本情况、拟采取保护措施、预测目的、期限、调查表填写方法及其他要求等说明。

2）选择一批熟悉当地鱼类及两栖类物种及栖息地、具体工程建设等领域理论和实践方面的专家，一般至少为20人。按专业应包括水工程规划设计人员、水工程生态学家、鱼类及两栖类研究人员、鱼类及两栖类栖息地调查评价人员、渔业环境监测人员、水产研究人员等；按学术资历应包括教授、研究员、副教授、教授级高工、高级工程师、工程师等；按单位应包括高校、管理部门、科研单位、设计单位等；按地域应包括工程规划建设所在地科研人员、管理人员，还应包括外地研究人员。专家组的成员应具有广泛的代表性。

3）以通信方式向被选定的专家发出调查表，征询意见。有条件的地区，可组织专家组人员前往实地，现场调研，以便更准确地作出判断。

4）对返回的意见进行归纳综合，定量统计分析后再寄给有关专家，经过三四轮反复，在意见比较集中后进行数据处理与综合，最后得出结果。每一轮时间约7～10d，总共一个月左右即可得到大致结果。时间控制很重要，过短会因专家很忙而难于反馈，过长则可能外界干扰因素增多，影响结果的客观性。

有条件的地区，可采用更为科学复杂的方法对鱼类及两栖类生境保护状况进行评价。如栖息地制图法是在现场调查的基础上，综合运用定性评估和物理测量的方法对河流栖息地状态进行研究；栖息地模拟法中的栖息地适宜性模型主要针对微观栖息地尺度进行，可以对生物栖息地质量进行定量化描述，但对数据要求较高，需要建立生物与水文、地貌等要素间的适配曲线。表6.25为推荐的一组阈值标准。

表6.25　鱼类及两栖类生境保护状况指标阈值

指标名称	阈值标准				
	优	良	中	差	劣
鱼类及两栖类生境保护状况	鱼类及两栖类“三场”保护完好，水分养分条件满足鱼类及两栖类生存需求	鱼类及两栖类“三场”保护基本完好，水分养分条件基本满足鱼类及两栖类生存需求	鱼类及两栖类“三场”受到一定保护，水分养分条件尚可维持鱼类及两栖类生存	鱼类及两栖类“三场”受到一定破坏，水分养分条件难以满足鱼类及两栖类生存需求	鱼类及两栖类“三场”完全遭受破坏，水分养分条件完全无法满足鱼类及两栖类生存需求

6.2.2.5 社会环境

1. 移民（居民）人均年纯收入

根据《大中型水利水电工程建设征地补偿和移民安置条例》要求，“国家实行开发性移民方针，采取前期补偿、补助与后期扶持相结合的办法，使移民生活达到或超过原有水平。”

根据我国不同地区不同类型工程建设征地移民安置的规划和实施情况，可以统一以不低于移民安置前的移民人均年纯收入作为阈值下限。蓄滞洪区建设工程影响区内的居民人均年纯收入变化也以工程实施后不低于工程实施前作为阈值下限。

水土保持工程实施后，工程影响区内的居民人均年纯收入应高于工程实施前，阈值下限需结合区域发展规划与水土保持规划制定。

2．传播阻断率

对于传播阻断率，数值为正说明水工程的实施减少了各类涉水疾病的传播几率，对疾病的控制起到了正面的作用。因此，综合传播阻断率的值不小于零，即是本指标的阈值范围。

当指标值为负时，说明水工程的实施提高了涉水疾病的传播几率，应采取优化工程方案及相应的预防和控制疾病的措施，以满足指标值大于等于零的要求。

对于某些确实不能满足控制疾病传播要求的工程，则需请水利专家与医学专家共同会商确定该指标值的可接受范围，并尽可能地采取各类措施降低负面影响。

在血吸虫病高发地区，必须要将血吸虫病作为最主要的疾病类型重点研究，要对该疾病赋以最高的权重。

3．水资源开发利用率

流域水资源开发利用率的阈值是兼顾社会经济发展与保障生态安全的水资源合理开发利用范围，其阈值的上限是满足流域环境与生态需水的最大可开发利用率，下限是保证流域内居民生活用水安全与社会稳定的最小开发利用率。由于具体的阈值受到当时、当地生态状况、用水效率、治污水平等各种条件的制约，表现出一定的动态性，故只提出分析阈值的原则、思路与方法。

（1）阈值分析方法。流域水资源开发利用率的阈值上限的确定以不超过流域水资源可利用量为前提。

1）基于水量保证满足生态安全的阈值上限。从水资源量利用的角度来看，一部分用于社会经济的发展，一部分用于生态环境的维护与修复，两者的总和即水资源利用总量，可以从水量角度列出下式：

$$u(1-r)+E_a=1$$

$$u=\frac{1-E_a}{1-r} \tag{6.1}$$

式中：u 为水资源开发利用率；E_a 为生态需水比例；r 为回归系数。

水资源开发利用率与生态需水比例、社会系统的水资源消耗率有直接的关系。在相同的消耗系数下，随着生态需水比例的提高，要求水资源开发利用率逐渐降低，如果要满足一定的生态需水比例，水资源开发利用率必须低于某一阈值。

r 值随着社会用水效率的变化而变化，E_a 值通过生态需水阈值的确定方法可以分析得到。当 E_a 值为最小生态需水率时，u 即为满足生态安全的最大水资源可开发率。

2）基于水质保证满足生态安全的阈值上限。生态系统不仅对于水量有一定的需求，同时要求水质也必须达到一定的标准。在这种情况下，就对水资源开发利用率提出了更严格的要求。特别是在当前情况下，由于我国污水排放标准远远高于地表水水质标准，加之超标排放的现象，要求河道内必须有足够的水量，使地表水达到一定的水质标准。因此，必须分析废污水的污染物浓度对河道水质的影响。从保证生态用水水质角度提出下列公式：

$$Q_e = \frac{mru}{1-u(1-r)} \tag{6.2}$$

式中：Q_e 为生态需水的水质要求；m 为废污水的污染物浓度；r 为回归系数；u 为水资源开发利用率。进一步推导得到：

$$u = \frac{Q_e}{mr+(1-r)Q_e} \tag{6.3}$$

当 Q_e 为生态需水最低水质要求时，u 即为满足生态安全的最大水资源可开发率。对于不同水功能区，生态需水的水质要求是不同的，因此需要逐段计算区域水资源的可开发率，再统计得到流域的可开发率，方法如下式：

$$u = \sum_{1}^{n} u_n \frac{W_n}{W_r} \tag{6.4}$$

式中：u_n 为第 n 区域的水资源可开发率；W_n 为第 n 区域的水资源量；W_r 为水资源总量。

3）综合考虑水量水质满足生态安全的阈值上限。在现实当中，必须同时满足生态需水量与质的标准，才能实现生态保护与恢复的目标。因此，应对水量与水质目标进行综合考察，分别求得流域水资源可开发率后，取其较小值作为阈值的上限。

4）基于城乡居民饮用水安全的阈值下限。流域水资源开发利用率的阈值下限，要考虑流域内人群生存与健康的用水需求，保障用水安全与社会的稳定。

通常来说，流域水资源开发利用率只考虑阈值上限，但当必须保证的社会基本用水量很大，阈值的下限与上限接近或存在矛盾时，则应从人群生存健康与社会稳定角度出发，保证流域水资源开发利用率不低于阈值下限。

（2）区域阈值分析。各流域开发率阈值可通过前文所给方法计算得到，不同水平年的开发利用率阈值受生态保护与修复目标及社会用水效率等多因素制约，因此本章不针对具体水平年给出流域开发利用率的阈值，但可以根据已有研究成果，对阈值的范围作出初步估算。

目前，国际上公认的地表水合理开发利用率是40%，保持大多数水生动物有良好的栖息条件，需要的基本河道内径流为50%保证率河道流量的30% ～50%。我国由于受季风气候的影响，河川径流量在时间上分配不均，不仅年际之间有差异，年内变化也很大。一般情况下枯季径流仅占全年径流的30%左右，汛期径流占全年径流的70%左右。因此，河流中维持枯水期30%的水量能够满足生态环境基本用水的最低要求。目前已有研究对我国各大主要流域的流域水资源开发利用率阈值上限分别给出了不同的数值，虽然各不相同，考虑到阈值的动态性，不同水平年会有所不同，大体应在30%～50%之间。我国各大流域水资源开发利用率现状，如图6.4所示。

按照水资源开发利用率阈值在30%～50%区间来看，十大流域中的长江流域、西南诸河、松辽流域、珠江流域、太湖及东南诸河流域的水资源开发尚未达到可开发的上限，具有开发利用潜力，特别是西南诸河还有很大的开发潜力可以挖掘。西北诸河流域和淮河流域的水资源开发状况达到或超过了可开发的阈值上限，在水资源规划中应注意优化产业结构，调整用水结构，促进节水与水资源高效利用。黄河流域、山东半岛和海河流域的水资源利用情况已经远超生态阈值上限，生态破坏与退化问题显著，在水资源规划中应做到

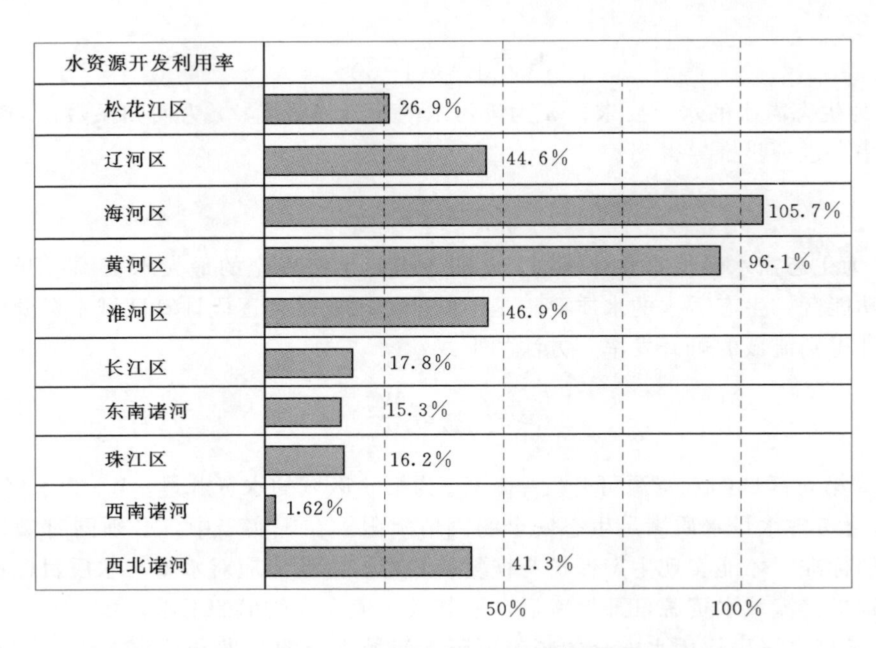

图 6.4　我国各主要流域水资源开发利用率现状图（2006 年）

开源与节流并重，在有限、可用的水资源充分高效利用的前提下，积极寻找替代水源，论证跨流域调水的可行性。

4. 水能生态安全开发利用率

水能生态安全可开发量是一条河流保证生态安全的最大可开发量，是河流水能开发的参考上限值。水能生态安全开发利用率，是实际开发量与生态安全可开发量的比值。

受研究条件和认识水平的限制，本书仅提出水能生态安全可开发量分析研究的框架和水能生态安全开发利用率的计算分析方法，而对于该指标的阈值研究还要结合“绿色水电”评估工作进一步深入探讨。当指标值大于 1 时，河流生态安全肯定会受到威胁。要保障河流生态安全，该指标值不仅要小于 1，还要保证水能开发的河段位于研究认为生态安全的可开发河段范围内。出于保证生态安全的角度，其阈值上限或许是一个小于 1 的正数。

我国水电能源空间分布差异很大，西部地区的黄河上游、长江上游上段的干流金沙江和支流雅砻江、大渡河、乌江以及与金沙江并流的澜沧江、怒江等水能资源丰富，是我国的水电富矿，发电量占全国总水电发电量的 70%。因此，水能生态安全可开发量指标重点关注上述地区的水电开发规划。

5. 农田灌溉水有效利用系数

受技术条件和自然条件的影响，我国各地农田灌溉水有效利用率差别很大。涉及灌溉的水工程规划设计都会起到提高农田灌溉水有效利用率的作用，而农田灌溉水有效利用率的提高程度是否满足生态安全的要求，则要根据工程实施后的农业需水量的变化及水资源供需矛盾的缓解程度来做综合评价。也就是说，农田灌溉水有效利用率的提高，有利于实现水资源配置供需平衡，有利于满足生态用水的需要，此时的农田灌溉水有效利用系数就是符合生态安全要求的。因此，农田灌溉水有效利用系数值以符合水资源配置的要求，满足生态用水的需要作为确定阈值的原则依据。

按照现行节水标准，渠系水利用系数和农田灌溉水有效利用系数，可根据表6.26进行控制。

表6.26 渠系水可利用系数

灌区类型	渠系水可利用系数	灌溉水利用系数
大型灌区	≥0.55	≥0.5
中型灌区	≥0.65	≥0.6
小型灌区	≥0.75	≥0.7
井灌区及其他	全部实行井灌结合的灌区可降低0.1，部分实行井灌结合的灌区可按井灌结合灌溉面积占全灌区面积的比例降低；井灌区采用渠道防渗不应低于0.9，采用管道输水不应低于0.95	井灌区不应低于0.8，喷灌区不应低于0.8，微喷灌区不应低于0.85，滴灌区不应低于0.9；井灌结合的可根据井渠用水量加权平均

田间水利用系数在水稻灌区不宜低于0.95，在旱作物灌区不宜低于0.9。

6. 单位工业增加值用水量

单位工业增加值用水量指标用以衡量区域工业用水效率，与区域经济社会发展水平、产业结构、工业用水重复利用率等密切相关。对于同一个区域作纵向比较，单位工业增加值用水量应呈逐年递减的趋势，体现了社会的进步与发展模式趋于合理。对于不同区域作横向比较，单位工业增加值用水量越小，则说明该地区经济社会发展水平较高，产业结构布局较优。

7. 景观舒适度

景观舒适度指标采用公众调查与专家评判相结合的方法，定性的估测水工程对景观舒适程度的影响，其阈值确定也采用专家评判的方法。评判阈值的专家应至少包含水利工程师、景观规划师等，通常情况下阈值以工程实施后的景观舒适度不低于实施前为宜。

第 7 章　流域规划生态影响评价

7.1　流域规划生态影响评价概述

从 20 世纪 50 年代开始我国就进行了一些水工程环境影响初步研究。70 年代末，水工程环境影响评价开始起步，并在 80 年代初以来得到迅速发展。到 80 年代后期，大、中型水利水电建设项目基本纳入环境管理轨道，我国建立了一套水工程环境管理程序和环境影响评价技术规范。1988 年，我国颁布了《水利水电工程环境影响评价技术规范》，1992 年颁布了《江河流域规划环境影响评价规范》，2002 年又修订颁布了《环境影响评价技术导则（水利水电工程）》。虽然取得了很大进步，但是，20 世纪我国的水工程环境保护还主要局限于项目环境影响评价，随着建设项目从单个工程向流域综合开发推进，特别是 2002 年颁布《环境影响评价法》，进一步提高了环境影响评价的法律地位，扩大了环境影响评价的范围，尤其是将规划环境影响评价和后评价纳入了环境影响评价管理的范畴。从 2003 年以来，进一步深化提高了规划的环境影响评价内容和方法，开展了澜沧江、大渡河、怒江、雅砻江等大型河流和其他一些中小型河流水电梯级开发规划的环境影响研究和环境影响评价工作，建立了规划环境影响评价技术体系。河流水电开发的环境保护工作得到了进一步的加强，环境影响评价工作又上了一个新的台阶。

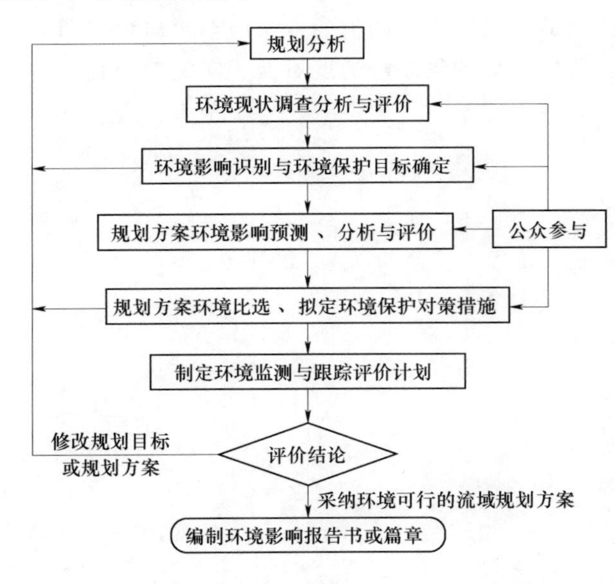

图 7.1　江河流域规划环境影响评价工作程序图

7.1.1　规划环境影响评价程序

根据《环境影响评价法》，流域规划环境影响评价任务是对流域规划实施后可能造成的环境影响进行分析、预测和评估，提出预防或者减轻不良环境影响的对策和措施，以及跟踪监测的方法与实施方案。流域规划环境影响评价的基本内容包括：规划分析、环境现状调查分析、环境影响识别、确定环境目标和评价指标、环境影响分析与评价、环境保护对策措施、推荐规划方案、公众参与、监测与跟踪评价计划等，并在此基础上编报河流水电规划环境影响报告书。江河流域规划环境影响评价工作程序，如图

7.1 所示。

7.1.2 流域规划环境影响评价主要内容和重点

1. 规划分析

包括分析拟定的规划目标、指标、规划方案与相关的其他发展规划、环境保护规划的协调性。具体分为：规划的描述、规划目标的协调性分析、规划方案的初步筛选、确定规划环境影响评价内容和评价范围等内容。通过规划分析，从环境影响评价角度对规划的原则、指导思想、规划目标、规划方案进行分析和初步评估，并及时向规划单位反馈评价意见，将环境保护的理念和要求融入规划编制全过程，从源头避免、控制规划实施可能造成的不利环境影响。

2. 环境现状调查与分析

根据规划流域的环境特点，结合规划方案的环境影响范围，确定调查的范围和内容。按照全面性、针对性、可行性和有效性的原则，有重点地进行环境现状调查与分析。现状调查一般包括自然环境状况、社会经济概况、资源分布与利用状况、环境质量和生态状况等方面的内容。

在现状调查中，尽可能搜集和利用近期已有的有效资料。当受影响的水环境和生态环境等现有资料不能满足评价要求时，应进行补充现场调查和监测。

根据环境现状调查成果，对比分析规划工程布局与区域生态功能区划、水功能区划和环境敏感对象之间的关系，分析存在的主要矛盾及制约规划实施的生态环境因素。评价区域生态状况与环境质量现状、历史演变过程及发展变化趋势，分析当前存在的主要生态与环境问题及其主要影响因子，结合相关发展规划，分析在无规划条件下的区域生态与环境发展变化趋势。分析区域土地资源、水资源、生物资源现状及其开发利用状况，确定限制性资源因子，提出分区开发与保护要求，并分析其与规划之间的关系，为规划优化调整建议提供依据。

如规划流域内已进行水工程开发，应进行系统的环境影响回顾性调查与评价，回顾性调查主要包括河流开发情况的回顾调查、已开发河段生态与环境变化情况的回顾调查，以及已开发河段的环保对策措施落实情况和实施效果的回顾调查三个方面的内容。调查工作内容通常包括：收集规划河流或河段已建工程的建设运行资料，环境影响调查、研究资料，并根据资料情况开展必要的补充调查工作，调查应关注水库及坝下河段，重点调查内容为开发河段水生生境及水生生物多样性变化情况，开发河段两岸植被类型及陆生生物多样性变化情况；根据回顾调查结果，与原项目环境影响评价结论进行对比分析，重点分析存在的差异及造成差异的原因、主要生态与环境问题及其与河流开发之间的关系、资源环境对原开发强度、规模的承载力、流域生态环境质量状况以及生态系统演变趋势，为规划环境影响预测、敏感环境问题的规避以及对既有环境问题的修复、补救等提供类比资料和依据。

3. 环境影响识别

环境影响识别的对象包括影响主体、影响受体、影响效应。在对流域环境状况及规划的原则、目标、方案进行分析的基础上，识别规划实施可能导致的主要生态及环境影响，初步判断主要生态及环境问题、影响性质、范围和程度以及主要制约因素，确定主要评价因子和评价重点。应根据规划的环境影响源特点，突出与水环境、物种多样性保护等相关的环境影响识别分析，重点识别累积性、区域性影响，关注控制性工程的环境问题。

在环境影响识别的基础上，针对规划可能涉及的重大环境问题、敏感环境要素以及主要制约因素，确定环境保护目标。环境保护目标应包括自然环境、生态环境、社会环境等方面，重点在保护具有环境价值的自然资源及珍稀动植物栖息地、维护社会和谐稳定等方面。最基本的环境保护目标至少应包括：

（1）维持珍稀、保护、特有物种生存、繁衍所必需的种群数量。

（2）保证重要水生生物能够完成生活史。

（3）维持生态功能区的正常生态功能。

（4）不导致重大淹没损失，避免淹没集中成片耕地和草场、重要城镇、重要基础设施。

根据环境保护目标，结合规划特点及环境背景调查情况，针对规划实施对资源利用、自然环境、生态环境和社会环境可能带来的影响建立评价指标体系，旨在为影响预测和评价服务。

4. 环境影响预测分析与评价

规划实施对环境的影响是广泛而又深远的，既有有利影响，也有不利影响。有利影响包括对区域（流域）经济、社会和环境可持续发展的促进作用，不利影响包括分析对区域水环境、生态环境和社会环境的直接和间接的、可逆和不可逆的影响。环境影响预测评价的重点是分析对流域生态的长期性、累积性影响，以及控制性工程的生态影响。从要素上讲，评价重点是水环境、生态环境和社会环境等方面的影响。

（1）水环境。水环境影响预测评价主要包括：

1）根据规划河流天然水文条件（丰、平、枯代表年）与梯级水库联合运行规划方案，分析计算各梯级的入、出库流量过程（按计算时段）；对比天然状况，分析规划河段水深、流速变化趋势。

2）在对各水库水温结构进行判别的基础上，预测评价梯级水库水温变化及规划河流沿程水温时空分布变化及规律，评价梯级间水温的累积影响；结合生境及用水要求，从对水温影响的角度分析各方案的影响，论证推荐方案的合理性，并提出下泄水温调控的水库调度运行方式及建议。

3）结合流域水环境相关规划，根据水文特性及污染物扩散、稀释机理，建立预测模型，计算分析规划方案对水体纳污能力的影响。

4）根据水生生物、景观、污染稀释等用水要求，结合不同河段河流典型断面的形态，分段确定流域规划减（脱）水河段生态需水量，包括生态基流和敏感生态需水。

（2）水生生态。预测分析控制性水库工程及梯级联合调度造成的大坝阻隔、水文情势变化、水温变化和生境破碎化及其对水生生物、鱼类及“三场”、渔业资源的影响，特别是对珍稀濒危保护鱼类的影响，明确规划是否可能导致物种消失。对重要鱼类资源量及栖息地的影响预测评价应结合全流域开发现状及规划，分析预测资源量及重要栖息地在流域的分布和受损情况，以及潜在替代生境的健康状况，为全流域资源开发与生态保护的统筹布局提供科学依据。

(3) 陆生生态。主要预测内容包括:

1) 预测评价规划实施对流域生态系统完整性、物种和景观多样性的影响，包括对生物生产力、恢复稳定性、阻抗稳定性、景观优势度的影响，以及对流域敏感生态问题的影响。

2) 预测规划实施对流域植物资源、植被类型及分布的影响，以及对陆生动物的种类、种群、区系、分布及栖息地的影响，重点分析对珍稀、濒危、特有和狭域分布的动植物的影响。

3) 预测分析规划实施可能导致的生态风险，重点关注的内容包括重要物种及其重要栖息生境消失的可能性；生态功能区结构破坏、功能丧失的可能性；流域生态环境整体恶化的可能性。

(4) 社会环境。主要评价内容包括:

1) 在明确主要资源环境制约因素的前提下，重点评价土地资源和环境对规划实施的可承载力。

2) 分析规划方案对沿岸城镇防洪、发展用地、给排水、景观等方面的影响。

3) 结合规划方案及近期工程实施影响，分析预测规划实施对地区社会经济发展、人群健康、水资源利用、土地资源利用、景观与文物、交通等基础设施、旅游发展、移民安置、民族文化的影响。

4) 对涉及少数民族地区的规划，应重点分析规划实施对民族组成、民风民俗、宗教文化的影响，以及对少数民族地区社会经济发展的综合影响。

5) 测算产生的移民数量。根据区域资源环境承载力，分析规划河段的移民安置环境容量，分析移民安置可能导致的生态、社会问题。

6) 对于涉及国际河流的水电规划，应分析规划实施是否满足相关国际法、国际公约的要求，是否存在敏感国际问题。

5. 环境保护对策措施

遵循预防为主、保护优先的原则，从全流域角度统筹考虑，制定预防措施、减缓措施和修复补偿措施。

对于预防性措施从规划优化方面，对梯级开发提出调整意见或建议，从“源头”预防生态破坏，消除环境污染。主要包括梯级水库的规模和布局调整，以规避城镇、重要企业、基础设施、自然保护区、珍稀保护物种及重要生境等环境敏感对象。

对于减缓措施，应在保护性开发利用流域环境资源、不降低规划目标的前提下，限制和约束工程行为的规模、强度或范围，减缓不利环境影响。一般包括水库分层取水减缓下泄低温水影响、生境保护、修建过鱼设施等措施。

对规划实施造成的可逆性、暂时性环境影响，应尽可能地采取有效措施进行恢复补救，使受影响的环境因子恢复原有功能。对于无法恢复的环境影响，应通过重建的方式替代原有的环境。修复补偿措施应重点关注生态功能的补偿，应保障重要物种完成生活史所必需的栖息环境。一般包括替代生境的构建与保护、施工迹地绿化恢复措施、水库下泄基本生态环境用水、鱼类增殖放流站等。人工增殖放流站的选址需考虑渔业技术力量和站内用水水源保证。

6．规划方案的环境比选

在环境预测、分析评价的基础上，结合所建立的评价指标体系，对规划方案的工程规模、布局、时序等方面的环境合理性进行分析评价，分析评价规划实施对社会、经济、环境可持续发展的影响。采用层次分析法、模糊数学法等方法分析比较各规划方案的环境影响差异并进行优劣排序。

7.2 水电梯级开发生态累积影响评价技术

7.2.1 水电梯级开发生态环境影响评价特点

流域水电梯级开发规划环境影响评价特点包括以下几方面（陈凯麒等，2005）：

空间尺度上，评价时空范围的准确划定是关乎评价能否真实反映其影响的基础。对梯级开发规划一般认为以流域的界限为评价的空间范围，如果考虑到对一些洄游性鱼类的影响，河口也应包括在内，范围比单一建设项目广阔得多。

时间尺度上，梯级开发规划评价应在流域规划阶段，并贯穿流域规划的整个阶段。由于我国江河的早期开发大多没有考虑环境影响，因此在这种条件下，对一些已进行了一定程度开发的流域，不能仅局限于对规划期内的影响，还要考虑到过去、现在、将来的影响。流域内众多的开发项目，后期开发项目对环境的影响是在先期开发项目对环境影响基础上的叠加和累积。

评价内容上，应与流域的生态环境紧密相关，与流域的整体环境目标相一致，强化电站间以及流域中其他开发项目对环境的协同作用和加和作用，重点评价这些项目对流域生态环境的累积影响。

评价方法上，传统的环境影响评价方法是评价的重要基础，但传统方法是重点评价工程项目对环境的直接或间接影响，对累积效应的评价考虑得很少，而累积效应的评价是流域规划环境影响评价最为显著的特点，水电梯级开发也不例外。

评价目标上，流域的开发与环境的协调发展是流域开发的重要目标。最终目标是使不利的累积影响和不利的综合影响最小化。

总之，水电梯级规划环境影响评价中要树立流域水量、水质、水能、水生态统一管理的概念，树立流域是一个生态系统的概念，综合考虑开发活动间的相互影响，统筹兼顾生态保护与建设发展的关系。

7.2.2 水电梯级开发生态累积影响评价技术方法

7.2.2.1 累积影响研究的一般性方法

Granholm（1987）曾对多达90种用于累积影响分析的方法做过总结，Harryspaling和Barrysmit、PaulG. Risser等国外学者，以及毛文锋、吴仁海、陈庆伟等国内学者，都对累积影响做过一些方法或者案例的研究。总结起来，目前国内外进行累积影响研究比较具有代表意义的方法主要有：专家咨询法、核查表法、矩阵法、叠图法/GIS、情景分析法、环境数学模型法等。另外，系统动力学方法对累积影响的分析也比较适合。

累积影响分析方法有的侧重于时间的累积，有的侧重于对空间累积影响，因此可以将评价方法按照时间、空间来划分。在这些方法中，根据对基础数据要求的程度不一样，可以按照对基础数据要求高低的程度来划分；也可以按照方法对过程和结果的偏重程度，或者按照定量、定性，或者按照适用阶段来划分，或者按照是否考虑间接影响来划分。

1. 专家咨询法

专家咨询法（expert consultation）主要是依靠专家对所属领域的熟悉，对项目可能带来的环境影响进行识别，并考虑这些影响可能的累积效应。由于专家具有的专业特长和丰富的理论与实际工作经验，运用这种方法可以比较容易的明确生态环境累积影响发生的重点部分。

2. 核查表法

将可能受规划行为影响的环境因子和可能产生的影响性质列在一个清单中，然后对核查的环境影响给出定性或半定量的评价。核查表法（checklist）运用简单，可以按照特定类型的项目给出相关的环境影响清单，对所列内容进行逐一核查。在某些情况下，一个详尽的核查表格和专家咨询法一样达到同样的评价效果。

3. 矩阵法

矩阵法（matrix）是将环境因子和影响行为分别作为矩阵的行和列，每种影响行为对环境因子的影响以符号或数量的方式进行标记，以表示该环境因子受影响行为影响的性质和大小，最常用的有 Leopold 矩阵。矩阵法可以在专家评估法的基础上，进行一些定量化的研究，如定量化表示社会经济活动对环境系统的综合影响。该方法在环境影响评价中目前主要用于环境影响的综合评价和环境系统分析。

矩阵法的优点包括可以直观地表示交叉或因果关系，矩阵的多维性尤其有利于描述规划环境影响评价中的各种复杂关系，并可以进行一些定量研究；缺点是不能处理间接影响和时间特征明显的影响。

4. 叠图法/GIS

将评价区域特征包括自然条件、社会背景、经济状况等的专题地图叠放在一起，形成一张能综合反映环境影响的空间特征的地图。叠图法（Map Overlays）能够直观、形象、简明地表示各种单个影响和复合影响的空间分布。但无法在地图上表达源与受体的因果关系，因而无法综合评定环境影响的强度或环境因子的重要性。而 GIS 技术使得大量信息的处理成为可能，使基于 GIS 的环境评价方法在环境检测、项目选址等方面得到了广泛的运用，并扩展到时间和空间累积效应的分析，但对时间效应和空间效应的分析都具有一定的局限性。

5. 环境数学模型法

环境数学模型（Environmental mathematical model）一般分为确定性模型和随机性模型，其区别在于模型是否较全面地反映环境系统变化的机理。数学模型能较好地定量描述多个环境因子和环境影响的相互作用及其因果关系，并可以分析空间累积效应以及时间累积效应，具有较大的灵活性，但对基础数据要求比较高。多用于描述大气或水体中污染物质随空气或水等介质在空间中的输运和转化规律。

以水环境模型为例，目前对确定性模型研究比较多，尤其是美国在这方面研究比较深入，近年来公开发行了92个水环境模型，国内学者也借助这些模型做了很多实际的运用，如对苏州河网水质的研究。

6. 系统动力学方法

系统动力学（System dynamics）是一门分析研究信息反馈系统的学科，也是一门认识系统问题和解决系统问题交叉的综合性的新学科。按照系统动力学的理论与方法建立的模型，借助计算机模拟可以用于定性与定量地研究系统问题。系统动力学解决问题的最大特点在于其反馈机制，区别于单向数学模型，系统动力学模型中的因子与上下因子之间都发生联系并相互作用。系统的各个构成因子的变化不单影响下一级的因子，同时对上一级因子反馈，从而整个系统以时间为轴发生调整，是一种双向模型。国外已将系统动力学广泛用于政策制定、环境管理方面的研究。在环境方面，国内将系统动力学在承载力方面做了一些运用，取得了较好的效果。

7. 情景分析法

情景分析法（Scenario Analysis）是将项目对环境的累积影响进行形象化的描述，帮助对影响进行分析，加深对影响的全面认识，并识别一些间接影响。另外，情景分析法还可以作为一种成果展示方法，在累积影响分析完成后对成果以更容易被接受的方式清晰地表示出来。

7.2.2.2　累积影响评价技术方法

水电梯级开发生态累积影响评价研究的方法则采用多学科联合和系统分析决策的方法。根据水电梯级开发对环境影响的性质、时间、空间范围进行初步的分析，并拟定具体目标，再进行全面和系统的调查和相关分析，在此基础上应用多学科理论建立各系统的模拟模型，并根据实际条件通过人机对话修改完善，最后得出一个反映系统主要特征的模型，进行系统评价，分析不利影响的症结所在，提出对策措施，供决策者参考。

建立的累积影响评价技术主要围绕如下两方面进行：

1）水文情势变化对生境的影响评价。水文情势的改变对于生境的影响是大坝建设对生态环境的重要影响，针对单一电站（水库），通过对大坝建设前后长系列水文资料的对比，概括重要的生态水文学指标的变化，结合指示性生物的种群变化，分析生境变化对于生物生活史、种群与物种变化的影响。或者通过系列遥感数据对比，分析生境的变化。

2）河流湖库化对水质的影响研究。河流湖库化是大坝建设的最直接影响，特别是建在流域下游的水库，湖库富营养化是水库的主要环境问题。总结水文周期变化、污染源等与水质及富营养化的关系，为水库的运行管理、水源地的保护提供技术支持。

流域水电梯级开发涉及的环境要素基本囊括了单项水电工程所涉及的要素，只是两者相比，流域梯级水电工程更关注宏观的、持久的、潜在的、累积的影响，其中流域水电梯级开发对水环境、生态环境及社会和经济的影响仍是规划环评关注的重点。

1. 水环境影响

水电工程开发最直接的环境影响是对水环境的影响，确切地说是对河流的水文情势和水环境质量的影响，其他大多影响是由于水文情势及水环境质量改变导致的次生的、间接的影响。在流域水电规划环评中，径流、泥沙、水温及水质等水环境因子是水环境影响中的评价重点，这些因子可进一步细化为水域面积、水量、流量、流速、水位、含沙量、输沙量、pH、COD、NH_3—N、BOD、DO、TP、TN等更深入，且更易量化的次一级因子。流域水电梯级开发及联合调度运行，改变了山区型河流固有的水文特征，使河流的水文特性、泥沙沿程冲淤演变特性发生了变化，水库泥沙淤积问题、水库清水下泄，导致天然河道局部冲刷，并引起河岸稳定及向下游运输营养物质减少问题、水库低温水下泄对下游用水及水生生物（特别是鱼类）影响问题、水库泄水掺气导致下游局部河段气体过饱和问题及其对水生生物的影响、水体流动缓慢的库区段和支流库湾水体存在富营养化的潜在威胁或趋势，这些在单一水电工程中出现的问题及影响在梯级水电开发中将更加突出，并将在更大范围（流域）、更长时间范围内产生累积的、综合性影响。因此，流域水电规划环评中的水环境影响评价部分，要重点关注梯级开发及运行对水库泥沙淤积、清水下泄引起的河岸冲刷、低温水对水生及农业生态影响、气体过饱和问题、库湾水体富营养化问题等持久的、潜在的、累积性影响。

2. 生态影响

水电工程对生态的影响主要体现在陆生和水生两个方面，其中在对陆生生态的影响方式和性质方面，梯级水电与单个工程没有本质区别，主要体现在工程占用和损毁自然植被、大坝阻隔改变水文情势导致生物群落的淹没损失，从而减少或改变动植物栖息生境，或直接导致动植物种群数量的损失。然而，梯级水电工程与单项工程不同的是，它并不是几个工程对陆生生态影响的简单的数量之和。例如，对某些狭域分布的地区特有种类或分布海拔仅局限于河谷区的珍稀濒危动植物的影响，从单个工程环评角度看，其影响涉及某几个珍稀植被或濒危物种的个体数量减少，占整个流域同类植被或物种的比例很小，不构成该单项工程的制约性因素。但如果从整个梯级开发的角度分析，则可能加重这些物种的濒危等级，当达不到维持该物种繁衍或更新需要的最低种群数量时，这些物种就有可能消失，从而导致生物多样性的减少或生态系统的失衡。因此，流域水电规划环评的作用就显得尤为重要。规划环评需要重点评价的应该是流域生物多样性、生态系统完整性和稳定性以及改变了河流的物理特征和与陆域的交互关系等几个关键性问题。

水生生态影响历来被认为是水电工程最大的环境影响问题之一，因此这方面的研究和评价案例也很多。但一直较为困难的是获得包括鱼类在内的各种水生生物的生态习性，以及鱼类对因水工程建设而改变了的生境究竟有多大的适应性和耐受力实测资料。对鱼类的影响一般考虑生境、饵料、水体流速、流量和水温、水体溶解氧和其他水质参数的变化等，但梯级水电站规划环评更加侧重的是河流生境片断化的影响。

在梯级大坝阻隔的情况下，原本完整而连续贯通的河流水生生态系统，被分割成若干个生境相似且简单的水库生态系统。每一个水库都是一个生态系统脆弱的生境岛屿，当生境发生变化时，受到破坏的生境可能就是某一个物种的生活区域。片断化的生境可能会使原有物种扩散以及群落的建立受到限制，它对物种的正常散布移居活动产生直接障碍。一旦单一生境的物种在自然演替和种群代谢中死亡后，相同的物种由于大坝阻隔又不能进入到被分割的生境之中，物种数量就不可避免地出现下降。

生境片断化的另一个危害是使库区鱼类的搜寻能力降低。许多鱼类无论是单一的个体，还是社会性的群体，都需要能够在分布区内自由地穿越境地在星散的饵料资源中觅食，由于生境被分割，物种被限制在狭小的区域而不能去寻找它们需要的分散食物资源，就会出现饥饿。片断化的影响还有一个表现是对鱼类寻找配偶进行产卵受精产生限制，或减少机会以致影响它们的繁殖。上述影响是一种普遍现象，但其影响程度主要取决于规划河流水生生物的丰富程度及保护价值，以及受关注物种的分布状况。规划环评的主要任务应从整个流域的角度，调查受梯级电站累积影响大的物种，特别是洄游性、列入国家和省级保护的物种及其他珍稀物种；在客观评价其影响程度的基础上，从全流域角度提出过鱼、增殖和就地保护措施。

3. 社会和经济影响

水电规划方案的实施，将改善受电区的能源结构，减少其环境污染；将加快电源建设区的交通、通信、能源等基础设施建设，拉动地方经济发展，促进地方经济持续、健康、快速发展；将增强地方财力，进而促进地方社会保障和科教文卫事业的发展，提高民族地区人口素质；将促进经济环境发展协调能力的提高，将有助于减少库区森林破坏、水土流失等的生态压力，促进生态环境的可持续发展；将促使本地区农业从单纯的粮食生产向渔业、特产种植业等多元化、高效农业转移，提高人口素质，增强环保意识，转变生活方式，促进人与自然的和谐发展；将使经济增长向低投入、低污染、高效益的集约型增长转变，从而提高生态经济效益，使经济增长与环境改善同步进行。

梯级水电工程对社会经济也存在明显的不利影响。水库淹没将导致土地资源、矿产资源、文化遗产、景观资源、基础设施等的损失，导致库区人口尤其是农业人口丧失基本的生产资料和生活资料，并不得不离开故土，迁往新的安置区。而安置区的建设，不可避免地加剧了当地土地资源的紧张程度和人地矛盾，新开土地导致植被的破坏、生物栖息地的缩减、水土流失的加剧等生态和环境问题，并潜在有民族、宗教、文化、社区融合等社会问题。我国现已对移民问题给予了前所未有的高度关注，并出台了相应的法规政策，充分为移民群众考虑，加大前期补偿和后期扶持力度。因此，移民安置环境影响是规划环评应该重点关注的环境影响因素。

7.2.3 西南地区水电开发生物多样性累积影响评价

中国西南地区具有丰富的水能资源，西南水电开发在我国西电东送的能源优化配置战略中具有重要的作用。同时，中国西南山地也是世界上生物多样性最丰富的地区之一，是世界自然保护组织保护国际（Conservation International，简称CI）划定的全球34个生物多样性热点地区之一，也是由世界自然基金会（WWF）认可的全球重要200生态区中长江上游生态区的一部分。据不完全统计，该区域生存有12000种高等植物和1141种脊椎动物，其中3500种植物和178种脊椎动物是本地特有种，是国际公认的地方特有种密集分布的中心区域，具有不可替代的生物多样性价值。其范围西起西藏东南部，穿过川西地区，向南延伸至云南西北部，向北延伸至青海和甘肃的南部。在占国土面积的10%的范围内分布有中国总数的30%的高等植物物种，和中国大约50%的鸟类和哺乳动物，包括大熊猫、小熊猫、金丝猴、雪豹、羚牛和白马鸡等珍稀和特有物种。水电开发与建设，作为该区域生物多样性的胁迫性因素之一，受到国内外广泛的关注。

本书以西南地区水电开发与生物多样性的关系为研究对象，融合交叉水利界与生物界已有的数据资料与科研认识，基于USGS90m精度的DEM数据和西南地区大坝数据库，在生成的数字河网上再定位大坝，并与西南地区生物多样性关键区域（KBA）电子地图空间整合图像集成，将生物多样性累积影响评价扩展至区域层次。

1. 西南地区生物多样性关键区域电子地图

划分生物多样性关键区域（Key Biodiversity Area，简称KBA），是保护国际在全球尺度上开展的一项保护行动，它使用定量的标准划分出具有关键保护意义的区域，为制定全球和区域的保护策略提供决策基础。划出的KBA具有以下3个特征：

（1）该区域在全球生物多样性保护上具有重要意义，区域内有生存受到威胁的物种，或有特别保护意义的地方特有种，在保护价值上高于周围区域。

（2）该区域为实际保护区或潜在保护区，其本身是一个可以被保护和管理的单元。

（3）该区域本身（或同其他区域一起）可以为其中的目标保护物种提供足够的生存所需资源。

北京大学按照保护国际划分KBA的标准，基于从文献研究和实地野外调查的数据制作了314种珍稀濒危脊椎动物和213种珍稀濒危高等植物的分布图，以及西南山地的自然保护区分布图，并结合该地区的专家知识，制作了西南山地生物多样性关键区域图（图7.2）。在中国西南地区定义了141个生物多样性关键区域（KBA）和58个候选生物多样性关键区域（CKBA），共计199个关键区域。在这些区域中，176个区域是由全球濒危兽类定义的，138个区域是由全球濒危、分布受限制或者集群迁徙的鸟类定义的，8个区域是由全球濒危爬行类定义的，171个区域是由全球濒危两栖类定义的，以及54个区域是由全球濒危植物定义的。这些区域显示出了基于目前的知识所能够知道的有重要生物多样性保护价值的区域，是实际存在的生物多样性关键区域的现时子集。

2. 西南地区大坝与生物多样性关键区域图集成

将西南地区生物多样性关键区域与前述再定位的大坝进行空间集成，可得到如图7.3所示的整合图，其中落在西南KBA区域内有105座电站。从图7.3可以发现如下特点：①大坝集中区与表征生物多样性的KBA区域不重叠；②大坝的回水水面范围与KBA区域交集小，可能在于KBA区域多数处于水源区域且以陆地区域为主，与河流关系不密切；③少部分水坝落在KBA区域内，例如岷江流域，有十余座坝落在KBA区域内，多为坝高不超过30m的中小水电站。尽管KBA区域内包含的大坝数量少，但表明水电开发同KBA区域的保护的冲突是存在的。

3. 西南地区水电开发生物多样性累积影响初步分析

尽管从大坝与KBA空间分布的特性看，大坝与KBA的区位关联性不大。但是，是否就可以说，大坝的开发对区域生物多样性影响不大呢？目前并不能得出肯定的结论。这是因为以下几点：

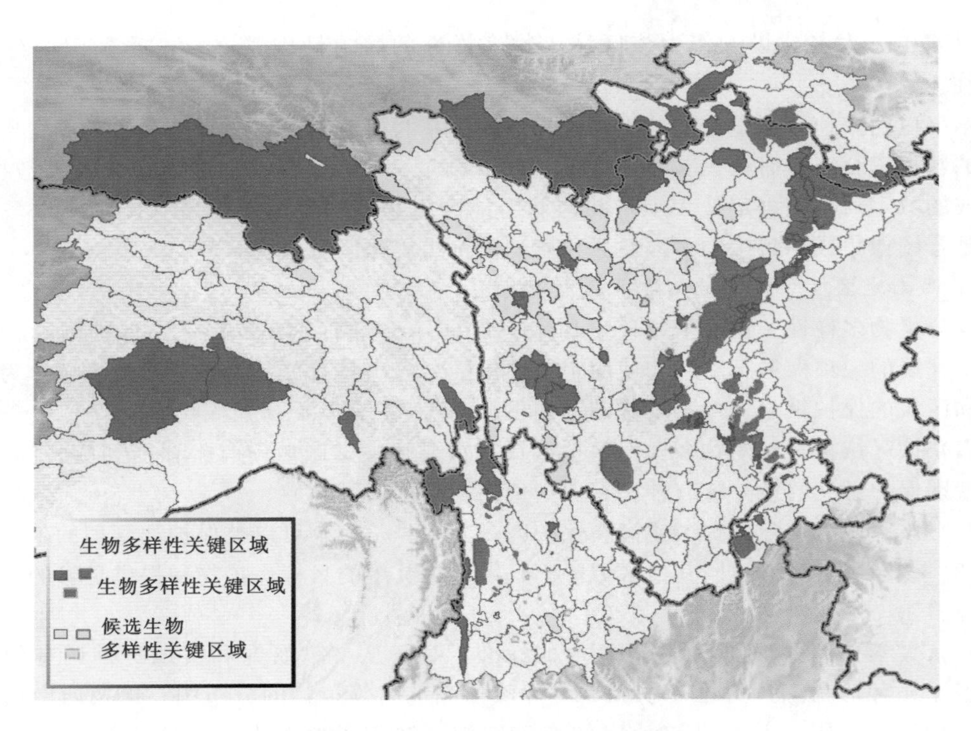

图 7.2 西南地区生物多样性关键区域（KBA）图

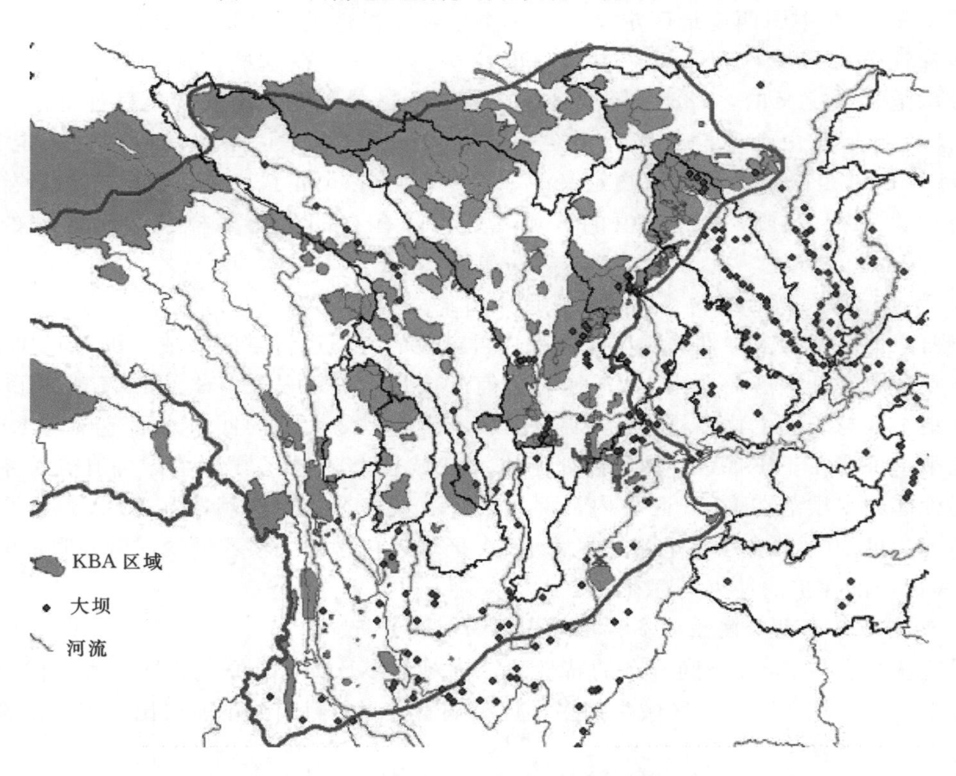

图 7.3 大坝与西南地区生物多样性关键区域图集成

(1) 大坝的建设，体现为人类对河流的一种开发活动，其回水范围、回水长度对于以陆面生物为主的KBA影响有限，但是对河流生态会有一定影响。目前所划定的KBA区域是以陆生动植物为基础形成，由于水生生物、鱼类等数据的空缺，基于水体的KBA区域整体空缺，在未来增加了基于水生生物多样性划分的KBA区域后，大坝对西南山地生物多样性的影响将可以被客观地评价。

(2) 现存生物多样性还比较丰富的区域多处于人类活动难以到达的区域，如高山区的水源地，从经济、环境角度不适宜进行大型水电的开发。西南地区已有大型水电开发，多集中在相对容易开发的区域，与KBA区域交叉不多。而中小型水电开发，则可能对KBA有较多的影响。要更全面的评价水电开发对生物多样性的影响，还需要增加中小型电站和KBA关系的研究。

(3) 随着水电开发的继续，KBA区域内可能会出现新的大坝建设，大坝的影响需要更加谨慎地评价。

7.3　河湖生态需水评价技术

7.3.1　河湖生态需水评价概述

7.3.1.1　河湖生态需水概念与分类

生态需水是生态系统达到某种生态水平或者维持某种生态系统平衡所需要的水量，或是发挥期望的生态功能所需要的水量，水量配置是合理的、可持续的。对于一个特定生态系统，其生态需水有一个阈值范围，具有上限值和下限值，超过上下限值都会导致生态系统的退化和破坏。实际规划中生态需水可分为生态基流和敏感生态需水分别进行分析评价。

生态需水按照生态系统类型可以分自然生态系统需水、人工生态系统需水，按空间尺度分有景观生态环境需水、区域生态环境需水和流域生态环境需水。我国自然条件复杂，且处于季风控制，河流年际和年内季节性变化巨大，水文情势复杂，自然条件、社会经济发展水平和生态环境状态交织构成的区域水问题复杂多样，生态需水按区域可以细分为(陈敏建，2005)：

1. 内陆河干旱区生态需水

该区生态需水为沿河湖以绿洲为核心的植被生态系统需水，包括部分河湖需水量。山区的降雨径流关系很稳定。平原地区降水量不足以维持植被生态，形成由径流支撑的非地带性植被生态。出山口以下无论是地表水，还是地下水都来自于上游山区，河道径流量下渗形成的潜流场是绿洲植被生态的生命之源。因此，内陆河水生态系统用水服从于绿洲植被用水需求，维持河道水生态系统的生态流量要让位于绿洲、过渡带等植被生态。事实上，由于庞大的人口压力，在现实情况下，我国西北地区内陆河大部分河流水生态系统已难以支撑。

2. 半湿润半干旱区生态需水

该区生态需水为河湖与地下水连通系统的流域整体生态需水，包括河道生态流量、相应地下水位。河道生态流量是核心问题。分析我国北方河流发现，除淮河下游还保持地下水调节作用，海河、辽河下游地下水超采，已完全失去河岸调节功能，出现“准内陆河化”。黄河下游为地上河，为地表水渗漏区。

半湿润半干旱区生态效应分析表明，此类地区由水资源开发利用引发的生态用水问题非常复杂，存在于水循环各个环节。其核心问题是维持河道一定程度的径流量，为此需要维持一定的地下水位。从地表水地下水转化关系入手，完整描述河川径流运动，系统地确定生态需水问题，包括河道生态流量、相应地下水位，成为统一考虑的整体。

3. 湿润地区生态需水

南方湿润地区河流水生态系统的临界变化问题不显著。枯水期径流不足，对下游至河口感潮、供水水质、航运等影响明显。因此，南方湿润地区应该从水生态系统服务功能出发，系统考虑河流生态服务功能最大化需求。北方湿润地区河道生态流量、湿地生态水量都是重点关注的问题。区域生态需水类型见表7.1。

表7.1 区域生态需水类型分析

区域类型	降水条件	水循环特点	生态效应	生态需水类型	分析与定量方式
内陆河干旱区	P<200～300mm	山区产流、平原耗散；蒸发强烈	P<Et，非地带性植被；平原陆地植被生态与水体生态用水同源	沿河湖以绿洲为核心的植被生态系统需水与部分河湖水量	以生态面积、需水定额、水量（体积）表达。属多参数问题
半湿润半干旱区（黄河、海河、淮河、辽河）	300mm<P<600～800mm	径流系数小于0.3；地表一地下水转化频繁	P>Et，地带性植被；P～R关系不稳定，径流系数下降；地表水地下水转化关系逆转	河湖与地下水连通系统的整体生态需水，包括河道生态流量、相应地下水位	河道生态流量、相应地下水位，湖泊生态水位、湿地范围与水量。属多参数问题
北方湿润地区（松花江）	400mm<P<900mm	蒸发较弱；径流系数大于0.4	P>Et，地带性植被；枯水年大范围出现低水径流，地下水补给能力充分；湿地消退	维持地表水体水生态系统的生态流量，湿地生态	河道生态流量，湖泊、沼泽生态需水。属多参数问题
南方湿润地区（长江以南）	P>800mm	径流系数大于0.5	P≫Et，地带性植被；枯水期水体生态系统服务功能	维持河流生态服务功能最大化的流量	枯水期河道生态流量。属单参数问题

7.3.1.2 河湖生态需水计算方法

国内外在河流生态与环境需水量计算方法很多，归纳起来主要有以下几类：

（1）水文学方法：该类方法是以历史流量为基础确定河道需水量，代表方法有：Tennant法、枯水频率法（7Q10）和Texas法。Tennant法和枯水频率法（7Q10）按比例得到的一个平均流量，该法比较容易应用，但因受气候、人为污染等因素的影响，并不能完全反映出河流生态需水的实际情况。该法通常作为在优先度不高的河段研究河道流量推荐值使用，或作为其他方法的一种检验。Texas法进一步考虑了季节变化因素，它将50%保证率下月流量的特定百分率作为最小流量，更适合于流量变化主要受融雪影响的河流，其他类型河流应用Texas法需要对标准做进一步研究。

（2）水力学方法：该类方法是根据河道水力参数（如宽度、深度、流速和湿周等）确定河流所需流量，所需水力参数可以实测获得，也可以采用曼宁公式计算获得，代表方法有湿周法和 R2Cross 法等。R2Cross 法，在计算河道流量推荐值时，由河流几何形态决定的水深、河宽、流速等因素必须加以考虑。R2Cross 法以曼宁公式为基础，由于必须对河流的断面进行实地调查，才能确定有关的参数，所以该方法较为难以应用。湿周法（wetted perimeter method），该法推荐值依据湿周—流量关系曲线变化点的位置来确定。所得的流量会受到河道形状的影响，如三角形河道的湿周—流量曲线的增长变化点表现不明显，难以判别，而宽浅矩形渠道和抛物线形河道都具有明显的湿周—流量关系增长变化点，所以该法适用于这两种河道，同时要求河床形状稳定，否则没有稳定的湿周—流量关系曲线，也没有固定的增长变化点。

（3）栖息地偏爱法：该类方法需要对所研究的水文系列的特定水力条件及相关鱼类栖息地参数选择的认识与分析。代表方法主要有：IFIM 和 CASIMIR 法。IFIM 法是广泛应用于河道需水量研究的方法。IFIM 最核心的组成是采用 PHABSIM 模型模拟流速变化与栖息地类型的关系，根据特殊物种栖息地和生活阶段的变化，确定有利的河流生态条件（如水深、流速和河流基质），通过水力特征和生物信息的结合分析，决定适合于一定流量的主要水生生物及栖息地。由于 IFIM 法所需要的定量化的生物资料的缺乏，使这种方法的应用受到一定的限制。CASIMIR 法是基于现场数据——流量在空间和时间上的变化，通过建立模型，估算主要水生生物的数量、规模，并可模拟水电站的经济损失。

（4）BBM 法：该法的核心内容是将河流流量体系划分为 3 类：枯水流量（low flows）、新增水量（freshes）、洪水量（floods），每一部分都具有其特定的生态价值。通过这种方法，一是可以根据河流地形来定量计算集水区的生态需水量，二是通过对河流系统地形特征的分析，可以计算它所涉及区域的流域生态需水量。

（5）功能设定法：该法主要是针对满足河流某一项生态或环境功能而言，是我国较多广泛采用的方法，目前研究较多的是污染物稀释净化需水量、输沙需水量和防止海水入侵所需维持的河道最小流量。

（6）水量补充法：该法基于水分转化与水量平衡原理，来计算诸如河道补充河道水及浸润带蒸发和河道渗漏补给地下水等所需的水量。

7.3.2　流域水资源配置中生态需水配置

河湖生态保护与修复的核心是维护和保障河湖生态用水需求。我国不同流域水资源及其开发利用程度和经济社会状况差异很大，生态环境保护的要求和人类经济社会活动的用水要求差异也很大。应在分析水资源可利用量基础上，根据不同河流水资源开发利用特点，进行水资源合理配置。

水资源可利用量是合理配置水资源的重要指标，可用以控制流域水资源开发利用总体程度，协调生态环境与经济社会活动用水的关系，是实行严格的用水总量控制的依据，即水资源开发利用的红线。水资源可利用量是在保护生态环境和水资源可持续利用的前提下，一个流域或区域的当地水资源中，可供河道外经济社会系统开发利用消耗的最大水量（按不重复水量计算，即流域或区域的净耗水量加调出流域或区域调水量），是其当地水资源开发利用的最大控制上限，即该流域或区域的水资源承载能力。

水资源可利用量是以满足生态环境需求和维持水资源可持续利用为前提。北方水资源短缺地区水资源可利用量的主要控制因素是河道内生态环境需水量，南方水资源丰沛地区水资源可利用量的主要控制因素是人工对河川径流的调控能力。根据全国水资源综合规划成果，在地表水资源量中，扣除地表水资源可利用量，即河道内生态环境基本需水量与汛期需水量之和为河道内剩余的河道内生态环境总用水量，全国合计为19181亿 m^3，约占全国地表水资源总量的72%左右。其中北方水资源一级区剩余的河道内生态环境总水量为其地表水资源量的56%，南方水资源一级区为75%，西北诸河区为62%。我国地表水资源可利用量及水资源可利用总量初步估算成果，见表7.2。

表7.2 地表水资源可利用量及水资源可利用总量初步估算成果

分　区	地表水资源量（亿 m^3）	地下水资源量（亿 m^3）	水资源总量（亿 m^3）	地表水资源可利用量（亿 m^3）	水资源可利用总量（亿 m^3）	水资源可利用率（%）
松花江区	1296	478	1492	542	660	44.3
辽河区	408	203	498	184	240	48.1
海河区	216	235	370	110	237	64.1
黄河区	607	376	719	315	396	55.1
淮河区	677	397	911	330	512	56.2
长江区	9856	2492	9958	2827	2827	28.4
东南诸河区	1988	517	1995	560	560	28.1
珠江区	4708	1159	4723	1235	1235	26.2
西南诸河区	5775	1440	5775	978	978	16.9
西北诸河区	1174	770	1276	443	495	38.8
北方地区	4378	2459	5267	1924	2540	48.2
南方地区	22327	5608	22451	5600	5600	24.9
全国	26705	8067	27718	7524	8140	73.1

注 本表数据采用全国水资源综合规划有关成果，均未含台湾省以及香港、澳门特别行政区数据。

在进行水资源合理配置时，还应考虑我国不同类型河流河道内外配置的特点和基本情况。根据不同河流的水资源条件和人类活动影响程度，确定河道内生态环境用水量。

(1) 人类活动影响较小，未来开发要求不高或生态特别敏感以及近期内暂不进行大规模消耗型用水开发的河流，如金沙江，河道内留用的水量应占90%以上。

(2) 人类活动有一定影响但水资源较为丰沛的河流：南方大部分河流水量丰沛，所在流域经济发达、城市林立、灌区广布，人类活动对水资源有一定的影响，如长江及其大部分支流，珠江、钱塘江、闽江以及东北的黑龙江、鸭绿江等，生态环境留用的水量占80%～90%。

(3) 人类活动影响较大而水资源相对丰富的河流：如松花江流域、东北沿黄渤海诸河，长江流域的汉江、岷江、沱江等支流，东南沿海的浙东诸河等河流，人类活动对水资源具有一定的调控能力，生态环境留用的水量一般占70%～80%。

(4) 水资源较为短缺、人类活动影响较大的河流系统：如海河流域、黄河流域、淮河流域、辽河流域、西北的河西内陆河、天山北坡、塔里木河等内陆河，目前经济社会和水资源利用程度已经达到很高的程度，生态环境留用的水量一般占45%～60%。

根据全国水资源综合规划成果，考虑我国不同类型河流河道内外配置水量后，2030年全国水资源总量扣除河道外配置水量的消耗量后，配置给生态系统的总水量为23108亿m^3，约占全国水资源总量的83%，超过全国生态环境需水量的18%。其中北方地区配置给生态系统的总水量为3213亿m^3，占其水资源总量的61%；南方地区配置给生态系统的总水量为19895亿m^3，占其水资源总量的89%。2030年全国经济社会与生态环境水量配置成果，见表7.3。

表7.3 2030年全国部分地区经济社会与生态环境水量配置成果

分区	水资源总量（亿m^3）	河道外供水量（亿m^3）	河道外配置水量消耗量（亿m^3）	生态系统留用水量（亿m^3）	生态系统留用水量占水资源总量比例（%）
松花江区	1492	594	401	1081	72
辽河区	498	244	178	328	66
海河区	370	505	401	162	44
黄河区	719	521	382	338	47
淮河区	911	754	602	540	59
长江区	9958	2348	1315	8209	82
东南诸河区	1995	429	236	1745	87
珠江区	4723	936	481	4260	90
西南诸河区	5775	132	95	5681	98
西北诸河区	1276	650	519	764	60
北方地区	5267	3267	2483	3213	61
南方地区	22451	3846	2127	19895	89
全国（大部分地区）	27718	7113	4610	23108	83

注 本表数据采用全国部分地区水资源综合规划有关成果，未含台湾省和香港、澳门特别行政区；全国自然生态系统留用水量＝全国水资源总量－河道外配置水量的消耗量；分区自然生态系统留用水量＝本地水资源总量＋调入水量－调出水量－本区配置水量的总消耗量。

在进行具体河流或者河段水资源配置时，还应根据流域水资源配置原则，考虑具体河段生态保护要求，按照供需协调、综合平衡、保护生态、厉行节约、合理开源的原则，全面推进节水型社会建设，合理配置生产、生活、生态“三生”用水，对主要控制性水利枢纽工程实施生态调度，以满足生态基流目标要求，保障水生态系统所需的基本水资源条件。

7.3.3 全国主要河湖控制断面生态水量

保障河湖生态水量是实现水资源水质、水量、水生态统一保护和管理的重要措施。本节结合全国重要江河湖泊水功能区划、流域综合规划修编和全国主要河湖水生态保护与修复规划，提出主要河湖重要控制断面及重要水域生态基流和敏感生态需水规划方案。

对重要控制断面生态需水规划方案确定生态基流及生态用水配置量；采用坝、闸、涵等工程的调度，保障生态用水及其过程；提出生态补水工程建设内容，明确补水水源，研究确定补水时机及补水水量要求。

在《全国主要河湖水生态保护与修复规划》中，综合考虑我国不同区域水生态的典型性、重要性和开展保护与修复的迫切性、可能性、具备的工作基础等因素，确定了主要河湖水生态修复的范围，见表7.4。

表7.4　主要河湖水生态保护与修复范围表

水资源一级区	规划河流	湖泊	规划水库
松花江区	松花江干流、第二松花江、嫩江	查干湖	尼尔基
辽河区	西辽河、辽河、浑太河		
海河区	滦河、海河平原诸河、海河滨海诸河、徒骇河	白洋淀	潘家口
黄河区	黄河、渭河、伊洛河	东平湖、乌梁素海	刘家峡、青铜峡、小浪底
西北诸河区	黑河、石羊河	青海湖	
淮河区	淮河、京杭大运河	洪泽湖、南四湖	
长江区	长江、岷江、汉江、黄浦江	滇池、巢湖、洞庭湖、鄱阳湖、太湖	三峡、丹江口
东南诸河区	钱塘江、闽江		
珠江区	西江、东江、北江	抚仙湖	

7.3.3.1　重要控制断面生态基流

根据河流水文断面的重要性，采用以下原则选取重要控制断面：

(1) 水资源量发生急剧变化、现状生态基流保证程度较低，且其下泄流量对下游生态影响较大的断面。

(2) 大型水库下游断面，以保证水库下泄生态流量。

(3) 断面下游分布有重要鱼类“三场一道”，以及水力联系密切的重要湿地的控制性节点。

(4) 为方便获取水文径流资料，在选择控制断面时应可能与水文测站相一致。

针对规划范围内60个主要江河规划单元，共确定了70个重要控制断面。在确定控制断面基础上，提出了河流生态基流控制目标要求。

生态基流是指为考虑河流生态保护目标要求，维持河流基本形态和基本生态功能，即防止河道断流，避免河流水生生物群落不致遭受到无法恢复破坏的河道内最小流量。生态基流是满足各类生态需水共性基本要求的水量红线。生态基流与河流生态系统的演进过程及水生生物的生活史阶段有关。河流水生生物的生长与水、热同期，在汛期及非汛期对水量的要求不同，因此生态基流有汛期和非汛期之分。由于汛期生态基流多能得到满足，通常生态基流指非汛期生态基流。北方缺水地区还应关注汛期生态基流是否满足。

结合水资源综合规划及流域综合规划成果，根据各主要河湖水资源开发利用实际情况，采用Tennant法、多年平均流量比例法、90%保证率最枯月平均流量法、近10年最枯月平均流量法以及生境模拟法等多种方法，分析确定各控制断面的生态基流量。

我国水资源时空分布与经济社会发展格局和用水要求不相匹配，使得我国区域间水资源条件差异很大。由于水资源的过度开发或者不合理利用，局部河流的生态基流得不到保障，甚至出现断流现象。根据重要控制断面的流量条件，对生态基流满足状况进行评价。如全年都能满足生态基流要求，则为“良”，如全年仅枯水期部分时段不能满足生态基流要求或者“有水无流”则为“中”，如全年多数时段不能满足生态基流要求则为“差”。

分析表明，生态基流满足程度评价为“差”的控制断面有9个，占全部70个控制断面的13%，主要位于我国北方的西辽河、海河下游、黄河中下游、京杭大运河，以及西北地区的黑河、石羊河等；生态基流满足程度评价为“中”的控制断面有10个，占全部70个控制断面的14%，主要位于海河、渭河等；生态基流满足程度评价为“良”的控制断面有51个，占全部70个控制断面的73%。规划河段主要控制断面生态基流成果表，见表7.5。

表7.5　规划河段主要控制断面生态基流成果表

水资源一级区	河名	规划单元	控制断面名称	生态基流量（m^3/s）	满足程度
松花江区	嫩江	嫩江上段	石灰窑	7.9	良
			阿彦浅	11.8	良
		嫩江下段	江桥	60.6	良
			大赉	72.5	良
	第二松花江	二松上段	丰满	26.9	良
		二松下段	扶余	32.8	良
	松花江干流	松干上段	哈尔滨	152.0	良
		松干下段	佳木斯	289.0	良
辽河区	西辽河	西辽河干流	郑家屯	4.4	差
	辽河	辽河干流	辽中	7.7	良
	浑太河	浑河	刑家窝堡	4.5	良
		太子河	唐马寨	7.4	良
		大辽河	三岔河口	12.0	良
海河区	滦河	滦河上游	乌龙矶	4.2	中
		滦河中下游	滦县	13.3	中
	海河平原	北运河	屈家店节制闸上	4.9	中
		永定河	屈家店	2.3	差
		唐河	西大洋	2.2	差
		漳河	观台	5.1	中
			徐万仓	1.0	差
		卫河	元村	10.3	中
		卫运河	临清	6.6	中
	海河滨海	永定新河	屈家店	2.2	中
		漳卫新河	四女寺	3.8	中
	徒马河	徒骇河	堡集闸	6.0	中

续表

水资源一级区	河名	规划单元	控制断面名称	生态基流量（m^3/s）	满足程度
黄河区	黄河上游	龙羊峡以上	唐乃亥	124.0	良
		龙羊峡至兰州	兰州	136.0	良
		下河沿至河口镇	石嘴山	325.0	良
			头道拐	75.0	良
	黄河中下游	龙门至花园口	龙门	130.0	良
			花园口	170.0	良
		花园口以下	利津	75.0	差
	渭河	渭河宝鸡峡以下	华县	33.0	中
	伊洛河	伊洛河	黑石关	11.0	良
西北诸河区	黑河	正义峡以下	正义峡	40.0	差
	石羊河	石羊河	红崖山水库	10.0	差
淮河区	淮河上游	淮河河源至王家坝	王家坝	20.2	良
	淮河中游	王家坝至三河闸	蚌埠	52.4	良
			小柳巷	48.5	良
	淮河下游	入江水道	三河闸	62.2	良
	京杭大运河	京杭大运河	韩庄闸	3.1	差
			运河站	9.0	良
			瓜洲闸	0.9	差
长江	长江上游	通天河	直门达	45.8	良
		金沙江石鼓以上	石鼓	297.7	良
		金沙江石鼓以下	屏山	1085.0	良
		长江宜宾至宜昌干流	宜昌	3086.0	良
	长江中下游	长江宜昌至湖口干流	汉口	5280.0	良
		长江湖口以下干流	大通	7427.0	良
	岷江	岷江上游	镇江关	13.6	良
			彭山	45.9	良
			五通桥	117.0	良
		岷江下游	高场	551.1	良
	汉江	汉江丹江口以上	武侯镇	3.0	良
			石泉	28.0	良
			安康	50.0	良
			白河	76.0	良
		汉江丹江口以下	黄家港	174.0	良
			皇庄	200.0	良
	太湖流域	黄浦江	松浦大桥	90.0	良

续表

水资源一级区	河名	规划单元	控制断面名称	生态基流量 (m³/s)	满足程度
东南诸河区	钱塘江	钱塘江上游	富春江电站	148.0	良
		钱塘江下游	闸口	208.0	良
	闽江	闽江中下游	竹岐	308.0	良
珠江区	西江	西江梧州以上	天生桥	134.0	良
			迁江	494.0	良
		西江梧州以下	梧州	1800.0	良
		桂江	桂林	18.7	良
	东江	东江	博罗	212.0	良
	北江	北江	石角	250.0	良

总体上，我国南方的长江、珠江及东南诸河等的生态基流满足程度较好，而北方的辽河、海河、黄河、淮河以及西北内陆河等的部分控制断面生态基流满足程度较差，其中海河、辽河和西北诸河等局部河段甚至出现断流情况，而海河、淮河由于受闸坝控制，枯水时段往往发生“有水无流”的情况。

7.3.3.2　敏感水域生态需水

敏感生态需水是指维持河湖生态敏感区正常生态功能的需水量及过程；在多沙河流，要同时考虑输沙水量。敏感生态需水应分析生态敏感期，非敏感期主要考虑生态基流。

根据河流生态特征，生态敏感区可划分为四类：Ⅰ类为重要保护意义的河流湿地（如河流湿地保护区）及由河水为主要补给源的河谷林；Ⅱ类为河流直接连通的湖泊；Ⅲ类为河口；Ⅳ类为土著、特有、珍稀濒危等重要水生生物或者重要经济鱼类栖息地、“三场”分布区。

敏感期是指维持生态系统结构和功能的水分敏感期，如果在该时期内，生态系统不能得到足够的水分，将严重影响生态系统的结构和功能。敏感期确定主要考虑以下时期：主要组成植物的水分临界期；水生动物繁殖、索饵、越冬期；水—盐平衡、水—沙平衡控制期。Ⅰ类生态系统敏感期主要为丰水期的洪水过程；Ⅱ类生态系统以月均生态水量的形式给出；Ⅲ类生态需水以年生态需水的形式给出；Ⅳ类生态系统为重要水生生物的繁殖期。确定生态敏感期应综合分析上述时期，可用外包线或平均值进行表征。

在全国60个江河规划单元中，有敏感生态保护目标和生态需水保障要求的有34个，部分规划单元有多个敏感生态保护目标。其中涉及水生生物保护的有25个，涉及湿地保护的有12个，涉及冲沙用水要求的有6个，涉及景观保护的有2个，涉及河口压咸和防止“水华”发生的各1个。在生态调查研究基础上，针对敏感保护目标的需水要求，采用对敏感生态期内需水量及需水过程的满足程度进行评价，需水过程和需水量均满足的情况为“良”，水量满足而过程不满足的情况下为“中”，两者均不满足的为“差”。分析表明，评价为“差”的规划单元有7个，在松花江、辽河、黄河、西北诸河以及淮河等我国北方河流都有分布；评价为“中”的规划单元有6个，主要分布在黄河流域；评价为“良”的规划单元有21个，其中长江、珠江及东南诸河等规划单元的评价结果均为“良”。规划河段敏感生态需水成果，见表7.6。

表7.6　　规划河段敏感水域生态需水方案成果表

水资源一级区	河名	规划单元	控制断面名称	敏感生态需水要求			满足程度
				保护目标	生态敏感期	需水要求	
松花江区	嫩江	嫩江上段	石灰窑	七鳃鳗、细鳞鱼、乌苏里白鲑、哲罗鱼等冷水性鱼类	4～5月鱼类产卵期	鱼类产卵的适宜流速为0.3～0.4m/s	良
			阿彦浅				
		嫩江下段	江桥	嫩江大安段乌苏里拟鲿国家级水产种质资源；扎龙、莫莫格、查干湖、月亮泡等湿地保护区	4～6月产卵期，湿地需水为芦苇生长期4～9月	扎龙、查干湖、莫莫格湿地最小生态需水（主要为芦苇生长期春季补水）分别为2.88亿、2.14亿和1.44亿m^3	差
			大赉				
	第二松花江	二松上段	丰满	细鳞鱼、哲罗鱼、黑龙江茴鱼、乌苏里白鲑等冷水性鱼类；松花湖湿地	4～6月产卵期	鱼类产卵的适宜流速为0.3～0.4m/s	良
		二松下段	扶余	饮马河口鱼类产卵场、扶余县河咀子至江东楞30km江段产卵场	4～6月鱼类产卵期	鱼类产卵的适宜流速为0.3～0.4m/s	差
	松花江干流	松干上段	哈尔滨	肇东沿江湿地、呼兰河口湿地	5～9月湿地植物生长期	芦苇生长期春季补水	良
		松干下段	佳木斯	佳木斯沿江湿地、嘟噜河湿地、桦川松花江湿地、绥滨两江湿地；大马哈鱼产卵场	5～9月湿地植物生长期	芦苇生长期春季补水	良
辽河区	辽河	辽河干流	辽中	双台河口湿地；国家级水产种质资源保护区，刀鲚、凤鲚、银鱼、鳗鲡等洄游性鱼类；河口冲沙用水	4～7月芦苇生长期	芦苇生长期春季补水；冲沙用水	差
	浑太河	太子河	唐马寨	细鳞鱼	4～6月产卵期	鱼类产卵的适宜流速为0.3～0.4m/s	良
		大辽河	三岔河口	河口湿地保护；刀鲚、凤鲚、银鱼、鳗鲡等洄游性鱼类；河口冲沙用水	4～9月芦苇生长期，汛期	芦苇生长期春季补水；冲沙用水	良
黄河区	黄河上游	龙羊峡以上	黄河沿吉迈玛曲	拟鲇高原鳅、极边扁咽齿鱼、骨唇黄河鱼、黄河裸裂尻鱼、厚唇裸重唇鱼、黄河高原鳅等鱼类（高原冷水鱼）	7～8月产卵期	产沉性卵：有水流刺激和流水条件；产黏性卵：较缓流和变化水流0.5～1m/s	良

续表

水资源一级区	河名	规划单元	控制断面名称	敏感生态需水要求			满足程度
				保护目标	生态敏感期	需水要求	
黄河区	黄河上游	龙羊峡至兰州	贵德循化	花斑裸鲤、黄河裸裂尻、厚唇裸重唇鱼、黄河高原鳅（高原冷水鱼）及兰州鲶等	5～8月	产沉性卵：有水流刺激和流水条件 产黏性卵，较缓流变化水体0.5～1.0m/s，水草丰富或浅水滩涂的敞水区	中
		兰州至下河沿	靖远	大鼻吻鮈、北方铜鱼	5～7月	产漂浮型卵，产卵期要求激流刺激（0.8～2.0m/s）和水流连续性	中
		下河沿至河口镇	石嘴山	兰州鲇、黄河鲤等黄河土著鱼类；沿黄洪漫湿地	5～6月 7～10月	5～6月：18亿m^3（350m^3/s），需有激流和涨水过程，水流速要求0.7～1.5m/s； 7～10月：37亿m^3（350m^3/s），一定量级的洪水	中
			头道拐	黄河鲤、兰州鲶及其栖息地；冲沙用水	5～6月 7～10月	5～6月：11亿m^3（200m^3/s），淹及岸边水草流量过程； 7～10月：32亿m^3，一定量级洪水；冲沙用水120亿m^3	
	黄河中下游	龙门至花园口	龙门	黄河鲤、兰州鲶及其栖息地；河漫滩湿地	4～5月 7～10月	4～5月：19亿m^3（240m^3/s），淹及岸边水草流量过程； 7～10月：43亿m^3（400m^3/s），一定量级洪水	中
			花园口	黄河鲤、兰州鲶及其栖息地；河漫滩湿地	4～5月 7～10月	4～5月：25亿m^3（320m^3/s），淹及岸边水草流量过程； 7～10月：34亿m^3（320m^3/s），一定量级洪水	
		花园口以下	利津	河口洄游鱼类及其栖息地；河口淡水湿地	5～6月 7～10月	5～6月：13亿m^3（250m^3/s），变化的小洪水； 7～10月：32亿m^3（300m^3/s），一定量级洪水； 河口淡水湿地需水3.5亿m^3	
	渭河	渭河宝鸡峡以下	华县	河道形态，输沙用水	6～10月	输沙用水50亿m^3	差
	伊洛河	伊洛河	黑石关	黄河鲤及其产卵场	4～5月	4～5月：2.86亿m^3（54m^3/s），淹及岸边水草流量过程	中

续表

水资源一级区	河名	规划单元	控制断面名称	敏感生态需水要求			满足程度
				保护目标	生态敏感期	需水要求	
西北诸河区	黑河	正义峡以下	正义峡	额济纳绿洲	汛期	居延海断面水量0.52亿m^3，满足下游生态环境水量要求	差
	石羊河	石羊河	红崖山水库	民勤绿洲	—	下游民勤盆地的生态需水总量约为2.32亿m^3	差
淮河区	淮河上游	淮河河源至王家坝	王家坝	土著和重要经济鱼类	4～6月产卵育幼期	8.66亿m^3（64.6m^3/s），淹及岸边水草流量过程	良
	淮河中游	王家坝至三河闸	蚌埠	土著和重要经济鱼类	4～6月产卵育幼期	23.82亿m^3（193.4m^3/s），淹及岸边水草流量过程	差
			小柳巷	土著和重要经济鱼类	4～6月产卵育幼期	21.98亿m^3（177.8m^3/s），淹及岸边水草流量过程	
	淮河下游	入江水道	三河闸	土著和重要经济鱼类	4～6月产卵育幼期	28.46亿m^3（232.8m^3/s），淹及岸边水草流量过程	良
长江区	金沙江	金沙江石鼓以下	石鼓	虎跳石景观	10月～次年2月	石鼓流量大于400m^3/s	良
	长江上游	长江宜宾至宜昌干流	宜宾	达氏鲟、白鲟及栖息	10～11月 3月中旬～5月上旬	宜宾站流量大于800m^3/s； 宜宾站流量大于1900m^3/s	良
	长江中下游	长江宜昌至湖口干流	宜昌	中华鲟	10～11月	宜昌流量位于7170～26000m^3/s，最适流量14100m^3/s	良
			监利	四大家鱼	5月上中旬～6月上中旬	5月上中旬，监利站流量从8300m^3/s逐步上升到14900m^3/s，水位日上涨0.3m，上涨持续时间1天；6月上中旬，监利站流量为15500m^3/s逐步上升到18000m^3/s，水位日上涨0.35m，上涨持续时间4d	
		长江湖口以下干流	大通	河口压咸	11月～次年4月	大通站流量大于8000m^3/s	良
	岷江	岷江上游	彭山	长江上游特有鱼类及其栖息地	11～4月	流量大于14m^3/s	良
	汉江	汉江丹江口以下	皇庄	预防“水华”发生	2～3月	仙桃流量范围550～630m^3/s	良

续表

水资源一级区	河名	规划单元	控制断面名称	敏感生态需水要求			满足程度
				保护目标	生态敏感期	需水要求	
东南诸河区	钱塘江	钱塘江上游	富春江电站	输沙为主	全年，以汛期为主	生态需水量为93.64亿 m^3	良
		钱塘江下游	闸口	输沙为主	全年，以汛期为主	生态需水量为134.78亿 m^3	良
	闽江	闽江中下游	竹岐	河口湿地保护为主	全年，以汛期为主	生态需水量为162.24亿 m^3	良
珠江区	西江	西江梧州以上	迁江	红水河特有珍稀鱼类保护区、桂平东塔家鱼产卵场、长距离洄游鱼类产卵场、石龙三江口产卵场	4～9月鱼类产卵育幼期	199亿 m^3（1542m^3/s）的流量过程	良
		西江梧州以下	梧州	西江广东鲂产卵场、西江赤眼鳟海南红鲌国家级水产种质资源保护区	4～9月鱼类产卵育幼期	770亿 m^3（5946m^3/s）的流量过程	良
		桂江	桂林	桂林漓江风景名胜区；漓江倒刺鲃、金线鲃国家级水产种质资源保护区	4～9月鱼类产卵育幼期；漓江断面在枯水季节生态流量保障	生态需水总量为18.67亿 m^3	良

7.3.4 黄河三角洲典型湿地生态需水量研究

选取黄河三角洲进行典型湿地生态需水量研究，调查三角洲内主要湿地植被类型，获取黄河三角洲的湿地、植被、土地利用，以及其他各种景观的空间分布格局，并采用相关模型对湿地日蒸散发量进行估算。

7.3.4.1 基础数据调查与汇总

根据卫星遥感影像和野外实际调查结果，对三角洲内土壤质地、植被类型和土地利用方式进行分析汇总，并对其分别进行绘图制作。黄河三角洲土壤质地分类、地形、植被分类、地下水埋深、地下水矿化度及土地利用类型，见图7.4～图7.9。黄河三角洲湿地及自然保护区内主要植被类型和其他土地利用/覆盖类型的面积比例，见表7.7。

表7.7 黄河三角洲湿地及自然保护区内主要植被类型和其他土地利用/覆盖类型的面积比例 %

土地利用/覆盖类型	整个黄河三角洲湿地	北部自然保护区	南部自然保护区
芦苇沼泽	3.8	—	16.0
芦苇草甸	10.3	42.9	7.0
柽柳灌丛	7.4	51.4	7.5
柽柳一翅碱蓬群落	4.3	5.7	4.0
刺槐林	2.7		10.4

续表

土地利用/覆盖类型	整个黄河三角洲湿地	北部自然保护区	南部自然保护区
翅碱蓬	2.2		2.5
旱地作物	30.1		10.9
滩涂	16.5		33.8
裸地	3.8		0.5
盐碱地	1.7		
内陆水体（淡）	4.3		5.0
虾池	3.8		1.5
盐田	3.0		
居民地及人工建筑	2.7		
其他	1.6		1.0

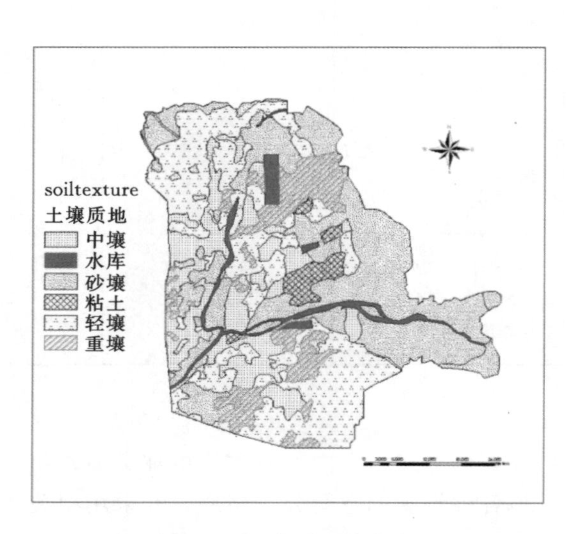

图 7.4 土壤质地分类图

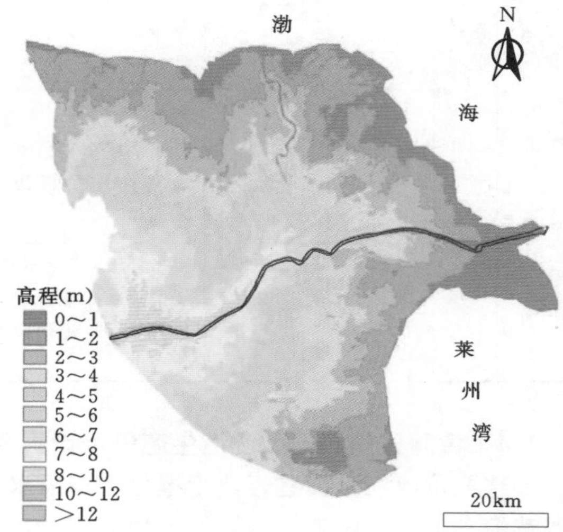

图 7.5 黄河三角洲地形图

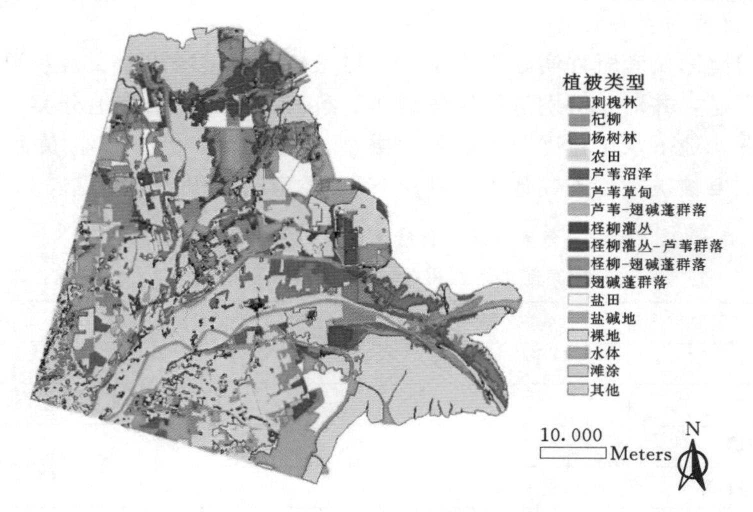

图 7.6 黄河三角洲植被类型图

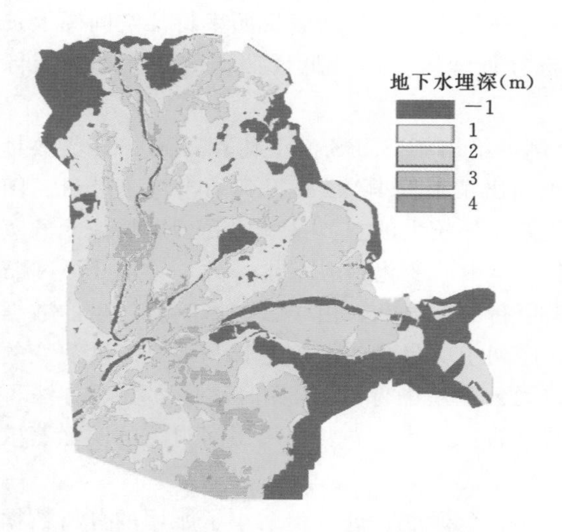

图 7.7 黄河三角洲地下水埋深图

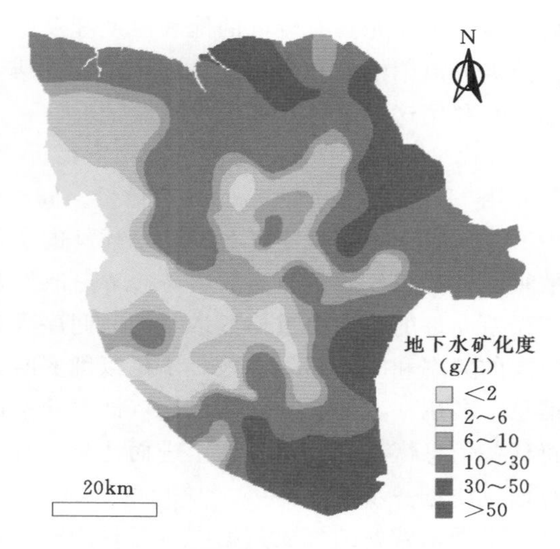

图 7.8 地下水矿化度空间分布

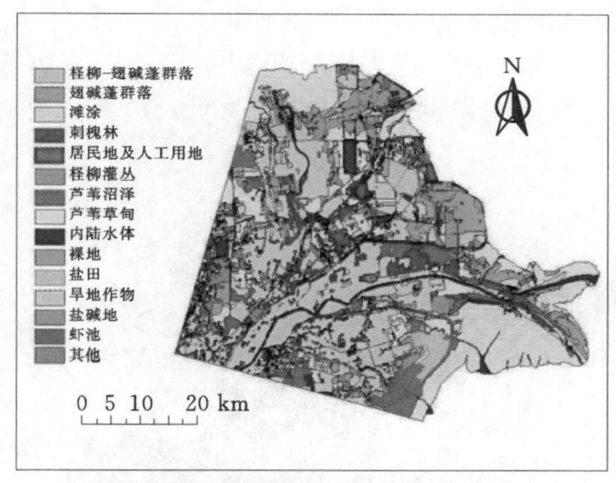

(a) 黄河三角洲湿地土地利用/覆盖类型

(b) 黄河三角洲湿地的北部/南部自然保护区的分布及湿地土地利用/覆盖类型

图 7.9 黄河三角洲土地利用类型

7.3.4.2 模型模拟及结果

在收集资料和进行野外实验的基础上，进行三角洲生态环境需水量的建模，并进行模型参数率定。模型的选择：模型采用地表能量平衡系统模型 SEBS，本模型已经在多个地区不同地表类型下得到应用和验证。

1. 模型验证

在黄河三角洲湿地地区，没有实际蒸散量的观测数据，采用其他方法来验证遥感的估算值。验证的原则是基于湿像元的植被地表的蒸散量应该十分接近根据 FAO56 Penman-Monteith 方程计算的参考蒸散量（ET_{ref}）。在黄河三角洲湿地，理想的湿像元的植被为芦苇沼泽和翅碱蓬。但是，由于某一阶段人工补水的减少或者降水的减少使得土壤湿度发生变化，从而导致芦苇沼泽或者翅碱蓬可能并不是一直处于供水充分的状态。首先，利用植被图，选择供水充分的“芦苇沼泽”和接近于滩涂区域的“翅碱蓬”这样的湿像元。然后，根据湿像元具有较低的地表温度和反照率，在地表温度—地表反照率特征空间图上选择分类为芦苇沼泽和翅碱蓬的像元，进一步选择低地表温度和低反照率的像元作为湿像元，并利用这些湿像元的值进行验证。

图7.10为一个分类为芦苇沼泽湿像元个例，给出了SEBS模型估算得到的日蒸散量与利用HANTS插补之后的日蒸散量，同时也给出了根据FAO56得到的参考蒸散量。图中SEBS估算的蒸散量与HANTS插补的蒸散量差异较大的点，是一些受云影响像元的蒸散量。HANTS插补的蒸散量与参考蒸散量在一年中的变化趋势基本一致，说明HANTS在误差允许的范围内重构蒸散量的时间序列是可行的。显然，由于云的影响所产生的数据缺失的频率和时间间隔有限，不足以削弱时间序列中所包含的植被生长和地表温度演变的信息，利用一定的有效观测数据（即可获取的无云卫星图像），运用时间序列分析方法可将这些信息恢复到一定程度，进而达到插补的目的。当然，需要利用田间观测的实际蒸散对该方法进一步检验。

根据东营站的气象数据中日云量为0的这样一个标准，进一步缩小了所用的分析数据范围：一年有67d的数据满足这样的标准。图7.11列出了这67d的SEBS估算的蒸散量，HANTS插补后的蒸散量，参考蒸散量和蒸发皿蒸散量。很明显地看出，对于有些天，SEBS估算的蒸散量与参考蒸散量差异较大的点仍然存在。这表明，虽然采用了一系列云检验方法挑选无云图像，仍然无法完全保证所选择的图像彻底无云，这说明云检验方法有其局限性。

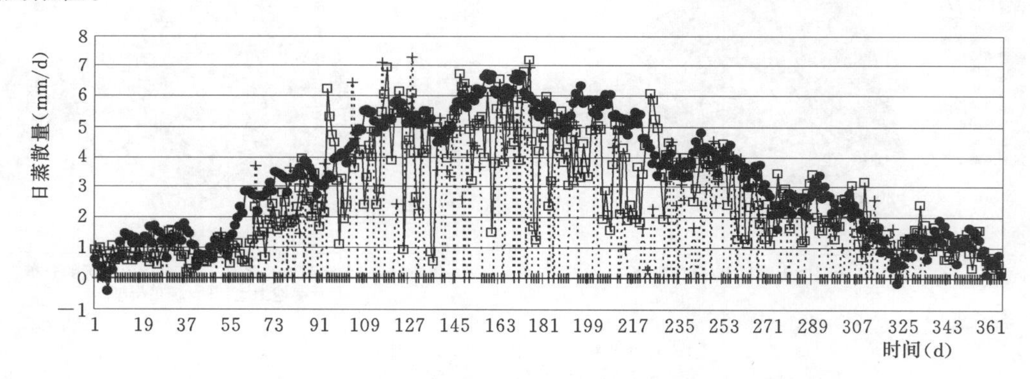

图7.10 芦苇沼泽的一个湿像元的蒸散量

—□— ET_{ref}；···+··· ET_{est}；—●— ET_{est_hants}

（ET_{est}为2008年SEBS模型估算的蒸散量，ET_{est_hants}为HANTS插补的蒸散量，ET_{ref}为参考蒸散量）

通常来讲，植被冠层的最大蒸散是根据参考作物的蒸散量计算得到的，或者说根据参考蒸散量乘以作物系数得到：

$$ET_{max\_veg}=K_cET_{ref}$$

2008年对黄河三角洲湿地的两种植被（芦苇沼泽和翅碱蓬）的湿像元蒸散量与参考蒸散量进行了回归分析，见表7.8。因为没有水分的亏缺，这两种植被类型的湿像元的实际蒸散量可认为是它们的最大蒸散量。表7.8中列出的67d晴天条件下模型计算得到的实际蒸散量，是所选择若干芦苇沼泽和翅碱蓬的湿像元的蒸散量各自的日平均值。SEBS模

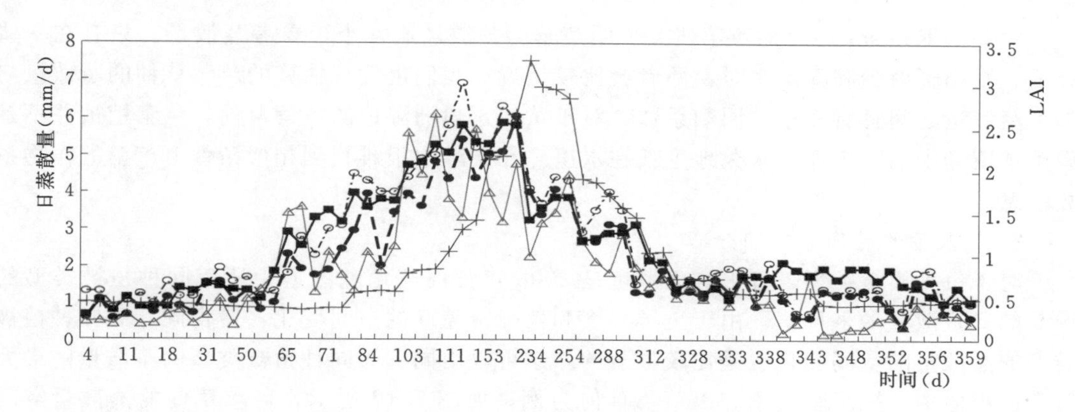

图 7.11　2008 年晴天情况下芦苇沼泽湿像元 SEBS 模型估算的日蒸散量（ET.，_ SEBS)、HANTS 插补的日蒸散量（ET _ after _ HANTS)、参考日蒸散量（ET_{ref}）和东营气象站测量的蒸发皿日蒸散量的比较

—●— ET_{ref}；-·-○-·- ET_pan；—△— ET_SEBS；—■— ET_ater_HANTS；—+— LAI

型估算的蒸散量与参考蒸散量的回归分析，回归线的斜率就代表作物系数。利用 HANTS 对估算的蒸散量进行重新拟合后的蒸散量的值，更接近于参考蒸散量。

表 7.8　黄河三角洲湿地日蒸散量和参考日蒸散量之间的回归分析

植被类型 / 所选时段	芦苇沼泽		翅碱蓬	
	HANTS 插补前	HANTS 插补后	HANTS 插补前	HANTS 插补后
全年	$ET_{est}=0.8755ET_{ref}$，$R^2=0.72$	$ET_{est}=1.1193\ ET_{ref}$，$R^2=0.81$	$ET_{est}=0.8069ET_{ref}$，$R^2=0.46$	$ET_{est}=1.0224ET_{ref}$，$R^2=0.62$
1～3 月	—	$ET_{est}=1.2409ET_{ref}$，$R^2=0.74$	—	$ET_{est}=1.1775ET_{ref}$，$R^2=0.72$
4～6 月	—	$ET_{est}=0.5007ET_{ref}+2.954$，$R^2=0.81$	—	$ET_{est}=1.609ET_{ref}+3.6048$，$R^2=0.0788$
7～9 月	—	*	—	*
10～12 月	—	$ET_{est}=1.2409ET_{ref}$，$R^2=0.7376$	—	$ET_{est}=0.5826ET_{ref}+1.1541$，$R^2=0.46$

*　表明点太少，不足以进行回归分析。

实际上在不同的季节斜率（作物系数）是不同的。因为选择的像元被认为在一年中（除了冬天）水分供应充足，那么不同季节回归线斜率的变化更可能是由于叶面积指数的变化引起的。在叶面积迅速增大的作物生长季节（4～6 月），这样的变化是显著的。

尽管如此，日蒸散量和代表植被生长的 LAI 之间的位相有很大的偏移。气象条件可能是引起该偏移的另一个的原因。黄河三角洲湿地在 7、8 月是雨季，大量的降水和较少的太阳辐射导致了较高的空气湿度和较低的可利用能量，从而导致蒸散量较低。作物系数的变化是冠层生长和大气状况共同作用的结果。可以得出这样的结论：利用简单的经验关系得到湿地植被的实际蒸散量是不准确的。

对英国 Ramsar 湿地的芦苇研究表明芦苇的蒸散量通常小于参考蒸散量。只有在一些有云、太阳辐射少和降水多时，两者会比较接近。我们也发现估算的芦苇草甸的蒸散量与参考蒸散量之间具有较小的回归系数，对于黄河三角洲湿地的芦苇草甸，芦苇植被并不是像芦苇沼泽中的芦苇那样永久地生长在水里。在文献中很难找到相似条件下芦苇的作物系数信息。

2. 蒸散量的时间和空间分布

对于每种植被类型，日平均蒸散量是 2008 年黄河三角洲湿地中所有同种植被类型的像元的日蒸散量的平均值。由于土壤湿度和植被覆盖度的空间变化，使得同一天同种植被类型的蒸散量的空间变化也是比较显著的，这可以由同一天同种植被类型的蒸散量的最大值和最小值的差别反映出来。以芦苇草甸为例，如图 7.12 所示，芦苇草甸的蒸散量空间变化是很明显的。空间变化的日蒸散量，也是由多种原因引起的，如：植被密度的空间不均匀性，土壤湿度的空间变化，太阳辐射的空间变化，湿地中地下水位的变化等。

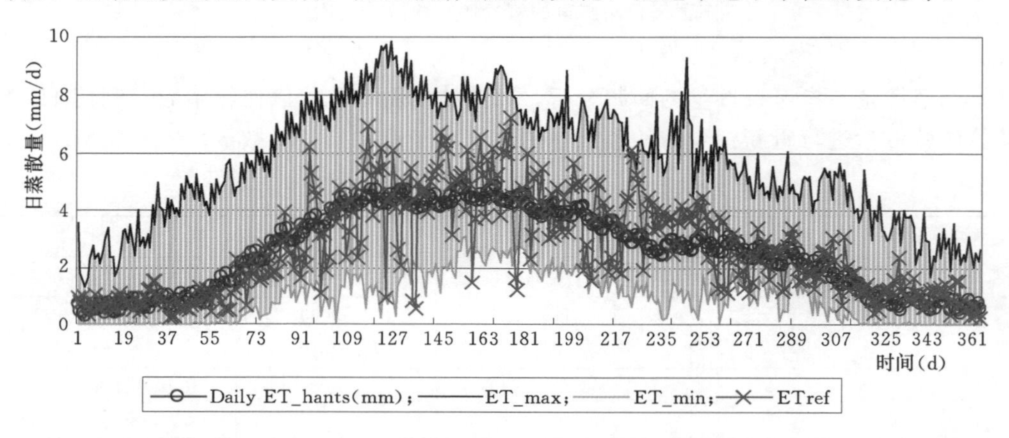

图 7.12 2008 年黄河三角洲湿地地区，所有芦苇草甸的 Hants 插补后的日蒸散量平均值（$DailyET_{hants}$）。芦苇草甸的每日的最大蒸散量（ET_{max}）和最小蒸散量（ET_{min}）代表空间的变化

黄河三角洲湿地蒸散量表现出明显的季节变化，图 7.13 为 4～6 月（3 个月之和）和 7～9 月（3 个月之和）的蒸散量分布状况。在 2008 年，月蒸散量随着气象状况和植被生长季的变化而变化。较大的蒸散量出现在 5、6 月和 7 月，峰值出现在 6 月，约为 130mm（图 7.14）。

除了冬天的 1、2 月和 11、12 月，在作物生长季，整个湿地的蒸散量空间变化是明显的，尤其在 4、5、6 月。作物的最初生长阶段是在 4、5 月，LAI 较低，地表状况也接近于裸地，植被叶片很稀疏，对地表蒸散量的主要贡献来源于土壤。由于 4、5 月降水稀少，旱地作物区域相对于湿地沼泽植被区域的土壤含水量就比较小，这导致旱地区域（旱地作物，刺槐林和柽柳灌丛）的蒸散量较小。而对于湿地沼泽植被（芦苇草甸）而言，土壤含水量很大，甚至有地表水存在，湿地沼泽植被（如芦苇沼泽和翅碱蓬）的蒸散量以及被海水或者淡水经常淹没的滩地的蒸散量就比较大。

在 6、7 月，旱地区域和湿地沼泽区域的蒸散量空间分布的差异相对较小，在这个时

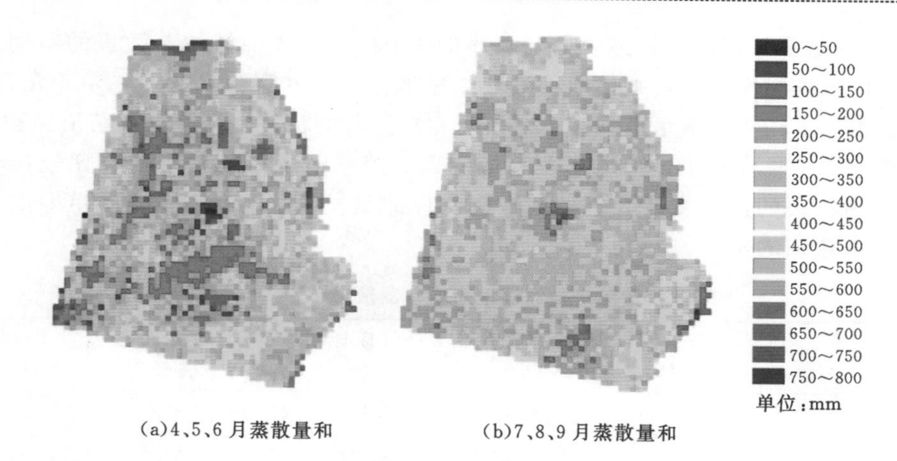

图7.13 2008年黄河三角洲湿地的蒸散量

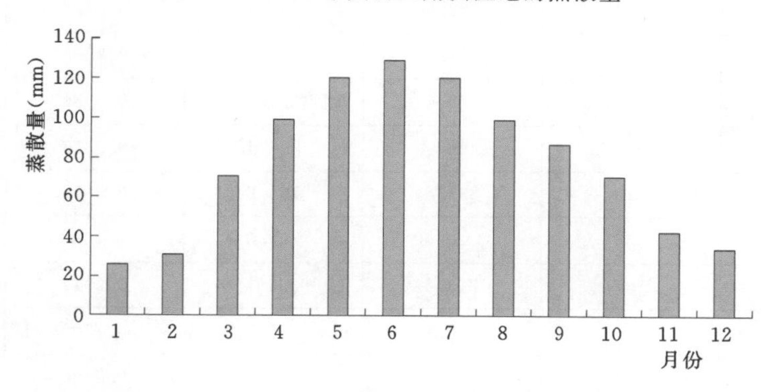

图7.14 2008年黄河三角洲湿地平均月蒸散量值

期，旱地上的植被迅速生长，这个时期蒸散量主要来自绿色植被的蒸腾量。此外，6、7月充分的降水也保证了旱地和湿地区域的土壤具有较高的湿度。即使如此，生长在水中或滩涂中的植被（芦苇沼泽、翅碱蓬）与旱地或者其他湿地植被（旱地作物，刺槐林和柽柳灌丛）之间的蒸散仍然存在差别。

在9月之后，由于叶片开始衰老，大部分植被的LAI开始衰减，除了水中生长的植被类型，大部分植被作物蒸腾量迅速减少，导致区域整体蒸散量也迅速减少。在冬季，如：1、2、11、12月，整个湿地地区的蒸散量都基本一致。

7.3.4.3 黄河三角洲湿地需水量分析

1. 整个湿地的需水量

图7.15给出了2008年黄河三角洲湿地蒸散量的空间分布。所研究整个黄河三角洲湿地平均年蒸散量为934mm，标准差为452mm。蒸散量的范围从居民地及人工用地

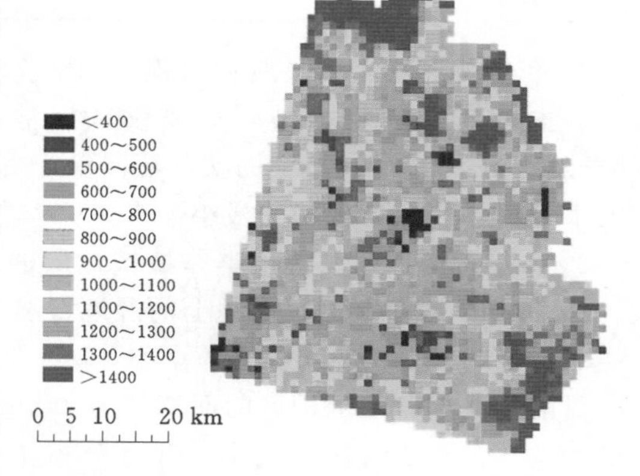

图7.15 2008年黄河三角洲湿地年蒸散量的空间分布（单位：mm）

的400mm到靠近海岸滩涂区域或者内陆水体的1400mm。各种植被蒸散量的空间分布也表现出较大的不均匀性，尤其是旱地植被（如旱地作物）和湿地植被（如芦苇沼泽）。所有主要植被类型平均年蒸散量值如表7.9所示。在所有的植被类型中，芦苇沼泽和翅碱蓬这两种植被通常生长在水中，平均年蒸散量最大。芦苇沼泽和芦苇草甸有比较接近的年蒸散量，表明植被的蒸腾量要大于植被棵间水体的蒸发量。这也暗示着有足够的地下水可以满足芦苇草甸的蒸腾。

表7.9　　2008年黄河三角洲湿地平均年蒸散量和年需水量

整个湿地	面积 (km^2)	蒸散量 (mm)	标准差 (mm)	需水量 (亿 m^3)	标准差 (亿 m^3)
芦苇沼泽	99	1036.6	195.3	0.8552	0.0193
芦苇草甸	315	934.2	171.1	0.7707	0.0539
柽柳灌丛	198	822.8	197.3	0.6788	0.0391
柽柳一翅碱蓬群落	127	889.1	215.7	0.7355	0.0274
刺槐林	102	773.4	174.2	0.6381	0.0178
翅碱蓬群落	53	1099.4	236.4	0.9070	0.0125
旱地作物	825	833.8	164.8	0.6879	0.1360
滩涂	455	1433.8	291.0	1.1829	0.1324
裸地	107	716.6	206.1	0.5912	0.0221
盐碱地	46	910.2	271.7	0.7509	0.0125
内陆水体	138	1188.6	299.1	0.9806	0.0413
虾池	96	1273.0	170.8	1.0502	0.0164
盐田	84	1332.2	221.0	1.0991	0.0186
居民地及人工用地	82	470.2	187.8	0.3879	0.0154
其他	44	858.9	158.3	0.7086	0.0070
合计	2771			12.0226	0.5715

2008年黄河三角洲湿地总面积约为277100hm^2（2771km^2）。整个区域上水体的水面蒸发、土壤蒸发以及植被—土壤或者植被—水体的蒸散总量为12亿m^3，标准差为0.5715亿m^3。整个区域上的实际蒸散量，可以被认为是满足湿地植被正常生长和湿地蒸发的水分消耗而保持现状的最小需水量。

2008年黄河三角洲湿地整体植被冠层的需水量约为5.27亿m^3，其中4.59亿m^3是被89.400hm^2（894km^2）面积上的湿地自然植被所消耗。

2. 自然保护区的需水量

目前，北部自然保护区的面积约为35km^2，仅仅有三种主要的植被类型（其他更多的植被种类，由于所占比例太小，并且分布比较分散，所以被纳入这3个主要的植被类型中）。2008年北部自然保护区的植被耗水量为0.391亿m^3，标准差为0.078亿m^3，见表7.10。

表 7.10 2008 年黄河三角洲地区北部自然保护区各种植被类型的平均年蒸散量和年需水量

北部自然保护区	面积 (km^2)	蒸散量 (mm)	标准差 (mm)	需水量 (亿 m^3)	标准差 (亿 m^3)
芦苇草甸	15	1234.8	199.2	0.222	0.036
柽柳灌丛	18	843.0	51.4	0.152	0.009
柽柳—翅碱蓬群落	2	867.5	89.8	0.017	0.002
合计	35			0.391	0.078

南部自然保护区的面积和植被类型的种类比北部自然保护区要大得多。2008 年南部自然保护区的总共需水量约为 2.264 亿 m^3，标准差约为 0.311 亿 m^3，见表 7.11。芦苇沼泽和芦苇草甸是自然保护区中需要被保护的主要的湿地植被类型，在未来的规划中，为了保护湿地中各种鸟类的生存，芦苇沼泽和芦苇草甸面积将进一步扩延，并将取代保护区内全部或部分耕地作物来恢复南部自然保护区湿地的生态功能。在 2008 年，南部自然保护区中芦苇的蒸散量约为 0.5 亿 m^3。在 2008 年同样的气象条件下，就可以计算出目前所有或者部分旱地作物植被被芦苇所替代情况下的最小需水量。通过分析得到了每种植被类型的月需水量，就可以根据自然保护区中主要的植被类型在植被生长季节中的需水量，有的放矢地补水。对自然保护区的补水量和补水时机可以根据湿地中植被类型的日或者月蒸散量（即植被耗水量）而有计划地进行。

表 7.11 2008 年黄河三角洲地区南部自然保护区各种植被类型的平均年蒸散量和年需水量

南部自然保护区	面积 (km^2)	蒸散量 (mm)	标准差 (mm)	需水量 (亿 m^3)	标准差 (亿 m^3)
芦苇沼泽	32	1131.3	129.8	0.362	0.042
芦苇草甸	14	982.6	79.4	0.138	0.011
柽柳灌丛	15	1019.0	135.3	0.153	0.020
柽柳—翅碱蓬群落	8	1018.1	142.0	0.081	0.011
翅碱蓬	5	1099.4	0.0	0.055	0.000
刺槐林	23	950.6	182.2	0.219	0.042
旱地作物	22	986.7	153.1	0.217	0.034
滩涂	68	1295.1	210.3	0.881	0.143
裸地	1	716.6	0.0	0.007	0.000
内陆水体	10	1167.8	41.2	0.117	0.004
虾池	3	1153.6	146.1	0.035	0.004
合计	201			2.264	0.311

7.4 重要水生生物生境影响评价技术

7.4.1 水生生物生境影响评价概述

7.4.1.1 水生生物生境定义

生境（habitat，Biotope 希腊语 bios ＝ 生命 ＋ topos ＝ 地点）指生物的个体、种群或群落生活地域的环境，包括必需的生存条件和其他对生物起作用的生态因素。生境是指生态学中环境的概念，生境又称栖息地。生境是由生物和非生物因子综合形成的，而描述一个生物群落的生境时通常只包括非生物的环境。

生境（habitat）一词是由美国 Grinnell（1917）首先提出，其定义是生物出现的环境空间范围，一般指生物居住的地方，或是生物生活的生态地理环境。对于生物来讲，它们的物理与化学环境是其重要的栖息地。在河流生态系统中，物理生境通常指下列因素：流量、水体流速、水温、泥沙、河床质、河道形态等；化学生境包括：水的可溶性养分、盐碱度、病菌含量、DO 等。

7.4.1.2 水工程对重要水生生物生境的影响

水工程建成后，大坝使原有连续的河流生态系统被分割成不连续的环境单元，造成了生态景观的破碎，对鱼类造成的最直接的影响是阻隔了洄游通道。同时，由于水文情势改变，水温、水质等生境条件变化，都将对水生生物生境产生不同程度的影响。

1. 大坝阻隔的影响

大坝的修建，使原有连续的河流生态系统被分隔成不连续的环境单元，造成了生态景观的破碎，对鱼类等水生生物造成的最直接的不利影响是阻隔了洄游通道。这对需要通过大范围迁移未完成生活史的种类往往是毁灭性的；对在局部水域内能完成生活史的种类，则可能影响不同水域群体之间的遗传交流，导致种群整体遗传多样性丧失，以后的发展过程也不容乐观。

（1）阻隔鱼类沿河流上行。许多鱼类的繁殖、索饵以及越冬等生命行为需要在不同的环境中完成，具有在不同水域空间进行周期性迁徙的习性，称之为洄游。根据鱼类在生命周期中某一阶段内对盐度的耐受程度，将洄游主要分为河海洄游、河川洄游。

河海洄游鱼类的生命周期一部分在淡水中，另一部分在海水中，繁殖区域与肥育区域相距几千米。河海洄游鱼类可分为两大类：溯河产卵鱼类如鲑、鳟鱼类，在海洋中肥育，在淡水中繁殖，洄游到淡水中是为了繁殖；江河产卵鱼类如鳗鲡等则存在着相反的生活史，洄游至海洋中繁殖，洄游到淡水中肥育。

河川洄游或河湖洄游鱼类的整个生命周期都在河流系统的淡水区域内完成，但繁殖区域与肥育区域通常相隔一定的距离或在不同水域如河湖。如四大家鱼在湖泊中肥育，繁殖季节则进入江河的干流中去产卵，周期性往返于江河干流与通江湖泊之间。

大坝建设阻隔了鱼类的洄游路线，使其不能有效地完成生活史，往往造成资源的严重下降。洄游路线的阻隔通常对溯河洄游鱼类，特别是具有回归习性的鲑、鳟鱼类（Salmonid）的影响比较大。

（2）阻隔鱼类沿河流下行。无论是溯河洄游、江河洄游，还是河流洄游鱼类，从大坝的上游向坝下运动时，都会因为大坝的阻隔而难以顺利到达目的地。尽管有些洄游性鱼类的亲本在完成繁殖过程后会死亡，如大马哈鱼等，不存在下行返回肥育场所的问题，但它们的后代却需要越过大坝进入肥育、庇护场所。有些种类如鲥鱼、鲟类等，除当年出生的幼鱼需要下行过坝外，它们的亲鱼在上行越过大坝完成繁殖任务后，还需要顺流回到下游，继续生长和肥育，以待下一次产卵繁殖。在河流上游产卵的鱼类的幼鱼下行时往往具有集群习性，它们的活动能力较差，在通过大坝时，很容易被吸入水轮机而受到伤害。此外，在水库生长的鱼类，也很容易在大坝泄洪时受到高速水流和高水位落差的伤害。因此，在一些水库泄洪过后，往往在坝下发现鱼类死伤。

(3) 水闸阻隔鱼类在江湖之间洄游。在通江湖泊的港道上修建水闸，鱼类在江湖之间的洄游通道将受到阻隔，使鱼类资源受到不利影响。这是在我国特别是长江中、下游出现的一个特殊问题，洄游（或半洄游）鱼类需在江湖之间完成繁殖、摄食和越冬等生命活动，以保持其种群数量的相对稳定。江河的深水河槽是多数鱼类的越冬场所，湖泊又为一些在静水产卵特别是产黏性卵的鱼类提供了产卵场。如果鱼类能够适时地到达适宜的生活场所，繁殖顺利，摄食充分，成活率高，生长率快，种群量就会保持相对稳定或不断扩大，鱼类资源得到发展。反之，种群量就会减少，即所谓的“资源衰退”。

(4) 河流生境片段化。大坝修建和河流梯级开发，使原有连续的河流生态系统被分隔成不连续的环境单元，导致河流生境片段化，造成生态景观的破碎。生境片段化带来的影响是多方面的，重要的是生境片段化或生境丧失对生物多样性的作用非常明显，受到破坏的原生生境可能就是某个物种的生活区域，生境被分割威胁物种持续生存。

2. 水文情势变化对鱼类的影响

江河改道、河流湖泊取水或建闸、筑坝，都会从根本上改变河流和湖泊的水文状况，或发生量的变化（如取水使流量减少），或发生质的变化（如建坝造成河流断流或脱流），对鱼类有重大甚至毁灭性影响。

(1) 库区及上游河段。

1) 水库条件适宜喜缓流鱼类生存，而喜急流鱼类生存条件恶化。水库形成后，水体的水文条件将发生较大的变化，鱼类的栖息环境也随之发生变化，由于不同的鱼类其栖息环境不同，因此导致库区的鱼类组成发生明显的变化。通常，水库蓄水后，流速缓慢、泥沙沉积、饵料增多，这种条件适合于喜缓流水或静水生活的鱼类，而不利于喜急流水生活的鱼类的生存。另外，在山区的水库中由于库水较深，水库中喜表层或中层生活的鱼类较多，而底层鱼类相对较少。

通常在山区或峡谷选择较大的河段兴建水库。建库前的河道，水流湍急，底多砾石，鱼类的食料生物主要是着生藻类和爬附于石上的无脊椎动物。这里生活的鱼类，是一些适应流水条件、摄取底栖生物的种类。当水库建成蓄水后，库区的水流显著减缓，甚至呈静止状态；泥沙易于沉积，水色变清，但由于水的深度增加，光线往往不能透到底层，使着生藻类和水草难以生长，相应地底栖无脊椎动物也较少。相反，浮游植物大量滋生，浮游动物也相应增多。所以，水库的环境条件，为一些适应于缓流或静水、摄浮游生物的鱼类提供了良好的摄食肥育场所，有利于养殖业的发展。但是，水库淹没使生态因子改变，往往使土著和特有鱼类失去或减少生存机会。水库环境还可能增加外来种入侵的可能性，应引起重视。

2）水库流速变缓，影响上游鱼卵和幼鱼漂流发育。水库建成后流速变缓，对产漂流性卵的鱼类，使上游所产的卵没有足够的距离进行漂流发育，增加它们的早期死亡率。因此，在水工程修建一定的时期后，很多原有的、适应流水环境的鱼类逐步消失，鱼类种类结构发生根本性的变化。一些适应在急流河段繁殖的喜溪流种类的生存条件恶化，在水库的支流和大坝下游，喜溪流种类种群的数量减少，而湖泊～河川鱼类的分布区大大地扩大。丹江口水利枢纽兴建后，汉江坝上江段原来一些产漂流性卵鱼类的产卵场如大孤山、安阳口等在建坝后消失，其他一些产卵场规模虽扩大，但由于卵苗孵化漂流流程较短，流速缓慢，一部分鱼卵在孵化前流入水库沉入水底，受到损失。此外，丹江口水库的调查还证实，在水库表层流速降低到0.15m/s时，表层水中已无鱼卵，中层鱼卵也很少，大部分鱼卵沉入库底。汉江上游的白河、前房、肖家湾等河段都有适合四大家鱼繁殖的产卵条件，但由于这些江段与库区的距离都在170km之内，因此由这些地点产出的卵的最终命运都是漂流进入丹江口水库以后下沉到库底而死亡。

（2）坝下河段。

1）涨水过程趋于平缓。大坝修建后，由于水库的调节作用，坝下江段水位、流速和流量的周年变化幅度降低，河道的自然水位年内变化趋小，沿岸带消落区的范围变窄，大片的泛滥区消失，有些调峰电站还会造成坝下江段日水位的剧烈变动。上述水库蓄水引起的下游河道内水流特征的改变会对鱼类繁殖、摄食和生长产生一系列的负面影响，尤其是对鱼类的繁殖产生明显不利影响，从而影响鱼类的种群数量。

在水库的坝下河段，一些在流水中繁殖的鱼类所要求的涨水条件，则可能因水库调节而得不到满足。多数鱼类的繁殖期在春末夏初，即4月下旬至7月上旬，如果在这一时期内水库只蓄洪而不溢洪，在坝下河段不出现涨水过程，鱼类就难以繁殖。但是当支流的洪水汇入，在坝下江段形成明显的涨水过程时，如果水温适宜，则鱼类仍可进行繁殖。例如，丹江口水库蓄水以后，大坝至谷城间一段汉江内的家鱼产卵已经消失或缩小规模，在谷城以下，由于南河和唐白河等支流汇入，干流内基本保持了原来的产卵场。

河道水量的调整在很大程度上影响着坝下河道内鱼类的洄游。洄游期间，河道水量的减少会减低河道对鱼类的吸引力，使洄游刺激因子丧失，从而导致洄游鱼类的锐减，甚至完全消失。

此外，鱼类能够适应的是自然节律的洪枯流态，无法适应人工造成的涨落流态。例如，水电站日调峰时，昼间发电放水，夜间停机断水，鱼类产卵则无法适应这种变化。水库在进行防洪、引水、发电和航运等功能时，将会频繁调度，水库水位也会产生大幅度变动。这种水位变动对产黏性卵的鱼类繁殖同样极为不利，它使鱼类产出的黏附在库边植物或砾石上的卵，可能因库水位下落、鱼卵裸露出水面死亡，也可能因水位上涨、鱼卵淹水加深而难以孵化成功。

2）水体中氮气等气体过饱和。所谓溶解气体过饱和是指水中溶解的空气，超过了在一定的温度和压力条件时的正常含量，在某些情况下，会对鱼造成危害，受到影响的主要群体是幼鱼。过饱和的空气通过鱼的呼吸活动进入血液和组织，当鱼游到浅水区域或表层时，由于压力较小和水温较高，鱼体内的一部分空气便从溶解状态恢复到气体状态，出现气泡，使鱼产生“气泡病”，引起死亡。由于氮气是主要的有害因素，所以亦称为氮气过饱和。

水中气体过饱和是由于水库下泄水流通过溢洪道或泄水闸冲泄到消力池时，产生巨大的压力，并带入大量空气所造成的。水中的过饱和气体，在坝下的河流内经过一定的流程，逐渐释放出去而恢复到平衡状态，但是，如果河流上修建了一系列电站，水库的水较深且流动缓慢，过饱和的气体到达一个梯级时尚未恢复平衡，通过溢洪道再度溶解了过多的空气，如此反复多次，情况就会非常严重。我国较多的经济鱼类产漂浮性卵，一部分在坝上江段产卵场产出的鱼卵及孵化的鱼苗，通过径流式水利枢纽的泄流闸漂流下坝时，除了受到高速水流的机械冲击外，可能也会遇到氮气过饱和的问题。葛洲坝枢纽蓄水，抬高了水位，此后从上游江段漂流来的鱼苗，都要随着江水的泄流和消能到达坝下江段。据中科院水生生物研究所观察，宜都附近所捞到的鱼苗，腹腔内，特别是肠道内充满气泡，漂浮水面，易于死亡。鱼苗死亡率统计：一次所捞到的草鱼苗149尾中，死亡的鱼苗89尾，占60%，青鱼苗102尾，死亡60尾，占59%；另一次，90尾草鱼鱼苗中有34尾死亡，占38%，16尾青鱼鱼苗中有3尾死亡，占19%。

根据国外的有关研究资料以及1999年在二滩大坝（坝高240m）下游江段的实测资料，气体过饱和现象发生于大坝泄洪时期，氮气饱和率最大为120%左右。水中氮气含量随流程递减的规律并不十分明显，但汇流的影响却很显著。氮气过饱和的危害是使幼鱼发生“气泡病”。发病的鱼类为中、上层生活的鱼类，幼鱼死亡率5%～10%。

3. 水质变化对鱼类的影响

由于水库的水流缓慢，甚至局部有静止水出现，上游河段带来的泥沙以及其他悬浮物质会在库区沉积，使库区以及坝下江段水体的透明度增加，水质变清。鱼类饵料生物的组成和数量也随之发生巨大变化，一般情况是引起鱼类种类结构的更替，局部水域的鱼类丰度上升。

在水中溶解氧充足的环境中，鱼类才能进行正常的呼吸，各种鱼类对水中溶解氧要求的含量是有所不同的。鲑、鳟等是要求溶解氧较高的鱼类，它们最适溶解氧为6.5～11.0mg/L，低于5mg/L便感不适。它们所适应溶解氧底限一般为水温20℃时的含量，如果水温继续升高，溶解氧还会降低，所以鲑、鳟鱼类称为冷水性鱼类，而青鱼、鲢、鳙、鳜等可在4mg/L溶解氧环境中生活。水中溶解氧低于鱼类呼吸需要时，呼吸作用受到阻碍，会因窒息而死，使青鱼、草鱼、鲢、鳙致死的溶解氧分别为0.4mg/L、0.27mg/L、1.55mg/L、0.16mg/L。我国的鱼类资源是以温水性鱼类为主，它们常常是活动于水温较高的水域，在水库内一般是栖息于水的上、中层或沿岸的浅水带，这里一般不会出现缺氧的现象。年调节和多年调节水库，由于水库分层导致的水体垂直交换受阻，以及外源有机物在库区沉积、微生物的分解作用耗氧等原因，可能导致库区底层缺氧甚至无氧的状况。

4. 低温水下泄对鱼类的影响

我国的鱼类资源是以温水性鱼类为主，它们常常是活动于水温较高的水域，在水库内一般是栖息于水的上、中层或沿岸的浅水带。但是，国外的一些重要经济鱼类，特别是鲑鳟鱼类，适应于低温环境，称作冷水性鱼类，它们在水库内常栖息于底层。

（1）鱼类对水温的要求。鱼类虽然是变温动物，但不同种类的鱼有不同的适应幅度。如鲤、鲫在水温0～30℃的范围都能生存，称为广温性鱼类，因此其分布地区广泛；冷水性鱼类和一些热带、亚热带的鱼类适应范围较小，称为狭温性鱼类。如鲑、鳟鱼类在水温超过20℃时就不易生存，在水温降至7℃左右时会陆续死亡，因此它们的分布范围受到限制。此外，在不同的发育阶段对水温的适应范围也有差异，青鱼、草鱼、鲢、鳙、鳊、鲫等，生长繁殖最适宜的水温均在25℃左右，超过30℃或低于15℃则摄食减退，新陈代谢缓慢，5℃以下停止摄食。在适宜的水温条件下，鱼类消化、吸收、代谢速度快，生长也明显较快。

（2）低温水对鱼类的影响。年调节和多年调节的高坝大库，由于水深、水体交换量少，库区容易产生水温分层现象。而大坝处多采取深层取水，下游河道夏秋季水温一般低于天然河道水温。水库下泄的低温水，对鱼类的直接影响是导致繁殖季节推迟，当年幼鱼生长期缩短，生长速度减缓，个体变小等。

1）繁殖期推迟。一般情况下水库坝前水位较深，尤其是水温分层型水库，坝前分层现象明显，往往在底层泄水，其下泄水的温度相对较低，对坝下一定范围内的水温影响明显。每年大约3～10月，月平均水温较建坝前不同程度地降低，高温的月份，降低值大；相反，冬季的水温则较原来有所升高，以最冷月份升高值最大。新安江坝下罗桐埠测站实测水温资料，7月的平均水温建坝后比建坝前降低16℃，1月的平均水温建坝后比建坝前升高4℃。

水温与鱼类的生活有着密切的关系，特别是鱼类的繁殖，要求一定的水温条件，因为鱼类产卵和卵的孵化都需要适宜的水温。鲤、鲫等鱼类，在春季水温上升到14℃左右时即开始产卵，而四大家鱼以及其他产漂流性卵的鱼类，则是在18℃时才产卵。新安江水库的坝下河段，除非是溢洪，水温很难达到18℃，因此在这一河段内已不存在家鱼产卵场。如果鱼类繁殖所要求的这一最低水温值出现的时间推迟，相应地鱼类也推迟产卵。如丹江口枢纽坝下江段家鱼的繁殖期，大约推迟了半个月到一个月的时间。鲥鱼产卵的最适水温为26～30℃，受新安江水库泄出的低温水的影响，富春江鲥鱼产卵场达到26℃水温的时期推迟，对鲥鱼的繁殖产生不利的影响。因此，下泄低温水对鱼类资源影响较显著。

2）幼鱼个体变小，生长速度缓慢。水温在鱼类的生活中起着重要的作用，直接和间接地影响鱼类生存，是一项极为重要的环境因子，鱼类各项生理机能都各有一个最适水温和最高、最低的耐受水温，如果水温超出上述限度，就对鱼类产生不利影响。鱼类索饵期河道水温降低将导致这一时段内饵料生物代谢率降低，直接影响饵料生物的繁殖和生长，削弱水域供饵能力；但这一时期恰好是产后亲鱼肥育和仔幼鱼索饵期，所以水温降低会对鱼类，特别是仔幼鱼的发育、成活率以及生长等产生负面影响。

如丹江口水库由于坝下江段水温降低，导致该江段鱼类繁殖季节滞后20d左右，当年出生幼鱼的个体变小、生长速度变慢。对比建坝前后冬季的数据，该江段草鱼当年幼鱼的体长和体重分别由建坝前的345mm和780g，下降至建坝后的297mm和475g。紧水滩和石塘两个水库对瓯江渔业环境的影响明显，由于水温降低，鱼类繁殖季节推后、生长期缩短，圆吻鲴当年幼鱼的冬季平均体重，由建库前的150g左右，减小到建库后的100g左右，其他天然鱼类的个体生物学指标也普遍下降。

5. 饵料生物基础的变化对鱼类的影响

水库修建后，河流中悬浮的泥沙在水库内大量沉积，使水的透明度明显增高，直接或间接地对水生生物产生有利影响。在生态系统中，入射的光多，植物生长茂盛，以植物为食的动物也相应增生。即是说，水体的含沙量降低，水生生物的生物量增大。

在一般的水库内，主要是浮游生物增加，为鲢、鳙等鱼类提供了充分的食物；在沿岸带和消落区内，则有一些挺水植物和着生丝状藻类生长，可供草鱼、鳊、鲂、赤眼鳟等植食性鱼类摄食。这些植物在淹没腐烂后，为水体提供了大量有机和无机物质，提高了肥力。在一些浅水的水库，光线能透入较大面积的底层，因此水草丛生，虾类和螺类也很丰富，情况与一般湖泊相类似。

在坝下河段，也是由于河水的含沙量降低，使底栖生物得以滋生。通常是在石质河道内，生长有大量的着生硅藻和丝状绿藻，还有较丰富的石蝇、石蚕等水生昆虫以及营固着生活的蚌类——淡水壳菜。在沙质或泥质河道内，可能生长水草，并有蚌、蚬、摇蚊幼虫等底栖动物。所以，坝下河段内食底栖生物的鱼类明显增多。

6. 鱼类重要生境的演变

鱼类重要生境包括主要经济鱼类的产卵场、越冬场以及鱼类不同发育阶段的肥育场等。鱼类物种和种群保护的关键措施是保护鱼类产卵场。任何生物种群，没有繁殖或繁殖力持续下降都意味着这个种群的衰落直至灭亡。因此，在水利水电建设项目水生生态影响评价中，鱼类产卵场是最为敏感的水生生境。

河流筑坝蓄水，会直接淹没许多鱼类的集中产卵场，产卵场规模缩小或完全丧失。对不同鱼类而言，受水库蓄水淹没的影响是不同的。有些对产卵条件要求不高的鱼类，甚至可在河流上游或水库漫滩寻找和形成新的产卵场。例如，丹江口水库建成后，对四大家鱼、赤眼鳟、吻鮈等典型产漂流性卵的鱼类繁殖影响特别严重，而对产具黏性漂流卵的鱼类，影响就比较小。这些产黏性漂流卵的鱼类，因对产卵场和漂流条件要求不高，甚至只要有微小流水刺激就会产卵繁殖，鱼卵还可黏附在水下基质上孵化，因而影响就不很大。

对于鲤、鲫等产黏性卵的鱼类，水库蓄水则更有利于其繁殖。例如，丹江口水库蓄水后，淹没了大片土地，形成长达7000km的库岸线，广阔的消落带为其提供了更为良好的产卵场所，而且水库中饵料丰富，更为鲤、鲫等鱼类提供了良好的生境，使其成为水库的优势种群和主要的经济鱼类。

河流蓄水引水使下游河道水量的减少，则是河滩地功能发生重大变化。由于河岸地带的生境多样性高，流水的与滞水的，急流的和缓流的，有植物的与土岸石岸的等，生境多样，饵料丰富，成为许多鱼类产卵的良好地区。水工程引水减水，使河滩湿地萎缩，生境面积减少，条件恶化，自然也影响到很多鱼类产卵繁殖。例如产漂流性卵的鱼类，可以因漂流条件达不到一定涨幅而不能完成漂流孵化；产黏性卵的鱼类可能因滩地缩小、生物衰退而缺少黏附基质或饵料，也不能很好繁殖。

建库蓄水对河流径流的调节，在鱼类产卵季节，坝下游的洪峰一般会消减，对水库下游的河道鱼类产卵场将会产生重要影响，严重影响鱼类的正常繁殖。此外，鱼类能够适应的是自然节律的洪枯流态，无法适应人工造成的涨落流态。例如，水电站日调峰时，昼间发电放水，夜间停机断水，鱼类产卵则无法适应这种变化。水库在进行防洪、引水、发电和航运等功能时，将会频繁调度，水库水位也会产生大幅度变动。这种水位变动对产黏性卵的鱼类繁殖同样极为不利，它使鱼类产出的粘附在库边植物或砾石上的卵，可能因库水位下落、鱼卵裸露出水面死亡，也可能因水位上涨、鱼卵淹水加深而难以孵化成功。

影响鱼类产卵场的原因是多种多样的，但只要有其中的一个或两个原因，就可能对鱼类的产卵场产生影响。各种鱼类具有不相同的产卵场和产卵与孵化条件需求，因此外界条件变化对不同的鱼类会产生很不相同的影响。一般而言，任何鱼类产卵都对水温、水文变化、水质有特定要求，而产漂流性卵的鱼类对河流径流和水文情势有更为特定的要求。

另外，河湖的岸滩浅水区，常是鱼类产卵、繁育和索饵的场所。围湖造田或其他活动破坏此类主要栖息地，会极大地破坏水生生态系统，由此产生一系列的生态学问题，是不能忽视的。例如，围垦使湖泊周围消落区内的蒿草、芦苇等挺水植物大面积地消失；水面缩小相应地使湖水变浅，加之食草鱼类难以进湖摄食，黄丝草等水草大量滋生，加速了湖泊沼泽化的过程。所以，大肆围湖造田，使水生生物及水禽资源减少，原水生态系统遭受破坏。我国修建了许多水库，水库面积增加了，可以利用水库的水面发展渔业生产。水产养殖是弥补自然生态系统生产力低，减少人类对自然生态系统过度索取的主要途径。但在某些水域生态系统引入外来物种，常招致灾难。一般情况下是土著鱼类因无法与竞争力强的广布种对抗而被淘汰出系统。我国云贵地区的高原湖泊，新疆等地的内陆湖泊，都已发生过引入外来物种使土著物种灭亡的事件。

7. 对珍稀特有鱼类的影响

水工程的建设，对珍稀特有鱼类的影响因素及方式如前文所述，也主要包括阻隔、水文情势变化、水质变化、下泄低温水、饵料生物变化以及重要生境改变等。

对珍稀特有鱼类的影响评价，应是水生生态环境影响评价中最为重要的工作任务之一。一些鱼类之所以变得珍稀或特有（只分布在十分有限的区域内），往往是因为这些鱼类有特殊的生境要求，而能满足其生存要求的生境又十分有限，只存在于某些特别的地区。这样的生境一旦破坏或消失，就意味着依赖其生存的珍稀或特有鱼类必然跟着灭绝。例如，大渡河特有的稀有鮈鲫，只分布于大渡河支流流沙河中，一旦流沙河受到影响，鮈鲫就很可能灭绝。

为充分掌握对珍稀特有鱼类的影响，就意味着要对珍稀特有鱼类的生态习性和生境两个方面进行十分深入的调查与评价。通过已有的观察和知识积累或根据不断地研究，通过观察、实验等手段来加深认识，阐明问题，直至了解、说明影响，并寻找到可行的保护方案。

8. 对渔获量的影响

水工程的建设将使河流的连续性受到影响，输移功能受到削弱，生物迁移、交流受阻，从而产生一系列的生态效应。大坝建设，在通江湖泊的港道上修建水闸等，致使鱼类洄游通道受到阻隔，使鱼类不能够适时地到达适宜的生活场所，不能顺利繁殖，无法充分摄食，成活率低，生长率慢，种群量就会减少，即所谓的“资源衰退”。相反，鱼类种群能保持相对稳定或不断扩大，鱼类资源就可得到发展。

水工程取、调水和对径流的调节作用会使河流的水文情势发生较大变化，库区水流变缓，水面变阔，水位涨落机制及其水动力学特征发生变化，库区从原来的河流生态相向湖泊生态相演变。相应地，将产生泥沙沉积、营养物质滞留、透明度升高、水温垂向分异等一系列水体理化性质变化。与非生物因子的变化相适应，鱼类种类也会发生演替，逐渐形成与水库生态环境相适应的种群结构。水库形成后，水体的水文条件将发生较大的变化，使得适宜喜静水或缓流、摄食浮游生物的鱼类资源量将大为增加，而喜急流、摄食底栖动物的鱼类资源量将减少。同时，水库淹没使生态因子改变，往往使土著和特有鱼类失去或减少生存机会。水库环境还可能增加外来种入侵的可能性，有可能对土著和特有鱼类种群产生不利影响。

水库下泄水的水量、流速、流态、涨落过程及其时空分布等水文情势与天然状态相比有较大改变，水温、透明度、气体饱和度等理化性质也会有所变化，坝下江段水生生境的变化；取调水后，下游河流水量减少，水位下降，水面积缩小，会对水生生物，特别是鱼类的繁衍生息产生一系列的影响，造成鱼类种群数量的减少。

7.4.1.3 水生生物生境影响评价的指标及其评估

水生生物生境影响评价可以从：物理一化学评估、生物栖息地质量评估、水文评估等3方面进行。

1. 物理—化学评估

传统意义上的水质评估已有较为成熟的技术方法。河流健康评估中物理—化学评估更侧重于分析物理—化学量测参数对河流生物的潜在影响。表7.12列举了9种测量参数对于河流生物的潜在影响。

为满足社会公众对于水质的关注需求，一些学者试图综合各种水质指数为一组简单的水质指数。这种综合水质指数用不多的参数就可以表达水体受损的相对程度及随时间变化的过程。

美国GWQI指标（Gregon Water Quality lndex）（Cude 2001）综合了8项水质参数（温度、溶解氧、生化需氧量、pH值、氨态氮+硝态氮、总磷、总悬浮物、大肠杆菌）。在计算中可以简单对于每一种具有不同量测单位的参数进行分析，随后转换为无量纲的二级指数。其范围为10～100（10为最恶劣情况，100为理想情况），表示该参数对于损害水质的作用程度。

表7.12 水域系统健康评估的一般测量参数

测量参数	输入物质	潜在影响
电导率	盐	损失敏感物种
总磷	磷	富营养化
TN/TP	磷、氮	水华爆发
生化需氧量（BOD）	有机物	生物呼吸窒息，鱼类死亡
浊度	泥沙	生物栖息地变化，敏感性生物减少
悬浮物	泥沙	生物栖息地变化，敏感性生物减少
叶绿素	营养物	富营养化
pH值	酸性污染物输入	敏感物种减少
金属，有机化合物	有毒物质	敏感物种减少

注 引自澳大利亚和新西兰自然资源理事会：《评估水域生态系统健康的一般量测参数》，2000。

美国国家卫生基金会的水质指标NSFWQI（National Sanitation Foundation，Water Quality Index），这种指标体系还考虑各种参数对于水质影响的权重值，借以反映地区水质特点。

2. 栖息地评估

研究成果表明，假设水量与水质条件不变的情况下，生物群落多样性与生境的空间异质性存在线性关系。生物栖息地评估的内容主要是评估河流的物理—化学条件、水文条件和河流地貌学特征对于生物群落的适宜程度。生物栖息地质量的表述方式，可以用适宜的栖息地的数量表示，或者用适宜栖息地所占面积的百分数表示，也可以用适宜栖息地的存在或缺失表示。

在美国已经确定了以栖息地评估为基础的自然资源总量评估方法。Bain和Hughes（1996）归纳了美国有关机构进行栖息地评估的50种不同勘查方法、总清单和报告方法，其内容偏于繁琐。现在更倾向于采用简单、成熟的测量和分析方法。

美国的《栖息地评估程序》HEP（Habitant Evaluation Procedure）和《栖息地适宜性指数》HSI（Habitat Suitability Index）是由美国鱼类和野生动物服务协会（1980，2000）颁布的。它提供了150种栖息地适宜性指数（HSl）标准报告。HIS模型方法认为在各项指数与栖息地质量之间具有正相关性。HSI模型包括18个变量指数，并认为这些指数可以控制鲑鱼在溪流生长栖息的条件，这些指数包括：水温，深度，植被覆盖度，DO，基质类型，基流/平均流量等。栖息地适宜性指数按照0.0～1.0范围确定。

美国环境署（U.S.E.P.A）提出的《快速生物评估草案》RBP（Rapid Bioassessment Protoco1）是一种综合方法，涵盖了水生附着生物、两栖动物、鱼类及栖息地的评估方法。栖息地评估内容包括：①传统的物理—化学水质参数；②自然状况定量特征，包括周围土地利用、溪流起源和特征、岸边植被状况、大型木质碎屑密度等；③溪流河道特征，包括宽度，流量，基质类型及尺寸。这种方法对于河道纵坡不同的河段采用不同的参数设置。

在调查方法中还包括栖息地目测评估方法。RBP设定了一种参照状态，称为“可以达到的最佳状态”，通过当前状况与参考状况总体的比较分析，得到最终的栖息地等级，反映栖息地对于生物群落支持的不同水平。对于每一个监测河段等级数值范围0～20，20代表栖息地质量最高。

美国陆军工程兵团的《河流地貌指数方法》HGM（Hydrogeomorphic）侧重于河流生态系统功能的评估。在这种方法中列出了河流湿地的15种功能，共分为4大类：水文（5种功能）；生物地理化学（4种功能）；植物栖息地（2种功能）；动物栖息地（4种功能）。对于每一种功能都有一种功能指数IF，需要建立相应的方程，在方程中依据生态过程的关系将有关变量组合在一起，计算出有量纲的IF值，然后与参照标准进行比较得到无量纲的比值，用以代表相对的功能水平。所谓“参照标准”表示在景观中具有可持续性功能的状态，代表最高水平。计算出的比值为1.0代表理想状态，比值为0表示该项功能消失。

为说明IF的计算方法，举有机碳输出功能为例，这个例子的功能列在生物地理化学类中。按照生物过程的功能分析，有机碳输出的功能需要有2个要素：一是要有湿地的活性物质为来源；二是有适宜的水流将活性物种传输到下游。水流路径变量包括：从河床漫溢到河滩的水流，其发生频率用V_1表示；浅层水，频率为V_2；湿地地表水，频率为V_3；湿地与河流汇集水体，频率为V_4。定义M_5为湿地的有机物质，包括树叶、粗木屑、木本植物、草本植物和富含有机物的土壤等。建立如下

$$IF=\{[(V_1+V_2+V_3+V_4)]/4\times M_5\}^{1/2} \tag{7.1}$$

作为特例，如果活性物质来源枯竭，则$M_5=0$，$IF=0$，说明这项功能消失。如果河床漫溢到河滩的水流完全发生，则$V_1=1.0$。

如果各类水流都完全发生，$V_1+V_2+V_3+V_4=4$，$IF=V_1/25$。该项功能的参照标准即为$V_1/25$，现状值与参照标准比值为1.0，说明为理想状态。实际状况的比值在0～1.0之间。

瑞典《岸边与河道环境细则》RCE（Riparian，Channel and Environmental Inventory）是为评估农业景观下小型河流物理和生物状况的方法。这种模型假定：对于自然河道和岸边结构的干扰是河流生物结构和功能退化的主要原因。RCE包含16项特征，定义为：岸边带的结构，河流地貌特征以及由二者构成的栖息地的状况。测量范围从景观到大型底栖动物。RCE记分分为5类，范围从优秀到差。这种方法的优点是采用目测，可以进行快速观测，现场的每一个点只需要11～20min。

澳大利亚《河流状况指数》ISC（Index of Stream Condition）。ISC方法是澳大利亚的维多利亚州制定的分类系统，其基础是通过现状与原始状况比较进行健康评估。该方法强调对于影响河流健康的主要环境特征进行长期评估，以河流每10～30km为河段单位，每5年向政府和公众提交一次报告。评估内容包括5个方面，即水文、河流物理形态、岸边带、水质和水域生物（表7.13）。每一方面又划分若干参数，比如，水文类中，除了传统的水文状况对比外，还包括流域内特有的因素，比如水电站泄流影响，城市化对于径流过程影响等。每一方面的最高分为10分，代表理想状态，总积分为50分。将河流健康状况划分为5个等级，按照总积分判定河流健康等级，也说明河流被干扰的程度（表7.14）。需要指出的是，ISC方法中设定的参照系统是真实的原始自然状态河道，这种方法只有像澳大利亚这样开发较晚的地区才有可能采用。

表7.13　　河流状况影响因素

二级指数	评估内容	参数
水文	现实状态与曾经出现过的自然状态比较	（1）月径流量与参照自然状态比较； （2）流域内城市化比例； （3）水电站泄流
河流物理形态	河道稳定性和栖息地评估	（1）岸坡稳定性； （2）河床淤积与退化； （3）人工闸、栅的影响； （4）冲积带的树木枝叶影响

续表

二级指数	评估内容	参数
岸边带	评估岸边带植被数量、质量	(1) 植被宽度； (2) 顺河向植被连续性（用岸边植被间断的长度表示）； (3) 结构完整性（上层林木、下层林木、地被植物的密度与自然状态的比较）； (4) 乡土种覆盖比例； (5) 乡土种再生性状况； (6) 湿地和洼地状况
水质	评估关键水质参数	总磷，浊度，电导率，pH值
水域生物	描述大型无脊椎动物家族	用干扰信号指数描述大型无脊椎动物家族

表7.14　河流状况分类

状况分类	指数等级	河流状况分类	总积分
非常接近参照自然状况	4	优秀	45～50
对于河流稍有干扰	3	好	35～44
中等干扰	2	边缘	25～34
重大干扰	1	差	15～24
彻底干扰	0	极差	＜15

英国环境署制定的河流栖息地调查方法（RHS）（River Habitat Survey）是一种快速评估栖息地的调查方法，注重河流形态、地貌特征、横断面形态等调查测量，强调河流生态系统的不可逆转性，适用于经过人工大规模改造的河流。

南非执行的河流地貌指数方法（ISG）（Index of Stream Geomorphology），是南非河流健康评估计划的框架文件之一，内容包括两部分，即河流分类和河流状况评估。在河流构成和特征描述中采用尺度：流域、景观单元、河段以及地貌单元。该方法重视野外测量和调查，包括调查测量河流断面的宽深比，调查河流形态和栖息地指数等。提出按照水力学和河流本底值情况描述河段栖息地多样性的方法。

3. 水文评估

由于水库径流调节、水力发电泄流、土地使用变化及城市化等因素，人工改变了河流自然水文模式，其结果可能是洪水流量和水位降低，同时改变了水流的季节性和水文周期模式，改变了底流特性和水位起落速度。水文条件的变化对于河流生态系统结构与功能产生重要影响。因此，需要研究泄流全过程，以便认识相关的生态演替和地貌演变的全过程，同时需要建立河流水文特性与生态响应之间的关系，特别是水流过程与生态过程的关系。

从生态角度评估水流的模式变化，可以采取简化的方法，把长时间的水流过程分解成为对于河流地貌和河流生态系统产生重要影响的若干部分或事件。这包括下列方面：断流，基流，维持水质需要水流，分别对于河流地貌和生物群落具有意义的水流现象。对应于以上5方面，相关考虑水位、频率、持续时间、发生时机和变化速率。一些研究者在分析保护珍稀物种所需要的水文条件的基础上，认为影响河流生态和河流地貌的最重要因素是流速变化和泄流变动性。

《修订的年径流偏离比率方法》AAPPD (Amended Annual Proportion now Deviation) 是由 Ladson (1999) 先提出来的，后又经修正完善。这种方法以月径流为基础，用实际状况与参照状况月平均径流之比率表示。其后他又进行了修订，建议建立径流变动指数，用于描述鱼类多样性相关关系。澳大利亚在执行 ISC (河流状况指数) 中使用这种方法时，AAPED 的记分标准范围为 0～10。后来，又增加了 2 个二级指数：①即考虑城市化造成流域渗透性变化引起日径流变动；②由于水电站发电峰值引起的日径流变动。

澳大利亚国家土地与水资源监察署制定河流状况评估方法中，在环境指数中对于水电站干扰影响增加了二级指数。具体方法是：用平均年径流指数给出总水量变化；用不同频率的洪水月径流过程曲线给出水流模式的变动；用水流季节比例指数变化的模式评估季节变化；用季节峰值指数评估季节最高和最低水位。

7.4.2 气体过饱和预测技术及其评估应用

国内外高水头大坝泄水建筑都广泛采用了掺气减蚀技术，在高水头泄水建筑物中，当水流通过溢流坝、明流泄洪隧洞等泄水建筑物时，如果流速达到一定水平，大量空气自水面掺入水流中，以气泡形式随流带走，便形成了掺气水流，从而造成水体中溶解气体浓度常常处于过饱和状态。由于水体只能通过表面与空气进行交换，水气界面的交换比较缓慢，因此河流水体一旦过饱和，要恢复到正常状态需要相当长的距离或时间。观测数据统计表明，每经过 100km，河水的溶解氧饱和度约降低 6%～8%。

研究表明，当溶解气体过饱和度达到一定程度时，鱼类就可能患气泡病。溶解气体饱和度与绝对压力成正比，与绝对温度成反比。鱼类通过鳃吸取的溶解气体在血液中常处于溶解状态，如果鱼类血液中的溶解气体重新平衡于新的水温和压力条件，过饱和气体就会从溶解状态恢复到气体状态，析出的气泡堵塞血管，发生了栓塞，致使鱼类死亡。

7.4.2.1 气体饱和度预测方法

1. 大坝泄流气体过饱和的经验公式

美国陆军工程兵团水道实验站 (Waterways Experiment Station, WES) 基于一些大坝泄流的观测数据提出了多个经验公式，这类公式没有确定的理论基础，但是可以对气体饱和度与泄流量的关系进行较好的描述，其中的经验系数需要根据不同的大坝应重新率定。常见的经验公式主要有以下几种。

(1) 线性公式。

$$G=mQ_s+b \tag{7.2}$$

式中：G 为总溶解气体超过饱和含量的百分比；Q_s 为总泄流量，kcfs；m 和 b 为经验系数。

(2) 指数公式。

$$G=a+b\exp(cQ_s) \tag{7.3}$$

式中：G 为总溶解气体超过饱和含量的百分比；Q_s 为总泄流量，kcfs；a、b、c 为经验系数。

$$G=bQ_s+a[1-\exp(-kQ_s)] \tag{7.4}$$

式中：G 为总溶解气体超过饱和含量的百分比；Q_s 为总泄流量，kcfs；a、b、k 为经验系数。

（3）双曲函数公式。

$$G=bQ_s+\frac{aQ_s}{h+Q_s} \tag{7.5}$$

式中：G 为总溶解气体超过饱和含量的百分比；Q_s 为总泄流量，kcfs；a、b、h 为经验系数。

2. 大坝泄流气体过饱和的机理模型

大坝泄流气体过饱和的机理模型主要通过与更多的坝上、坝下指标建立关系来完成对大坝泄水气体过饱和的模拟，对于大坝泄流掺气的物理过程，并没有准确描述。这种模型目前主要应用在美国哥伦比亚河的鱼道模拟软件 CRiSP 中，其适用性有限。模型中主要公式如下：

$$G_{sb}=G_{eq}\overline{P}-(G_{eq}\overline{P}-G_{fb})\exp\left(-\frac{K_e}{Q_s}WL\Delta\right) \tag{7.6}$$

$$\overline{P}=P_0+\frac{\alpha_0}{2}(D-Y_0)+\frac{\alpha}{4}(D+Y_0) \tag{7.7}$$

$$Y_0=\frac{Q_s}{W\sqrt{2gH}} \tag{7.8}$$

$$\Delta=\left[\overline{P}+\frac{\alpha}{4}(D+Y_0)\right]^{1/3}-\left[\overline{P}-\frac{\alpha}{4}(D+Y_0)\right]^{1/3} \tag{7.9}$$

式中：G_{sb} 为坝下消力池中总溶解气体浓度，mg/L；G_{eq} 为 1 个大气压下溶解气体的饱和浓度，mg/(L · atm)，一般情况下可以表示为温度的函数，$G_{eq}=21.1-0.3125T$；G_{fb} 为坝前总溶解气体浓度，mg/L；Q_s 为泄流量，kcfs；L 为消力池长度，ft；$\overline{P}$ 为消力池中的平均静水压力；P_0 为当地大气压（假设为 1）；α 为水的密度（0.0295atm/ft）；α_0 为水气两相流的密度；D 为消力池末端水深，m；Y_0 为消力池入口处水深，m；H 为坝前总水头 (ft)；Δ 为压力因子。

图 7.16 为该机理模型公式中各变量的示意图。

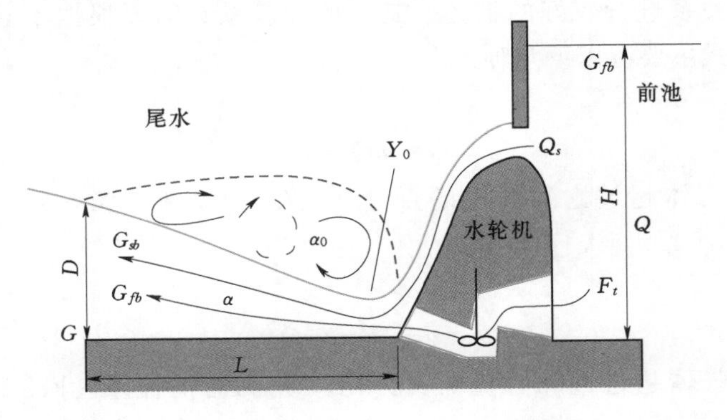

图 7.16　大坝泄流机理公式各变量示意图

3. 大坝泄流气体过饱和的动力学模型

大坝泄流气体过饱和的动力学模型是从大坝泄流的动力过程考虑，一般采用气液两相流的方式进行模拟。目前比较常用的商业流体计算软件，如 FLUENT，PHEONIX，STAR _ CD 等，都具有计算两相流的模块和功能。针对不同的大坝泄流情况，可以采用立面二维或者三维模型来进行模拟计算。大坝泄流气体过饱和的动力学模型主要考虑以下几个方面。

（1）气体的传质过程。大坝泄洪掺气是一个典型的由高速强紊动引起水气掺混的两相流运动，是水气两相流与溶解气体在水中的扩散输移共同体。一方面，过坝水流表面与空气充分接触，在气相和液相之间的界面上下，存在气体和液体两层薄膜，无论水体紊动多么强烈，气膜、液膜总是存在。由于液膜分子扩散的阻力远大于气膜的阻力，气体向液膜传输的速度受控于液膜内的分子扩散。在紧贴大气的液膜表面总能得到充足的大气量，因此气体通过液膜表面总能源源不断地进入水体，并成为溶解气体，这一过程称为气体在自由水表面的传质。另一方面，当过坝水流与下游水体强烈碰撞时，可把高度紊动的水流分为三个区域，即水滴飞溅的上部区、掺混区和气泡在水体中扩散的下部区。上部区是由掺混区抛射出的水滴组成，这些水质点能从平均水面抛升至相当大的高度；在掺混区内，紊动使水流散裂，水流的翻滚及回旋使大量的空气被卷吸掺入水中，形成许多尺寸不一的气泡；在下部区，气泡在水体紊动作用下扩散迁移至水体一定水深，受水体静压作用，释放大量气体溶于水中，导致水体溶解气体含量增加，这一过程称为气体在气泡界面的传质。这部分气体传递是大坝下游水体溶解气体浓度超饱和的关键因素。

（2）水气自由界面传质系数的计算。在紧贴大气的水表面，溶解气体处于饱和浓度状态 C_s，而在水气界面以下的水体，由于紊动混合作用，溶解气体浓度逐渐均匀，于是气体在水气自由界面的通量可表达为：

$$F_s = K_{L,s}(C_s - C) \tag{7.10}$$

式中：F_s 为单位时间内通过单位水面的气体质量；$K_{L,s}$为表面传质系数；C 为水体溶解气体浓度。

在以前的经验或半经验传质系数计算公式中，通常只含有平均速度及水深等描述平均水流特性的物理量，这样的公式过于粗糙，在实际应用中常引起较大误差。而另外的许多自由界面传质理论，如溶质渗透理论、表面更新理论等，又由于对界面性质描述过于微观，理论中的一些系数在实际工作中常常难以确定，而无法应用到实际水体的水质模型中去。一些学者在水槽实验和数值计算的基础上，定量确定了表面紊动动能及流速与表面传质系数之间的关系，Douglas 等人应用漩涡理论，定量确定了 Schmidt 数、紊动动能耗散率，以及紊动黏性系数与表面传质系数的关系。表面传质系数直接与水体紊动特性参数建立关系（便于应用到实际水体）如以下公式：

$$K_{L,s} = 1.936U^{-1/2}k^{2/3} \tag{7.11}$$

式中：k 为水体表面紊动动能；U 为水体表面平均流速；

$$K_{L,s} = 0.161S_c^{-1/2}(\varepsilon\nu)^{1/4} \tag{7.12}$$

式中：S_c 为 Schmidt 数；ν 为水的运动黏性系数；ε 为水体表面紊动动能耗散率。

（3）气泡界面传质系数的计算。过坝水流与下游水体的剧烈掺混，大量气泡被卷吸进入水体内部，气泡承受来自于水体静压和大气压的双重作用。由于溶解气体在水中的极限浓度与压力密切相关，因此在这种情况下不能用 C_s 来替代气泡内气体在水中的溶解极限浓度，否则将引起较大的误差。为此，Hibbs 等引入有效饱和溶解度 C_{se} 来表征气泡在某水深处的极限溶解度。

气泡的内部压力等于大气压与水静压之和，用以下公式表示：

$$P_{bubble}=\frac{P_{bubble}/H}{P/H}P=\frac{C_{se}}{C_s}P=P+\gamma d_{eff} \tag{7.13}$$

式中：P_{bubble} 为气泡内压；P 为大气压；H 为 Henry 定律常数；d_{eff} 为气泡被卷吸可到达的水深；γ 为水的比重。

气泡在水体中的运动路径随流量而变化，在低流量情况下，射流水舌的动量不足以携带气泡进入较大水深处，这时 C_{se} 非常接近于 C_s；在高流量情况下，射流水舌的动量携带气泡进入到水体较大水深处，这时 C_{se} 大于 C_s。众多学者通过实验观测及射流理论研究表明，气泡穿透水体的能力将达到一个最大值，该水深 d_{eff} 约等于尾水深 d 的 2/3 倍，即 $d_{eff}=2d/3$，则 C_{se} 可表示为：

$$C_{se}=\left[1+\frac{2\gamma d}{3P}\right]C_s \tag{7.14}$$

在上述讨论的基础上，根据质量守恒原理，气体在气泡界面的传递通量可表达为：

$$F_B=K_{LB}(C_{se}-C) \tag{7.15}$$

式中：F_B 为单位时间内通过单位气泡界面的气体质量；K_{LB} 为气泡界面传质系数。

气泡被卷吸进入水中的数量、大小等直接与气泡表面积相关，目前对气泡表面积的测量手段常会引起较大的误差。为了避免测量误差，Azbel 等通过对紊动水体中气体在气泡界面的传质研究，有效地避开了气泡表面积的测量，认为气泡一水界面质量输移率可定量表示为：

$$K_{LB}\alpha_B=\beta_1\frac{\phi(1-\phi)^{1/2}D_m^{1/2}(k^{1/2})^{\eta}}{d_B(1-\phi^{5/3})^{1/4}L_r^{(1-\eta)}\nu^{(\eta-1/2)}} \tag{7.16}$$

式中：α_B 为气泡在单位水体积中的表面积；ϕ 为掺气浓度；d_B 为气泡的平均直径，L_r 为紊动漩涡尺度；β_1 和 η 为常数，尚需实验验证。Azbel 通过对羽流的研究表明，η 取值为 0.75。Thompson 通过对通气式水轮机的研究表明，η 取值为 0.55。二者不同之处在于通气式水轮机的周边水体紊动强度大，产生的气泡多，而羽流紊动强度相对较小，产生的气泡少。因此，针对不同的紊动水体，η 取不同值，其范围为 0.55～0.75。

（4）水体掺气浓度。高速水流中掺气浓度的测量和计算均较为复杂。Orlins 等人通过对溢洪道下游水体溶解气体浓度超饱和的研究认为，当流场中漩涡的扩散率足够大，以致可以控制气泡的上升速度时，气泡的分布在垂向上是一致的，这时水体中气体的体积浓度沿水流方向呈指数递减分布：

$$\phi=\exp\left[-\frac{\bar{\omega}r}{q}\right] \tag{7.17}$$

式中：$\bar{\omega}$ 为气泡的上浮速度；r 为下游距离；q 为泄洪单宽流量。

上述公式使掺气浓度的计算问题得到了大大的简化。然而，公式中假设气泡在垂向上的分布相同，与实际情况不太吻合，具有一定的局限性。有关文献表明，可以通过数值模拟对水体的掺气浓度进行计算。谭立新等采用单流体模型对水垫塘掺气浓度进行了数值模拟，计算结果与实测数据吻合较好。许唯临等对雷诺应力采用代数应力方程模拟，体积浓度的脉动通量采用涡黏性概念模拟，计算了大坝下游水垫塘水体的掺气浓度，其结果与实验资料比较一致。

(5) 气泡直径。在紊动水体中，最大气泡的直径可由表面张力和剪切力表示：

$$d_{\max}=K_B\left(\frac{\sigma}{\rho}\right)^{3/5}\left(\frac{k^{3/2}}{L_r}\right)^{-2/5} \tag{7.18}$$

式中：$d_{\max}$为最大气泡的直径；σ为表面张力；ρ为水的密度；K_B为经验常数，约等于1。

目前，还未见对气泡尺寸进行现场观测的研究报道，Gulliver等假设气泡的分布呈对数分布，认为紊动水体中气泡的平均直径d_B是最大直径$d_{\max}$的0.62倍。而Chanson等认为，水舌射流速度在$1.5<v<5$m/s时，水体中气泡直径可近似表示为经验公式：

$$\left.\begin{aligned}d_{\max}&=0.23v^{-3.9}\\ d_B&=0.051v^{-3.08}\end{aligned}\right\} \tag{7.19}$$

当已知大坝上游水体的溶解气体浓度以及过坝水流的流场和紊动特性，可快速地预测坝下游水体的溶解气体浓度，判断是否超饱和，并及时寻求避免或减少溶解气体超饱和的措施。

4. 河道中溶解气体计算模型

目前常用的水质计算模型中，可以计算气体过饱和的不多见，但是一般都有用于计算溶解氧的模块或功能。能计算溶解氧的常见水质模型有WASP、QUAL2K和MIKE11、MIKE21等。在溶解氧模型中，主要考虑以下几个方面：大气交换、光合作用、呼吸作用和微生物耗氧。

(1) 大气交换。水面与空气接触，空气中的氧气和水体中的溶解氧如果不处于平衡状态，即如果溶解氧饱和度不是100%，则两者将发生氧交换，一般称为大气复氧作用，这个过程可以表述为：

$$\frac{\mathrm{d}G}{\mathrm{d}t}=K_2(G_{eq}-G) \tag{7.20}$$

$$K_2=a\cdot u^b\cdot h^c\cdot I^d \tag{7.21}$$

式中：G为溶解氧浓度，mg/L；G_{eq}为饱和溶解氧浓度，mg/L；K_2为复氧系数，1/d；u为流速，m/s；h为水深，m；I为河道坡降；a、b、c、d均为系数。对不同的河道，各个系数取值不同，见表7.15。

表7.15　不同河流复氧系数计算公式系数

河流类型	a	b	c	d	说明
小河流	27185	0.931	−0.692	1.09	Thyssen表达式
一般河流	3.9	0.5	−1.5	0	O'Oonnor Dubbins表达式
流速较大河流	5.233	1	−1.67	0	Churchill表达式

(2) 光合作用。水生植物光合作用释放氧气，是河道中氧气的来源之一。光合作用产氧速率与光照条件、水温、水生植物种类和数量、营养元素供给状况等因素有关。气温较

高的夏季产氧速率较大，冬季温度较低产氧速率要低一些。一般河流、湖泊夏季表层水光合作用产氧速率可达 0.5～10g/(m^2·d)。

各水层光合作用产氧速率随深度的增加而变化。浮游植物在过强光照射下会产生光抑制效应，表层光合作用速率反而不如次表层大。

(3) 水生动植物呼吸耗氧。鱼、虾呼吸耗氧率随鱼、虾种类、个体大小、发育阶段、水温等因素而变化。鱼的呼吸耗氧率在 63.5～665mg/(kg·h)。水温和个体大小对生物的耗氧速率影响很大。活动性强的鱼耗氧率较大。在适宜的温度范围内，水温升高，鱼虾耗氧率增加。

(4) 微生物耗氧（BOD 衰减耗氧）。水中微生物耗氧主要包括：浮游动物、浮游植物、细菌呼吸耗氧，以及有机物在细菌参与下的分解耗氧。这部分氧气的消耗也与耗氧生物种类、个体大小、水温和水中有机物的数量有关。有机物耗氧主要决定于有机物的数量和有机物的种类。

7.4.2.2　三峡大坝泄水气体过饱和分析及评估

1. 三峡大坝过饱和气监测与分析

以太平溪做为坝上代表断面，东岳庙或黄陵庙做为坝下代表断面，根据 1994～2007 年太平溪、东岳庙（黄陵庙）的常规水质监测数据，整理得到三峡坝上、坝下的溶解氧及溶解氧饱和度的变化，如图 7.17 所示。

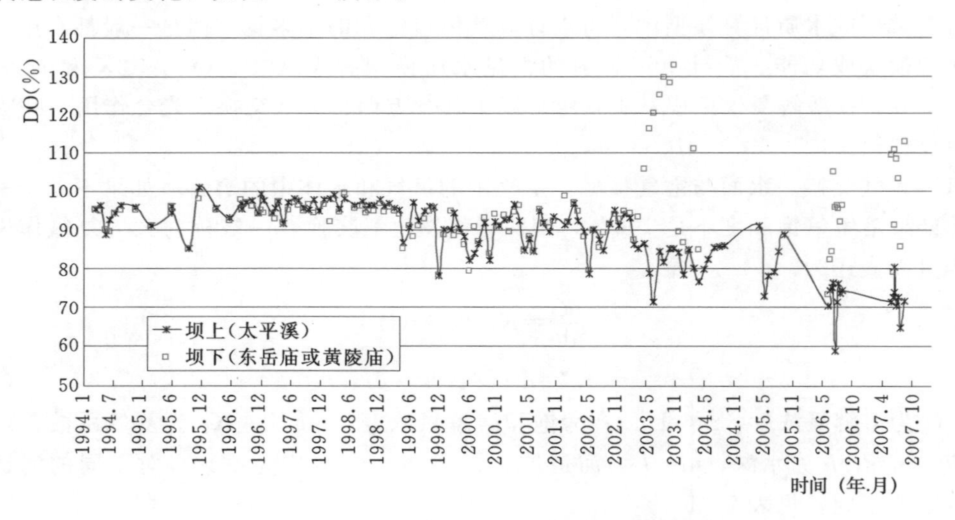

图 7.17　三峡大坝上下游历史溶解氧饱和度变化

从坝上、坝下的对比看，溶解氧和溶解氧饱和度在 2003 年以前，两者高度一致，基本没有差异，均没有出现过饱和现象；2003 年以后，坝下的溶解氧水平显著高于坝上的过饱和时段较多。产生这种现象的原因主要是 2003 年三峡水库蓄水后，大坝开始泄水，使坝下产生较为明显的气体过饱和现象。从图 7.17 中可以看到，坝下东岳庙（黄陵庙）的溶解氧饱和度可以高达近 140%。

为了更好的比较蓄水前后三峡大坝上下游的溶解氧变化情况，以 1994～2002 年为蓄水前、2003～2007 年为蓄水后，将历史监测数据进行逐月平均对比，如图 7.18 所示。

从图 7.18 中可以看到，蓄水后溶解氧的浓度和饱和度均有所降低，产生这一变化的原因主要是由于库区水深的增加，减少了水体和大气的交换，从而使水体中溶解气体减少。

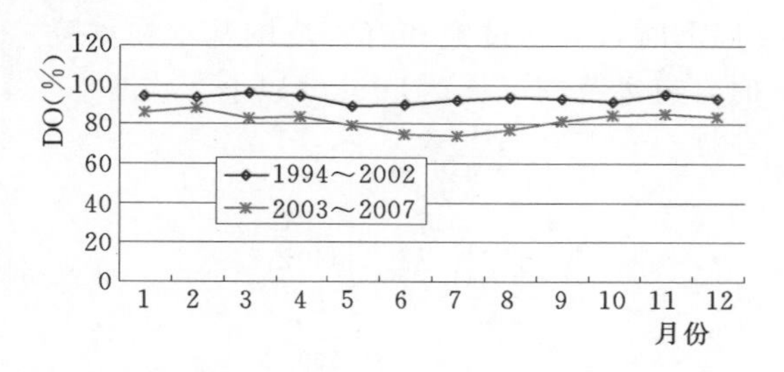

图 7.18　蓄水前后三峡坝上太平溪溶解氧年内变化

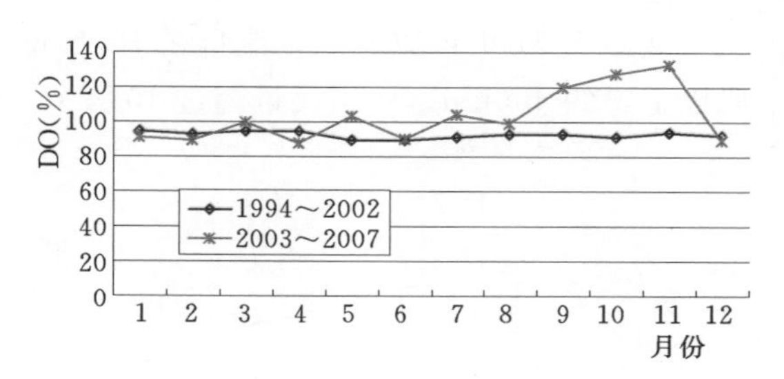

图 7.19　蓄水前后三峡坝下东岳庙（黄陵庙）溶解氧年内变化

图 7.19 为蓄水前后三峡坝下东岳庙（或黄陵庙）的溶解氧年内变化过程。与坝上相反，蓄水后坝下的溶解氧水平有较大升高，过饱和现象明显，特别在 5～11 月升高明显。图 7.19 中 10、11 月也有较大升高，但这两个月主要为 2003 年的监测数据，该年份属于运行初期，泄水偏多，溶解气体水平偏高，不能代表三峡正常运行后的情况。三峡工程正常运行后，泄水的时间主要出现在 5～9 月，因此未来三峡坝下的气体过饱和现象将主要集中在这个时段。

2. 不同流量下葛洲坝以下河道溶解气体过饱和模拟

利用二维模拟得到的庙嘴溶解气体饱和度，作为一维模拟的上边界，分别计算不同下泄流量下葛洲坝以下长江干流溶解气体过饱和演变情况。3 万～7 万 m^3/s 流量下模拟结果，如图 7.20 所示，8 万～11.5 万 m^3/s 流量下模拟结果，如图 7.21 所示。

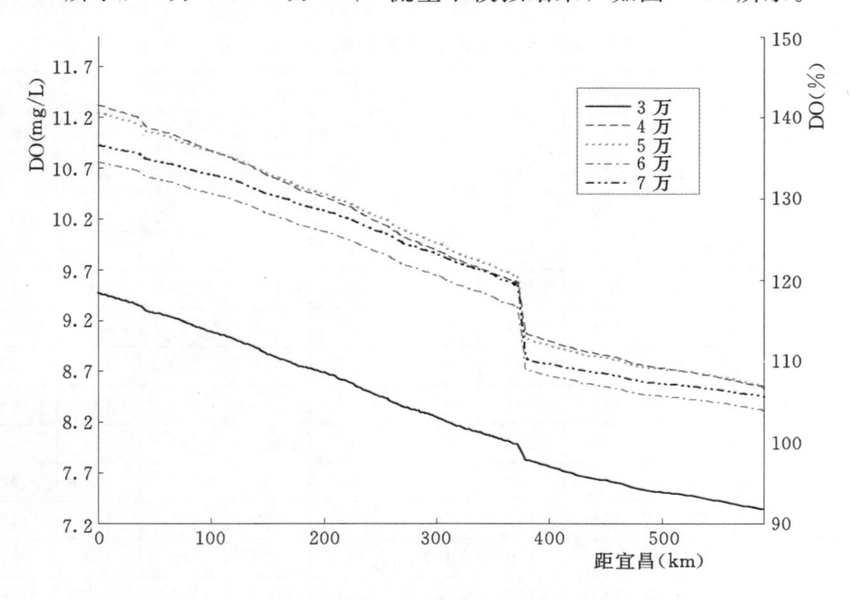

图 7.20　3 万～7 万 m^3/s 流量下一维模拟 DO 结果

从图7.20中可以看到，流量为3万m^3/s时，DO饱和度有害（以110%为下限）范围不到200km。而当流量超过4万m^3/s后，饱和度显著升高，有害范围到达城陵矶以下，达到400km以上。

从图7.21中可以看到，流量在10万m^3/s以下时，气体过饱和有害范围基本在城陵矶以上，约400km。而当流量超过10万m^3/s时，有害范围可长达500km以上。

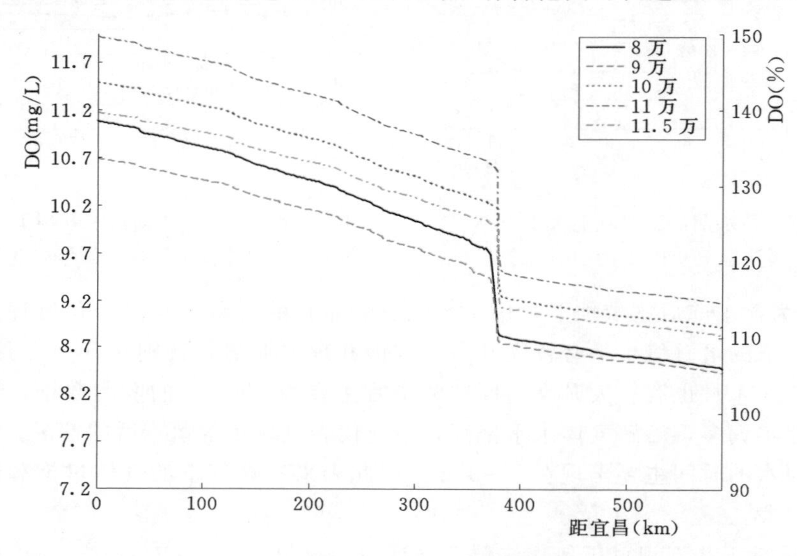

图7.21 8万～11.5万m^3/s流量下一维模拟DO结果

表7.16和图7.22是宜昌以下长江干流一些主要测站在不同流量下的气体过饱和情况。

表7.16 不同流量下宜昌以下主要测站DO饱和度

测站	距离(km)	流量（万m^3/s）									
		3	4	5	6	7	8	9	10	11	11.5
庙嘴	0	118	141	140	134	136	138	133	143	149	139
宜都	40	116	139	138	133	135	137	132	142	148	138
枝城	60	115	138	137	132	134	136	131	141	147	138
江口	117	113	135	135	130	132	134	130	140	146	136
公安	179	109	131	131	126	129	131	127	137	142	133
荆州	200	108	130	130	126	128	131	127	136	142	133
监利	298	103	123	124	120	123	125	122	131	136	128
城陵矶	376	98	115	114	110	112	112	111	127	132	125
螺山	402	97	112	112	108	109	109	108	115	118	113
洪湖	423	96	111	111	107	109	109	108	114	117	113
赤壁	440	95	111	110	107	108	109	108	114	117	112
嘉鱼	469	94	110	109	106	108	108	107	113	116	112
潘家湾	497	94	109	109	105	107	107	107	113	116	111

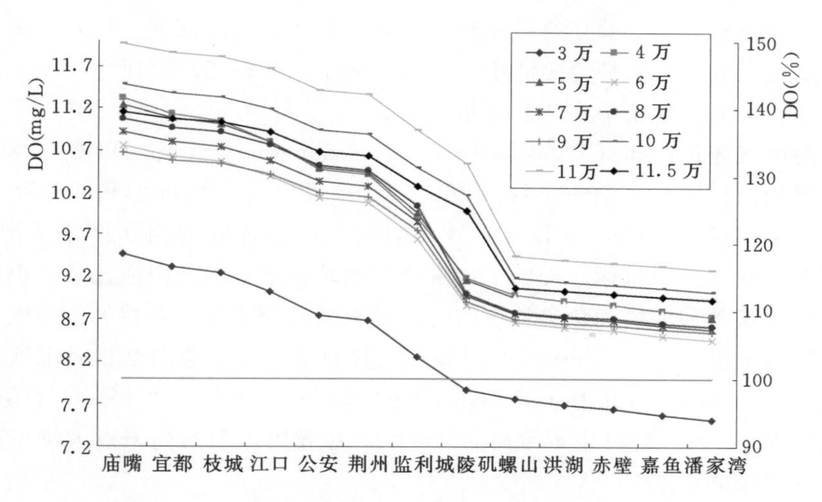

图 7.22　不同流量下宜昌以下主要测站气体饱和度变化

从表 7.16 和图 7.22 中可以看到，流量超过 3 万 m^3/s 后，过饱和程度增加显著，但在城陵矶以下，过饱和程度下降明显，流量在 10 万 m^3/s 以下，在嘉鱼饱和度能恢复到 110%以下，而当流量在 10 万 m^3/s 以上时，在潘家湾饱和度仍在 110%以上。

3. 气体过饱和对重要生物影响

20 世纪初，科学家已经认识到水体中过饱和气体可引起鱼类气泡病（GBD，Gas Bubble Disease）。但是，对气泡病的大量研究则始于 20 世纪 70 年代。其中，在美国哥伦比亚河和斯内克河的研究最具有代表性，该研究就河流过饱和气体的产生机理、大坝溢流过饱和气体引起的鱼类气泡病急性和亚急性致死、过饱和气体对鱼类生殖遗传的影响、不同鱼种对大坝溢流过饱和气体的敏感性以及与气泡病相关的控制因素等展开了系统的研究。

研究表明，当溶解气体过饱和度达到一定程度时，鱼类就可能患气泡病。溶解气体饱和度与绝对压力成正比，与绝对温度成反比。鱼类通过鳃吸取的溶解气体在血液中常处于溶解状态，如果鱼类血液中的溶解气体重新平衡于新的水温和压力条件，过饱和气体就会从溶解状态恢复到气体状态，析出的气泡堵塞血管，发生了栓塞，致使鱼类死亡。

氧气和氮气是总溶解气体中最为重要的两个指标。一般来说，当大坝泄流导致气体过饱和时，水体中过饱和氮气与过饱和氧气的比值通常接近大气中的氮氧比（White et al.，1991）。但是，溶解氮气与溶解氧气的比值随泄流方式的改变而有所变化。研究发现，对于温度分层的大型水库，溶解氧一般在垂向分布上存在显著差异，从高程较低的泄流孔下泄水库均温层的水体时，氧气的含量往往很低，即使经过掺气过程，氧气的饱和度仍旧难以达到氮气的水平。

国外早期对大坝泄水造成的溶解气体过饱和问题，主要针对溶解氧指标展开监测研究。此后，随着溶解气体过饱和生态效应研究的不断深入，溶解氮、总溶解气体、溶解气体压力等指标也逐渐受到重视。在国内，由于水质标准和监测技术手段的限制，目前基本上还是通过溶解氧指标来研究大坝泄流的溶解气体过饱和问题。

国内对大坝泄流的溶解气体过饱和问题研究大致始于 20 世纪 80 年代，并在溶解气体过饱和机理、影响因素、经验估算模式等方面做了一些有益的探索。针对三峡水库，近年来长江水产研究所和三峡水环境监测中心分别开展了一些现场观测研究工作。但是，受技术手段的限制，研究主要集中在溶解氧指标上。

关于总溶解气体过饱和（Total Dissolved Gas Supersaturation，TDGS）的安全限值，美国国家环保局（EPA）于1986年把饱和度110%设定为气体过饱和的标准。哥伦比亚河上的大古力坝（Grand Coulee Dam）针对解决气体过饱和的问题制定了泄流的上限，对应于不同的饱和度控制目标，提出了溢洪道和电站排水口的上限泄流量。但是，采用统一的标准无法反映各种环境和鱼类种群的特征。有关调查表明，自然河流中气体过饱和的安全阈值与逃逸水深（Escape Depth）及鱼类习性有关，变动范围是相对平衡总饱和气压（Equilibrium Total Gas Saturation Pressure）的105%～120%。对于一些敏感的鱼类，曾经观察到饱和度在101%时发生了致命的气泡病。在我国，目前尚未对大坝下游溶解气体过饱和度提出相应的标准。

种类、生命阶段、尺寸和遗传学特征是决定鱼类对过饱和水体的承受程度的重要因素。在这方面，国外针对鲑鱼开展了广泛的研究，通过实验室试验和现场观测，了解了不同生命阶段鲑鱼对超饱和气体承受程度的差异，并且识别了最敏感的鲑鱼种类。而国内在这方面的研究几乎处于空白状态。

值得注意的是，水深也是决定气体过饱和对鱼类影响的重要因素之一。水深形成的静水压力可以对饱和气体形成补偿，水深增加1m可抵消气体饱和度10%的影响，因此在水下一定深度的鱼类就不会受到气体过饱和的影响。

7.4.3　金沙江流域水电梯级开发水温累积影响分析

金沙江是长江上游河段，全长3364km，流域面积47.32万km^2。金沙江水力资源丰富，蕴藏量达1.124亿kW，占全国水能总量的1/6，可开发的水能资源达8891万kW，是我国规划的具有重要战略地位的大型水电基地。根据《金沙江渡口宜宾段规划报告》和《长江流域综合利用规划简要报告（1990年修订）》，金沙江下游河段分乌东德、白鹤滩、溪洛渡和向家坝四级开发，规划总装机容量达38500MW，多年平均年发电量1753.6亿kW·h。2002年，国家正式授权三峡总公司开发金沙江下游河段的乌东德、白鹤滩、溪洛渡、向家坝4座电站。金沙江下游梯级开发示意图如图7.23所示。

金沙江下游的4个梯级水库在正常蓄水位下库容达52亿～205亿m^3，水深达120～255m，均为高坝巨型深水库。大型深水库在蓄水后往往出现垂向分层的水温结构，水库表面水温较天然河道明显升高，库底长期为低温水，下泄水温在冬季高于天然河道水温，春夏季低于天然河道水温。库区水温的变化将改变库区内的水生生态系统，下泄低温水还将影响到下游河道鱼类繁殖生长。金沙江下游涉及"长江上游珍稀、特有鱼类国家级自然保护区"，开发金沙江下游、拦河筑坝引起的河流水温变化可能影响珍稀、特有鱼类的正常繁殖。因此，有必要深入系统地研究金沙江下游梯级水库的水温累积影响和对策措施。

结合金沙江下游梯级水库的调度运行方式，采用垂向二维流场—温度场耦合模型，分别预测2012年和2020年平水年条件下各水库水温结构及下泄水温变化过程，具体计算工况，见表7.17。

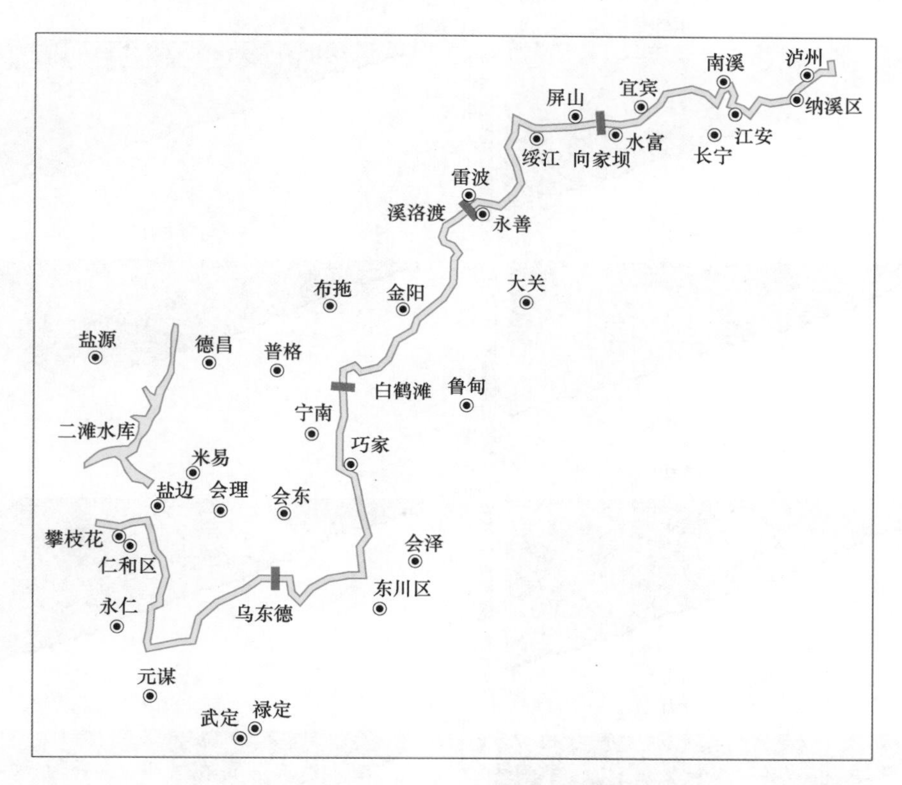

图 7.23　金沙江下游梯级开发示意图

表 7.17　　金沙江下游梯级水库计算工况

序号	设计方案	水平年	运行方式
1	现行设计方案	近期（2012 年平水年）	溪洛渡单独运行
2			向家坝单独运行
3			溪洛渡与向家坝联合运行
4		远景（2020 年平水年）	白鹤滩单独运行
5			乌东德单独运行
6			4 级电站联合运行
7	白鹤滩采取分层取水方案	远景（2020 年平水年）	4 级电站联合运行

采用 CE_QUAL_W2 模型，分别对平水年金沙江梯级水库 7 种运行条件下的方案，其中包括乌东德、白鹤滩、溪洛渡和向家坝单库运行的 4 个计算方案，溪洛渡和向家坝两库联合运行的计算方案，在现行设计条件下乌东德、白鹤滩、溪洛渡和向家坝 4 库联合运行的计算方案及白鹤滩分层取水设计条件下乌东德、白鹤滩、溪洛渡和向家坝 4 库联合运行的计算方案，进行了模拟分析。下面仅列出溪洛渡单独运行及 4 库运行的水温过程结果。

溪洛渡水库平水年（1982 年 6 月～1983 年 5 月）单库/两库调度工况下，计算结果如图 7.24～图 7.26 所示。

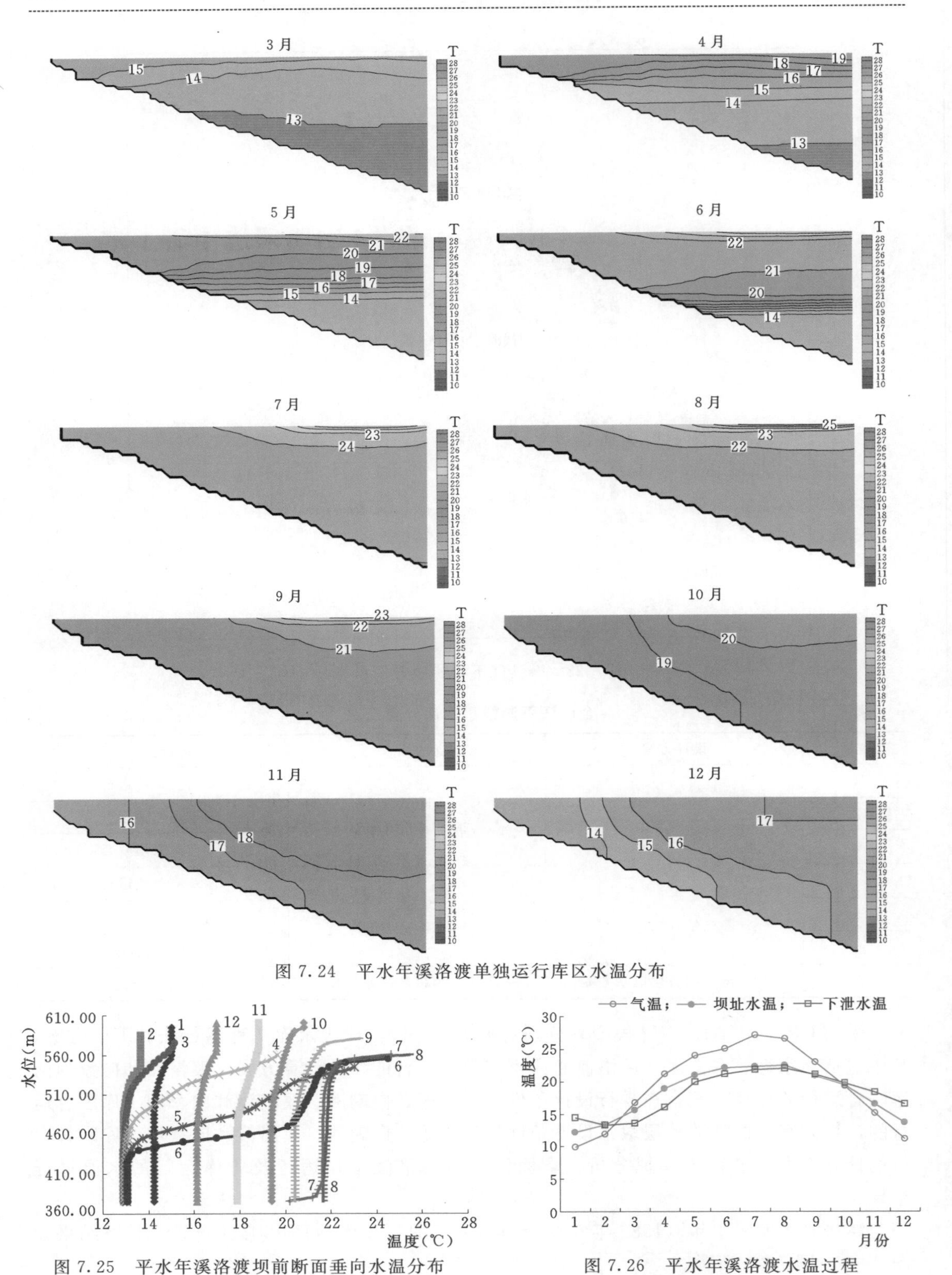

图 7.24 平水年溪洛渡单独运行库区水温分布

图 7.25 平水年溪洛渡坝前断面垂向水温分布

图 7.26 平水年溪洛渡水温过程

1. 单库/两库运行计算结果

2. 白鹤滩不分层取水时4库运行计算结果

溪洛渡水库平水年（1960年6月～1961年5月）白鹤滩不分层取水时4库调度工况下，计算结果如图7.27～图7.29所示。

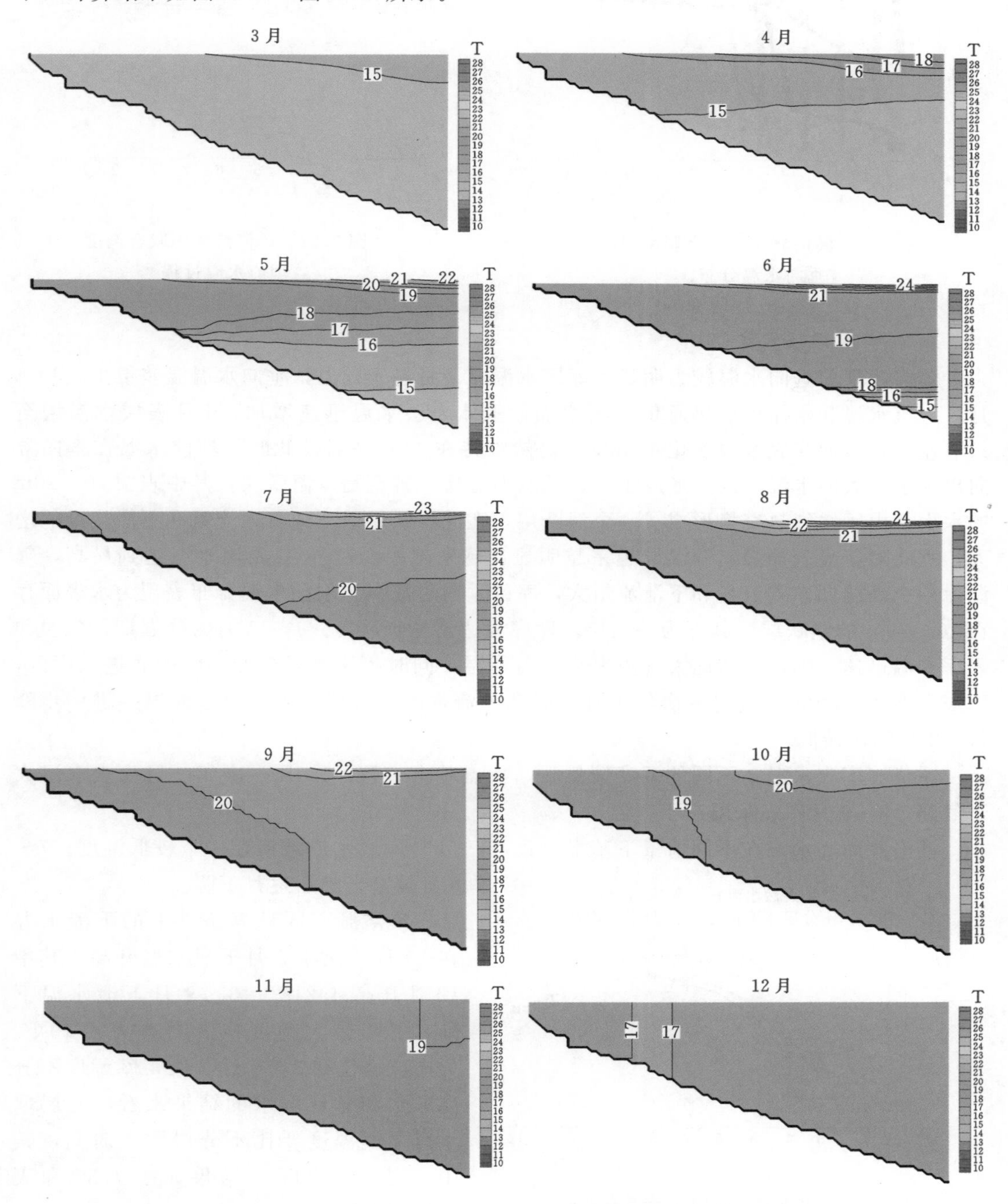

图7.27 平水年4库联合运行溪洛渡库区水温分布

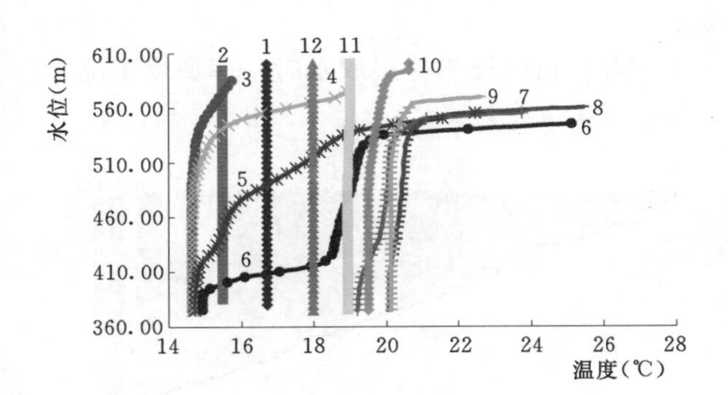

图 7.28 溪洛渡 4 库联合调度坝前垂向水温分布

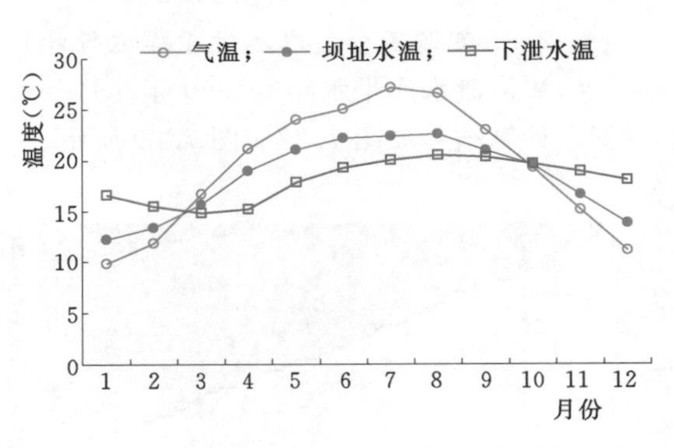

图 7.29 溪洛渡 4 库联合调度坝前水温过程

3. 水温累积影响分析

溪洛渡坝前垂向水温较为明显。库区水温在 2 月趋于同温，垂向水温温差很小。3～6 月，入流水温和水体表面热通量逐渐增加，水体表层水温迅速增加，6 月表层水温增至 25℃左右，然而库底水温变化不明显，仍然维持在 15℃左右。此时，坝前水温在垂向方向出现了很大的水温梯度，形成了明显的水温分层，甚至是双温跃层，其中表层 10～20m 的水面，由于水气热交换形成了一个温跃层，在此温跃层以下随着入流量和下泄流量的增大，垂向对流显著加强，等温层越来越明显，越来越厚。7～8 月入流水温达到最高，气温保持在高温期，入流量和下泄流量大，库区垂向对流强，坝前水温分布表现为水表面存在 10～20m 的温跃层，其下为等温层，库底温达到全年最高。9～11 月为降温期，气温和入库水温迅速下降，水体向大气散失热量而降温，同时入流水温变冷，沿库底进入库区，库底水温逐渐降低。12 月～次年 1 月气温和入流水温均最低，水温及垂向温差进一步降低，2 月到达最低。

溪洛渡库表水温在不同的调度情景下，特点基本一致。10 月～次年 2 月库表水温大于气温，3～9 月库表水温小于气温。

溪洛渡库底水温在不同情景下基本一致，1～6 月库底水温维持在一个较低温度，7～8 月较高，然后逐月下降。

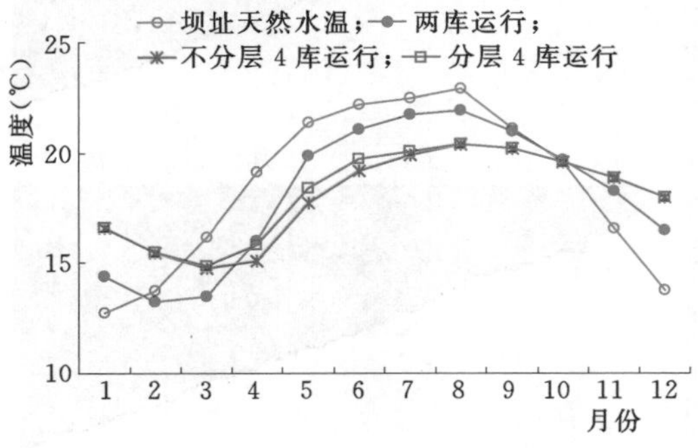

图 7.30 溪洛渡不同调度方式下泄水温

溪洛渡不同计算条件下的下泄水温在 10 月～次年 2 月下泄水温升高，其中 12 月升高 4.21℃；3～9 月下泄水温下降，下降最大幅度在 4 月，为 4.10℃。分层取水仅在 3～6 月，从 4 库调度不分层取水和分层取水的结果来看，分层取水时下泄温度要比不分层取水时高，其中 4 月高 0.70℃。结果如图 7.30 和表 7.18 所示。

表 7.18　平水年溪洛渡下泄水温　单位:℃

月份	①两库运行	②不分层4库运行	③分层4库运行	③－②
1	14.40	16.60	16.60	0.00
2	13.27	15.47	15.47	0.00
3	13.52	14.77	14.89	0.12
4	16.03	15.10	15.80	0.70
5	19.90	17.75	18.44	0.70
6	21.09	19.21	19.75	0.55
7	21.73	19.95	20.08	0.13
8	21.92	20.43	20.43	0.00
9	20.97	20.23	20.23	0.00
10	19.68	19.61	19.61	0.00
11	18.26	18.88	18.88	0.00
12	16.50	18.01	18.01	0.00

第8章　水工程规划设计生态保护准则

8.1　水工程生态保护技术标准体系构建

8.1.1　我国水工程相关环保标准现状分析

我国现行的水利技术标准体系按层次分为基础类、通用类、专用类等；按专业序列分为综合技术类、规划类、建设类、管理类、材料及试验类等；按专业门类分为综合类、水文水资源类、水工程类等。按照《水利标准化管理办法》的要求，水利标准化工作的主要任务是为实现国家新时期水利工作的总体目标，建立并完善水利技术标准体系，编制并实施水利技术标准。目前我国水工程规划、设计及运行等标准多是原水利部和原电力部制定，标准中水工程生态保护内容较少，水工程生态保护技术标准一般包含在水工程建设其他相关标准之中，没有形成一套完整的标准体系。根据水利部公告，现行有效水利技术标准共计435项，属于生态环境保护范畴的不足20项，尚不能形成较为完整的生态环境类标准体系。

目前江河流域生态环境保护方面技术标准体系不健全，表现在以下几个方面：一是现有规划设计技术规范中，有关生态环境保护的指标很少，对于河流、流域尺度上的生态影响考虑较少，工程规划设计中难以科学确定生态保护和修复的目标，措施设计缺乏依据。二是现有的生态环境保护的行业标准较混乱，现行的有关河流生态需水确定、水生生物保护等方面的技术规定对水资源属性和适度开发重要性考虑不周，规定中许多内容脱离流域经济发展、水资源利用和工程规划建设的实际，造成水工程建设管理工作与流域生态保护脱节的被动局面。三是水生态环境保护技术规范缺乏，在水利规划设计中，有关流域规划环境保护、环境影响评价、河流生态系统健康评价、生态与环境保护的水工程调度、流域生态修复与重建等方面的技术依据不足。生态与环境保护内容一般分散在水工程建设其他相关标准之中，主体工程设计规范的内容也不适应生态环境保护要求，需要充实和修改。

规划阶段：现行标准规范仅提出了宏观的生态保护要求，缺乏有效的可量化的指标在工程规划设计中进行表征和控制，难以评估规划方案的环境合理性，规划设计中难以科学确定保护和修复的目标；水能资源开发传统的“技术可行经济最优”的工程目标，有关“理论蕴藏量”、“经济技术可开发量”的计算未考虑生态环境约束；规划及工程的环境影响评价是环境保护的主要依据，由于基础理论研究的薄弱，环境影响评价的理论、指标、规范、技术手段落后，难以对河流生态系统的影响做出全面准确的评估，造成评价报告内容空泛、结论模糊、提出的环保措施缺乏针对性、操作性，无法指导工程规划设计。

工程设计阶段：主体工程设计依然是传统的水工设计，缺乏基本和具体的生态环境保护保障条款，从而造成工程与自然的和谐性差。由于水工程环境保护设计规范2011年才颁布，工程环境保护设计内容薄弱，设计质量普遍较差。当前，生态流量、河道减脱水、低温水下泄、鱼类洄游通道等是水工程建设的热点环境问题，2003～2005年国家环保部环境工程评估中心审查的水利水电项目共有54个，涉及河道减脱水的项目有37个，涉及下泄低温水影响的15个，涉及鱼类影响的42个，引水式水电站生态流量满足率近仅43%，接近30%的项目没有提出下泄流量的具体实现方式和保证措施，其主要原因是缺乏相关标准规范。

目前我国比较专业的对水工程生态环境问题及行为进行指导的标准有《江河流域规划环境影响评价规范》、《环境影响评价技术导则——水利水电工程》等。但上述标准多是对水工程的环境影响评价行为进行规范和约束，缺乏水工程规划、设计、运行的生态保护相关标准，有必要在我国现有水利标准体系基础上建立水工程生态保护标准体系。

8.1.2　国外水工程相关环保标准现状分析

19世纪末期，欧洲少数河流污染严重，开始了水质评价。20世纪80年代河流管理的重点从水质保护转到河流生态系统的保护和恢复，如美国中西部出现的河流健康评价和监测的生物学评价法——生态完整性指数，1989年美国环保署（EPA）流域评价与保护部分，提出了旨在为全国水质管理提供基础水生生物数据的快速生物监测协议，1998年Boon提出了英国的河流保护评价系统，由35个属性数据构成的六大标准（自然多样性、天然性、代表性、稀有性、物种丰富度以及特殊特征）来确定河流的保护价值；英国也建立了以RIVPACS为基础的河流生物监测系统，澳大利亚于1992年开展了国家河流健康计划，用于检测和评价澳大利亚河流的生态环境状况。进入21世纪后美国和欧盟的一些国家利用已知的知识和可能影响，制定和正在制定一系列与水工程环境保护相关的标准。这些知识和标准体系，为我国制定水工程生态环境保护标准体系提供了重要参考。

2000年12月22日出版实施的欧洲共同体《水框架指针》，是使欧洲的水域变得更清洁，促使公民关注和投入的新欧洲水政策；英国水框架指针技术顾问组以此为依据提出了环境标准和相应的技术指南，新的环境标准定义了支撑水生植物和动物环境群落的环境条件，覆盖地表水和地下水，包括水质、水文（河流、湖泊的水量、水位）、地貌、特定污染物的环境质量标准，以及地下水质和水量；美国的华盛顿州水生环境指南项目编制一系列用于水生环境评价的技术标准指南，包括鱼道的设计、运行和评价，涵洞处的鱼类通道，河床保护和河流生境保护草案等，马萨诸塞州东部Assabet河StreamWatch项目则给出河川水流、水质和生境可用性指标的安全评价指标体系；加拿大不列颠哥伦比亚省鱼流横穿处指南，是在向森林和其他资源管理从业人员提供指南性指导。

另外，一些国际组织、国家、地区，如北美洲的美国、加拿大；亚洲的日本、印度；欧洲的英国、德国、瑞士；南美洲的秘鲁，以及非洲开发银行和亚洲开发银行等组织，编制了水工程环境影响评价有关导则。范围涵盖了农业灌溉、生物多样性、渔业、港口建设、能源开发、湿地、人群健康和社会经济等各个方面。比较典型的有1987年英国政府发布的《水电开发环境管理手册》，1990年日本国际合作机构发布的《大坝建设项目环境导则》，1985年印度政府实施了《江河流域项目环境影响评价导则》，1990年亚太经社会发布了《水资源开发环评导则》，1997年世界银行制定的《环境影响评价资料更新第18号：环境评价中的健康方面》等，包含了灌溉、渔业/水产养殖、流域水电开发、海岸带开发、森林和土地清理，以及社会评估和社会参与、公众健康等有关环境参数及标准。

8.1.3　水工程生态保护技术标准体系

按照《水利标准化管理办法》的要求，水利标准化工作的主要任务是为实现国家新时期水利工作的总体目标，建立并完善水利技术标准体系，编制并实施水利技术标准，对标准的实施进行监督，以及开展水利标准化专题工作。水工程建设生态环境保护标准即属水利标准化专题工作，应依据现有的水利技术标准体系，使该专题既是一个有机的完整系统，又能很好地融入现有水利技术标准体系框架之中。因此，应在现有水利标准体系框架内，结合我国水工程的特点及当前生态环境保护中存在的问题，提出适合我国国情的水工程生态保护技术标准体系。标准体系遵循以下原则：

(1) 科学性：体系应按水工程生态环境保护标准层次分类，并具有一定的可分解性和可扩展性。体系内各结构层次和各项标准之间应协调统一。

(2) 实用性：体系应便于使用和管理。

(3) 完整性：体系的组成应完整、配套，基本涵盖当前水工程生态环境保护各个领域的技术标准。

(4) 动态发展性：体系的建立既要考虑当前的技术水平，也要对未来的发展有所预见，使标准体系框架能适应各项新技术的迅猛发展，从而得到不断地完善和补充。

在现有国内外相关标准分析的基础上，可将水工程生态保护技术标准按与生态环境的关系程度，划分为涉及生态环境要求的主体工程规划设计相关标准和水工程生态保护专项标准两大类，见表8.1和表8.2。

表8.1为涉及生态环境要求的水工程规划设计相关标准，从规划、设计和运行等不同前期工作阶段对相关标准进行了分类和整理。这些标准或规范是以水工程的规划设计为主，但涉及一些环境因子和要素，因此需要在水工程规划和设计运行时关注和考虑这些环境问题，在这些规范的进一步修订和完善中，需要把环境约束贯穿到工程设计的理念中。

表8.1　　涉及生态环境要求的水工程规划设计相关标准

编制阶段	相关规范标准导则
规划阶段	江河流域规划编制规范
	水资源规划导则
	水利灌区规划规范
	防洪规划编制规程
设计阶段	水利水电工程项目建议书编制规程
	水利水电工程可行性研究报告编制规程
	水利水电工程初步设计报告编制规程
	节水灌溉工程技术规范
	水利工程水利计算规范
	水资源供需平衡预测分析技术规范导则
	农田排水工程技术规范

续表

编 制 阶 段	相关规范标准导则
设计阶段	调水工程设计导则
	蓄滞洪区设计规范
	河道整治规划设计规范
	渠道防渗工程技术规范
	堤防工程设计规范
	城市防洪工程设计规范
	海堤工程设计规范
	水利水电工程施工组织设计规范
	施工总平面布置设计导则
	水利水电工程建设征地移民设计规范
	水利水电工程建设农村移民安置规划设计编制规程
	地下水资源水文地质勘察规范
	地下水资源评价技术导则
	水利水电工程沉沙池设计规范
	用水定额标准编制技术规定
	取水许可总量控制指标制定导则
	灌溉用水定额编制导则
运行阶段	洪水调度方案编制导则
	水库调度规程编制导则
	水闸技术管理规程
	泵站技术管理规程
	堤防工程管理设计规范
	水库工程管理设计规范
	渠道防渗工程技术规范

表8.2为水工程生态保护专项标准，从环境保护、水土保持和移民安置等大环境角度进行了细分，该体系的标准都是专项的生态环境保护标准或规范，是为解决水工程建设中需要解决的专项环境问题而提出的标准，部分已经颁布，多数需要制订或者在制订中，该部分专项标准体系的建立将形成水工程生态保护技术标准体系框架，对完善水工程技术标准体系，规范我国水工程规划设计生态环境保护工作具有重要意义。

表 8.2　水工程生态保护专项标准

编号	类　别	规范标准导则	备注
1	环境保护类	江河流域规划环境影响评价规范	修编
2		规划环境影响评价技术导则——流域建设、开发利用	拟编
3		规划环境影响评价技术导则——水电规划	拟编
4		水功能区划分技术导则	已编
5		水资源保护规划编制规程	拟编
6		水域纳污能力计算规程	修编
7		入河排污量调查技术规程	拟编
8		河湖生态环境需水量计算规范	修编
9		水利血防技术导则	已编
10		水生物保护与修复技术导则	拟编
11		河流生态保护与修复规划导则	拟编
12		水利水电工程鱼类保护设计规范	拟编
13		环境影响评价技术导则 水利水电工程	修编
14		水利水电工程环境保护设计规范	已编
15		水利水电工程鱼道设计规范	拟编
16		水电工程分层取水进水口设计规范	拟编
17		鱼类增殖放流站设计规范	拟编
18		水利工程环境保护设施竣工验收技术导则	拟编
19		水利水电工程环境监理技术规程	拟编
20		水利水电工程环境影响后评价技术导则	拟编
21		水利水电工程生态调度运行导则	拟编
22		水利水电工程环境监测规范	拟编
23		生态风险评价导则	拟编
24		生态需水评价技术导则	拟编
25		河流生态健康评价导则	拟编
26		地下水超采区评价导则	拟编
27		灌溉与排水工程环境影响监测评价规范	拟编
28		小水电规划环境影响评价规程	拟编
29		农村水电站工程环境影响评价规程	已编
30	水土保持类	水土保持规划编制规程	修编
31		水土保持工程项目建议书编制规程	已编
32		水土保持工程可行性研究编制规程	已编
33		水土保持工程初步设计编制规程	已编
34		水利水电工程水土保持方案技术规范	拟编
35		小流域水土保持生态建设规范	拟编
36		水利水电工程水土保持竣工验收技术导则	拟编

续表

编号	类　别	规范标准导则	备注
37	移民安置类	大中型水利水电工程建设移民安置规划大纲编制导则	已编
38		水利水电工程建设征地移民设计规范	已编
39		大中型水利水电工程建设农村移民安置规划设计规范	已编
40		水利水电工程建设征地移民实物指标调查规范	拟编
41		水利水电工程库底清理技术规范	拟编
42		水利水电工程集中移民安置区环境保护设计规范	拟编

注　“修编”为研究认为需进一步修订的标准；“拟编”为研究提出需要编制的标准，部分已列入标准编制计划。

8.2 水工程规划设计生态保护基本准则

本节根据前述关键生态指标及阈值、环境影响评价及水生态保护与修复关键技术研究，按照水工程建设的规划和设计的不同阶段，对水工程规划设计提出生态保护基本理念和有关准则，为修订水工程设计标准和制定新规范标准提供依据。

8.2.1 水工程建设生态保护基本理念

水工程的开发与生态环境保护协调，从流域尺度确定江河整体生态保护目标，协调流域开发与当地河流生态功能及保护区建设，应当是生态友好型水工程规划设计基本原则。在水工程规划、设计、建设及运行中，要统筹协调水工程与生态保护的关系，将生态保护理念和要求贯穿于水工程规划设计、建设运行全过程，提出符合流域生态安全保障目标的工程规划布局的技术和方法，以指导和规范水工程规划设计、建设实施，运行管理。

8.2.1.1 准则1：以流域为单位系统统筹，水工程开发与生态环境保护并重

现代水利注重以流域为基本单元，将流域内水文、气象、河流水系、地理地貌、生物及其生境、社会经济作为一个密切联系的系统进行综合规划、治理和管理，使流域水系的资源功能、环境功能、生态功能得到均衡地发挥，安全性、舒适性不断改善，实现流域的可持续发展。对河流开发、利用的同时，注重水环境的保护、水资源节约和合理配置。明确水资源、水环境对社会经济发展具有刚性约束，强调对河流的开发利用需进行适当的限制，从以往“以需定供”转变为“以供定需”，建设节水型社会。

8.2.1.2 准则2：水工程开发与流域生态功能分区、定位相协调

从流域生态安全的角度，分子流域、区域提出各区域的生态定位，即水工程开发利用的生态限制条件。流域水工程的规划布局要与流域的生态功能定位相协调。

（1）梯级水能开发规划应评价河流的水能生态安全可开发率，对涉及流域内自然保护区、国家重要湿地等生态敏感区或者具有特殊生态保护价值和人文景观的河段，应提出禁止或限制开发的要求。

（2）进行重大工程布局规划时，应针对流域主要控制性断面和重要枢纽工程，分别计算年径流变差系数和修正的年内偏差比例，分析工程建设引起的河流年径流量的年际变化和年内变化，根据河湖生态保护目标，计算河流生态需水量，提出下泄生态基流和生态水

量要求。

(3) 对于生态脆弱区和水土流失重点治理区，应充分体现人和自然和谐，实施小范围治理、大面积保护，在发挥综合治理主观能动性同时，实施封禁措施，充分依靠大自然的自我修复能力，实施清洁小流域建设，加快水土保持生态建设进展。

8.2.1.3 准则3：水工程开发的生态保护目标具体化

不同水工程的生态效应不同，其对生态影响的空间、时间尺度或大或小，或长或短。水工程规划、设计时，需要针对其生态环境影响，使环境保护目标具体化、量化，以采取科学的保护措施。

(1) 枢纽工程应结合下游重点保护目标提出对水温的具体要求，实施电站位置优化布置及分层取水设计的要求，并结合已运行的工程，提出梯级电站联合运行调度的措施。蓄水、引调水工程规划应分析梯级开发下泄水温的影响，并采取必要的恢复和补偿措施。水库下泄水温影响下游生态保护目标时，应进行分层取水、水温恢复等设计，并采取必要补偿措施。

(2) 枢纽工程、堤防工程及河道整治工程等直接影响水生生物的生存状况，应对工程影响区域内的鱼类物种多样性、珍稀濒危及特有鱼种生存状况、鱼类“三场”及洄游通道作详细调查，明确保护目标，有针对性地提出保护措施。水库、闸坝对洄游性鱼类产生阻隔作用时，应提出过鱼措施或者鱼类增殖放流方案；过鱼措施包括鱼道、捕捞过鱼等。河湖整治工程及围堰施工等需进行水下施工，应评价工程对水生生物特别是底栖生物生存环境的影响；提出减免对底栖生物生存环境、鱼类“三场”的扰动的施工管理措施。

8.2.1.4 准则4：采用合适的评价体系/指标，量化分析水工程的生态环境影响

各类水利规划应参照《水工程规划设计关键生态指标体系表》明确需分析评价的生态指标，并结合规划方案具体进行各指标的评价分析。各类型水工程设计应根据有关规范标准，参照《水工程规划设计关键生态指标体系表》明确需分析评价的生态指标；具体评价分析工程建设对各指标的影响程度；参照具体指标阈值确定的原则，按相关指标明确工程生态保护目标。

8.2.1.5 准则5：水工程设计、施工时，采用科学的生态环境保护措施

1. 生态需水措施

水库、闸坝等水流控制工程及灌溉工程、供水调水工程设计应充分调查评价下游生态状况，根据下游河湖生态与环境保护目标，综合考虑各种生态需求确定生态基流及敏感生态需水，并据此提出生态水下泄的工程措施、调度运行保障措施。在调度运行中，应严格保证下泄生态基流，通过人造洪峰等调度措施，保证下游敏感生物敏感生长周期对流速、流量、水位的需求。

2. 生境维持措施

堤防、河道整治等工程设计方案应维护江河湖泊的自然形态，保留河流的蜿蜒性、维持河道内自然湿地、河湾、急流、浅滩。堤防护岸工程堤线设计应减少对河滩湿地的占压，保障河道行洪能力，并为河流生存发展留出足够的空间。

堤防、河道整治等工程会影响天然河流与坡面汇流、地下水之间的联系，工程设计中应在满足工程抗渗稳定和抗滑稳定的同时，其结构设计、工程材料选择等方面，应保持河

流的横向连通性、垂向透水性，并进行生态护坡设计。堤防工程阻隔天然河流与集水区之间的水力联系，堤防防护区域内汇水无法排入河道会造成内涝，应采取修建穿堤排水涵管等措施保证河流横向连通，以降低内涝风险。

8.2.2 规划阶段生态保护准则

（1）各类水利规划应参照《水工程规划设计关键生态指标体系表》，明确需分析评价的生态指标，并结合规划方案具体进行各指标的评价分析。

（2）流域综合规划应根据经济社会发展规划和流域水资源、水环境承载能力确定河流主体功能定位，分析流域开发与保护的控制性指标，提出各功能区的开发利用限制条件。

（3）水资源配置与节约规划应分析计算流域或区域的地表水资源量变化率，据此合理配置生产、生活、生态用水，保障河湖基本生态需水，提出地下水超采率的限定指标值。农业用水需评价灌溉水利用系数指标，工业用水需评价单位工业增加值用水量。

（4）防洪堤线规划应维护江河湖泊的自然形态，保留或恢复河流的蜿蜒性、设置必要的生态泄水闸维持河流横向连通性，维持河道内自然湿地、河湾、急流、浅滩；防洪堤防规划在满足工程抗渗稳定和抗滑稳定的同时，应提出生态护坡要求。

（5）梯级水能开发规划应评价河流的水能生态安全可开发率，对涉及流域内自然保护区、国家重要湿地等生态敏感区或者具有特殊生态保护价值和人文景观的河段，应提出禁止或限制开发的要求。

（6）进行重大工程布局规划时，应针对流域主要控制性断面和重要枢纽工程，分别计算年径流变差系数和修正的年内偏差比例，分析工程建设引起的河流年径流量的年际变化和年内变化，根据河湖生态保护目标，计算河流生态需水量，提出下泄生态基流和生态水量要求。

（7）河道内生态环境需水的计算和预测应在干流及重要支流选择控制断面，以系列水文监测数据作为基础资料，分析计算河道内生态需水量。在进行生态需水计算时，采用的径流量均指天然径流量，若近10年平均用水耗损量小于同期平均实测年径流量的5%，可用实测径流量来计算河道内生态环境需水量。

（8）河道外生态环境需水按城镇生态需水量、林草植被建设需水量、湖泊湿地补水量和地下水回灌补水量分别计算。对于因水资源不合理开发利用导致生态功能退化，且根据当地生态保护、修（恢）复和建设目标需要人工补水的湖泊湿地，应进行湖泊湿地生态环境补水量计算。

（9）在干旱半干旱地区开发利用地下水必须考虑控制一定的地下水位埋深，保证维持地表植物生长的地下水埋深，尤其在绿洲边缘、沙漠边缘地带。

（10）流域或者区域水资源规划应分析水功能区水质达标率，并根据经济社会发展水平和污染源治理程度，合理制定各水平年水功能区水质达标率。

（11）蓄水、引调水工程规划应分析工程实施后水域纳污能力变化；梯级开发下泄水温的影响，并采取必要的恢复和补偿措施。

（12）工程规划应分析生态敏感区珍稀濒危物种保护的指标，规划实施应以不影响流域或者区域的生物群落多样性为前提。应对规划前后鱼类群落多样性和植物群落多样性进行评估。

(13) 涉及血吸虫病疫区或者涉水地方病的区域，应结合水工程建设和当地疫病防治目标，提出传播阻断率指标。

(14) 对于生态脆弱区和水土流失重点治理区，应充分体现人和自然和谐，实施小范围治理、大面积保护，在发挥综合治理主观能动性同时，实施封禁措施，充分依靠大自然的自我修复能力，实施清洁小流域建设，加快水土保持生态建设进展。

8.2.3 工程设计阶段生态保护基本准则

(1) 各类型水工程设计应根据有关规范标准，参照《水工程规划设计关键生态指标体系表》，明确需分析评价的生态指标；具体评价分析工程建设对各指标的影响程度；参照具体指标阈值确定的原则，按相关指标明确工程生态保护目标。

(2) 根据各指标影响评价结果，参照指标阈值确定的原则及有关研究，按具体指标提出工程设计的生态保护目标。

(3) 水库、闸坝等水流控制工程的修建，改变了河流的天然径流过程，使径流的年内和年际变化过程趋于均化；灌溉工程及各类引调水工程的修建会减少下游河道径流量。在工程设计中，应对工程实施后的地表水资源量变化率、年径流变差系数变化率和径流年内分配偏差进行分析，地表水资源量变化率和年径流变差系数变化率指标，应满足不同天然径流状况对应的生态安全阈值要求，径流年内分配偏差应维持在6.0以下，保持优良的河道生态安全状况，尽可能减轻工程调度运行对天然径流状态的扰动。

(4) 枢纽工程、灌排工程、护岸及堤防工程、供水调水工程、蓄滞洪区建设等工程的修建，会改变区域的地下水补排平衡关系，引起地下水位变化，应计算分析地下水埋深指标，满足工程影响区域地下水埋深介于造成土地盐碱化的最小埋深和凋萎系数确定的最大埋深之间，防止灌区农田土壤次生潜育化与荒漠化。灌排工程、供水调水工程等涉及供水水源再分配，应计算分析地下水开采系数指标，在非地下水强排区，应保证地下水开采量控制在可开采量允许范围内。

(5) 水库、闸坝等水流控制工程及灌溉工程、供水调水工程设计，应充分调查评价下游生态状况，根据下游河湖生态与环境保护目标，综合考虑各种生态需求确定生态基流及敏感生态需水，并据此提出生态水下泄的工程措施、调度运行保障措施。在调度运行中，应严格保证下泄生态基流，通过人造洪峰等调度措施，保证下游敏感生物敏感生长周期对流速、流量、水位的需求。

(6) 由于工程造成水量改变、水动力条件改变的水域及供水、灌区工程的退水受纳水域，应分析工程实施后水域纳污能力的变化，预测水质状况，分析水功能区水质达标率，并据此提出水质保护措施和区域污染控制要求。对有可能造成内源污染的河湖整治工程疏浚，应根据水功能区水质要求，严格控制施工规模与施工工艺，尽量避免河湖底泥中各类污染物特别是重金属元素对河湖水体的二次污染。供水工程和灌溉工程应合理选取水源地，依据供水目标严格控制供水水质，保障居民饮用水安全和农业用水安全。

(7) 枢纽工程应结合下游重点保护目标提出对水温的具体要求，实施电站位置优化布置及分层取水设计的要求，并结合已运行的工程，提出梯级电站联合运行调度的措施。蓄水、引调水工程规划应分析梯级开发下泄水温的影响，并采取必要的恢复和补偿措施。水库下泄水温影响下游生态保护目标时，应进行分层取水、水温恢复等设计，并采取必要补偿措施。

(8) 堤防、河道整治等工程设计方案应维护江河湖泊的自然形态，保留河流的蜿蜒性、维持河道内自然湿地、河湾、急流、浅滩。堤防护岸工程堤线设计应减少对河滩湿地的占压，保障河道行洪能力，并为河流生存发展留出足够的空间。

(9) 堤防、河道整治等工程会影响天然河流与坡面汇流、地下水之间的联系，工程设计中应在满足工程抗渗稳定和抗滑稳定的同时，其结构设计、工程材料选择等方面，应保持河流的横向连通性、垂向透水性，并进行生态护坡设计。堤防工程阻隔天然河流与集水区之间的水力联系，堤防防护区域内汇水无法排入河道会造成内涝，应采取修建穿堤排水涵管等措施，保证河流横向连通，以降低内涝风险。

(10) 枢纽工程、堤防及河道整治工程会对河流稳定性产生影响，应分析工程实施前后河床稳定性与岸坡稳定性指标，采取必要措施保证工程实施后河床稳定性与岸坡稳定性得到加强。枢纽工程调度应利用水库的调节库容，调节水沙过程，适时蓄存或泄放，保持河床动态冲淤平衡，以维持河床稳定性。

(11) 枢纽工程、堤防工程及河道整治工程等直接影响水生生物的生存状况，应对工程影响区域内的鱼类物种多样性、珍稀濒危及特有鱼种生存状况、鱼类“三场”及洄游通道作详细调查，明确保护目标，有针对性地提出保护措施。水库、闸坝对洄游性鱼类产生阻隔作用时，应提出过鱼措施或者鱼类增殖放流方案；过鱼措施包括鱼道、捕捞过鱼等。河湖整治工程及围堰施工等需进行水下施工，应评价工程对水生生物特别是底栖生物生存环境的影响；提出减免对底栖生物生存环境、鱼类“三场”扰动的施工管理措施。

(12) 水工程造成陆生植被物种结构和覆盖度发生变化时，应分析植物物种多样性、植被覆盖率，明确陆生植被保护目标，提出相应对策措施。水库枢纽工程选址应避免淹没陆生珍稀濒危物种分布区及珍稀濒危动物栖息地，无法避免时，应提出工程防护、移栽、引种繁殖栽培、种质库保存和管理等措施。调水工程应分析引发的外来物种入侵对本地生态系统结构的影响，并采取必要对策措施，维护生态系统良性健康发展。

(13) 各类水工程设计应评价影响区土壤侵蚀强度，明确水土保持基本目标，依据国家标准合理确定土壤侵蚀强度目标值，采取必要保护措施，将土壤侵蚀强度严格控制在目标值范围以内。

(14) 各类水工程移民安置设计应充分考虑移民安置后的生活水平，确保移民及水工程影响区居民人均年纯收入不低于原有水平，保障移民安置地区及水工程影响区域内社会经济可持续发展，维护社会稳定。

(15) 枢纽工程、灌溉及引调水工程会改变涉水疾病传播几率，在设计阶段应评价工程实施后传播阻断率的变化，并采取必要措施保证工程实施后将降低涉水疾病传播的风险。工程施工应妥善处理生活污水，移民安置点应改善医疗卫生条件，水库蓄水前应严格开展库区卫生清理。

(16) 供水、灌溉工程应分析流域或区域的水资源可开发量、灌溉水利用系数、单位工业增加值用水量等指标，复核水资源开发量与水资源规划的协调性，水资源开发量应控制在流域或区域的安全阈值之内。

（17）河道整治工程与城市堤防护岸工程设计应满足河流景观审美需求，应从美学角度优化设计方案，使自然景观与人造景观相协调。

8.3　水工程生态保护专项标准

8.3.1　江河流域规划环境影响评价规范

1. 规范简介及生态保护内容述评

水利部于2006年10月23日正式颁布了《江河流域规划环境影响评价规范》（SL 45—2006）。该规范根据《中华人民共和国环境影响评价法》、《中华人民共和国水法》，结合《规划环境影响评价技术导则（试行）》（HJ/T 130—2003）的技术要求，对《江河流域规划环境影响评价规范》（SL 45—92）进行了修订，主要增加了规划分析、规划方案环境比选及环境保护对策措施、公众参与、环境监测与跟踪评价等内容。

本规范适用于大江大河和重要中等河流的流域综合规划或专业规划的环境影响评价。区域综合规划或专业规划、一般中小河流的流域综合规划或专业规划的环境影响评价，可参照本规范执行。流域规划环境影响评价主要内容包括规划分析、环境现状调查与评价、环境影响识别与环境保护目标、环境影响预测与评价、规划方案环境比选、环境保护对策措施、环境监测与跟踪评价计划等方面的内容、技术要求或方法。

2. 生态保护准则及修改方案

（1）生态水量方面，在生态调查中，应将生态资料单列，主要包括区域水、陆生生物物种组成及区系资料、国家珍稀濒危生物种类及分布等基础资料；应增加需满足坝址下游生态水量要求的条款。

（2）水环境方面，在流域环境状况调查中要求进行水质调查，但没有具体要求分析水功能区达标率、湖库富营养化指数和水域现状纳污能力等，应增加此部分内容；在环境影响识别的预估和总体评价中应预测下泄水温、水温变幅以及对区域生态保护功能的影响。

（3）河流地貌方面，应对环境现状调查的生态内容增加河流特征、连通性、稳定性、自然保护区方面的内容，社会环境内容增加移民环境、流域开发强度等方面的内容。

（4）生物及栖息地方面，环境现状调查与评价生态现状调查中，陆生生物方面应关注植物群落和物种多样性（组成和结构）变化，水生生物关注鱼类物种多样性系群落组成和结构的变化，重点调查珍稀濒危水生生物（鱼类及水生植物）。规划涉及跨流域/区域调水时，对于可能引起的外来物种入侵应予以调查分析。对于生态环境敏感区，应调查规划工程对自然保护区占地、保护区水量（涉及湿地保护区时）、鱼类生境（主要鱼类三场的分布和面积）的影响、洄游鱼类的影响。规划对生态的影响应预测对流域生态完整性影响和敏感生态问题的影响。

为进一步规范流域开发建设规划环境影响评价工作，在水利部、环保部等有关部门指导下，水利部水利水电规划设计总院组织有关单位在已颁布实施的《江河流域规划环境影响评价规范》（SL 45—2006）基础上，组织编制《规划环境影响评价技术导则　流域建设、开发利用》环境保护行业标准，目前已经提出征求意见稿。本标准主要在本课题研究成果基础上编制完成，主要内容包括规划分析、环境现状调查与评价、环境影响识别、环境目标及评价指标、环境影响预测与评价、规划方案合理性论证、环境影响减缓措施、环境影响跟踪评价、公众参与等。在环境影响识别的基础上，确定各环境要素评价范围及评价重点，初步确定环境评价指标，在标准附录中列出了“流域综合规划和专业规划的环境目标及评价指标”，见表8.3。该部分内容主要以“水工程规划设计关键生态指标体系”等研究成果为支撑编制完成。

表8.3　流域规划的环境目标及评价指标

系统	环境要素		环境目标	评价指标
资源系统	水资源	水资源量	保护流域水资源量，促进水资源可持续利用	流域（区域）水资源量；水资源开发利用率
		地下水状况	保护地下水资源，合理控制地下水埋深、防止过度开采地下水	地下水埋深；地下水开采系数
		生态水文	通过工程调度，提供生态需水量；维护生态必需的最小流量和敏感期（区）生态需水量	生态基流；敏感生态需水量
	土地资源	土地开发利用 土地退化	合理开发利用和保护土地资源；保护耕地、林地；防止径流和地下水变化引起土地退化	土地开发利用程度；防治土地退化面积
环境系统	水环境	水质	维护河流（湖、库）水功能；保护流域相关水域水功能区水质目标；防止湖库富营养化	水功能区水质达标率；湖库富营养化指数
		水温	减缓下泄低温水影响	下泄水温恢复程度
	生态	河流形态河流连通性与蜿蜒性	维护生物栖息地的地貌特征，河流连通性	河流连通性
		陆生生态 水生生态	保护生态系统多样性；珍稀、濒危、特有生物以及具有重要经济价值的动植物及栖息地	鱼类物种多样性指数；珍稀物种存活状况
		生态敏感区	符合规划相关的自然保护区，风景名胜区，重要湿地等生态敏感区的保护要求	生态敏感区保护状况
		水土流失	加强“三区”水土保持，改善生态环境，防治规划实施引起的水土流失	水土流失治理率
	社会环境	社会经济	保障防洪安全，合理开发水能资源，改善供水条件，促进经济、社会可持续发展	防洪标准；水能生态安全开发利用率；供水量
		移民	提高移民生产、生活水平，改善生态环境	土地生态适应性
		人群健康	改善环境卫生，防止疾病传播流行，保护人群健康	疾病传播阻断率
		景观	重点保护列入风景名胜区的自然景观	景观舒适度

8.3.2 水生态保护与修复技术导则

1. 拟编导则简介及生态保护内容述评

水生态系统是以水流为驱动力的复杂系统，发生在水体中的一切过程均与周围的系统不断的相互作用、相互影响。按照通常的分类，发生在水体中的过程可以划分为水文过程、地貌过程、生物过程和物理化学过程。水生态系统通常在水流、泥沙、水质、温度以及其他变量的天然变化范围内发挥其功能，称为动态平衡。当这些变量的变化超过它们的自然范围，动态平衡就被打破，常常导致生态系统的动态变化。人类的长期活动会加剧河流系统的动态平衡的变化，诸如水质恶化、蓄水和输水能力降低、鱼类和其他野生生物栖息地丧失、休闲和美学价值的降低等等。

目前《水生态保护与修复技术导则》尚未开展编制工作。水生态保护和修复工作仍处在起步阶段，无论在理论上，还是技术上都很薄弱，因此需要大力开展相关研究工作。要通过对人类与自然活动对河流地形地貌、水沙过程、物理化学特性和生物群落特征的作用和影响方式的研究，分析水生态功能与社会服务功能之间的协同演化关系，确定水生态保护和修复计划中目标、任务、总体布局、措施布置，方案比选及运行管理等方面的内容及所采用的技术方法，构建河流生态修复规划的理论框架，发展多尺度的定量评估指标体系，开发河流生态分区和修复目标确定技术、栖息地质量评估技术、修复风险评估技术和修复效果评估技术，为水生态保护和修复提供理论和技术上的支撑。

2. 生态保护准则及编制方案

水生态保护的首要工作是保护动态平衡中已经显现出被破坏或者是最容易被破坏的关键点，而水生态修复是对关键点人工干预，使其恢复到正常状态。尽管水生态系统非常复杂，但关键点仍然处在水文、地貌、生物和物理化学过程中。寻找关键点的方法是从分析、判断描述这4个过程的关键指标入手，找出与正常状态偏离最大的关键指标。在水生态保护和修复中，涉及这4个过程的所有指标都应是重点分析内容。

描述水文过程的关键指标至少要包括地表水和地下水两类要素。生态水文要素涉及水文过程和生物过程。描述地貌过程的关键指标实际上也包括水文指标，但为分类的方便，可以只考虑河流特征要素。由于人类活动的干扰导致河流纵向、横向，以及垂向连通性的变化，直接反映在地貌的改变上，因此连通性要素下属指标也需要加以分析。描述生物过程的关键指标包括生物指标和栖息地指标两类。生物指标主要是描述物种组成的生物多样性指标，但由于珍稀濒危水生生物、土著种、特有种的生存状态决定了这些物种已经处在动态平衡的关键点上，因此需要重点关注。栖息地指标与描述地貌过程的关键指标在物理关系上有重合，但考虑到栖息地与水生生物直接对应，因此将其划分在描述生物过程的关键指标中。描述物理化学的指标相对直观，水质要素和水温要素下属指标均需在此考虑。另外，在水生态保护和修复工作中，必须考虑流域开发强度要素，它是水生态系统发生改变的人为驱动力。

水生态保护和修复必须系统的、有计划的工作，在管理和技术两方面均需要详尽的规范。一个水生态保护或修复工作的全过程必须包括：①组织；②问题识别；③制定总体目标、具体目标和实施方案；④前期准备、监测、评价和调整；⑤设计；⑥实施、监测和管理。

（1）组织。组织工作的第一步是确定地理边界，为后来技术评价提供一个空间范围。这个范围与保护或修复目标活动的尺度有关，同时也要考虑人为干扰的性质和分布。第二步是确定咨询团队和技术小组，包括所有的利益相关方的代表和各有关学科的专家。在组织过程中要明确保护或修复工作的资金来源，并建立决策机构和信息交流平台。

（2）问题识别。开展水生态保护或修复，首先要确定水生态系统动态平衡的关键点。这要求对所有相关的自然和社会信息进行收集、整理、分析；明确水生态系统的结构、功能及干扰活动的现状，并与预期状态下水生态系统结构和功能进行对比，了解水生态系统动态平衡的关键点，分析其自然和社会的制约因素。这些工作不仅是保护或修复活动的重点，而且也是制定具体修复目标的基础。

（3）制定总体目标、具体目标和实施方案。制定总体目标需要首先确定期望的水生态系统条件；水生态问题的作用尺度，例如：生物多样性保护通常作用在大尺度上，而饮用水的质量问题通常在一个集水区或局地尺度范围内出现；在此基础上，分析技术、资金、政策等方面的制约因素，由咨询团队和技术小组共同确定总体目标。

具体目标为选择总体工作途径、设计，以及实施提供方向，要求必须是切实可行，且能够度量的，要明确关键点的保护或修复工作应该沿着哪个方向进行，通过什么指标进行度量。

对一个水生态保护或修复工作，其实施方案可以是多个，而选择一种行之有效的方案就是在制定具体的方案之前，先行构思、评价。在总结以往相关工作经验的基础上，对比分析各方案在技术、经济上的可行性和政策的协调性，并预测方案实施后的环境影响，最终作出决策。

（4）前期准备、监测、评价和调整。前期准备包括筹集资金、确定参与单位、分配任务、工作时间表、现场考察，以及物料方面的准备。监测必须在保护或修复工作开始之前有计划地进行。监测计划中要确定监测目标、参数、采取的标准，以及时间表。调整的目的是按照适应性管理的理念，确定保护或修复工作的目标、方案是否能达到或将要达到目标，在需要的时候进行中期调整。所有的工作必须建立规范的报告制度。

（5）设计。水生态保护或修复工作的设计要依照参照条件，在水文学、水力学、生物学等相关理论的基础上，根据工作的具体目标，确定采用的技术，合理规划工程布局，确定工程类型和将要使用的原材料。

（6）实施、监测和管理。实施阶段是进行场地平整、准备入场道路、选择合适的设备，按照设计进行施工。在施工过程中，必须经常进行定期的监理工作，并形成规范的报告制度。在保护或修复工作完成后，要有具体部门进行管理，通过对资源的长期操控和保护来达到修复的目标。管理权的归属要在组织阶段，最迟在制定目标阶段确定，并在设计阶段予以明确，但管理权也应该根据需要，按照适应性管理的要求进行调整。

8.3.3 水利水电工程环境监理技术规程

1. 拟编规程简介及生态保护内容述评

水工程通常是以防洪、通航、灌溉、供水及改善水环境质量为目标的除害兴利的综合性工程，但其在兴建过程中会破坏区域原有的自然环境和生态平衡，在日常维护、保养及修复过程中也会对自然环境和生态平衡产生一定的负面影响。水利水电工程环境监理工作的主要目的是依据环境保护的行政法规和技术标准，综合运用法律、经济、行政和技术等手段，对工程建设参与者的环保行为，以及责、权、利进行协调与约束，防治环境污染，保护生态环境，力求实现工程建设项目环保目标，满足工程环境保护验收要求，最终达到工程的经济、社会和环境三种效益的统一。

水利水电工程生态影响因素较多，《水利水电工程环境监理技术规程》在编制时，环境监理的生态保护目标重点包含生态水文、水质、水温、自然保护区、连通性、湿地、生物群落多样性、鱼类栖息地、水土流失、移民环境、人群健康等。涉及生态指标包括生态基流、河流生态需水、水功能区达标率、湖库富营养化指数、水温变幅、纵向连通性、横向连通性、鱼类群落多样性、珍稀濒危水生生物存活状况、土壤侵蚀强度、保护区面积变化率、湿地生态需水保证率、鱼类生境保护状况、移民人均占有耕地、传播阻断率等。

2. 生态保护准则及拟编制方案

建议规定监理下列内容：

（1）规定水利水电工程影响范围存在敏感生态目标，如敏感栖息地（主要包括湖泊、湿地和河口）及敏感水生生物时，最少应保证河道内生态需水量。

（2）规定水利水电工程环境监理应掌握废污水、污染物的来源、种类、浓度、排放数量、地点、方式等，监控废污水处理达标情况，监控工程施工影响河段的水环境质量现状；记录和分析工程施工监理区间区域地表水功能区达标率、湖库富营养化指数、水域纳污能力的变化情况。

（3）规定水利水电工程环境监理应记录和分析下泄水温、水温变幅情况。

（4）规定河道内若存有洄游鱼类或珍稀濒危水生生物，水利水电工程环境监理应对施工中对产卵场、索饵场、越冬场、洄游通道等影响，在增设过鱼通道设施或采取其他补救措施的建设过程方面进行监督。

（5）规定水利水电工程环境监理应对工程范围的国家和地方的珍稀、濒危物种，严格监控施工作业场界与保护物种的防护距离，严禁砍伐征占地范围外的森林植被，对征占地范围内的保护物种在施工前采取的有效保护措施进行监督（如就地保护、异地补偿、移栽、建洄游通道、建养殖站等）。

（6）规定水利水电工程环境监理应分析工程建设扰动区域的土壤侵蚀，强化水土流失监理，对易忽视的“临时占地恢复”问题进行监控管理。

（7）规定水利水电工程环境监理应掌握工程区的文物古迹、风景名胜、自然保护区等的分布、数量、保护级别、保护内涵等；监理施工征地前、水库蓄水前是否对其范围内的地面和地下文物古迹实施了有效的保护措施（如原地保护、异地迁移、拆除和馆藏等）；在风景名胜区、自然保护区等敏感区内开发建设项目应符合国家相关法规、政策的规定，严禁人为破坏区内资源。

（8）规定水利水电工程环境监理应调查施工区医疗急救站建立情况，采取了哪些急救和防范流行病传播的措施，加强人群健康监理。

（9）规定水利水电工程环境监理应包括移民安置实施规划的安置地点、方式、安置点规模、移民人均占有耕地等，以及移民村镇规划和选址是否避开文物古迹、自然保护区、风景名胜区等敏感区等方面。

8.3.4 水利水电工程鱼类保护设计规范

1. 拟编规范简介及生态保护内容述评

水利水电工程的施工及运行由于改变了区域水文情势，对河段鱼类生境将产生影响。

鱼类种群是构成水生生态系统的基本要素。水利水电工程的设计、建设及运行应当考虑其对鱼类的保护。

《江河流域规划环境影响评价规范》在环境现状调查、环境保护对策措施中，对鱼类保护有相关条款规定。《水利水电工程环境保护设计规范》分别在下泄水水温、水生生物、移民安置章节，对鱼类的种类及其与生境的匹配条件等方面进行了阐述。《江河流域规划编制规范》在漂木、渔业、滩涂开发、水利灭螺、旅游等规划一章对鱼类保护进行了简要规范，但目前尚未开展系统的水利水电工程鱼类保护设计规范的编制工作。

2. 生态保护准则及编制方案

水工程的建设在选址论证阶段要考虑工程修建对鱼类物种多样性的影响。

首先，在工程选址以前要对备选的几处位置进行生态监测，调查该处的鱼类种数及数量等基础信息，筛选出水工程建设影响较大的一种或者几种鱼类进行评价。其次，在设计、建设及运行过程中，增加鱼类保护的工程措施，包括：鱼类主要栖息地保护或迁移、鱼道设计和水生态环境修复等。第三，在水工程修建前、中、后期都要进行鱼类种群监测，并进行鱼类影响程度及保护工程实施后评价。

水工程建设需重点考虑对珍稀濒危鱼类的影响。原则上，水利水电工程的建设应该避让濒危鱼类的集中栖息、繁殖河段。在此基础上，工程的上下游可能产生生态影响的河段内，要在工程的选址、设计、建设及运行过程中对影响进行严密论证，并采取相应的措施。

鱼类生境是鱼类生存的基础，是工程的重要保护目标。鱼类生境保护主要考虑：水工程上下游的水温变化；水环境及鱼类生境的连通性；鱼类食物链调查及其与工程建设的关系；鱼类三场位置及能力变化工作等论证。

从要素层考虑，地表水部分考虑水量的年际变化及年内变化状况。工程设计要与当地鱼类及洄游性鱼类的生态特征相适应。改善流速和水量为鱼类提供良好的生境。对于洄游性鱼类，水位、流速是该鱼类能够完成繁殖过程的重要影响因素。对于经济性鱼类、土著种、特有种或者珍稀保护性鱼类，水量也是影响鱼类种群的重要影响因素之一。

水环境影响主要考虑由于水文情势的变化造成的污染物扩散减弱、营养物质富积及鱼类的水温要求等问题。污染物浓度增加和富营养化、水温的变化会影响鱼类的生存环境。对于经济性鱼类，生境的水质不达标会造成渔业经济损失，甚至影响居民的健康。所以，需要从水环境的角度对水利水电工程的鱼类保护设计提出相应的条款加以限制。

生物及栖息地部分主要考虑生物多样性及生态敏感区的内容。鱼类物种多样性保护涉及工程影响区域内生活的土著种、特有种、珍稀濒危物种、经济鱼类等物种。在工程设计阶段充分研究水利水电工程的设计参数及施工方式，尽量减少对鱼类多样性的破坏。水工程的建设应尽量避让生态敏感区，尤其是鱼类三场及珍稀濒危鱼类的生境。该规范涉及的生态指标主要有生态基流、敏感生态需水、湖库富营养化、下泄水温、连通性、鱼类物种多样性、珍稀濒危物种存活状况等。

8.3.5 其他专项标准中生态保护准则基本要求

8.3.5.1 水功能区划分技术标准

《水功能区划分技术标准》（GB/T 50594－2010）主要依据《水利水电技术标准编写

规定》(SL 01—2002)、《标准化工作规范》(GB/T 1.1—1993)第一单元：标准的起草与表述规则 第一部分：标准编写的基本规定和水利部颁发的《水功能区划技术大纲》(水资源〔2000〕58号文附件2)，结合水功能区划分工作的实践，为规范水功能区划技术要求制定，并于2010年作为国标由住房和城乡建设部颁布实施。

根据水工程生态指标体系的需求，应扩大一级区划中缓冲区的内涵，在生态需水保证率低的生态敏感区上游河段增设缓冲区。此外，增加河流、湖泊等水功能区水质达标率计算亦是重要内容。

8.3.5.2 水资源保护规划编制规程

制定《水资源保护规划编制规程》是落实水法对水资源保护要求的直接体现。本规程已在编制中，拟编制的主要内容包括：水功能区的划分及调整、现状调查与评价、纳污能力计算及污染物入河量控制方案、入河排污口布局与整治、饮用水水源地保护、水生态保护与修、地下水保护、水资源保护监控、水资源保护综合管理及投资估算等。

在规程编制中对水功能区达标率、湖库富营养化指数、水域纳污能力、下泄水温、水温变幅应给出具体计算方法和阈值分析。在水生态保护方面，明确具体的河湖生态环境需水保障措施要求；当涉及湿地保护区等敏感区时，明确水生态环境敏感区保护和水质要求。

8.3.5.3 生态需水评价技术导则

该导则是针对生态需水对协调生态保护和社会经济发展的重要意义，以及目前评估生态需水标准的紧迫状况，确立的生态需水评估的原则；规范了生态需水相关概念；制定了河流、湖泊、河口、沼泽以及水质、水温、泥沙生态需水的评估程序，规范了在实际工作中，收集资料的内容和方法，界定评估范围，分析生态特性，以及分析生态需水的影响因素；并推荐了河流、湖泊、河口和沼泽生态需水的计算方法。对水工程的规划、设计和运行中的水生态保护具有重要的指导意义。由于水生态系统的复杂性和我国生态需水研究正处于起步阶段，还有许多内容需要完善和进一步研究。

规范中明确了生态需水定义；结合水功能区，提出满足水质、水温的需水要求；按照全国不同地区河流、湖泊的特点，提出相关生态需水计算方法和标准；规定季节性河流和北方有冰封期河流的生态需水内容；针对生物多样性、自然保护区、鱼类栖息地，提出生态保护对象和目标，满足生态保护目标的生态需水评估与生态需水实施后的检测与评价等部分内容；分析推荐生态需水计算方法的适用性；选择多种方法计算生态需水，进行对比分析选择使用；分析水工程的规划、设计及运行阶段如何计算生态需水，增强导则的应用性；应在“水量”和“过程”两方面满足河道内生态需水要求；对实现各生态需水组分外包线的方法应提出指导性意见。

8.3.5.4 水利水电工程环境影响后评价技术导则

环境影响回顾性评价是环境影响评价工作在时间上的延续，应包括环境影响评价工作的内容，同时又通过项目后评价进行借鉴。《水利水电工程环境影响后评价技术导则》应包括以下内容：①环境影响现状调查；②工程施工期、运营期的环境影响评价，以及工程运营中远期的环境影响预测评价；③对环保对策及效果进行补充完善，以及对工程的环保工作情况进行评价；④施工阶段环境影响评价工作的验证评价；⑤进行环境经济效益的初步评价；⑥对环保工作成功的经验以及存在的问题进行归纳和总结。

水文水资源影响后评价主要是统计分析工程投入运行后，实测的水库及下游来水来沙过程和水文流量资料，分析地表水资源量变化率、年径流变差系数、修正的年流量偏差比例，以及生态基流和生态需水量的满足程度。

水环境影响后评价，对水库工程应复核水库蓄水后污染来源、分布，水库水质变化，水库富营养化趋势，库底淤积物中污染物质的富集情况，出库水质和下游河段水质变化对灌区开发项目，应复核灌溉对地下水水质的影响，灌溉回归水对河流或承泄区水质的影响。统计建库后实测的库内不同区域各月水温的垂直分布、横向分布、纵向分布以及水库各月下泄水温；调查下泄水温对水生生物和农作物生长的影响。

河流地貌影响后评价，复核水工程投运后库岸滑塌的范围、滑塌量等，分析滑坡塌岸的发展趋势，复核水工程投运后河岸不稳定情况等，对河床状况进行综合观测诊断。

生物及栖息地影响后评价主要是复核工程投入运行后，对陆生植物特别是珍稀植物的影响，复核工程投入运行后对陆生动物特别是珍稀动物的影响；复核采取的珍稀动、植物保护措施的实施效果；复核工程兴建后对浮游动植物、底栖生物、高等水生植物、鱼类及其他水生动物的影响，重点复核对珍稀水生生物的影响，对鱼类产卵场的影响，水生生物保护措施的效果。

社会环境影响后评价主要是复核分析移民生活状况，人群健康和景观文物影响与措施实施及改进情况。

8.3.5.5 环境影响评价技术导则 水利水电工程

《环境影响评价技术导则 水利水电工程》（HJ/T 88—2003），已由国家环保总局（现环保部）和水利部发布，适用于水利行业的防洪、水电、灌溉、供水等大中型水利水电工程环境影响评价，其他行业同类工程和小型水利水电工程可参照执行。

环境影响评价可分为：水文、泥沙、局地气候、水环境、环境地质、土壤环境、陆生生物、水生生物、生态完整性、大气环境、声环境、固体废物、人群健康、景观和文物、移民、社会经济等环境要素及因子的评价。环境影响报告需详细说明工程对环境的影响，必要时应根据工程的特点和当地环境特征，对下列1～2项进行专项评价，如工程对水环境的影响，工程对生态的影响，工程施工对环境的影响（包括水环境、大气环境、固体废物、声环境等），淹没与移民对环境的影响。工程建设对流域造成较大影响时，应分析工程对流域社会经济和生态环境的影响。生态影响评价包括生态完整性评价和敏感生态问题（或敏感生态区域）评价。生态完整性预测包括自然系统生产能力和稳定状况的测定，现阶段对生产能力的测定可通过对生物生产力的度量来进行；稳定状况的度量通过对生物生产力的测定（恢复稳定性）和植被的异质程度来测定（阻抗稳定性），也可通过景观系统内的优势度值来估测。敏感生态问题（或敏感生态区域）评价包括：生物多样性受损（珍稀濒危、特有物种）、湿地退化、荒漠化、土地退化等，影响预测方法可采用生态机理法、图形叠置法、类比法、列表清单法等。

明确环境保护目标，提出敏感目标与保护区域应达到的环境质量标准或功能要求。

环境现状调查和评价时，应适当收集河川径流量资料以及长时间序列的河道图、河势图以判断河流弯曲率的变化。增补收集与判断河流纵向连通性有关的河流系统内闸、坝统计数据，河流系统内河道长度、流域面积等特征数据，河道障碍构筑物上游被隔离出来的河网百分数或流域面积百分数，河道障碍物闸坝的调节库容等特征数据，以及河流主要控制站点长系列水文资料。收集与判断河流横向连通性有关的1.6年一遇、2年一遇、10年一遇以及最大洪水情况下，高分辨率航片或大比例尺地形图解译得到的连通的河岸长度。收集实测河床质断面平均颗粒级配成果表，以及区域水文地质图，用以判断河流的垂向连通性。收集反应岸坡稳定性和河床稳定性的相关资料。相应环境影响识别、环境影响预测与评价中，加入与河流地貌指标有关的影响识别、预测影响以及评价方法。对策措施中，也需要提出缓解对河流地貌相关指标影响的措施。

生态现状调查主要陆生生物方面关注植物群落和物种多样性（组成和结构）变化，水生生物关注鱼类物种多样性（组成和结构）变化，从水量和水文过程两方面预测分析工程对水生生物的影响，重点调查珍稀濒危水生生物（鱼类及水生植物）状况；对于生态环境敏感区，应调查工程对自然保护区占地、保护区水量（涉及湿地保护区时）、鱼类生境（主要鱼类三场的分布和面积）的影响。

工程对生态的影响，补充预测对区域敏感生态问题的影响，重点分析对自然保护区、重要湿地，珍稀、濒危动植物栖息地、水生生物洄游通道等影响。涉及跨流域/区域调水时，对于可能引起的外来物种入侵应予以调查分析。

8.3.5.6 水利水电工程环境保护设计规范

《水利水电工程环境保护设计规范》2011年正式颁布，环境保护设计内容包括：总则、水环境保护、生态保护、土壤环境保护、移民安置环境保护、人群健康保护、景观保护、施工污染控制、环境补偿措施、环境监测与管理、环境保护投资概算等。规范中，以下内容应为重点：

（1）明确水利水电工程设计与运行应尽可能维持河流的地表径流特征，使地表水资源量变化率、年径流变差系数、修正的年流量偏差比例等，维持在可接受的范围之内。

（2）明确水利水电工程设计与运行应尽可能维持河流的自然形态，不改变其所处类别和功能。

（3）明确水利水电工程设计与运行应尽可能维持河流的自然连通性，即维持河流的水面连通性、水流连通性、能量及物质的连通性和生态连通性，按空间维表述为纵向连通性、横向连通性、垂向连通性。当自然连通性不得不受到破坏时，设计相应的工程措施，保障连通性得以实现。同时，应考虑连通性的时间维。保障不同水期可接受的连通程度。

（4）明确水利水电工程设计与运行应尽可能维持河流的自然稳定性，即维持河流的自然岸坡稳定性和河床稳定性。

（5）明确水利水电工程设计与运行，应调查和保证项目区及其直接和间接影响范围内区域生物多样性，重点保护土著珍稀陆生、水生生物及其生物量；应调查和分析外来物种的种类、数量及其对土著种的影响，提出预防和治理措施。

（6）明确保障移民环境相关的移民人均占有耕地、传播阻断率得以实现，设计相应的工程措施和管理方案；建立生态环境监测制度，根据监测结果提出工程调整和管理措施建议。

8.3.5.7 水利水电工程环境保护竣工验收技术导则

水利水电建设项目竣工环保验收，主要是检查建设项目环保设施有效性，监督和促进建设项目环保措施的实施，对建设项目环境影响评价的回顾和检验，对建设项目的环境管理进行考察。《水利水电工程竣工验收环境保护技术导则》目前正在编制中，导则中将验收调查工作程序分为 4 个阶段：调查准备阶段，实施方案编制阶段，现场详细调查阶段，调查报告编制阶段。验收调查的重点是工程设计及环境影响评价文件中提出主要环境影响、生态影响敏感区和重要生态保护目标。验收调查标准的内容包括：污染物排放标准，环境质量标准，环境保护措施落实调查标准，生态影响验收调查标准和指标。

对环境保护措施落实情况调查分别按照设计、施工、运行 3 个不同的阶段的环保措施落实情况进行规定。对验收的工作程序、工作时段和范围、验收的标准、验收的方法和原则、验收的重点等内容进行规定。考虑以生态环境的背景或本底值作为标准的规定，同时参照国家、行业和地方规定的标准中对生态方面的要求。考虑对生态影响进行调查，并对生态影响保护措施的有效性进行分析的规定。

8.3.5.8 水利水电工程鱼道设计规范

水利水电工程的施工及运行，由于影响了区域水文情势，坝（闸）修建可能阻隔水生生物洄游通道，对地区鱼类生存将产生影响。鱼类是水生生态系统中的重要组成部分，是影响社会生产、水质、景观质量的重要因素，所以水利水电工程的设计、建设及运行，应当考虑其对鱼类的保护设计环节。我国从 20 世纪 60 年代末期开始修建鱼道，但是大部分水工程的鱼道由于管理不善等原因，达不到设计功能而废弃。目前各种水工程规范性文件中涉及鱼道的篇章极少，《堤防工程设计规划》中提到鱼道的建设问题，《水电水利工程初步设计报告编制规程》对鱼道工程进行了界定。水工程是否修建鱼道需要进行严格的科学论证，确有需要修建鱼道的应进行鱼道工程的设计，目前，《水利水电工程鱼道设计规范》正在编制中。

水工程建设的目的不仅应该满足人类对水资源的需求，同时还应当满足生物对水资源的需求。鱼类的生存状况能够在一定程度上反映河流的生态健康，所以在水工程的设计、施工及运营 3 个阶段都应当对其进行尽可能地保护。鱼道是修建水工程与满足自然生物两方面需求的重要设施，其设计及运行质量直接影响洄游性鱼类的生存。编制鱼道设计的相关规范是非常必要的。

鱼道的设计应当满足生态学原理及主要保护目标鱼类的洄游习性。设计鱼道首先要调查并确定通过水工程的鱼类品种及其生态学习性，包括：洄游能力、过鱼季节、鱼道的规模等。其次要设计运行水位，使鱼道能够正常运行。根据上述调查结果确定鱼道结构类型。

流速与流态设计是鱼道设计的重要指标。流速设计需按照主要服务目标鱼类的体长、游动能力及其他习性进行设计。池室水力条件不仅需要考虑流量，还需要根据鱼类的体形等方面进行设计。

生物多样性部分主要考虑鱼类物种多样性。一般来讲，鱼道主要服务于洄游性比较明显的鱼类，如鲑鱼、鳟鱼、鲱鱼等。但是，这些鱼类主要生活在高纬度地区。我国大部分的鱼道主要服务于四大家鱼、鳗鱼、刀鱼等。这些鱼类的游动性相对洄游性鱼类较差。另一方面，水工程修建客观上降低了河道连通性，对区域鱼类会产生一定的影响，而这些鱼类中可能会有珍稀、濒危、特有鱼类。所以，《水利水电工程鱼道设计规范》需提出一套科学合理的设计方法。该规范主要涉及河流连通性、鱼类物种多样性、珍稀水生生物存活状况等指标。

8.3.5.9 水利水电工程环境监测规范

水利水电工程环境影响涉及的范围广，影响因子众多，环境监测的内容也相应较复杂。环境监测计划的拟订，以国家及地方的资源和环境保护法规、标准、环境影响评价成果等为主要依据。要求对当地的自然、生态、社会、经济状况有较详细的了解。主要涉及生态要素包括：水文水资源（地表水、地下水、生态水文）、水环境（水质、水温）、河流地貌（河流特征、连通性、稳定性）、生物及栖息地（生物多样性、植被特征、水土流失、生态敏感区）、社会环境（人群健康）等。

目前，我国现有《江河流域规划环境影响评价规范》“7 环境监测与跟踪评价计划”、《水利水电工程环境影响评价技术导则》“7 环境监测与管理”、《水利水电工程环境保护设计规范（征求意见稿）》“10 环境监测与管理”均含有环境监测内容。拟编写《水利水电工程环境监测规范》应包括以下内容：①环境监测总体要求；②施工期环境监测内容、监测点位布设、监测项目、监测频次及数据处理等要求；③运行期的环境监测计划，包括地表水、地下水、生态等环境要素及措施实施效果的监测范围、点位布设、监测项目、监测频次及监测技术要求；④突发性环境事件跟踪监测调查；⑤监测站点布设；⑥监测技术方法要求。

施工期是水利水电工程控制污染、防治生态破坏需重点监控的时段，涉及环境监测要素较多，范围较广。在规范中应重点提出所需监测的环境要素，以及各环境要素监测的范围、监测项目、监测频次、技术要求等。不同环境要素的监测方案需依据现行的相关环境监测技术规范和标准，针对工程特点、工程对环境影响的分析评价结论，以及所采取环境保护措施综合确定。根据水利水电工程运行期对主要环境要素的环境影响评价结果以及所采取的环境保护措施，提出环境监测计划。

水文水资源方面，施工期主要监测地下水水位，反映工程建设对区域地下水的影响，运营期监测地表水径流变化、生态水量、地下水水位等，评估工程是否对水文情势带来根本性改变；水环境方面，施工期主要监测湖库富营养化指数、水污染变化，运营期主要监测水功能区达标率、湖库富营养化指数、水温变幅，反映工程建设是否减弱区域水域纳污能力；河流地貌方面，主要是运营期监测评估工程建设对河流形态的影响；生物及栖息地方面，施工期、运营期监测项目主要是鱼类物种多样性、植物物种多样性、外来物种威胁程度、珍稀濒危（含重点保护、土著、特有）水生生物存活状况、植被覆盖率、土壤侵蚀强度、保护区影响程度（个数、面积、程度等）、鱼类三场等有关的监测项目；社会环境方面，监测主要是疾病传播阻断率有关的项目。

8.3.5.10 水利水电工程生态调度运行导则

水工程生态调度是在水工程实现防洪、发电、供水、灌溉等多种目标的同时，兼顾河湖水生态系统健康的调度方式。实施水工程生态调度是保障河湖水生态系统用水过程的重要手段。制定生态调度导则，必须建立在大量工程实践经验总结基础上，将生态调度系统化规范化，但目前的生态调度尚处于起步阶段，还没有成熟的技术方法，实践经验相对较少。本次研究仅就生态调度运行导则的核心内容作一简要探讨。本导则的核心内容包含以下三方面内容：

（1）现状调度运用方式评价。对水工程首先要评价下游河道、湖泊水生生态系统的健康现状，评价区域（工程影响区域）自坝址或取水口位置至下游控制性河川枢纽，若坝址下游无控制性枢纽，则将评价区域延伸至河口位置。进一步评价现行调度运行方式对下游生态的影响，分析现行调度方式的利弊。

（2）生态调度目标识别。辨识下游河道湖泊生态敏感点，重点考虑有无土著、特有、珍稀濒危水生生物及重要经济鱼类产卵场、索饵场、越冬场。结合不同水平年保护修复目标，复核工程影响区域内生态基流与敏感生态需水。

（3）调度方案的优化与调整。依据生态需水分析成果，结合水工程自身的调节能力，制定生态调度运行方案。如因调节能力不足或来水保证率低不能满足下游生态用水需求，则应尽量优先保证敏感期生态用水，非敏感期生态需水可适当降低保证率。水工程原有调度目标应随着新增加的生态调度目标而改变。对于较短历时的应急调度，生态目标可以让位于经济社会的应急需求，但从较长时期来看，调度方案应满足水生态保护与修复的目标。水工程的防洪调度方式和保证城乡居民生活用水安全的目标，不能因新增生态调度目标而变，灌溉供水、发电以及航运等调度目标，应随着新增生态调度目标而优化调整。

参 考 文 献

[1] Boulton A J. Hyporheic rehabiliatiton in rivers：restoring vertical Connectivity [J]. Freshwater Biology，2007，52 (4)：632 - 650.

[2] Brandon S. Cooper，Benjamin H. Williams，Michael J. Angilletta Jr. Unifying indices of heat tolerance in ectotherms [J]. Journal of Thermal Biology，2008，33 (6)：320 - 323.

[3] Brunke M，Gonser T. The ecological significance of exchange processes between rivers and groundwater [J]. Freshwater Biology，1997，37 (1)：1 - 33.

[4] Cote D，Kehler D G，Bourne C，et al. A new measure of longitudinal connectivity for stream networks [J]. Landscape Ecology，2009，24 (1)：101 - 113.

[5] Cude C G. Oregon water quality index [J]. Journal of the American Water Resources Association，2001，37 (1)：125 - 137.

[6] Doll B D，Grabow G L，Hall K R，etal. Stream Restoration：A Natural Channel Design Handbook [R]. USA：NC Stream Restoration Institute，NC State University，2003 [2009 - 04 - 28]. http：//www. bae. ncsu. edu/programs/extension/wqg/sri/stream _ rest _ guidebook/sr _ guidebook. pdf.

[7] Donald C. Jackson. Temperature and hypoxia in ectothermic tetrapods [J]. Journal of Thermal Biology，2007，32 (3)：125 - 133.

[8] Fitzpatrick F A，Waite I R，D Arconte P J，etal. Revised Methods for Characterizing Stream Habitat in the National Water - Quality Assessment Program：U. S. Geologica Survey Water - Resources Investigations Report 98 - 4052. Raleigh，North Carolina：U. S. Geological Survey，1998.

[9] Hassemer，Peter F.，Sharon W. Kiefer，and Charles E. Petrosky. Idaho's salmon：can we count every last one? In：Stouder，Deanna J.，Peter A. Bisson，and Robert J. Naiman，editors. Pacific Salmon and Their Ecosystems：Status and Future Options. New York，Chapman and Hall，Inc.，NY，1997.

[10] J. M. Elliott，A. A. Lyle，R. N. B. Campbell. A preliminary evaluation of migratory salmonids as vectors of organic carbon between marine and freshwater environments [J]. Science of The Total Environment，1997：194 - 195，219 - 223.

[11] Jens Møller Jensen. Atlantic salmon at Greenland [J]. Fisheries Research，1990，10 (1 - 2)：29 - 52.

[12] Johnson C F，Jones P，Spencer S. A Guide to Classifying Selected Fish Habitat Parameters in Lotic Systems of West Central Alberta [R]. Hinton，Alberta：Foothills Model Forest，Alberta，Conservation Association，1998 [2008 - 07 - 24]. http：//www. fmf. ab. ca/FW/FW _ Fm4. pdf.

[13] Julian D Olden，Michael K Joy，Russell G Death. An accurate comparison of methods for quantifying variable importance in artificial neural networks using simulated data [J]. Ecological Modelling，2004，178 (3 - 4)：389 - 397.

[14] Kail J. Using river sinuosity to assess the Ecological Status of streams and rivers [EB/OL]. [2009 - 04 - 28]. ww. hlug. de/twinning/water/dokumente/cp/cp _ 7/Kail _ morph _ risk _ assess _ short. pdf.

[15] Kline M，Jaquith S，Springston G，et al. Vermont Stream Geomorphic Assessment Phase 3 Handbook：Survey Assessment. USA：Vermont Agency of Natural Resources (2003—2004) [2009 - 04

-28]. http://vtwaterquality.org.

[16] McBain and Trush. Trinity River restoration program: summary of the Unied States Secretary of the Interior record of decision [M]. The United States: Weaverville, CA Trinity River Restoration Program, December 19, 2000.

[17] R. G. Peterson, L. Stramma, G. Kortum. Early concepts and charts of ocean circulation [J]. Progress In Oceanography, 1996, 37 (1): 1-115.

[18] Simon A, Doyle M, Kondolf M, Shields F D, et al. Critical Evaluation of How the Rosgen Classification and Associated "Natural Channel Design" Methods Fail to Integrate and Quantify Fluvial Processes and Channel Response. Journal of the American Water Resources Association [J], 2007, 43 (5): 1-15. DOI: 10.1111/j.1752-1688.2007.00091.x.

[19] Sullivan C, Vörösmarty C J, Craswell E, et al. Mapping the Links between Water, Poverty and Food Security. Report on the Water Indicators workshop held at the Centre for Ecology and Hydrology, Wallingford, UK, 16 to 19 May, 2005 [R]. GWSP Issues in GWS Research, No. 1. GWSP IPO, Bonn. 2006 [2009-04-28]. http://www.gwsp.org.

[20] The Key to the Rosgen Classification of Natural Rivers [EB/OL]. [2009-04-28]. http://www.wildlandhydrology.com/assets/ARM_5-3.pdf.

[21] Thompson L C. Fish Habitat in Freshwater Streams: ANR Publication 8112 [EB/OL]. USA: University of California. 2004 [2008-09-17]. http://ucanr.org/freepubs/docs/8112.pdf.

[22] Vannote R, Minshall G W, Cummins K W, et al. The River Continuum [J]. Canadian Journal of Fisheries and Aquatic Sciences, 1980, 37: 10-137.

[23] Ward J V, Standford J A. The serial discontinuity concept: extending the model to floodplain rivers [J]. Regulated Rivers: Research and Management, 1995, 10: 59-168.

[24] 蔡庆华，胡征宇．三峡水库富营养化问题与对策研究 [J]．水生生物学报，2006，30 (1)：7-11.

[25] 陈凯麒，王东胜，刘兰芬，李振海．流域梯级规划环境影响评价的特征及研究方向．中国水利水电科学研究院学报，2005，3 (2)：79-84.

[26] 陈永灿，张宝旭．密云水库垂向水温模型研究 [J]．水利学报，1998，(9)：14-20.

[27] 邓金运，李义天，陈建，甘富万．三峡水库提前蓄水对重庆河段泥沙淤积和浅滩演变的影响 [J]．泥沙研究，2008，3：38-42.

[28] 邓铭江．干旱区人水和谐治水思想的探讨 [J]．干旱区地理，2007，30 (2)：163-169.

[29] 董哲仁，孙东亚，等．生态水利工程原理与技术 [M]．北京：中国水利水电出版社，2007.

[30] 丰华丽，夏军，占车生．生态环境需水研究现状和展望 [J]．地理科学进展，2003，22 (6)：591-598.

[31] 傅伯杰，陈利顶，马克明，等．景观生态学原理及应用 [M]．北京：科学出版社，2001.

[32] 高磊，李道季，等．孔定江长江口崇明东滩沉积物间隙水中营养盐剖面及其数学模拟 [J]．沉积学报，2006，24 (5)：722-732.

[33] 高永胜，王浩，王芳．河流健康生命评价指标体系的构建 [J]．水科学进展，2007 (2)．

[34] 耿雷华，刘恒，钟华平，等．健康河流的评价指标和评价标准 [J]．水利学报，2006，37 (3)：253-258.

[35] 李翀，廖文根．河流生态水文学研究现状 [J]．中国水利水电科学研究院学报，2009，2：141-146.

[36] 李凤清，蔡庆华，傅小城，刘建康．溪流大型底栖动物栖息地适合度模型的构建与河道内环境流量研究——以三峡库区香溪河为例 [J]．自然科学进展，2008，18 (12)：1417-1424.

[37] 李怀恩，沈晋．一维垂向水库水温数学模型研究与黑河水库温预测 [J]．陕西机械学院学报，1990，6 (4)：236-243.

[38] 李文华，等．生态系统服务功能价值评估的理论、方法与应用 [M]．北京：人民大学出版社，2008.
[39] 连煜，王新功，黄翀．基于生态水文学的黄河口湿地生态需水评价 [J]．地理学报，2008，63 (5)：451-460.
[40] 林木隆，李向阳，杨明海．珠江流域河流健康评价指标体系初探 [J]．人民珠江，2006 (4)：1-3.
[41] 刘恒，耿雷华，陈晓燕，等．区域水资源可持续利用评价指标体系的建立 [J]．水科学进展，2003，14 (3)：265-270.
[42] 钱正英，陈家琦，冯杰．人与河流和谐发展 [J]．求是，2006，6：56-58.
[43] 渠晓东，蔡庆华，谢志才，等．香溪河附石性大型底栖动物功能摄食类群研究 [J]．长江流域资源与环境，2007，16 (6)：738-743.
[44] 石晓丹，焦涛．大坝运行过程中泄水对坝下游生态系统的影响分析及控制 [J]．水利科技与经济，2007，13 (5)：320-323.
[45] 史晓新，朱党生，张建永，等．我国水利工程生态保护技术标准体系构想 [J]．人民黄河，2010，32 (12)：26-28.
[46] 孙昭华，李义天，黄颖．水沙变异条件下的河流系统调整及其研究进展 [J]．水科学进展，2006，17 (6)：887-893.
[47] 汪恕诚．水利发展与历史观 [J]．中国水利，2006，23：1-2.
[48] 王海云．三峡库区农业面源污染现状及控制对策研究 [J]．人民长江，2005，36 (11)：12-14.
[49] 王龙，邵东国，郑江丽，等．健康长江评价指标体系与标准研究 [J]．中国水利，2007，12：12-15.
[50] 吴惠仙，姚建良，刘艳，等．三峡水库初次蓄水后干流库区枝角类的空间分布与季节变化 [J]．生物多样性，2009，5：512-517.
[51] 许新宜，杨志峰．试论生态环境需水量 [J]．水利规划与设计，2003，1：21-26.
[52] 杨文慧，杨宇．河流健康概念及诊断指标体系的构建 [J]．水资源保护，2006，22 (6)：28-30，63.
[53] 尹真真，邓春光，徐静．三峡水库二期蓄水后次级河流回水河段富营养化调查 [J]．安徽农业科学，2006，34 (19)：4998-5000.
[54] 余文公，夏自强，蔡玉鹏，等．三峡水库蓄水前后下泄水温变化及其影响研究 [J]．人民长江，2007，38 (1)：20-22.
[55] 张辉，危起伟，杨德国，等．葛洲坝下游中华鲟产卵场地形分析 [J]．生态学报，27 (10)：3945-3955.
[56] 张九红，李汉娥．三峡水库调度对长江水质影响的研究 [J]．水资源保护，1997，2：1-5.
[57] 郑元润，周广胜．基于 NDVI 的中国天然森林植被净第一性生产力模型 [J]．植物生态学报，2000，24 (1)：9-12.
[58] 周广胜，张新时．自然植被净第一性生产力模型初探．植物生态党报，1995，19 (3)：193-200.
[59] 朱党生，张建永，廖文根，等．水工程规划设计关键生态指标体系 [J]．水科学进展，2010 (4)：560-565.
[60] 朱党生，周奕梅，等．构建生态环境友好的水工程规划设计体系 [J]．中国水利，2010 (20)：36-38.
[61] 邹家祥，袁丹红，傅慧源．江河流域规划环境影响评价指标体系的探讨 [J]．水电站设计，2007，23 (03)：15-20.